21世纪全国高职高专土建系列技能型规划教材

建筑工程测量

主　编　赵景利　杨凤华
副主编　张新盈　毕莹莹　张　营
　　　　赵　昕　裴孝钟
参　编　陈　师　许立新
　　　　徐洪峰　郑　恒
主　审　王怀海　王　沛

北京大学出版社
PEKING UNIVERSITY PRESS

内容简介

本书是21世纪全国高职高专土建系列技能型规划教材之一。本书以测量的基本理论和概念为基础，以基本技能技术和应用方法为主要内容，以突出测量技术在实际工程中的应用为核心，加强了实践环节的教学内容。

本书共分12个项目，主要内容包括测量基本知识、水准测量、角度测量、距离测量与直线定向、全站仪及其应用、小地区控制测量、大比例尺地形图及其应用、施工测量的基本工作、建筑施工场地的控制测量、民用建筑施工测量、工业建筑施工测量和建筑物变形观测与竣工测量等。每个项目都有与知识点相对应的引例和应用案例，具有较强的实用性和针对性。

本书可作为高职高专院校建筑工程技术、工程监理、工程造价和建筑测绘等土建类专业的教材，也可作为相关工程技术人员培训、自学的参考用书。

图书在版编目(CIP)数据

建筑工程测量/赵景利，杨凤华主编. —北京：北京大学出版社，2010.2
(21世纪全国高职高专土建系列技能型规划教材)
ISBN 978-7-301-16727-4

Ⅰ.建… Ⅱ.①赵…②杨… Ⅲ.建筑测量—高等学校：技术学校—教材 Ⅳ.TU198

中国版本图书馆CIP数据核字(2010)第017508号

书　　名：建筑工程测量
著作责任者：赵景利　杨凤华　主编
策 划 编 辑：赖　青　杨星璐
责 任 编 辑：李婷婷
标 准 书 号：ISBN 978-7-301-16727-4/TU·0114
出　版　者：北京大学出版社
地　　址：北京市海淀区成府路205号　100871
网　　址：http://www.pup.cn　http://www.pup6.cn
电　　话：邮购部62752015　发行部62750672　编辑部62750667　出版部62754962
电 子 邮 箱：pup_6@163.com
印　刷　者：北京宏伟双华印刷有限公司
发　行　者：北京大学出版社
经　销　者：新华书店
787mm×1092mm　16开本　17.5印张　396千字
2010年2月第1版　2015年9月第13次印刷
定　　价：30.00元

前 言

建筑工程测量是高职高专土建类专业的一门重要专业课，重点讲解建筑工程测量的基本知识、测量仪器的使用、建筑工程实地测设以及施工测量和变形观测等内容，对培养学生的专业能力和上岗能力具有重要的作用。

本书内容包括测量基本知识、水准测量、角度测量、距离测量与直线定向、全站仪及其应用、小地区控制测量、大比例尺地形图及其应用、施工测量的基本工作、建筑施工场地的控制测量、民用建筑施工测量、工业建筑施工测量和建筑物变形观测与竣工测量等。

为突出高职高专职业教育特色和人才培养目标，本书在编写中突出了以下的特点。

1. 本书内容以必需、够用为原则，优化结构，整合内容，强化施工测量知识，调整后的体系能更适合高职高专教学的要求。

2. 本书密切结合工程实际，引入较多全站仪、GPS 等新技术和新方法，符合现行的建筑工程测量规范及验收规范。

3. 本书具有较强的实用性和针对性。本书在编写时，力求严谨、规范，内容精练，叙述准确，通俗易懂。

4. 与本书配套的《建筑工程测量实训》教材另册编排，突出项目化实训特色，方便了实践教学的实施。

本书由赵景利、杨凤华担任主编，张新盈、毕莹莹、张营、赵昕和裴孝钟担任副主编，由赵景利、杨凤华统稿并定稿。项目 1、12 由滨州职业学院赵景利编写；项目 3、10 由济南工程职业技术学院杨凤华编写；项目 2、11 由华北水利水电学院水利职业学院张新盈和济南工程职业技术学院张营编写；项目 5、6 由山东工业职业学院毕莹莹和济南工程职业技术学院赵昕编写；项目 7 由浙江同济科技职业技术学院裴孝钟编写；项目 8 由六安职业技术学院陈师和滨州职业学院许立新编写；项目 9 由山东城市建设职业学院徐洪峰编写；项目 4 由济南铁道职业技术学院郑恒编写。

本书建议安排 106 个学时，各项目参考理论和实践教学学时如下表所示。

教学单元	课 程 内 容	学时分配		
		总学时	理论教学	实践教学
项目 1	测量基本知识	4	4	
项目 2	水准测量	10	6	4
项目 3	角度测量	12	6	6
项目 4	距离测量与直线定向	6	4	2
项目 5	全站仪及其应用	8	4	4
项目 6	小地区控制测量	8	4	4
项目 7	大比例尺地形图及其应用	10	4	6
项目 8	施工测量的基本工作	8	4	4

（续）

教学单元	课程内容	学时分配		
		总学时	理论教学	实践教学
项目9	建筑施工场地的控制测量	6	4	2
项目10	民用建筑施工测量	16	8	8
项目11	工业建筑施工测量	12	8	4
项目12	建筑物变形观测与竣工测量	6	4	2
合　计		106	60	46

济南市建设委员会王怀海和济南经纬仪器有限公司王沛对本书进行了审核，在此致以诚挚的谢意。另外，本书在编写时参考了书后所附多种文献，在此向原作者表示感谢。同时，还得到了北京大学出版社和编写者所在单位的大力支持，在此也一并致谢。

由于编者水平有限，编写时间紧迫，书中存在的问题和不足之处，恳请读者批评指正。

编　者
2010年1月

目　录

项目1 测量基本知识

学习目标

通过本项目学习，要求明确建筑工程测量的定义和主要任务；理解测量工作的基准面；掌握确定地面点位和高程的方法；了解地面点的坐标、空间直角坐标系、用水平面代替水准面的范围；熟悉测量的基本工作和基本原则；初步认识测量误差的来源及分类；理解评定精度的标准和计算方法。

学习要求

知识要点	能力要求	相关知识
建筑工程测量的任务	明确建筑工程测量的任务	测量学、建筑工程测量学的定义
地面点位的确定	(1) 掌握确定地面点位的原理和方法 (2) 理解绝对高程、相对高程和高差的含义 (3) 熟悉测量学中的独立直角坐标系 (4) 领会用水平面代替水准面的限度	测量工作的基准面、地理坐标、高斯平面直角坐标、空间直角坐标系的定义，应用
测量工作概述	熟悉测量的基本工作和基本原则	测量的三要素、测量的工作程序
测量误差概述	(1) 了解产生误差的原因 (2) 理解测量误差的分类	真误差、系统误差、偶然误差、粗差的定义，偶然误差的特性
评定精度的标准	理解评定观测值精度的标准和方法	中误差、容许误差、相对中误差的定义和使用

【学习重点】

确定地面点位的方法、地面点位的高程、评定精度的标准。

【最新标准】

《工程测量规范》(GB 50026—2007)；《建筑变形测量规程》(JGJ 8—2007)。

引例

国家测绘局2005年测定的珠穆朗玛峰高度是8844.34m，你认为此高度是指从峰底到峰高的铅垂距离吗？目前所有测量仪器都是在水平面上进行测量的，而地球是曲面体，其测量结果是否满足测量精度？测量的三项基本工作是什么？……一系列有关测量问题将是本项目阐述的主要内容。本项目对工程测量的任务、地面点位的确定、测量误差来源与处理、测量精度如何评定以及测量的基本工作进行了系统阐述，是本书的基础知识，深刻领会本项目内容将是学好建筑工程测量的前提和基础。

知识点

1.1 建筑工程测量的任务

测量学是研究如何量测地球或者地球局部区域的形状、大小和地球表面的几何形状及其空间位置，并把量测结果用数据或图形表示出来的科学。

建筑工程测量是测量学的一个重要组成部分，它是建筑工程在勘测设计、施工建设和组织管理等阶段，应用测量仪器和工具，采用一定的测量技术和方法，根据工程施工进度和质量要求，完成应进行的各种测量工作。建筑工程测量的主要任务有如下几项。

1. 测绘大比例尺地形图

依据各种图例符号和规定的比例尺，运用各种测量仪器和工具，把工程建设区域内的地貌和地物测绘成地形图，并把建筑工程所需的数据用数字表示出来，为工程建设的规划设计提供必要的图纸和资料。

2. 建筑物施工放样

将拟建建(构)筑物的位置和大小按照设计图纸所给定的条件和有关数据，为施工作出实地标志而进行的测量工作，为施工依据、质量控制、工程验收、修缮与维护等提供资料。

3. 建筑物的沉降变形观测

对于一些大型的、重要的建(构)筑物在施工过程中和组织管理中，还要定期对工程稳定性进行观测，以便及时掌握其沉降、位移、倾斜、裂缝和挠度等变形情况等。以动态监测的手段，及时采取相应的技术措施，确保工程安全。同时也为改进设计、施工提供科学的依据。

建筑工程测量工作可分为两类：①测定，就是将地球表面局部区域的地物、地貌按一定的比例尺缩绘成地形图，作为建筑规划、设计的依据；②测设，就是将图纸上规划、设计好的建筑物、构筑物的位置，按设计要求标定到地面上，作为施工的依据。

测量工作贯穿于工程建设的整个过程，测量工作的质量直接关系到工程建设的进度和质量。所以，每一位从事工程建设的人员，都必须掌握必要的测量知识和技能。

特别提示

施工阶段测量工作的主要内容有：施工前的场地平整测量，建(构)筑物的定位，放线测量，施工阶段的基础工程和主体砌筑中的施工测量，构件安装测量，工程后期的竣工测量以及建(构)筑物的变形观测等。

1.2 地面点位的确定

1.2.1 测量工作的基准面

地球表面是一个不规则的旋转椭球体，其表面错综复杂，有陆地、海洋，有高山、低谷，所以地球表面不是一个单一的规则面。地球表面约71%的面积被海洋覆盖，陆地面积仅占地球总面积的29%。为了表示所测地面点位的高低位置，应在施测场地确定一个统一的起算面，这个面称为基准面。

1. 水准面和水平面

人们设想以一个静止不动的海水面延伸穿越陆地，形成一个闭合的曲面包围整个地球，这个闭合曲面称为水准面。

水准面的特点是水准面上任意一点的铅垂线都垂直于该点的曲面。

与水准面相切的平面，称为水平面。

2. 大地水准面

水准面有无数个，其中与平均海水面相吻合的水准面称为大地水准面，它是测量工作的基准面。大地水准面是水准面中特殊的一个，且具有唯一性。

由大地水准面所包围的形体，称为大地体。

3. 铅垂线

重力的方向线称为铅垂线，它是测量工作的基准线。在测量工作中，取得铅垂线的方法如图1-1所示。

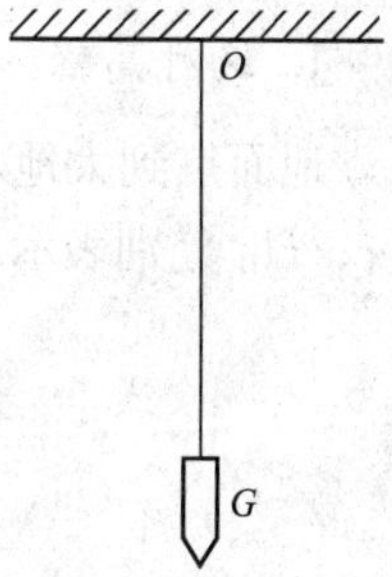

图1-1 铅垂线

大地水准面、水平面、铅垂线是测量的基准面和基准线。

特别提示

确定地面点的位置需要有一个坐标系，测量工作的坐标系通常建立在参考椭球面上，因此参考椭球面就是测量工作的基准面。建筑工程测量地区面积一般不会太大，对参考椭球面与大地水准面之间的差距可以忽略不计。测量仪器均用铅垂线作为安置的依据，其测量数据沿铅垂线方向传至大地水准面上。因此在实际测量中将大地水准面作为测量工作的基准面。由于铅垂线是很容易求得的，而水准面、水平面可以根据铅垂线直接确定，所以把铅垂线作为测量工作的基准线。

1.2.2 确定地面点位的方法

地球表面上的点成为地面点，不同位置的地面点有不同的点位。测量工作的实质就是确定地面点的点位。如图 1-2 所示，设想地面上不在同一高度上的 A、B、C 三点，分别沿着铅垂线投影到大地水准面 P' 上，得到相应的投影点 a'、b'、c'，这些点分别表示地面点在地球面上的相对位置。

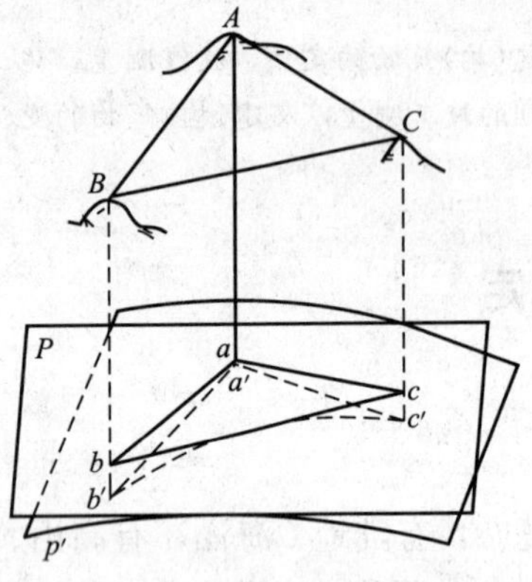

图 1-2　地面点位确定

如果在测区中央内作大地水准面 P' 的相切平面 P，A、B、C 三点的铅垂线与水平面 P 分别相交于 a、b、c，这些点表示地面点在水平面上的相对位置。

由此可见，地面点的相对位置可以用点在水准面或者水平面上的位置以及点到大地水准面的铅垂距离来确定。

特别提示

测量工作总是要把测定或测设的地物和地貌归结为一些特征点，将这些特征点的位置测出和标定，即可绘出地形图，或在地面上标定它们的位置。

1.2.3 地面点的高程

地面点的高程是指地面点到基准面的铅垂距离。由于选用的基准面不同而有不同的高程系统。

1. 绝对高程

地面点到大地水准面的铅垂距离称为该点的绝对高程，用 H 表示。如图 1-3 所示，H_A、H_B 分别表示地面点 A、B 的高程。

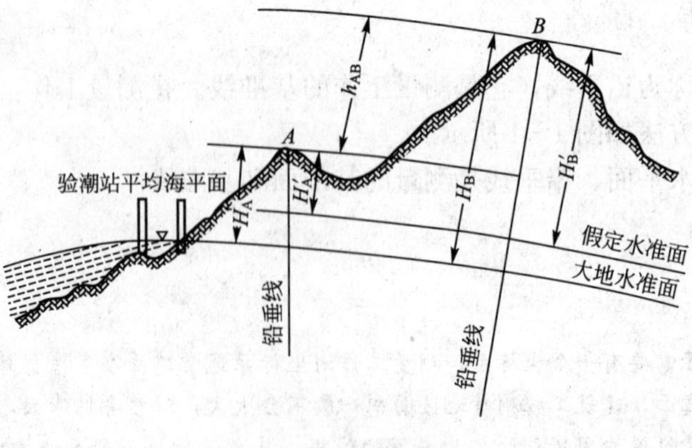

图 1-3　高程和高差

目前，我国以 1953—1977 年青岛验潮站资料确定的平均海水面作为绝对高程基准面，称为“1985 年国家高程基准”。并在青岛建立了国家水准原点，其高程为 72.260m。

2. 相对高程

局部地区采用国家高程基准有困难时，可以采用假定水准面作为高程起算面。相对高程又称“假定高程”，是以假定的某一水准面为基准面，地面点到假定水准面的铅垂距离称为相对高程。如图 1-3 所示，H'_A、H'_B分别表示 A、B 两点的相对高程。

地面两点的高程之差称为高差，用 h 表示。A、B 两点间的高差为

$$h_{AB}=H_B-H_A \tag{1-1}$$

或

$$h_{AB}=H'_B-H'_A \tag{1-2}$$

当 h_{AB}为正时，B 点高于 A 点；当 h_{AB}为负时，B 点低于 A 点。

B、A 两点间的高差为

$$h_{BA}=H_A-H_B \tag{1-3}$$

或

$$h_{BA}=H'_A-H'_B \tag{1-4}$$

由此可见，A、B 的高差与 B、A 的高差绝对值相等，符号相反，即 $h_{AB}=-h_{BA}$。

特别提示

在建筑工程中，除了建筑总平面图首层室内外地坪用绝对高程外，其余各部位均用相对高程标注，它是以首层主要房间地坪为±0.000，其他各部位的相对高程都是距首层主要房间地坪的铅垂距离。

1.2.4 地面点的坐标

地面点的坐标常用地理坐标或者平面直角坐标来表示。

1. 地理坐标

地理坐标是指用经度(λ)和纬度(φ)表示地面点位置的球面坐标，如图 1-4 所示。经度是从本初子午线(即指通过格林尼治天文台的子午线)起算，分为东经(向东 0°～180°)和西经(向西 0°～180°)。纬度是从赤道起算，分北纬(向北 0°～90°)和南纬(向南 0°～90°)。

我国位于地球的东半球和北半球，所以各地的地理坐标都是东经和北纬，例如北京的地理坐标为东经 116°28′，北纬 39°54′。地理坐标常用于大地问题的解算，研究地球形状和大小，编制地图、火箭和卫星发射及军事方面的定位及运算等。

2. 平面直角坐标

地理坐标是球面坐标，在实际工程建设规划、施工中若利用地理坐标会带来诸多不便。为此，须将球面坐标按着一定的数学法则归算到平面上，即测量工作中所成的投影。我国采用的是高斯投影法。

1) 高斯平面直角坐标

利用高斯投影法建立的平面直角坐标系，称为高斯平面直角坐标系。在广大区域内确定点的平面位置，一般采用高斯平面直角坐标。

高斯投影法是将地球按6°的经差分为60个带，从首子午线开始自西向东编号，东经0°～6°为第1带，6°～12°为第2带，以此类推，如图1-5所示。

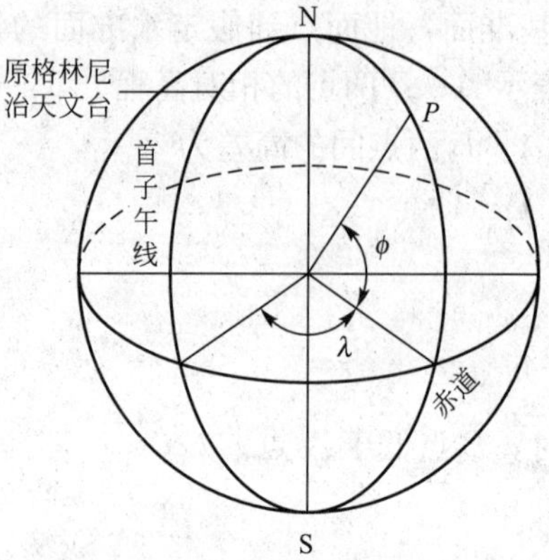

图1-4　地理坐标

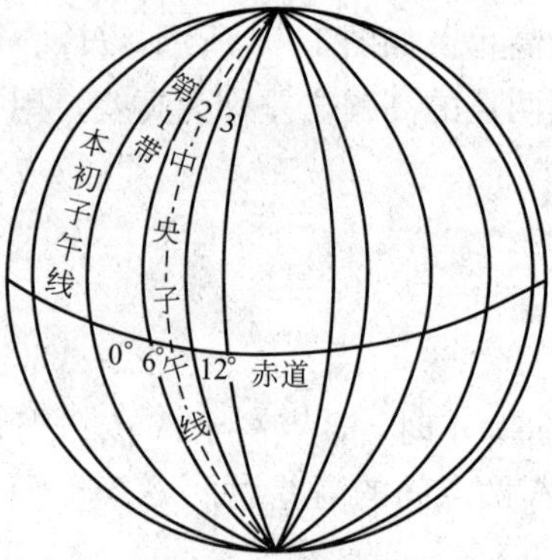

图1-5　高斯坐标系

位于每一带中央的子午线称为中央子午线，第一带中央子午线的经度为3°，则任一带中央子午线的经度λ_0与带号N的关系为

$$\lambda_0=6°N-3° \tag{1-5}$$

为了方便理解，把地球看作球体，并设想把投影平面卷成圆柱体套在地球上，使圆柱体面与某6°带的中央子午线相切，如图1-6(a)所示。在球面图形与柱面图形保持等角的条件下将球面图形投影到圆柱面上，然后将圆柱体沿着通过南北极的母线剪开，并展成平面。展开后的平面称为高斯投影面，其投影如图1-6(b)所示。投影后，中央子午线为一直线，且长度保持不变，其他子午线和纬线均成为曲线。选取中央子午线为坐标纵轴x，取与中央子午线垂直的赤道作为坐标横轴y，两轴交点为坐标原点O，从而构成使用于这一带的高斯平面直角坐标系，规定x轴向北为正，y轴向东为正，坐标象限按顺时针编号。

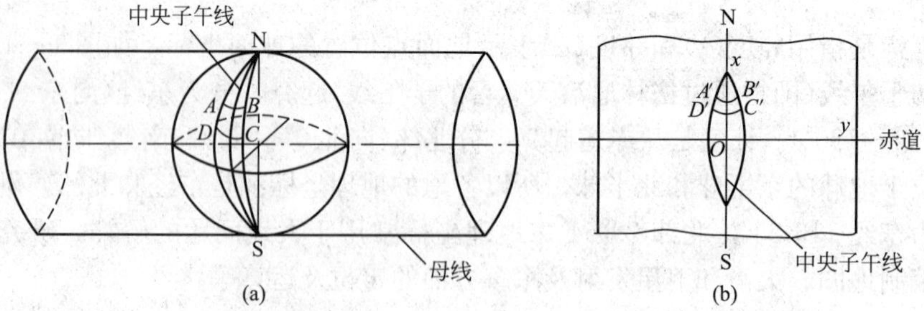

图1-6　高斯投影面

在高斯投影中，除了中央子午线以外，球面上其余的曲线，投影后都会发生变形。离中央子午线越远，长度变形越大，因此，当要求投影变形更小时，可采用3°带。3°带是从东经1°30′起，每隔经度3°划分一带，整个地球划分120个带，如图1-7所示。每带中央子午线经度λ_0'与带号n的关系为

$$\lambda_0'=3n \tag{1-6}$$

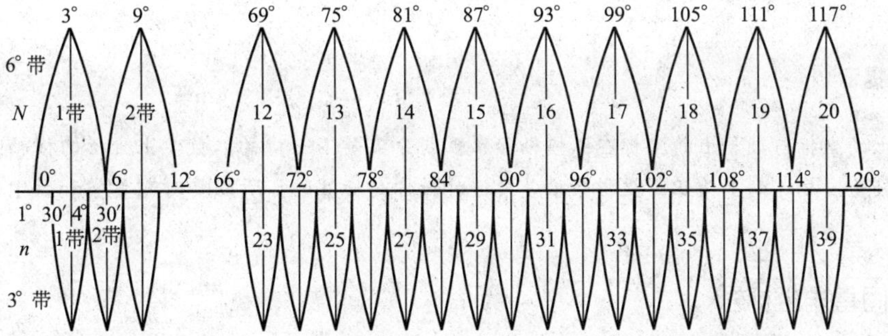

图 1-7　中央子午线经度带划分

由于我国位于北半球，所以在我国范围内，所有点的 x 坐标均为正值，而 y 坐标则有正有负，如图 1-8 所示。为了使 y 坐标不出现负值，将每带的坐标原点西移 500km。为了确定某点所在的带号区域，规定在横坐标之前冠以带号。例如：纵轴西移前，$y_A=+136780$m，$y_B=-272440$m；纵轴西移后，$y_A=(500000+136780)$m$=636780$m，$y_B=(500000-272440)$m$=222560$m。设 A、B 位于第 20 带中，则 $y_A=20636780$m，$y_B=20222560$m，分别表示离 20 带中央子午线向东 136.780km 和向西 272.440km 处。

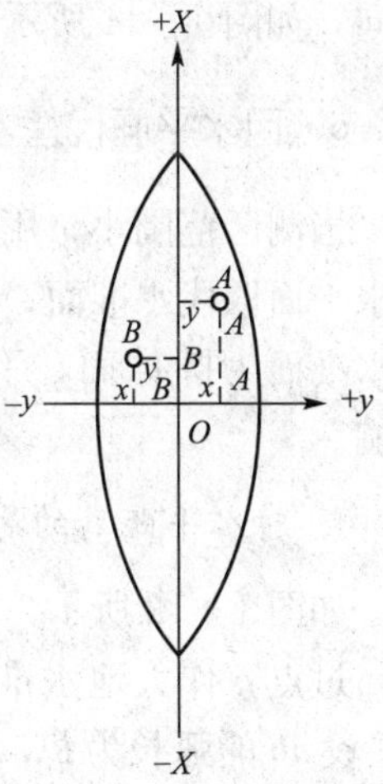

图 1-8　高斯平面直角坐标

目前，我国以陕西泾阳县永乐镇为坐标原点进行定位，称为“1980 年国家大地坐标系”。

2）独立平面直角坐标

当测区范围较小时，可以不考虑地球曲率的影响，而将大地水准面看作水平面，并在平面上建立独立直角坐标系。这样，地面点在大地水准面上的投影位置就可以用平面直角坐标来确定，如图 1-9 所示。

测量上选用的独立平面坐标系，规定纵坐标轴为 x 轴，向北为正方向；横坐标为 y 轴，向东为正方向，坐标原点一般选在测区的西南角，避免任意点的坐标均为正值。坐标象限按顺时针标注，如图 1-10 所示。

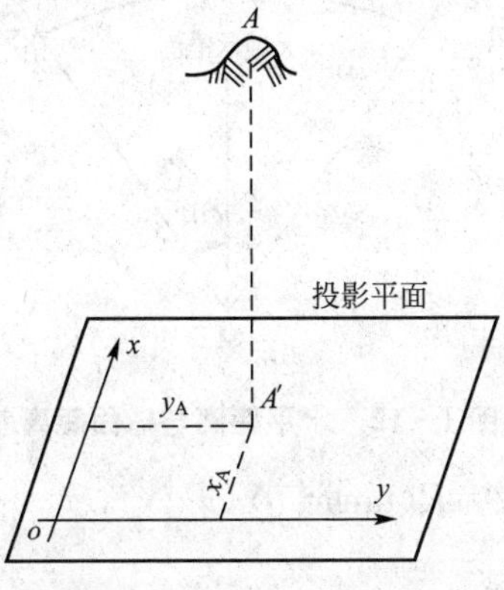

图 1-9　独立平面直角坐标

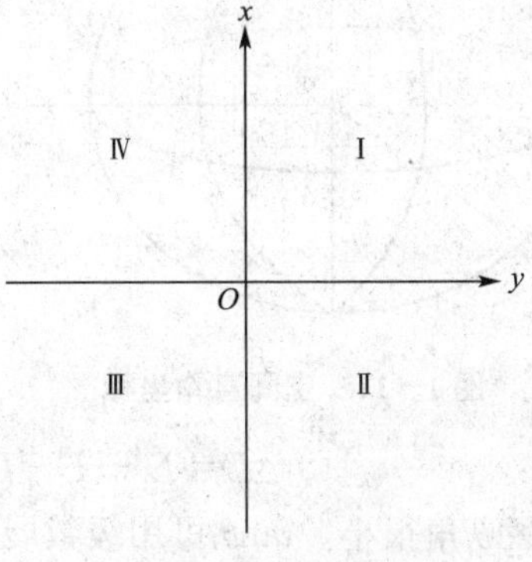

图 1-10　坐标象限

特别提示

测量学上的坐标与数学上的坐标在纵横轴和象限划分上是不一样的。数学上坐标的横轴为 x 轴，向右为正，纵轴为 y 轴，向上为正，坐标象限是按逆时针方向标注的。所以要对测量学和数学的坐标系加以区别。

1.2.5 空间直角坐标系

目前，随着卫星大地测量技术的发展，采用空间直角坐标系来表示空间点位，已在多个领域中得到应用。空间直角坐标系是将地球的中心作为原点 O，x 轴指向格林尼治子午面与地球赤道的交点 E，z 轴指向地球北极，过 O 点与 xOz 面垂直，按右手法则确定 y 轴方向，如图 1-11 所示。

1.2.6 用水平面代替水准面的范围

当测区范围小，用水平面取代水准面所产生的误差不超过测量容许误差范围时，可以用水平面取代水准面。但是在多大面积范围内才容许这种取代，有必要加以讨论。假定大地水准面为圆球面，下面将讨论用水平面取代大地水准面对距离、角度和高程测量的影响。

1. 对水平距离的影响

如图 1-12 所示，设地面上 A、B、C 三点在大地水准面上的投影分别是 a、b、c 三点，过点 a 作大地水准面的切平面，地面点 A、B、C 在水平面上的投影分别为 a'、b'、c'。设 ab 的弧长为 D，ab' 的长度为 D'，球面半径为 R，D 所对应的圆心角为 θ，则用水平长度 D' 取代弧长 D 所产生的误差为

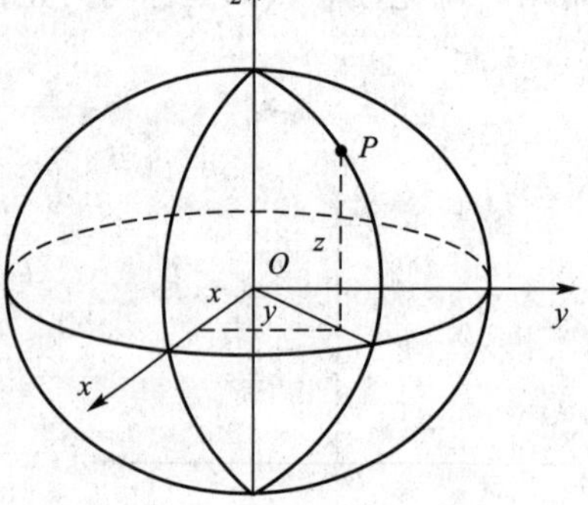

图 1-11 空间直角坐标

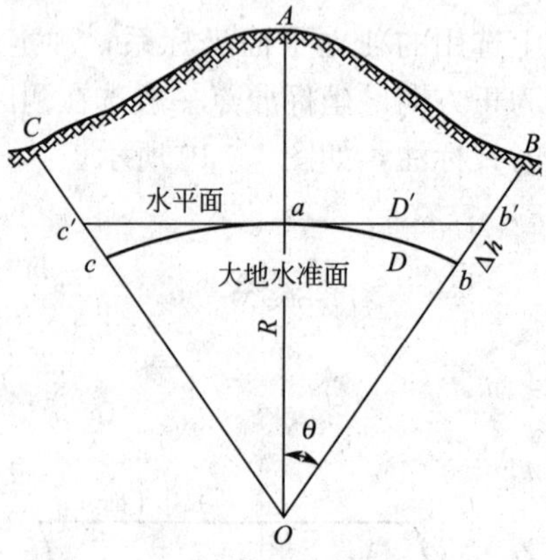

图 1-12 水平距离与球面距离差

$$\Delta D = D' - D = R\tan\theta - R\theta = R(\tan\theta - \theta) \tag{1-7}$$

在小范围测区 θ 角很小。$\tan\theta$ 可用级数展开，得

$$\tan\theta = \theta + \frac{1}{3}\theta^3 + \frac{5}{12}\theta^5 + \cdots$$

因 D 比 R 小得多，θ 角又很小，只取级数前两项代入式(1－7)中，得

$$\Delta D=R\left(\theta+\frac{1}{3}\theta^3-\theta\right)=\frac{R}{3}\theta^3$$

将 $\theta=\frac{D}{R}$ 代入上式中，得

$$\frac{\Delta D}{D}=\frac{D^2}{3R^2} \tag{1-8}$$

地球平均半径 $R=6371\text{km}$，用不同的 D 值代入式(1－8)中得到表 1－1 的结果。

表 1－1

D/km	ΔD/cm	$\Delta D/D$	D/km	ΔD/cm	$\Delta D/D$
1	0.00	—	15	2.77	1/541000
5	0.10	1/4871000	20	6.57	1/304000
10	0.82	1/1218000	50	102.65	1/48700

计算表明两点相距 10km 时，用水平面代替大地水准面产生的误差为 0.82m，相对误差为 1/1218000，相当于精密量距精度的 1/1100000。所以在半径为 10km 测区内，可以用水平面取代大地水准面，其产生的距离投影误差可以忽略不计。

2. 对水平角测量的影响

如图 1－13 所示，球面上为一个三角形 ABC，设球面多边形面积为 P，地球半径为 R，通过对其测量可知，球面上多边形内角之和比平面上多边形内角之和多一个球面角超 ε。其值可用多边形面积求得

$$\varepsilon=\rho\frac{P}{R^2} \tag{1-9}$$

其中，$\rho=206265''$。

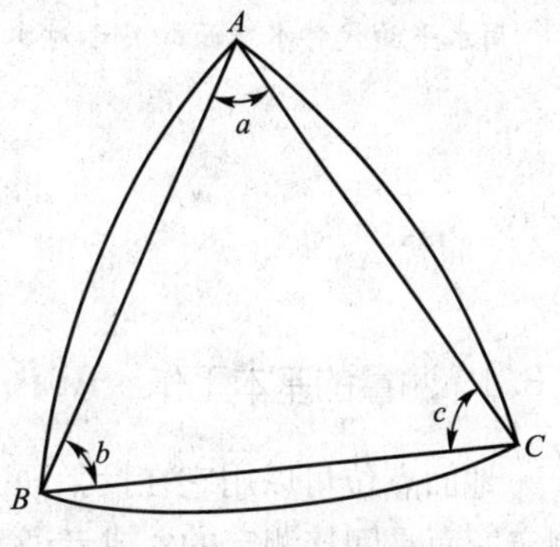

图 1－13　球面三角形与平面三角形角度差

球面多边形面积 P 取不同的值，球面角超 ε 得到相应的结果，见表 1－2。

表 1－2

P/km²	10	50	100	300
ε/″	0.05	0.25	0.51	1.52

当测区面积为 100km² 时，用水平面取代大地水准面，对角度影响最大值为 0.51″，对于土木工程测量而言在这样的测区内可以忽略不计。

3. 对高程的影响

如图 1－12 所示，以大地水准面为基准面的 B 点绝对高程 $H_B=Bb$，用水平面代替大地水准面时，B 点的高程 $H'_B=Bb'$，两者之差 Δh 就是对点 B 高程的影响，也称地球曲率

的影响。在 $\text{Rt}\Delta Oab'$中，得知

$$(R+\Delta h)^2=R^2+D'^2 \quad (1-10)$$

推导可得

$$\Delta h=\frac{D'^2}{2R+\Delta h} \quad (1-11)$$

D 与 D' 相差很小，可以用 D 代替 D'，Δh 相对于 $2R$ 很小，可以忽略不计。则

$$\Delta h=\frac{D^2}{2R} \quad (1-12)$$

对于不同的 D 值产生的高差误差见表 1－3。

表 1－3

D/km²	0.05	0.1	0.2	1	10
Δh/mm	0.2	0.8	3.1	78.5	7850

计算表明，地球曲率对高差影响较大，即使在不长的距离如 200m，也会产生 3.1mm 的高程误差，所以高程测量中应考虑地球曲率的影响。

特别提示

用水平面代替水准面，关于对水平距离、水平角和高程影响过程的推导仅作参考，但其结论非常重要。

1.3 测量工作概述

1.3.1 测量的基本工作

地面点位可以用它在投影面上的坐标和高程来确定。地面点的坐标和高程一般并非直接测定，而是间接测定的，或者说是传递来的。首先在测区内或测区附近要有已知坐标和高程的点，然后测出已知点和待定点之间的几何位置关系，继而推算出待定点的坐标和高程。

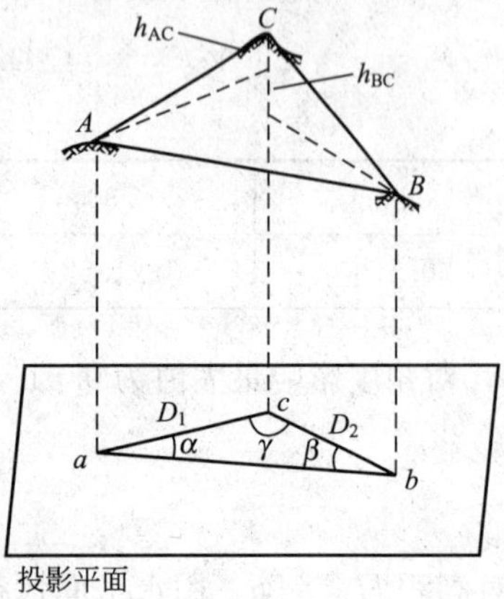

图 1－14 水平面代替水准面高程影响

如图 1－14 所示，设 A、B 为已知点，C 点为待定点，A、B、C 三点在平面上的投影分别为 a、b、c 三点。在△abc 中，ab 是已知边，只要测得一条未知的边长和一个水平角(或者两个水平角、或者两个未知边的边长)，即可推算出 C 点的坐标。由此可见，测定地面点的坐标主要是测量水平距离和水平角。

欲求 C 点的高程，只要测出 h_{AC}(或 h_{BC})，根据已知点 A 或 B 就可推算出 C 点的高程，所以测定地面点的高程主要是测量两点间的高差。

因此，水平距离、水平角和高差是确定地面点位的三个基本要素。距离测量、角度测量和高程测量是测量的三项基本工作。

测量工作按其性质可分为外业(野外作业)和内业(室内作业)两种。外业工作的内容包括应用测量仪器和工具在测区内进行测定和测设工作。内业工作时将外业观测成果或按照图纸的要求的放样数据加以整理、计算、绘图等以便使用。

特别提示

测定时一般遵守“先外业后内业”的工作程序;测设时一般遵守“先内业后外业”的工作程序。对于较为复杂的工程而言,外业和内业工作是双向交叉进行的。

1.3.2 测量工作的基本原则

进行建筑工程测量时,需要测定(或测设)许多特征点或碎步点的坐标和高程。如果从一个特征点开始至下一个特征点逐一进行施测,尽管能够确定各待定点的位置,但由于测量中不可避免地存在误差,会导致前一个点的测量误差传至下一点,这样累积起来的误差就有可能超出容许误差范围。另外逐点传递的测量效率也很低。施工测量人员的工作既要保证工程的质量,也要跟上工程施工的进度,为此测量工作必须按照一定的原则进行。

“从整体到局部,先控制后碎步,由高精度到低精度”是测量工作应遵循的基本原则之一。施工测量首先应对施测场地布设整体控制网,用较高的精度控制全区域,在其控制的基础上,再进行各局部碎步点的定位测设。这种方法不但可以减少碎步点测量误差积累,而且可以同时在各个控制点上进行碎步测量,从而提高测量工作效率。

施工测量还必须遵守“重检查,重复核”的原则。在控制测量或碎步测量中都有可能发生错误,小错误会影响工程质量,大错误则会造成返工浪费,甚至导致无法挽回的损失,因而在实际操作与计算中均应步步设防采取校核手段,检查已进行的工作有无错误,从而找出错误并加以改正,保证各个工作环节可靠,以确保工程质量。

1.4 测量误差概述

从测量工作的实践中可以看出:对于某一量进行多次观测时,无论测量仪器和工具多么精密和先进,观测人员多么认真细致,其测量结果之间总是存在着差异。这说明观测之中不可避免地存在测量误差。

1.4.1 测量误差产生的原因

测量误差有许多方面的原因,概括起来主要有以下三个方面。

1. 仪器误差

使用的仪器在构造及制造工艺诸方面不十分完善,尽管经过了检验和校正,但还有可能存在残留误差,因此不可避免地会给观测值带来影响。

2. 观测误差

由于观测者的感觉器官鉴别能力的限制,在进行测量时都有可能产生一定的误差。同时观测者操作技术、工作态度也会对观测值产生影响。

3. 外界条件的影响

由于测量时外界自然条件(如温度、湿度、风力等)的变化，也会给观测值带来误差。

观测者、测量仪器和观测时的外界条件是引起观测误差的主要因素，通常称为观测条件。观测条件相同的各次观测，称为等精度观测，观测条件不同的各次观测称为非等精度观测。在工程测量中多采用等精度观测。

综上所述，任何一个观测值都含有误差。为此，必须对误差作进一步的了解和研究，以便对不同的误差采取不同的措施，达到消除或减少误差的目的。

1.4.2 测量误差分类

测量误差按其观测结果影响性质的不同，可分为系统误差和偶然误差两大类。

1. 系统误差

在相同的观测条件下，对某量进行一系列观测，如果观测误差在大小和符号上均相同，或者按照一定规律变化，这种误差称为系统误差。例如，将 30m 的钢尺与标准尺比较，其尺长误差 3mm，用该钢尺丈量 30m 的距离，就会有 3mm 的误差，若丈量 60m，就有 6mm 的误差。就一段而言，其误差为固定的常数，就全长而言，其误差与丈量的长度成正比。

系统误差具有积累性，对测量成果影响甚大，但它的符号和大小又具有一定的规律性。一般可采用观测值加改正数或者选择适当的观测方法来消除或者减少其影响。

2. 偶然误差

在相同的观测条件下，对某量进行一系列观测，如果观测误差在大小和符号上都不一致，从其表面上看没有任何规律性，这种误差称为偶然误差。例如读数时，估计的数值比正确数值可能大一点，或者小一点，因而产生读数误差；照准目标时可能偏离目标的左侧或右侧而产生照准误差。这类误差在观测前无法预测，也不能用观测方法消除，它的产生是由于许多偶然因素的综合影响。

在测量工作中，由于观测者粗心大意，可能发生错误，如看错目标，读错数字，记错、算错等，统称为粗差。粗差在观测中是不允许出现的，为了避免粗差，及时发现错误，除测量人员要细心工作外，还必须采用适当的方法进行检核，以保证观测结果的正确性。

在观测成果中，系统误差和偶然误差同时存在，由于系统误差可用计算改正或采取适当的观测方法消除，所以观测成果中主要是偶然误差的影响。因此误差理论主要针对不可避免的偶然误差而言，为此需要对偶然误差的性质作进一步探讨。

3. 偶然误差的特性

偶然误差从表面上看没有任何规律性，但是随着对同一量观测次数的增多，大量的偶然误差就会显现出一定的统计规律性，观测次数越多，其规律性就愈加明显。例如，在相同条件下，观测了 162 个三角形的全部内角，由于观测值中存在偶然误差，三角形内角观测值和 l 不等于真值 X(三角形内角和的真值为 180°)，真值与观测值之差，称为真误差 Δ。即

$$\Delta = X - l \qquad (1-13)$$

特别提示

任一个观测量，客观上存在着一个能代表其真正打消的数值，称为该量的“真值”。使用仪器或工具对某一个观测量进行直接观测，所得的数值，称为该量的“观测值”。

由式(1-13)算出162个真误差，再按照误差的绝对值大小划分范围，排列于表1-4中。

表1-4

误差区间	正误差个数	负误差个数	总数
0".0～0".2	20	20	40
0".2～0".4	18	18	36
0".4～0".6	16	13	29
0".6～0".8	10	12	22
0".8～1".0	9	8	17
1".0～1".2	5	6	11
1".2～1".4	1	3	4
1".4～1".6	1	2	3
1".6以上	0	0	0
总和	80	82	162

在其他测量结果中也显示出上述同样的规律，通过大量实验统计，结果表明，偶然误差存在着以下特性：

(1) 在一定的观测条件下，偶然误差的绝对值不会超过一定的限值。

(2) 绝对值小的误差比绝对值大的误差出现的可能性大。

(3) 绝对值相等的正误差与负误差出现概率相等。

(4) 偶然误差的平均值随观测次数的增加而趋近于零，即

$$\lim_{n\to\infty}\frac{[\Delta]}{n}=0$$

式中 n——观测次数；

$[\Delta]=\Delta_1+\Delta_2+\cdots+\Delta_n$。

由偶然误差的特性可知，但对某量有足够的观测次数时，其偶然误差的正负误差可以相互抵消。因此，可以采用多次观测取其结果的算术平均值作为最终的结果。

1.5 衡量精度的标准

精度又称精密度，是指对某一个量的多次观测中，其误差分布的密集或离散的程度。在一定的观测条件下进行一组观测，若观测值非常集中，则精度高；反之，则精度低。例如，有两组对于同一个三角形的内角各作10次观测，其真误差列于表1-5中。从表中不

难看出，一组的真误差分布相对密集，二组真误差分布较为离散，所以一组的观测精度比二组的观测精度要高。但在实际工作中，这种方法既麻烦又不便应用，为了易于正确比较各观测值的精度，通常用下列几种指标，作为衡量精度的标准。

表 1-5

第一组					第二组				
次数	观 °	测 ′	值 ″	真误差 Δ ″	次数	观 °	测 ′	值 ″	真误差 Δ ″
1	179	59	57	+3	1	180	00	00	0
2	180	00	02	−2	2	180	00	01	−1
3	180	00	04	−4	3	180	00	07	−7
4	179	59	58	+2	4	179	59	58	+2
5	180	00	00	0	5	179	59	59	+1
6	180	00	04	−4	6	179	59	59	+1
7	179	59	57	+3	7	180	00	08	−8
8	179	59	58	+2	8	180	00	00	0
9	180	00	03	−3	9	179	59	57	+3
10	180	00	01	−1	10	180	00	01	−1

1.5.1 中误差

在相同的观测条件下，对某未知量进行 n 次观测，其观测值为 l_1、l_2、…、l_n，相应的真误差为 Δ_1、Δ_2、…、Δ_n。则中误差为

$$m=\pm\sqrt{\frac{[\Delta\Delta]}{n}} \tag{1-14}$$

式中　$[\Delta\Delta]=\Delta_1^2+\Delta_2^2+\cdots+\Delta_n^2$；

m——观测值的中误差，又称为标准差。

由式(1-14)中可以看出中误差与真误差之间的关系。中误差不等于真误差，它仅是一组真误差的代表值，中误差 m 值的大小反映了这组观测值精度的高低。因此，一般都采用中误差作为衡量观测质量的标准。

特别提示

在一组等精度观测值中，虽然它们的真误差各不相同，但每一观测值的中误差均为 m。

例　试根据表 1-5 中所列数据，分别计算各组观测值的中误差。

解：第一组观测值的中误差为

$$m_1=\pm\sqrt{\frac{3^2+(-2)^2+(-4)^2+2^2+0^2+(-4)^2+3^2+2^2+(-3)^2+(-1)^2}{10}}=\pm2.7''$$

第二组观测值的中误差为

$$m_2=\pm\sqrt{\frac{0^2+(-1)^2+(-7)^2+2^2+1^2+1^2+(-8)^2+0^2+3^2+(-1)^2}{10}}=\pm 6.6''$$

$m_1<m_2$，说明第一组的精度高于第二组的精度。

1.5.2 容许误差

在一定观测条件下，偶然误差的绝对值不应超过的限值，称为容许误差，又称为限差或极限误差。根据误差理论和实践证明，在一组大量的等精度观测中，绝对值大于两倍中误差的偶然误差出现的概率为 5%；而绝对值大于三倍中误差的偶然误差出现的概率仅为 0.3%。例如表 1-6 中列出的 40 个三角形各自内角和对应的真误差。根据真误差可以算出观测值的中误差为

表 1-6

三角形编号	真误差 Δ ″	三角形编号	真误差 Δ ″	三角形编号	真误差 Δ ″	三角形编号	真误差 Δ ″
1	+1.5	11	−13.0	21	−1.5	31	−5.8
2	−0.2	12	−5.6	22	−5.0	32	+9.5
3	−11.5	13	+5.0	23	+0.2	33	−15.5
4	−6.6	14	−5.0	24	−2.5	34	+11.2
5	+11.8	15	+8.2	25	−7.2	35	−6.6
6	+6.7	16	−12.9	26	−12.8	36	+2.5
7	−2.8	17	+1.5	27	+14.5	37	+6.5
8	−1.7	18	−9.1	28	−0.5	38	−2.2
9	−5.2	19	+7.1	29	−24.2	39	+16.5
10	−8.3	20	−12.7	30	+9.8	40	+1.7

$$m=\pm\sqrt{\frac{[\Delta\Delta]}{n}}=\pm\sqrt{\frac{3252.68}{40}}=\pm 9.0''$$

从表中可以看出，偶然误差的绝对值大于中误差 9″的有 14 个，占总数的 35%；绝对值大于两倍中误差 18″的仅有 1 个，仅占 2.5%，而绝对值大于三倍中误差的没有出现。因此，在观测次数不多的情况下，可以认为大于三倍中误差的偶然误差实际上是不可能出现的。所以通常以三倍中误差作为偶然误差的容许误差，即

$$\Delta_{容}=3m \tag{1-15}$$

如一观测值的偶然误差超过三倍中误差时，可以认为此观测值中含有粗差，不符合精度要求，应予舍去并重测。

当测量精度要求较高时，往往以两倍中误差作为容许误差，即

$$\Delta_{容}=2m \tag{1-16}$$

1.5.3 相对中误差

真误差、中误差和容许误差，仅仅是表示误差本身的大小，都是绝对误差。衡量测量

成果的精度，在某些情况下，利用绝对误差评定观测值的精度，并不能准确地反映观测的质量。例如，丈量两段距离，一段是 $D_1=200\text{m}$，中误差 $m_1=\pm 1\text{cm}$，$D_2=30\text{m}$，中误差 $m_2=\pm 1\text{cm}$，尽管 $m_1=m_2$，但不能说明这两段丈量精度相同，显然，前段精度远高于后段丈量精度，这时就应采用相对中误差 K 来作为衡量精度的标准。

相对中误差 K 就是据对误差的绝对值与相应测量结果，并以分子为 1 的分数形式表示，即

$$K=\frac{|m|}{D}=\frac{1}{D/|m|} \tag{1-17}$$

在上例中

$$K_1=\frac{0.01}{200}=\frac{1}{20000}$$

$$K_2=\frac{0.01}{30}=\frac{1}{3000}$$

显然，前者精度远高于后者，所以相对中误差能确切地评定距离测量的精度。

在实际工程中有些量不能直接观测，而是与直接观测量构成一定的函数关系计算出来。这种观测值中误差与观测值函数中误差之间关系的定律为误差传播定律，它主要包括一般函数的误差传播和线性函数的误差传播。因误差传播定律及利用改正数求得观测中误差平差的方法在实际工程应用较小，难度也较大，故本项目将不再赘述。

本项目小结

本项目讲述的主要内容包括：建筑工程测量的任务、地面点位的确定方法、测量工作的一般概念和测量误差的原因、分类及评定精度的标准等。

在学习建筑工程测量的任务中，要理解测量学的定义和建筑工程测量的三项任务。对于测量工作的基准面、绝对高程、相对高程、高差、经度、纬度、平面直角坐标系等测量学的基本词汇应理解并牢记。能够掌握地面点位确定的原理和方法。而对地理坐标、高斯平面直角坐标系、空间直角坐标系只做一般性了解即可。

要熟悉测量的三要素，即水平距离、水平角和高差；掌握测量的三项基本工作，即距离测量、角度测量和高程测量。在此基础上要领会测量工作的基本原则。

明确测量误差的存在和产生的主要原因。明晰系统误差、偶然误差、粗差的界定，牢记真误差、中误差、容许误差和相对中误差的定义及应用，能够区别正确与错误的界限，掌握精度评定的方法和标准。为后续项目学习和实践打下基础。

习　题

一、选择题

1. 测量学的任务是(　　)。

A. 高程测量　　B. 角度测量　　C. 距离测量　　D. 测定和测设

2. 确定地面点位关系的基本元素是(　　)。

A. 竖直角、水平角和高差　　　　　　　　B. 水平距离、竖直角和高差

C. 水平角、水平距离和高差　　　　　　　D. 水平角、水平距离和竖直角

3. 测量上所说的正形投影，要求投影后保持(　　)。

A. 角度不变　　B. 长度不变　　C. 角度和长度都不变

4. 我国现在采用的1980年大地坐标系的原点设在(　　)。

A. 北京　　B. 上海　　C. 西安　　D. 青岛

5. 自由静止的海水面向大陆、岛屿内延伸而成的闭合曲面称为水准面，其面上任一点的铅垂线都与该面相垂直。与平均海水面相重合的水准面称为大地水准面。某点到大地水准面的铅垂距离称为该点的(　　)。

A. 相对高程　　B. 高差　　C. 标高　　D. 绝对高程

6. 位于东经116°28′、北纬39°54′的某点所在6°带带号及中央子午线经度分别为(　　)。

A. 20、120°　　B. 20、117°　　C. 19、111°　　D. 19、117°

7. 某点所在的6°带的高斯坐标值为 $x_m=366712.48$m，$y_m=21331229.75$m，则该点位于(　　)。

A. 21带、在中央子午线以东　　　　　　B. 36带、在中央子午线以东

C. 21带、在中央子午线以西　　　　　　D. 36带、在中央子午线以西

8. 目前中国建立的统一测量高程系和坐标系分别称为(　　)。水准原点在山东青岛，大地原点在陕西泾阳。

A. 渤海高程系、高斯平面直角坐标系

B. 1956高程系、北京坐标系

C. 1985国家高程基准、1980国家大地坐标系

D. 黄海高程系、84WGS

9. 从测量平面直角坐标系的规定可知(　　)。

A. 象限与数学坐标象限编号顺序方向一致

B. x 轴为纵坐标轴，y 轴为横坐标轴

C. 方位角由横坐标轴逆时针量测

D. 东西方向为 x 轴，南北方向为 y 轴

10. 测量工作的基本原则是从整体到局部、从高级到低级和(　　)。

A. 从控制到碎部　　　　　　　　　　B. 从碎部到控制

C. 控制与碎部并行　　　　　　　　　D. 测图与放样并行

11. 测量误差按其性质分为系统误差和偶然误差(随机误差)。误差的来源为(　　)。

A. 测量仪器构造不完善　　　　　　　B. 观测者感觉器官的鉴别能力有限

C. 外界环境与气象条件不稳定　　　　D. A、B和C

12. 水准尺分划误差对读数的影响属于(　　)。

A. 系统误差　　B. 偶然误差　　C. 粗差　　D. 其他误差

13. 等精度观测是指(　　)的观测。

A. 允许误差相同　　　　　　　　　　B. 系统误差相同

C. 观测条件相同　　　　　　　　　　D. 偶然误差相同

14. 测得两个角值及中误差为 $\angle A=22°22'10''\pm8''$ 和 $\angle B=44°44'20''\pm8''$，据此进行精度比较，得(　　)。

A. 两个角精度相同　　B. $\angle A$ 精度高

C. $\angle B$ 精度高　　D. 相对中误差 $K_A > K_B$

15. 偶然误差具有(　　)。

①累积性；②有界性；③小误差密集性；④符号一致性；⑤对称性；⑥抵偿性。

A. ①②④⑤　　B. ②③⑤⑥　　C. ②③④⑥　　D. ③④⑤⑥

二、简答题

1. 测量学的概念是什么？建筑工程测量的任务是什么？

2. 测量的基准面有哪些？各有什么用途？

3. 测量学中的平面直角坐标系与数学中的平面直角坐标系有何不同？

4. 如何确定地面点的位置？

5. 什么是水平面？用水平面代替水准面，对水平距离、水平角和高程分别有何影响？

6. 什么是绝对高程？什么是相对高程？什么是高差？已知 $H_A = 36.735\text{m}$，$H_B = 48.386\text{m}$，求 h_{AB}和 h_{BA}。

7. 测量的基本工作是什么？测量工作的基本原则是什么？

8. 误差的产生原因、表示方法及其分类是什么？

9. 系统误差和偶然误差有什么不同？在测量工作中对这两种误差应如何处理？

10. 衡量观测结果精度的标准有哪几种？各有什么特点？

能力评价体系

知识要点	能力要求	所占分值(100分)	自评分数
建筑工程测量的任务	明确建筑工程测量的任务	8	
地面点位的确定	(1) 掌握确定地面点位的原理和方法	12	
	(2) 理解绝对高程、相对高程和高差的含义	12	
	(3) 熟悉测量学中的独立直角坐标系	10	
	(4) 领会用水平面代替水准面的限度	14	
测量工作概述	熟悉测量的基本工作和基本原则	10	
测量误差概述	(1)了解产生误差的原因	8	
	(2) 理解测量误差的分类	12	
评定精度的标准	理解评定观测值精度的标准和方法	14	
总分		100	

项目2 水准测量

学习目标

本项目主要介绍了水准测量的原理和方法、水准仪的技术操作和检验校正、水准测量误差的影响与消除方法，并介绍了三、四等水准测量和精密、自动安平、数字水准仪，重点内容包括水准测量原理、水准器的作用和分划值、水准仪的技术操作和检验校正、水准测量的施测程序与成果检验、闭合差调整、误差的消除方法以及三、四等水准测量，难点为水准测量施测程序与成果检验、闭合差调整及误差的消除方法。

学习要求

知识要点	能力要求	相关知识
水准测量原理	具备灵活应用水准测量方法的能力	高差、高差法、视线高法
水准仪的构造及使用	(1) 掌握水准仪各组成部分的名称和功能 (2) 理解水准仪四条主要轴线 (3) 理解圆水准器与水准管的作用 (4) 熟练掌握水准仪的操作步骤及方法 (5) 掌握水准仪的读数方法	水准仪的组成、视准轴、圆水准器轴、水准管轴、水准仪的操作程序、粗平、瞄准、精平、读数
普通水准测量	(1) 了解水准点及点之记的意义 (2) 理解不同水准路线布设的作用 (3) 掌握普通水准测量的观测方法 (4) 熟练掌握水准测量手簿的填写	水准点、点之记、水准路线、转点、变动仪器高法、双面尺法
水准测量误差及注意事项	(1) 了解产生误差的原因 (2) 掌握消除不必要误差的方法	仪器误差、观测误差、外界环境的影响
水准测量成果计算	(1) 理解闭合差及闭合差容许值 (2) 掌握三种水准路线的成果计算方法及步骤 (3) 掌握闭合及附和水准测量成果计算表的填写	闭合差、闭合差容许值、高差闭合差调整的原则、水准路线成果计算步骤
水准仪的检验与校正	(1) 掌握水准仪的主要轴线及满足的条件 (2) 掌握水准仪的检验方法及校正操作	水准仪四条主要轴线及满足的条件、圆水准器、十字丝横丝、水准管的检验及校正

【学习重点】

水准测量原理、水准仪的构造及使用、水准测量施测方法、水准测量内业计算。

【最新标准】

《工程测量规范》(GB 50026—2007)；《国家三、四等水准测量规范》(GB/T 12898—2009)。

引例

你能找到你所在大学校园里已知水准点吗？根据已知水准点利用水准仪可以测量你所使用的教学楼首层地面的绝对高程。你了解水准仪吗？会正确使用它吗？如何进行水准测量和成果计算？通过本项目学习，你将会对上述问题迎刃而解。

知识点

测量地面上各点高程的工作，称为高程测量。高程测量根据所使用的仪器和施测方法不同，分为水准测量、三角高程测量、气压高程测量和GPS测量等。水准测量是高程测量中最基本和精度较高的一种测量方法，在国家高程控制测量、工程勘测和施工测量中被广泛采用。

2.1 水准测量原理

水准测量原理是利用水准仪提供一条水平视线，借助竖立在地面点上的水准尺，直接测定地面上各点的高差，然后根据其中一点的已知高程推算其他各点的高程。

如图2-1所示，已知地面A点的高程为H_A，如果要测得B点的高程H_B，就要测出两点的高差h_{AB}。

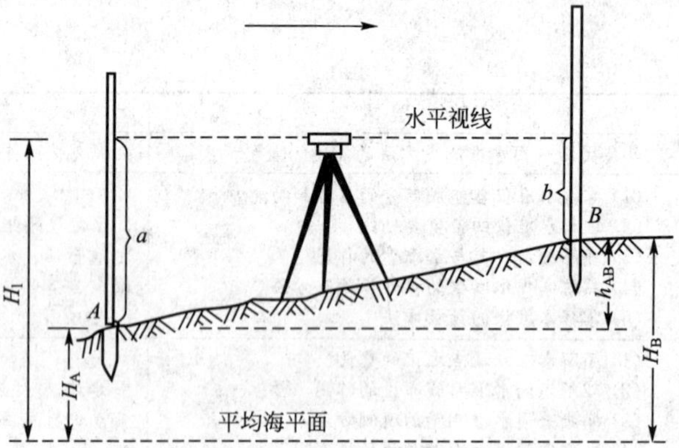

a——后视读数　A——后视点

b——前视读数　B——前视点

图2-1 水准测量原理

欲测定A、B两点间的高差，在A、B两点各竖一根水准尺，在两点之间安置水准仪。测量时利用水准仪提供的一条水平视线，读出已知高程A的水准尺读数a，这一度数在测量上称为后视读数。同时测出未知高程点B的水准尺读数b，这一读数在测量上称为前视读数。由此可知A、B两点的高差h_{AB}可由下式求得

$$h_{AB}=a-b \tag{2-1}$$

也就是说，A、B 两点的高差等于后视读数减去前视读数。即 A、B 两点间高差为

$$h_{AB}=H_B-H_A=a-b \tag{2-2}$$

测得两点间高差 h_{AB}后，若已知 A 点高程 H_A，则可得 B 点的高程。即

$$H_B=H_A+h_{AB} \tag{2-3}$$

以上利用高差计算高程的方法，称为高差法。

由图 2-1 可知，B 点高程也可以通过水准仪视线高 H_i 计算：

$$\left.\begin{aligned}H_i=H_A+a\\H_B=H_i-b\end{aligned}\right\} \tag{2-4}$$

式(2-4)中用视线高程计算 B 点高程的方法，称为视线高法。利用视线高法可以较方便地在同一测站上测设多个前视点的高程，此方法常用于建筑施工测量中。

2.2 水准测量的仪器与工具

水准仪是水准测量的主要仪器，按其所能达到的精度分为 DS_{05}、DS_1、DS_3 及 DS_{10} 等几种等级。

“D”和“S”表示中文“大地”和“水准仪”中“大”字和“水”字的汉语拼音的第一个字母，通常在书写时可省略字母“D”，下标“05”、“1”、“3”及“10”等数字表示该类仪器的精度。

S_3 型和 S_{10} 型水准仪称为普通水准仪，用于国家三、四等水准及普通水准测量，S_{05} 型和 S_1 型水准仪称为精密水准仪，用于国家一、二等精密水准测量。

2.2.1 DS_3 型水准仪的构造

根据水准测量原理，水准仪的主要作用是提供一条水平视线，并能照准水准尺进行读数。因此，水准仪主要由望远镜、水准器和基座三部分构成。如图 2-2 所示为我国生产的 DS_3 型微倾式水准仪。

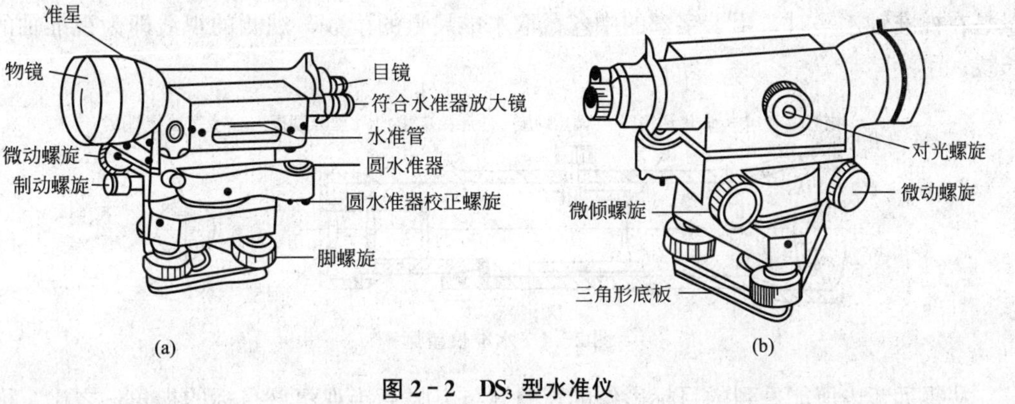

图 2-2 DS_3 型水准仪

仪器的上部有望远镜、水准管、水准管气泡观察窗、圆水准器、目镜及物镜对光螺旋、制动螺旋、微动及微倾螺旋等。

仪器竖轴与仪器基座相连；望远镜和水准管连成一个整体，转动微倾螺旋可以调节水

准管连同望远镜一起相对于支架作上下微小转动，使水准管气泡居中，从而使望远镜视线精确水平，由于用微倾螺旋使望远镜上、下倾斜有一定限度，可先调整脚螺旋使圆水准器气泡居中，粗略定平仪器。

整个仪器的上部可以绕仪器竖轴在水平方向旋转，水平制动螺旋和微动螺旋用于控制望远镜在水平方向转动，松开制动螺旋，望远镜可在水平方向任意转动，只有当拧紧制动螺旋后，微动螺旋才能使望远镜在水平方向上作微小转动，以精确瞄准目标。

1. 望远镜

望远镜是用来精确瞄准远处目标和提供水平视线进行读数的设备。它主要由物镜、目镜、调焦透镜及十字丝分划板等组成。从目镜中看到的是经过放大后的十字丝分划板上的像。

物镜和目镜多采用复合透镜组。物镜的作用是和调焦透镜一起使远处的目标在十字丝分划板上形成缩小的实像。转动物镜调焦螺旋，可使不同距离目标的成像清晰地落在十字丝分划板上，称为调焦或物镜对光。目镜的作用是将物镜所成的实像与十字丝一起放大成虚像。转动目镜螺旋，可使十字丝影像清晰，称为目镜对光。

十字丝分划板是一块刻有分划线的透明薄平玻璃片，是用来准确瞄准目标用的，中间一根长横丝称为中丝，与之垂直的一根丝称为竖丝，在中丝上下对称的两根与中丝平行的短横丝称为上、下丝(又称观距丝)，如图 2-3 所示。在水准测量时，用中丝在水准尺上进行前、后视读数，用以计算高差，用上、下丝在水准尺上读数，用以计算水准仪至水准尺的距离(视距)。

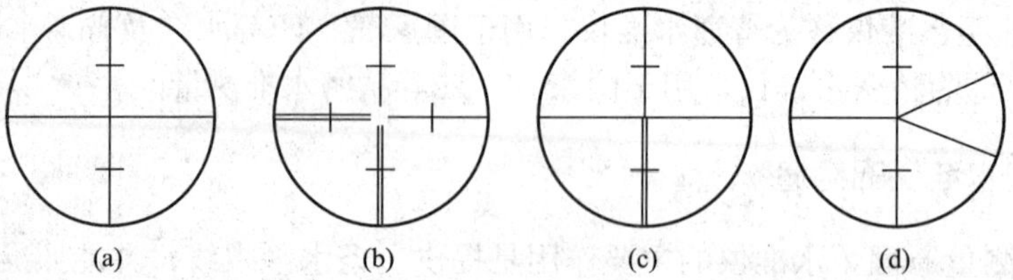

图 2-3　十字丝

物镜光心与十字丝交点的连线构成望远镜的视准轴，如图 2-4 所示中的 CC。水准测量是在视准轴水平时，用十字丝的中丝截取水准尺上的读数，观测的视线即为视准轴的延长线。

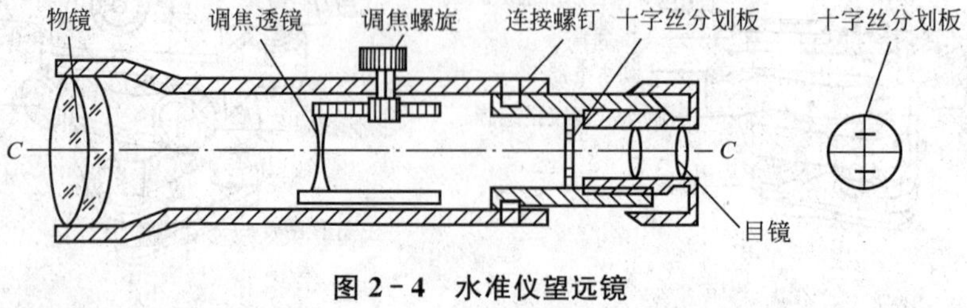

图 2-4　水准仪望远镜

从望远镜内所能看到的目标影像的视角 β 与肉眼直接观察该目标的视角 α 之比，称为望远镜的放大率，一般用 ν 表示，即

$$\nu=\beta/\alpha \qquad (2-5)$$

DS_3 型微倾式水准仪望远镜的放大率一般为 25～30 倍。

2. 水准器

水准器是用来整平仪器、指示视准轴是否水平，供操作人员判断水准仪是否置平的重要部件。水准器分为圆水准器和管水准器两种。

1）圆水准器

如图 2-5(a)所示，圆水准器是一封闭的玻璃圆盒，盒内部是装满乙醚溶液，密封后留有气泡。盒顶面内壁磨成圆球形，顶面的中央画一小圆，其圆心 S 即为水准器的零点。连接零点 S 与球面的球心 O 的直线称为圆水准器的水准轴。当气泡居中时，圆水准器的水准轴即成铅垂位置；气泡偏离零点，轴线呈倾斜状态。气泡中心偏离零点 2mm，轴线所倾斜的角值，称为圆水准器的分划值。DS_3 型水准仪圆水准器分划值一般为 $8'\sim10'$。圆水准器的功能是用于仪器的粗略整平。

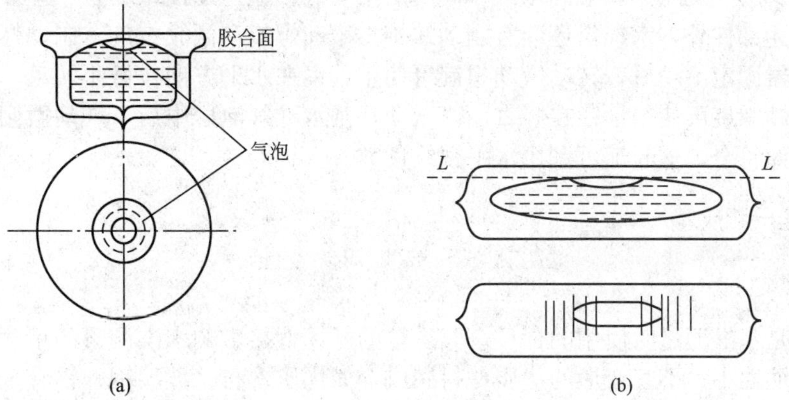

图 2-5　圆水准器

2）管水准器

管水准器又称水准管，它是一个管状玻璃管，其纵剖面方向的内表面为具有一定半径的圆弧。精确水准管的圆弧半径约为 80～100m，最精确的可达 200m。管内装有乙醚溶液，加热融封冷却后在管内留有一个气泡，如图 2-5(b)所示。由于气泡较液体轻，气泡恒处于最高位置。水准管内壁圆弧的中心点(最高点)为水准管的零点。过零点与圆弧相切的切线称为水准管轴［图 2-5(b)中 LL］。当气泡中点处于零点位置时，称气泡居中，这时水准管轴处于水平位置，否则水准管轴处于倾斜位置。水准管的两端各刻有数条间隔 2mm 的分划线，水准管上 2mm 间隔的圆弧所对的圆心角，称为水准管的分划值，用 τ 表示。

$$\tau=\frac{2}{R}\rho \tag{2-6}$$

式中　R——为水准管圆弧半径，单位为 mm；

ρ——弧度相对应的秒值，$\rho=206265''$。

测量仪器上的水准管分划值，小的可达 $2''$，大者可达 $2'\sim5'$。水准管的分划值越小，灵敏度越高。DS_3 型水准仪水准管的分划值为 $20''$，记作 $20''/2$mm。由于水准管的精度较高，因而用于仪器的精确整平。

气泡准确而快速移居管中最高位置的能力，称为水准管的灵敏度。测量仪器上水准管的灵敏度须适合其用途。用灵敏度较高的水准管可以更精确地导致仪器的某部分成水平位置或竖直位置；但灵敏度越高，置平越费时间，所以水准管灵敏度应与仪器其他部分的精密情况相适应。

3）符合水准器

为了提高水准管气泡居中的精度，DS_3 型水准仪水准管的上方装有符合棱镜系统，如图 2－6(a)所示。将气泡两端影像同时反映到望远镜旁的观察窗内。通过观测窗观察，当两端半边气泡的影像符合时，表明气泡居中，如图 2－6(b)所示，若两影像成错开状态，表明气泡不居中，如图 2－6(c)所示，此时应转动微倾螺旋使气泡影像符合这种装有棱镜组的水准管，称符合水准器。

3. 基座

基座的作用是支承仪器的上部并通过连接螺旋使仪器与三脚架相连。基座位于仪器下部，主要由轴座、脚螺旋、底板、三角形压板构成。仪器上部通过竖轴插入轴座内旋转，由基座承托。脚螺旋用于调节圆水准气泡的居中。底板通过连接螺旋与三脚架连接。

除了上述部件外，水准仪还装有制动螺旋、微动螺旋和微倾螺旋。制动螺旋用于固定仪器；当仪器固定不动时，转动微动螺旋可使望远镜在水平方向作微小转动，用以精确瞄准目标；微倾螺旋可使望远镜在竖直面内微动，圆水准气泡居中后，转动微倾螺旋使管水准器气泡影像符合，这时即可利用水平视线读数。

2.2.2 水准尺和尺垫

1. 水准尺

水准尺是水准测量时使用的标尺。其质量的好坏直接影响水准测量的精度。因此，水准尺需用伸缩性小、不宜变形的优质材料制成，如优质木材、玻璃钢、铝合金等。常用的水准尺有塔尺和双面尺两种，如图 2－7 所示。

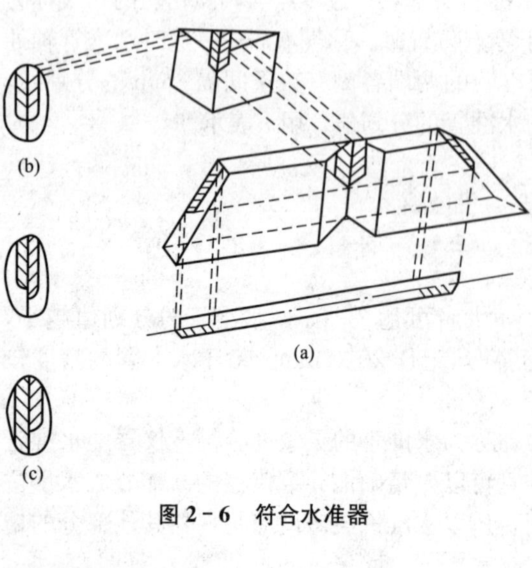

图 2－6 符合水准器

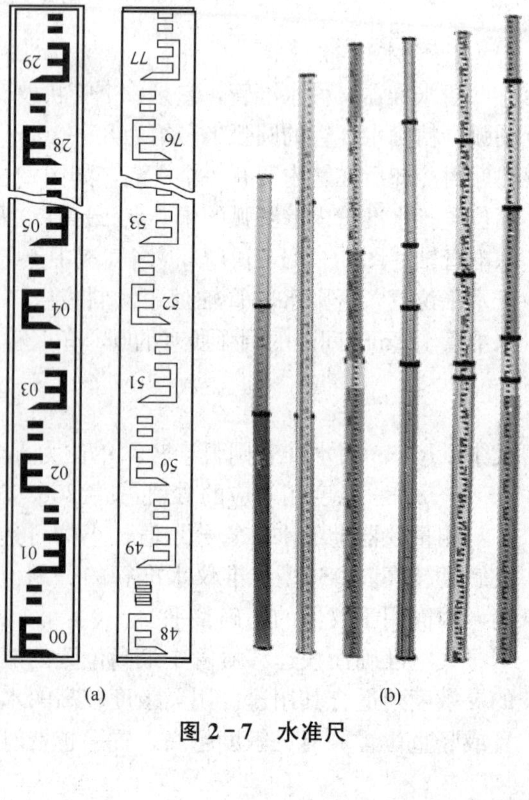

图 2－7 水准尺

双面尺［图 2-7(a)］多用于三、四等水准测量，其长度为 3m，两根尺为一对。尺的两面均有刻划，一面为红白相间称为红面尺；另一面为黑白相间，称黑面尺(也称主尺)，两面的最小刻划均为 1cm，并在分米处注字。两根尺的黑面均由零开始；而红面，一根由 4.678m 开始至 7.678m，另一根由 4.787m 开始至 7.787m；其目的是避免观测时的读数错误，便于校核读数。同时用红、黑两面读数求得高差，可进行测站检核计算。

塔尺［图 2.7(b)］仅用于等外水准测量。一般由两节或三节套接而成，其长度有 3m 和 5m 两种。塔尺可以伸缩，尺的底部为零点。尺上黑白格相间，每格宽度为 1cm，有的为 0.5cm，每小格宽 1mm，米和分米处皆注有数字。数字有正字和倒字两种。数字上加红点表示米数。塔尺接头处容易损坏，观测时易出现误差。

2. 尺垫

尺垫是在转点处放置水准尺用的，其作用是防止转点位移动和水准尺下沉。如图 2-8 所示，尺垫用生铁铸成，一般为三角形，中间有一突起的半球体，下方有三个支脚。使用时将支脚牢固地踏入土中，以防下沉。上方突起的半球形顶点作为竖立水准尺和标志转点之用。

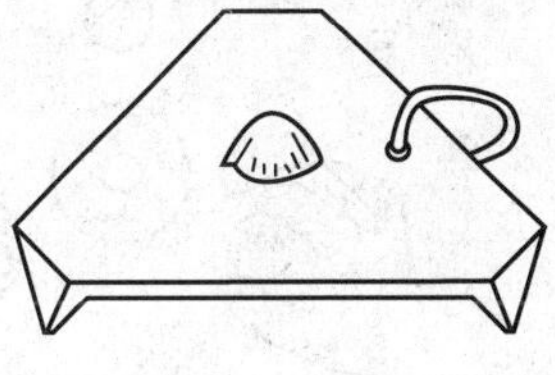

图 2-8 尺垫

2.3 水准仪的使用

使用微倾式水准仪的基本操作程序为：安置仪器、粗略整平(粗平)、瞄准水准尺、精确整平(精平)和读数。

使用水准仪时，将仪器装于三脚架上，安置在选好的测站上，三脚架头大致水平，仪器的各种螺旋都调整到适中位置，以便螺旋向两个方向均能转动。用脚螺旋导致圆水准器的气泡居中，称为粗平；放松制动螺旋，水平方向转动望远镜，用准星和照门大致瞄准水准标尺；固定制动螺旋，用微动螺旋使望远镜精确瞄准水准尺；用微倾螺旋使水准管气泡居中，称为精平；最后通过望远镜用十字丝中间的横丝在水准尺上读数。

2.3.1 水准仪的安置

安置水准仪的方法，通常是先将脚架的两条架腿取适当位置安置好，然后一手握住第三条架腿作前后移动和左右摆动。一手扶住脚架顶部，眼睛注意圆水准器气泡的移动，使之不要偏离中心太远。如果地面比较坚实，如在公路上、铺贴面的街道上等可以不用脚踏，如果地面比较松软则应用脚踏实，使仪器稳定。当地面倾斜较大时，应将三脚架的一个架脚安置在倾斜方向上，将另外两个脚安置在与倾斜方向垂直的方向，这样可以使仪器比较稳固。

特别提示

水准仪安置时应注意：

(1) 安置三脚架时，目估架台大致水平。

(2) 固定两个三脚架腿，移动另一个架腿，圆水准气泡大致居中。

(3) 调试三个脚螺旋高度大致相同。

2.3.2 粗略整平

粗平工作是通过调节仪器的脚螺旋，使圆水准器的气泡居中，以达到仪器竖轴大致铅直，视准轴粗略水平的目的。基本方法是：用两手分别以相对方向转动两个脚螺旋，此时气泡移动方向与左手大拇指旋转方向相同，如图 2-9(a)所示。然后再转动第三个脚螺旋使气泡居中，如图 2-9(b)所示。实际操作时可以不转动第三个脚螺旋，而以相同方向同样速度转动原来的两个脚螺旋使气泡居中，如图 2-9(c)所示。在操作熟练以后，不必将气泡的移动分解为两步，而可以转动两个脚螺旋直接导致气泡居中。

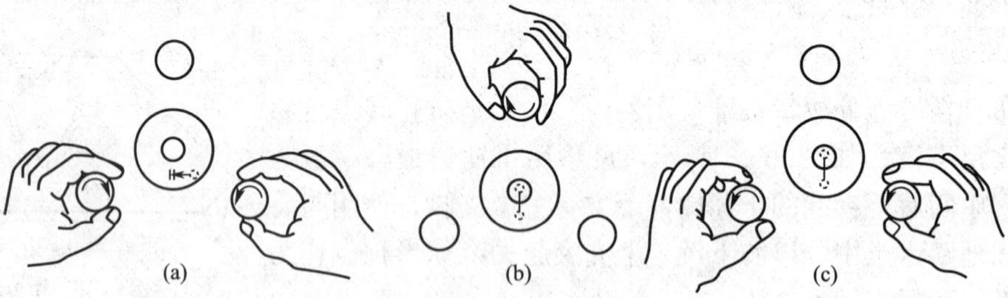

图 2-9 粗略整平的操作

需要注意的是，在整平的过程中，气泡移动的方向与左手大拇指转动的方向一致。

2.3.3 瞄准

瞄准就是使望远镜对准水准尺，清晰地看到目标和十字丝成像，以便准确地进行水准尺读数。

首先进行目镜调焦，把望远镜对向明亮的背景，转动目镜调焦螺旋，使十字丝清晰；松开制动螺旋，转动望远镜，利用镜筒上的照门和准星连线对准水准尺，再拧紧制动螺旋。然后转动物镜的调焦螺旋，使水准尺成像清晰。最后转动微动螺旋，使十字丝的纵丝对准水准尺的像。

瞄准时应注意消除视差，眼睛在目镜处上下左右作少量的移动，发现十字丝和目标有对应的运动，这种现象称为视差。测量作业是不允许存在视差的，因为这说明不能判明是否精确地瞄准了目标。

产生视差的原因是目标通过物镜之后的影像没有与十字丝分划板重合，如图 2-10(a)和图 2-10(b)所示：人眼位于中间位置时，十字丝交点 O 与目标的像 a 点重合，当眼睛略为向上，O 点又与 b 点重合，当眼睛略为向下时，O 点便与 c 点重合了。如果连续使眼睛上下移动，就好像看到 O 点目标的像上下运动。2-10 图(c)是没有视差的情况。

消除视差的方法是仔细地进行目镜调焦和物镜调焦，直至眼睛上下移动时读数不变为止。

由于望远镜目镜的出瞳直径约为 1.5mm，人眼的瞳孔直径约为 2.0mm，所以检查有无视差时，眼睛上下左右移动的距离不宜大于 0.5mm。

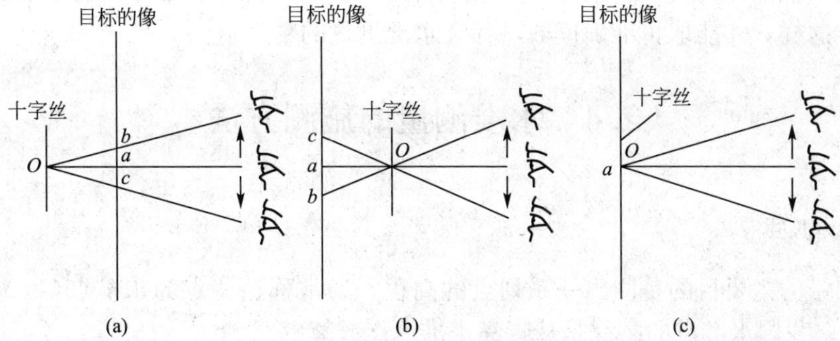

图 2-10　十字丝视差

2.3.4　精平

精确整平简称精平，就是在读数前转动微倾螺旋使水准管气泡居中(气泡影像重合)，从而达到视准轴精确水平的目的。

图 2-11 为微倾螺旋转动方向与两侧气泡移动方向的关系。精平时，应徐徐转动微倾螺旋，直到气泡影像稳定符合。

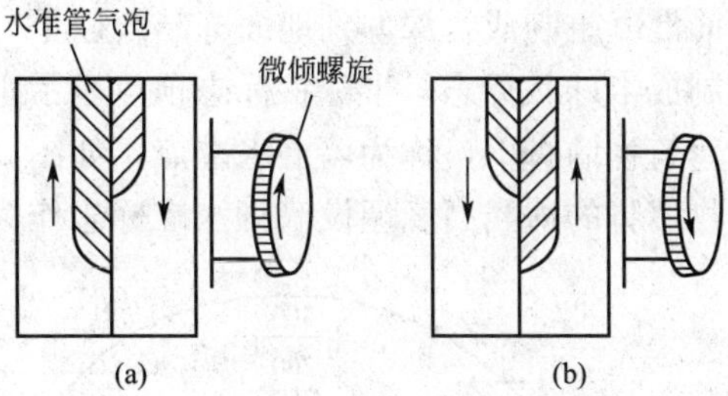

图 2-11　精确整平操作

必须指出，由于水准仪粗平后，竖轴不是严格铅直，当望远镜由一个目标(后视)转到另一目标(前视)时，气泡不一定符合，应重新精平，气泡居中符合后才能读数。

特别提示

(1) 先看水准管气泡是否大致居中。当离中心较远，眼睛看着气泡，旋转微倾螺旋，气泡移动的方向和螺旋旋转的方向相反。

(2) 当气泡大致居中，眼睛看观察窗中的气泡影像，螺旋旋转的方向与左边气泡移动方向相同。

(3) 气泡的移动有惯性，所以转动微倾螺旋的速度不能快，特别在符合水准器的两端气泡影像将要对齐的时候尤应注意。只有当气泡已经稳定不动而又居中的时候才达到精平的目的。

2.3.5　读数

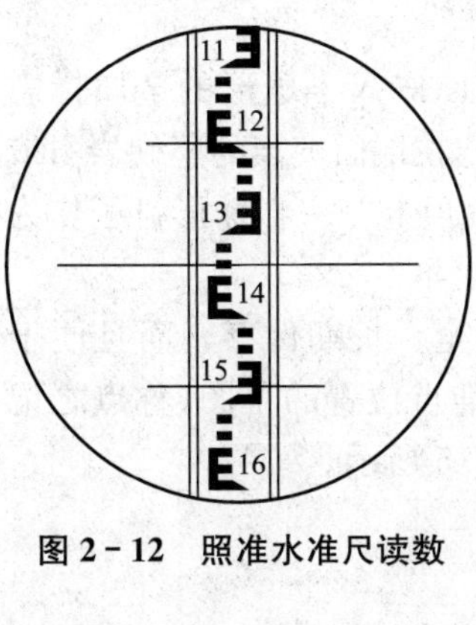

图 2-12　照准水准尺读数

当确认气泡符合后，应立即用十字丝横丝在水准尺上读数。读数前要认清水准尺的注记特征，读数时按由小到大的方向，读取米、分米、厘米、毫米四位数字，最后一位毫米估读。如图 2-12 所示，读数为 1.338，习惯上不读小数点，只读 1338 四位数，以毫米为单位，2.000m 或读 2000，0.068m 或读 0068。这对于观测、记录及计算工作都有一定的好处，可以防止不必要的误差和错误。

精平和读数是两项不同的操作步骤，但在水准测量过程中，应把两项操作视为一个整体，即精平后立即读数，读数后还要检查水准管气泡是否符合，只有这样，才能取得准确读数，保证水准测量的精度。

2.4 水准测量的施测方法

2.4.1 埋设水准点

水准测量的主要目的是测出一系列点的高程。通常称这些点为水准点(Bench Mark)，简记为BM。我国水准点的高程是从青岛水准原点起算的。

为了进一步满足工程建设和地形测图的需要，以国家水准测量的三、四等水准点为起始点，尚需布设工程水准测量或图根水准测量，通常统称为普通水准测量(也称等外水准测量)。普通水准测量的精度较国家等级水准测量低一些，水准路线的布设及水准点的密度可根据具体工程和地形测图的要求而有较大的灵活性。

水准点有永久性和临时性两种。国家等级水准点，如图 2-13(a)所示，一般用石料或钢筋混凝土制成，深埋到地面冻结线以下，在标石的顶面设有不锈钢或其他不宜锈蚀的材料制成半球状标志。半球状标志顶点表示水准点的点位。有的用金属标志埋设于基础稳固的建筑物墙脚下，称为墙上水准点，如图 2-13(b)所示。在城镇和厂矿区，常采用稳固建筑物墙脚的适当高度埋设墙脚水准标志作为水准点。

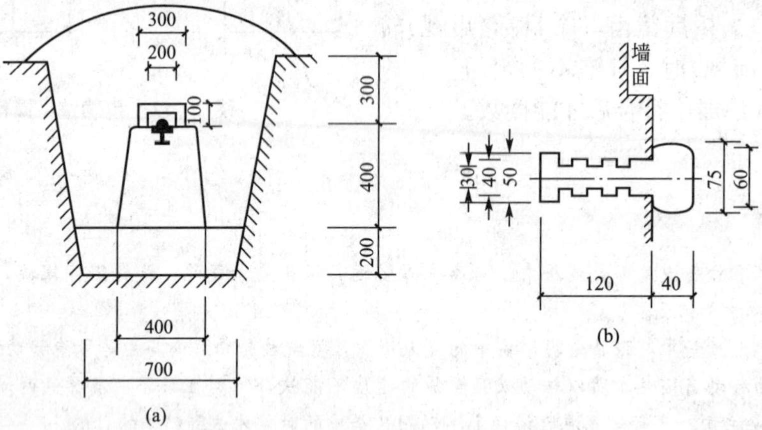

图 2-13 水准点标志

建筑工地上的永久性水准点一般用混凝土预制而成，顶面嵌入半球形的金属标志如图 2-14(a)所示，表示该水准点的点位。临时性的水准点可选在地面突出的坚硬岩石或房屋勒脚、台阶上，用红漆做标记，也可用大木桩打入地下，桩顶上钉一半球形钉子作为标志，如图 2-14(b)所示。

选择埋设水准点的具体地点，要求能保证标石稳定、安全、长期保存，而且便于使用。埋设水准点后，为了便于寻找水准点，应绘出能标记水准点位置的草图(称点之记)，图上要注明水准点的编号和与周围地物的位置关系，如图 2-15 所示。

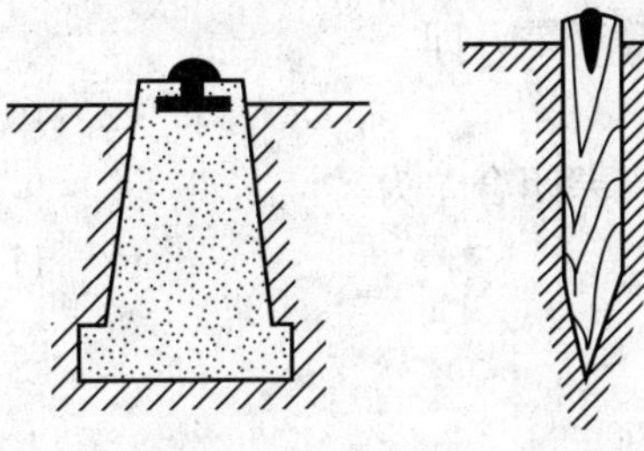

图 2－14　建筑工地上的水准点

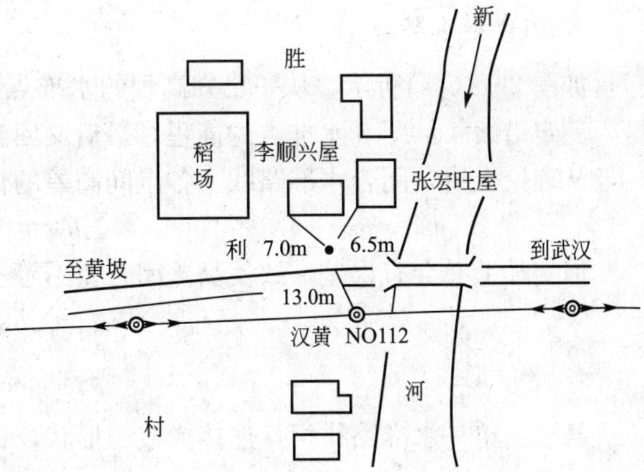

图 2－15　点之记

2.4.2　拟定水准路线

在水准测量中，为了避免观测、记录和计算中发生人为粗差，并保证测量成果达到一定的精度要求，必须布设某种形式的水准路线，利用一定的条件来检验所测成果的正确性。在一般的工程测量中，水准路线主要有以下三种形式。

1. 附合水准路线

如图 2－16(b)所示，从一个已知高程的水准点 BM_A 起，沿一条路线进行水准测量，经过测定一系列水准点 1、2、3 的高程，最后连测到另一个已知高程的水准点 BM_B，称为附合水准路线。

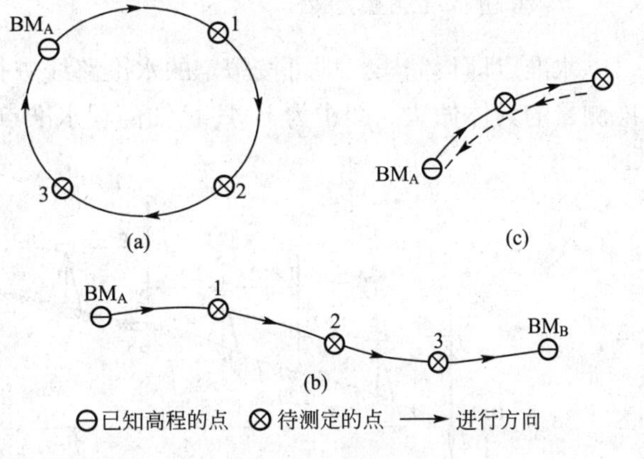

图 2－16　水准路线

理论上，符合水准路线中各待定高程点间的高差代数和，应等于始、终两个水准点的高程之差，即

$$\sum h_{理}=(H_{终}-H_{始}) \tag{2-7}$$

如果不相等，两点之差称为高差闭合差，用 f_h 表示，即

$$f_h=\sum h_{测}-\sum h_{理}=\sum h_{测}-(H_{终}-H_{始}) \tag{2-8}$$

2. 支水准路线

如图 2－16(c)所示，从一已知水准点 BM_A 出发，沿待定高程点进行水准测量，如果最后没有连测到已知高程的水准点，则这样的水准路线称为支水准路线。为了对测量成果进行检核，并提高成果的精度，单一水准支线必须进行往、返测量。往测高差与返测高差的代数和 $\sum h_{往}+\sum h_{返}$ 理论上应等于零，并以此作为支水准路线测量正确性与否的检验条件。如不等于零，则高差闭合差为

$$f_h=\sum h_{往}+\sum h_{返} \tag{2-9}$$

3. 闭合水准路线

如图 2-16(a)所示，从一已知高程的水准点 BM_A 出发，沿一条环形路线进行水准测量，测定沿线 1、2、3 水准点的高程，最后又回到原水准点 BM_A，称为闭合水准路。

从理论上讲，闭合水准路线上各点间高差的代数和应等于零，即

$$\sum h_{理}=0 \tag{2-10}$$

但实际上总会有误差，致使高差闭合差不等于零，则高差闭合差为

$$f_h=\sum h_{测}-\sum h_{理}=\sum h_{测} \tag{2-11}$$

4. 水准网

若干条单一水准路线相互连接构成的形状，称为水准网。

特别提示

(1) 附合水准路线——适用于开阔区域。
(2) 闭合水准路线——用于补充测量。
(2) 支水准路线——适用于狭长区域。

2.4.3 普通水准测量方法

水准点埋设完毕，即可按拟定的水准路线进行水准测量。现以图 2-17 为例，介绍水准测量的具体做法。图中为 BM_A 已知高程水准点，TP 为转点，B 为拟测高程的水准点。

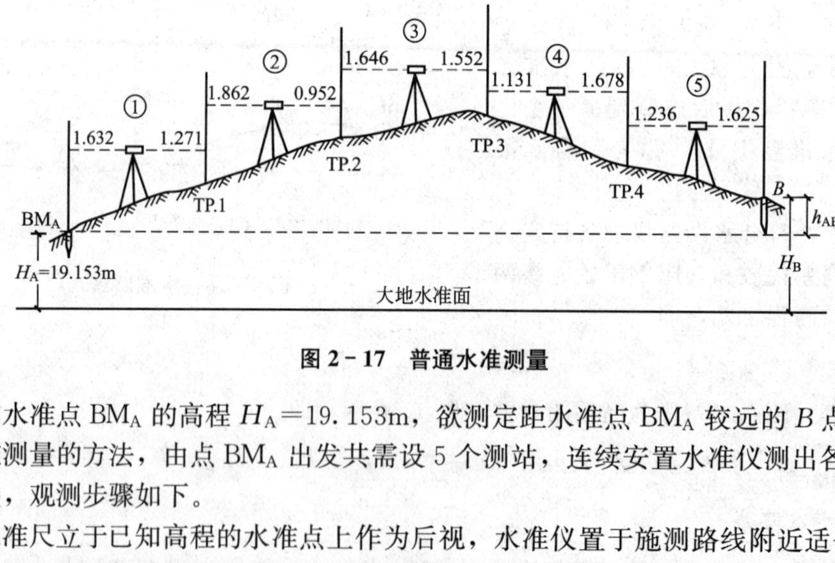

图 2-17 普通水准测量

已知水准点 BM_A 的高程 $H_A=19.153m$，欲测定距水准点 BM_A 较远的 B 点高程，按普通水准测量的方法，由点 BM_A 出发共需设 5 个测站，连续安置水准仪测出各站两点之间的高差，观测步骤如下。

将水准尺立于已知高程的水准点上作为后视，水准仪置于施测路线附近适合的位置，在施测路线的前进方向上取仪器至后视大致相等的距离放置尺垫，在尺垫上竖立水准尺作为前视。观测员将仪器用圆水准器粗平之后瞄准后视标尺，用微倾螺旋将水准管气泡居中，用中丝读后视读数至毫米。转动望远镜瞄准前视尺，此时，水准管气泡一般将会偏离少许，将气泡居中，用中丝读前视读数。记录员根据观测员的读数在手簿中记下相应的数字，并立即计算高差。以上为第一个测站的全部工作。

第一测站结束之后，记录员招呼后立尺员向前转移，并将仪器迁至第二测站。此时，

第一测站的前视点便成为第二测站的后视点。依第一测站相同的工作程序进行第二测站的工作，依次沿水准路线方向施测直至全部路线观测完为止。

观测记录与计算见表 2-1。

表 2-1 水准测量手簿

日期		仪器		观测		
天气		地点		记录		
测站	**点号**	**后视度数/m**	**前视度数/m**	**高差/m**	**高程/m**	**备注**
1	BM_A	1.632		+0.361	19.153	已知
	TP_1		1.271			
2	TP_1	1.862		+0.910		
	TP_2		0.952			
3	TP_2	1.646		+0.094		
	TP_3		1.552			
4	TP_3	1.131		−0.547		
	TP_4		1.678			
5	TP4	1.367		−0.258	19.713	
	B		1.625			
计算检核		$\sum a=7.638$	$\sum b=7.078$	$\sum h=+0.560$	19.713−19.153	
		$\sum a-\sum b=7.638-7.078=0.560$			+0.560	

对于记录表中每一项所计算的高差和高程都要进行计算检核。即后视读数总和减去前视读数总和、高差之和及 B 点高程与 A 点高程之差值，这三个数字应当相等。否则计算有误，见表 2-1。

$$\sum a-\sum b=7.638-7.078=+0.560 \tag{2-12}$$

$$\sum h=+0.560 \tag{2-13}$$

$$H_B-H_A=19.713-19.153=+0.560 \tag{2-14}$$

2.4.4 测站检验方法

在进行连续水准测量时，若其中任何一个后视或前视读数有错误，都会影响高差的正确性。对于每一测站而言，为了校核每次水准尺读数有无差错，可采用改变仪器高的方法或双面尺法进行测站检核。

1. 变动仪器高法

变动仪器高法是在同一测站通过调整仪器高度(即重新安置与整平仪器)，两次测得高差，改变仪器高度在 0.1m 以上；或者用两台水准仪同时观测，当两次测得高差的差值不超过容许值(如等外水准测量容许值为±6mm)，则取两次高差平均值作为该站测得的高差值。否则需要检查原因，重新观测。

2. 双面尺法

双面尺法是在同一个测站上，仪器高度不变，而立在前视点和后视点上的水准尺分别用黑面和红面各进行一次读数，测得两次高差，互相检核。若同一水准尺红面与黑面(加常数后)之差在 3mm 以内，且黑面尺高差 $h_{黑}$ 与红面尺高差 $h_{红}$ 之差不超过±5mm，则取黑、红面高差平均值作为该站测得的高差值。否则需要检查原因，重新观测。

特别提示

每次读数时均应使符合水准气泡严密吻合，每个转点均应安放尺垫，但所有已知水准点和待求高程点上不能放置尺垫。

2.5 水准测量的误差及注意事项

水准测量的误差包括：仪器误差、观测误差、外界条件的影响等三个方面。在水准测量作业中应根据误差产生的原因，采取相应的措施，尽量减弱或消除其影响。

2.5.1 仪器误差

1. 仪器校正后的残余误差

在水准测量前虽然经过严格的检验校正，但仍然存在残余误差。而这种误差大多数是系统性的，可以在测量中采取一定的方法加以减弱或消除。例如，水准管轴与视准轴不平行误差，当前后视距相等时，在计算高差时其偏差值将相互抵消。因此，在作业中，应尽量使前后视距相等。

2. 水准尺的误差

水准尺分划不准确、尺长变化、尺身弯曲，都会影响读数精度。因此，水准尺要经过检验才能使用，不合格的水准尺不能用于测量作业。此外，由于水准尺长期使用而使底端磨损，或有水准尺使用过程中粘上泥土，这些情况相当于改变了水准尺的零点位置，称水准尺零点误差。对于水准尺零点误差，可采取在两固定点间设置偶数测站的方法，消除其对高差的影响。

2.5.2 观测误差

1. 水准管气泡居中误差

水准测量时，视线的水平是根据水准管气泡居中来实现的。由于气泡居中存在误差，致使视线偏离水平位置，从而带来读数误差。消除此误差的办法是：每次读数时，使气泡严格居中。

2. 读数误差

在水准尺估读毫米数的误差，与人眼的分辨能力、望远镜的放大倍数及视线长度有关。在作业中，应遵循不同等级的水准测量对望远镜放大率和最大视线长度的规定，以保证估读精度。

3. 视差影响

水准测量时，如果存在视差，由于十字丝平面与水准尺影像不重合，眼睛的位置不同，读出的数据不同，会给观测结果带来较大的误差。因此，在观测时应仔细进行调焦，严格消除视差。

4. 水准尺倾斜影响

如图 2-18 所示，水准尺倾斜将使尺上的读数增大。误差大小与在尺上的视线高度以及尺子的倾斜程度有关。为消除这种误差的影响，扶尺必须认真，使尺既直又稳，有的水准尺上装有圆水准器，扶尺时应使气泡居中。

2.5.3 外界条件的影响

1. 仪器下沉

当仪器安置在土质疏松的地面上时，会产生缓慢下降现象，由后视转前视时视线下降，读数减小。可采用“后、前、前、后”的观测顺序，减小误差。

2. 尺垫下沉

如果转点选在松软的地面时，转站时，尺垫发生下沉现象，使下一站后视读数增大，引起高差误差。可采取往返测取中数的办法减小误差的影响。

3. 地球曲率及大气折光的影响

如图 2-19 所示，用水平视线代替大地水准面在水准尺上的读数产生误差 c，即

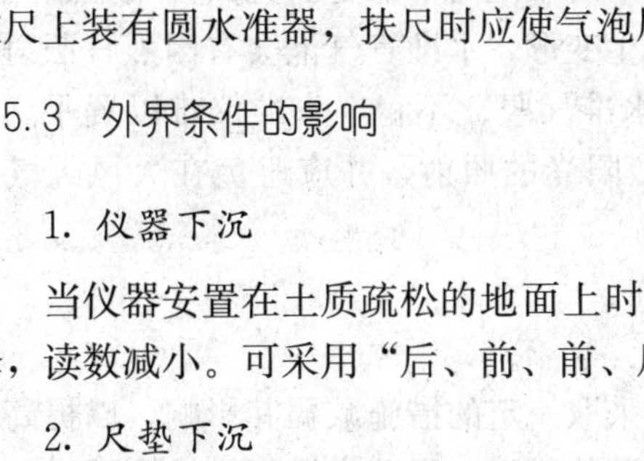

图 2-18 水准尺倾斜

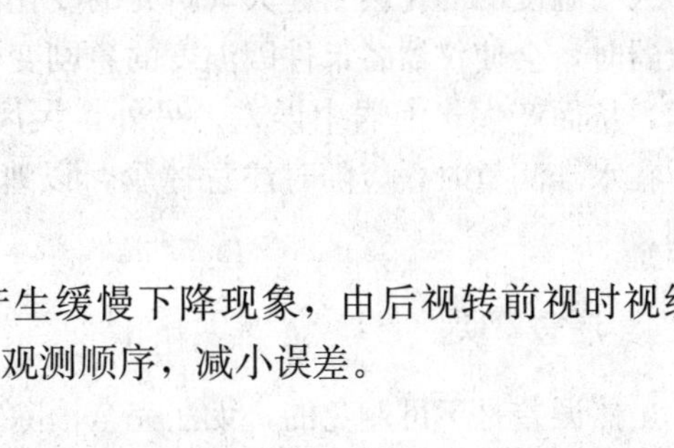

图 2-19 地球曲率及大气折光的影响

$$c=\frac{D^2}{2R} \tag{2-15}$$

式中 D——仪器到水准尺的距离；

R——地球的平均半径，6371km。

另外，由于地面大气层密度的不同，使仪器的水平视线因折光而弯曲，弯曲的半径大约为地球半径的 6～7 倍，且折射量与距离有关。它对读数产生的影响为

$$r=\frac{D^2}{2\times 7R} \tag{2-16}$$

地球曲率及大气折光两项影响之和为

$$f=c-r=0.43\frac{D^2}{R} \tag{2-17}$$

计算测站的高差时，应从后视和前视读数中分别减去 f，方能得出正确的高差，即

$$h=(a-f_a)-(b-f_b) \tag{2-18}$$

若前、后视距离相等时，则 $f_a=f_b$，地球曲率及大气折光的影响在计算高差时可以抵消。所以，在水准测量中，前、后视距应尽量相等。

4. 大气温度和风力的影响

大气温度的变化会引起大气折光的变化以及水准管气泡的不稳定。尤其是当强阳光直射仪器时，会使仪器各部件因温度的急剧变化而发生变形，水准管气泡会有因烈日照射而收缩，从而产生气泡居中误差。另外，大风可使水准尺竖立不稳，水准仪难以置平。因此，在水准测量时，应随时注意撑伞，以遮挡强烈阳光的照射，并应避免在大风天气里观测。

2.5.4 注意事项

虽然误差是不可避免的，无法完全消除，但可采取一定的措施减弱其影响，以提高测量结果的精度，同时应避免在测量时人为因素而导致的错误。因此在进行水准测量时，应注意以下几方面：

(1) 放置水准仪时，尽量使前、后视距相等。

(2) 每次读数时水准管气泡必须居中。

(3) 观测前，仪器都必须进行检验和校正。

(4) 读数时水准尺必须竖直，有圆水准器的尺子应使气泡居中。

(5) 尺垫顶部和水准尺底部不应沾带泥土，以降低对读数的影响。

(6) 望远镜应仔细对光，严格消除视差。

(7) 前后视线长度一般不超过100m，视线离地面高度一般不应小于0.3m。

(8) 在强烈光照下必须撑伞，以避免仪器的结构因局部的温度增高而发生变化，影响视线的水平。

(9) 读数要清楚。记录者如有记错，错误记录应用铅笔划去，再重写。

(10) 读数后，记录者必须当场计算，测站检核无误，方可迁站。

(11) 仪器迁站，要注意不能碰动转点上的尺垫。

2.6 水准测量的成果计算

普通水准测量外业观测结束后，首先应复查与检核记录手簿，计算各点间高差。经检核无误后，根据外业观测的高差计算闭合差。若闭合差符合规定的精度要求，则调整闭合差，最后计算各点的高程。

按水准路线布设形式进行成果整理，其内容包括：

(1) 水准路线高差闭合差计算与校核。

(2) 高差闭合差的分配，计算改正后的高差。

(3) 计算各点改正后的高程。

不同等级的水准测量，对高差闭合差的容许值有不同的规定。对于普通水准测量，等外水准测量的高差闭合差容许值为

$$\begin{cases} f_{h容}=\pm 40\sqrt{L} & \text{适用于平原区} \\ f_{h容}=\pm 12\sqrt{n} & \text{适用于山区} \end{cases} \tag{2-19}$$

式中 $f_{h容}$——高差闭合差限差，单位为 mm；

L——水准路线长度，单位为 km；

n——测站数。

在山丘地区，当每千米水准路线的测站数超过 16 站时，容许高差闭合差可用 $f_{h容}=\pm 12\sqrt{n}$(mm)计算，式中 n 为水准路线的测站总数。

施工中，如设计单位根据工程性质提出具体要求时，应按要求精度施测。

2.6.1 附和水准路线成果计算

例 图 2-20 为按图根水准测量要求施测某附和水准路线观测成果略图。BM-A 和 BM-B 为已知高程的水准点，A 点的高程为 65.376m，B 点的高程为 68.623m，图中箭头表示水准测量前进方向，点 1、2、3 为待测水准点，各测段高差、测站数、距离如图 2-20 所示。现以图 2-20 为例，按高程推算顺序将各点号、测站数、测段距离、实测高差及已知高程填入表 2-2 相应栏内。

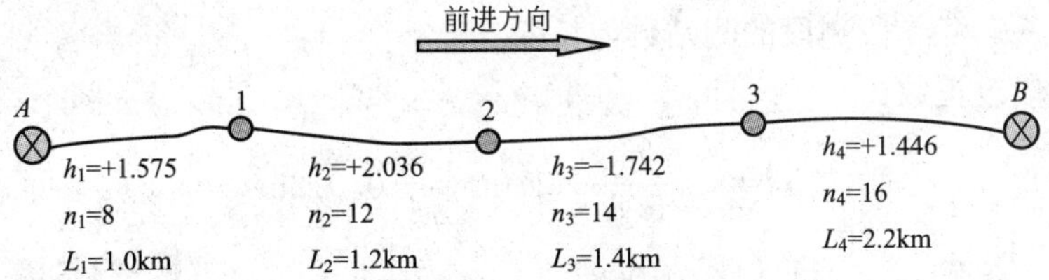

图 2-20　附和水准路线观测

表 2-2　附和水准测量成果计算表

测段编号	点名	距离/km	测站数	实测高差/m	改正数/m	改正后的高差/m	高程/m	备注
	A						65.376	
1		1.0	8	+1.575	−0.012	+1.563		
	1						66.939	
2		1.2	12	+2.036	−0.014	+2.022		
	2						68.961	
3		1.4	14	−1.742	−0.016	−1.758		
	3						67.203	
4		2.2	16	+1.446	−0.026	+1.420		
	B						+68.623	
Σ		5.8	50	+3.315	−0.068	+3.247		
辅助计算	$f_h=+68\text{mm}\quad L=5.8\text{km}$ $f_{容}=\pm 40\sqrt{5.8}=\pm 96\text{mm}\quad -f_h/L=-12\text{mm}$							

解算如下。

1. 计算高差闭合差

$$f_h=\sum h_{测}-(H_{终}-H_{始})=[3.315-(68.623-65.376)]\text{mm}=68\text{mm}$$

每千米测站数：$n=50\div5.8=8.6<16$ 站，故采用平地计算公式：

$$f_{h容}=\pm40\sqrt{L}=\pm40\sqrt{5.8}\text{mm}=\pm96\text{mm}$$

因为$|f_h|<|f_{h容}|$，其精度符合要求，可进行闭合差分配。

2. 调整高差闭合差

高差闭合差的调整原则和方法是按其与测段距离(测站数)成正比并反符号改正到各相应测段的高差上，得改正后得高差，即

$$v_i=-\frac{f_h}{\sum n}\times n_i$$

或

$$v_i=-\frac{f_h}{\sum l}\times l_i \tag{2-20}$$

改正后得高差为

$$h_{i改}=h_{i测}+v_i \tag{2-21}$$

式中 v_i、$h_{i改}$——第 i 段测段的高差改正数和改正后得高差；

$\sum n$、$\sum l$——路线总测站数与总长度；

n_i、l_i——第 i 段测段的测站数与长度。

题中各测段改正数：

$$v_1=-\frac{0.068}{5.8}\times1.0\text{m}=-0.012\text{m}$$

$$v_2=-\frac{0.068}{5.8}\times1.2\text{m}=-0.014\text{m}$$

$$v_3=-\frac{0.068}{5.8}\times1.4\text{m}=-0.016\text{m}$$

$$v_4=-\frac{0.068}{5.8}\times2.2\text{m}=-0.026\text{m}$$

将各测段高差改正数分别填入相应改正数栏内，并检核：改正数的总和与所求得的高差闭合差绝对值相等、符号相反，即$\sum v=-f_h=-0.068\text{m}$。

各测段改正后的高差为

$$h_{1改}=h_{1测}+v=(+1.575-0.012)\text{m}=+1.563\text{m}$$

$$h_{2改}=h_{2测}+v=(+2.036-0.014)\text{m}=+2.022\text{m}$$

$$h_{3改}=h_{3测}+v=(-1.742-0.016)\text{m}=-1.758\text{m}$$

$$h_{4改}=h_{4测}+v=(+1.446-0.026)\text{m}=+1.420\text{m}$$

将各测段改正后的高差分别填入相应的栏内，并检核；改正后的高差总和应等于两已知高程之差，即

$$\sum h_{改}=H_B-H_A=+3.247\text{m}$$

3. 计算待定点高程

由水准点 BMA 已知高程开始，逐一加各测段改正后的高差，即得各待定点高程，并填入相应高程栏内。即

$$H_1=H_A+h_{1改}=(65.376+1.563)\text{m}=66.939\text{m}$$
$$H_2=H_1+h_{2改}=(66.939+2.022)\text{m}=68.961\text{m}$$
$$H_3=H_2+h_{3改}=(68.961-1.758)\text{m}=67.203\text{m}$$
$$H_4=H_3+h_{4改}=(67.203+1.420)\text{m}=68.623\text{m}$$

推算的 B 点的高程应该等于该点的已知高程，以此作为计算的检核。

2.6.2 闭合水准路线成果计算

闭合水准路线各测段高差的代数和应等于零。如果不等于零，其代数和就是闭合水准路线的闭合差 f_h，即 $f_h=\sum h_{测}$。$f_h<f_{h容}$ 时，可进行闭合水准路线的计算调整，其步骤与附和水准路线相同。

2.6.3 支水准路线成果计算

对于支水准路线取其往返测高差的平均值作为成果，高差的符号应以往测为准，最后推算出待测点的高程。

以图 2-21 为例，已知水准点 A 的高程为 186.785m，往、返测站共 16 站。高差闭合差为

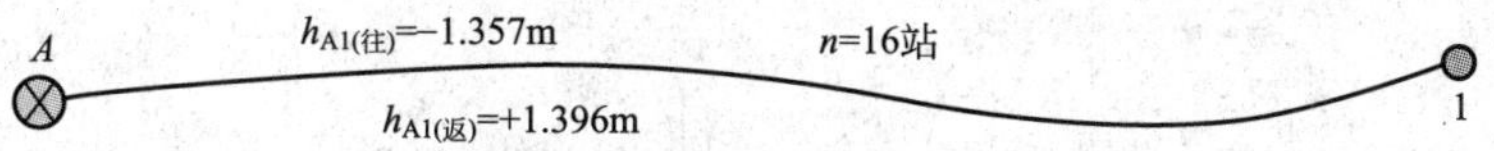

图 2-21 支水准路线观测

$$f_h=h_{往}+h_{返}=(-1.357+1.396)\text{m}=0.021\text{m}$$

闭合差容许值为

$$f_{h容}=\pm 12\sqrt{n}=\pm 12\times\sqrt{16}\text{mm}=\pm 48\text{mm}$$

$|f_h|<|f_{h容}|$ 说明符合普通水准测量的要求。经检核符合精度要求后，可取往测和返测高差绝对值的平均值作为 A、1 两点间的高差，其符号与往测高差符号相同，即

$$h_{AB}=\frac{h_{往}+h_{返}}{2}=\frac{(-1.375+1.396)}{2}=-1.386$$
$$H_1=(186.785-1.386)\text{m}=185.399\text{m}$$

2.7 水准仪的检验和校正

2.7.1 水准仪的主要轴线及应满足的条件

如图 2-22 所示，水准仪有 4 条主要轴线，即望远镜的视准轴 CC、水准管轴 LL、圆水准轴 $L'L'$、仪器的竖轴 VV。各轴线应满足的几何条件是：

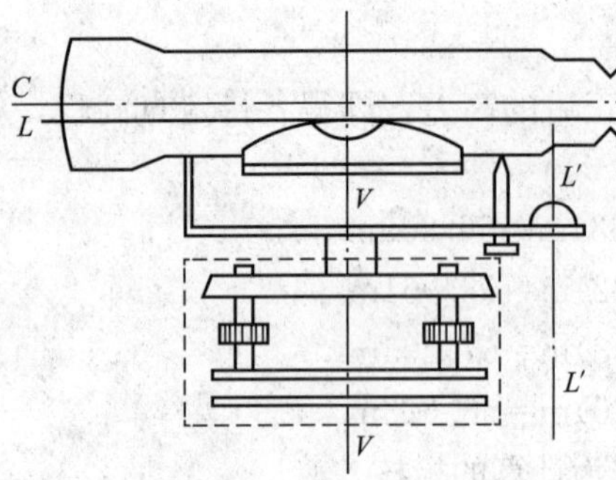

图 2-22 水准仪的轴线

(1) 水准管轴 LL∥视准轴 CC。即 LL∥CC。当此条件满足时，水准管气泡居中，水准管轴水平，视准轴处于水平位置。

(2) 圆水准轴 $L'L'$∥竖轴 VV。当此条件满足时，圆水准气泡居中，仪器的竖轴处于垂直位置，这样仪器转动到任何位置，圆水准气泡都应居中。

(3) 十字丝垂直于竖轴，即十字丝横丝要水平。这样，在水准尺上进行读数时，可以用丝的任何部位读数。

以上这些条件，在仪器出厂前已经过严格检校，但是由于仪器长期使用和运输中的振动等原因，可能使某些部件松动，上述各轴线间的关系会发生变化。因此，为保证水准测量质量，在正式作业之前，必须对水准仪进行检验校正。

2.7.2 水准仪的检验与校正

1. 圆水准器的检验与校正

目的： 使圆水准器轴平行于竖轴，即 $L'L'$∥VV。

检验： 转动脚螺旋使圆水准器气泡居中，如图 2-23(a)所示，然后将仪器转动 180°，这时，如果气泡不再居中，而偏离一边，如图 2-23(b)所示，说明 $L'L'$不平行于 VV，需要校正。

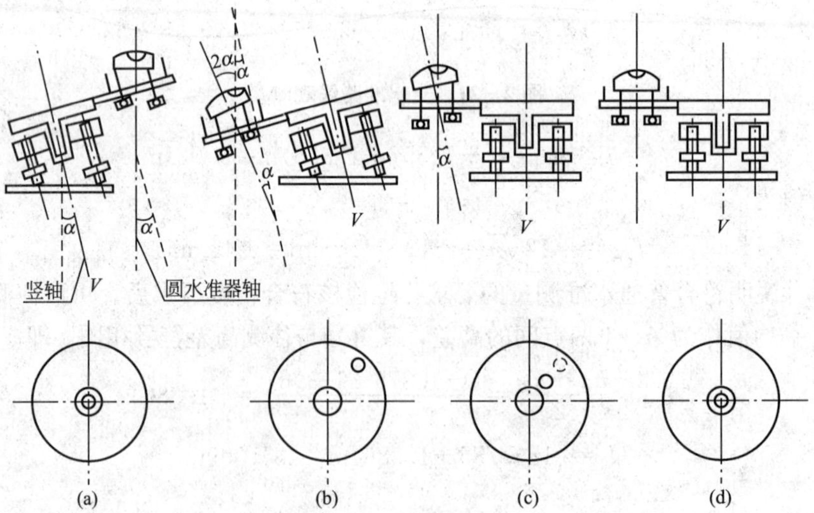

图 2-23 圆水准器的检验与校正

校正： 旋转脚螺旋使气泡向中心移动偏距一半，然后用校正拨针拨圆水准器底下的三个校正螺旋，使气泡居中，如图 2-24 所示。

校正工作一般难以一次完成，需反复校核数次，直到仪器旋转到任何位置时气泡都居中为止。最后，应注意拧紧固紧螺栓。

该项检验与校正的原理如图 2-24 所示，假设圆水准器轴 $L'L'$ 不平行于竖轴 VV，两者相交一个 α 角，转动脚螺旋，使圆水准器气泡居中，则圆水准器轴处于铅垂位置，而竖轴倾斜了一个角 α，如图 2-23(a)所示；将仪器绕竖轴旋转 180°，圆水准器轴转动竖轴另一侧，此时圆水准器气泡不居中，因旋转时圆水准器轴与竖轴保持 α 角，所以旋转后圆水准器轴与铅垂之间的夹角为 2α 角，如图 2-23(b)所示，这样气泡也同样偏离相对的一段弧长。校正时，旋转脚螺旋使气泡向中心移动偏离值的一半，从而消除竖轴本身偏斜的一个角 α，如图 2-23(c)所示，使竖轴处于铅垂方向。然后再拨圆水准器上校正螺旋，使气泡退回另一半居中，这样就消除了圆水准器轴与竖轴间的夹角 α，如图 2-23(d)所示，使两者平行，达到 $L'L' /\!/ VV$ 的目的。

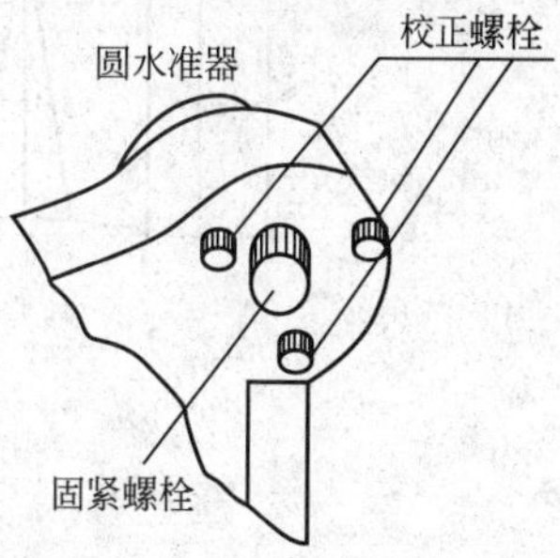

图 2-24　圆水准器校正螺栓

2. 十字丝横丝的检验与校正

目的：当仪器整平后，十字丝的横丝应水平，即横丝应垂直于竖轴。

检验：整平仪器，在望远镜中用横丝的十字丝中心对准某一标志 P，拧紧制动螺旋，转动微动螺旋。微动时，如果标志始终在横丝上移动，则表明横丝水平。如果标志不在横丝上移动，如图 2-25 所示，表明横丝不水平，需要校正。

校正：松开 4 个十字丝环的固定螺栓，如图 2-26 所示，按十字丝倾斜方向的反方向微微转动十字丝环座，直至 P 点的移动轨迹与横丝重合，表明横丝水平。校正后将固定螺栓拧紧。

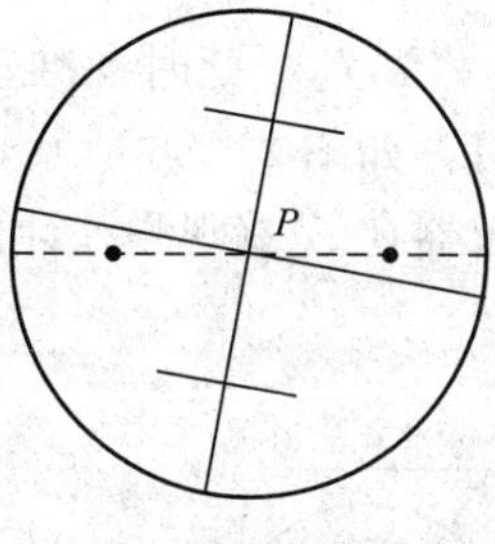

图 2-25　十字丝横丝的检验

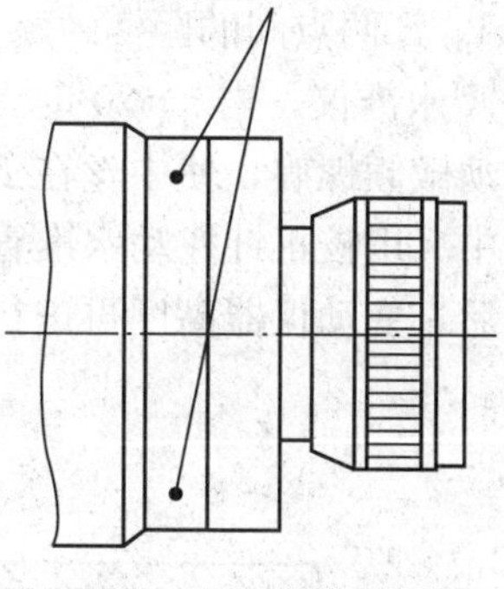

图 2-26　十字丝横丝的校正

3. 水准管轴平行于视准轴(i 角)的检验与校正

目的：使水准管轴平行于望远镜的视准轴，即 $LL /\!/ CC$。

检验：在平坦的地面上选定相距为 80m 左右的 A、B 两点，各打一大木桩或放尺垫，并在上面立尺，然后按以下步骤对水准仪进行检验，如图 2-27 所示。

(1) 将水准仪置于与 A、B 点等距离的 C 点处，用仪器高法(或双面尺法)测定 A、B 两点间的高差 h_{AB}，设其读数分别为 a_1 和 b_1，则 $h_{AB}=a_1-b_1$。两次高差之差小于 3mm 时，取其平均值作为 A、B 间的高差。此时，测出的高差值是正确的。因为，假设此时水准仪的视准轴不平行水准管轴，倾斜了 i 角，分别引起读数误差 Δa 和 Δb，但因 $BC=AC$，则 $\Delta a=\Delta b=\Delta$，则

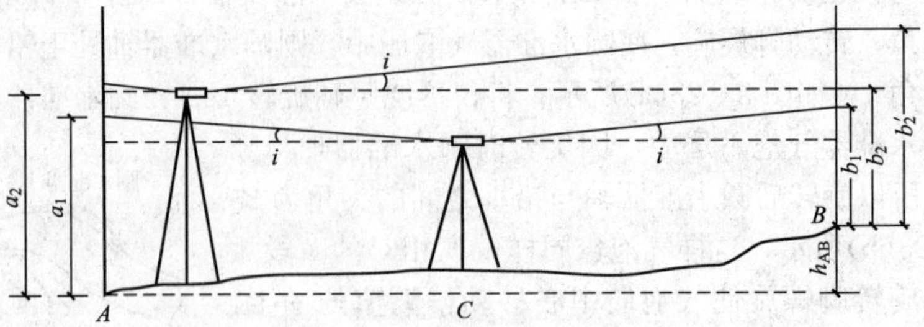

图 2-27　水准管轴的检验

$$h_{AB}=(a_1-\Delta)-(b_1-\Delta)=a_1-b_1 \tag{2-22}$$

这说明不论视准轴与水准管轴平行与否，由于水准仪安置在距水准尺等距离处，测出的是正确高差。

(2) 将仪器搬至距 A 尺(或 B 尺)3m 左右处，精平仪器后，在 A 尺上读数 a_2。因为仪器距 A 尺很近，忽略角 i 的影响。根据近尺读数 a_2 和高差 h_{AB} 计算出 B 尺上水平视线时的应有读数为

$$b_2=a_2-h_{AB} \tag{2-23}$$

然后，调转望远镜照准 B 点上水准尺，精平仪器读取读数。如果实际读出的数 $b_2'=b_2$，说明 $LL/\!/CC$。否则，存在角 i，其值为

$$i=\frac{b_2'-b_2}{D_{AB}}\times\rho \tag{2-24}$$

式中，D_{AB} 为 A、B 两点间的距离；$\rho=206265''$。

对于 DS_3 型水准仪，当 $i>20''$ 时，则需校正。

校正： 转动微倾螺旋，使中丝在 B 尺上的读数从 b_2' 移到 b_2，此时视准轴水平，而水准管气泡不居中。用校正针拨动水准管的上、下校正螺钉，如图 2-28 所示，使符合气泡居中。校正以后，变动仪器高度再进行一次检验，直到仪器在 A 端观测并计算出的 i 角值符合要求为止。

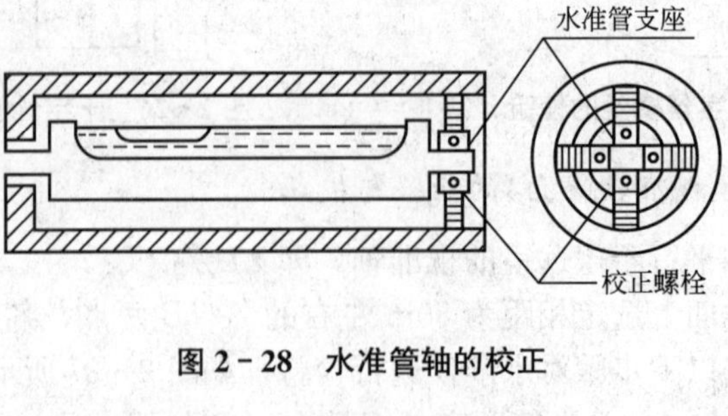

图 2-28　水准管轴的校正

特别提示

校正方法有两种：

(1) 校正水准管——旋转微倾螺旋，使十字丝横丝对准 $b_2=a_2-h_{AB}$，拨动水准管“校正螺丝”，使水准管气泡居中。

(2) 校正十字丝——可用于自动安平水准仪

保持水准管气泡居中，拨动十字丝上下两个“校正螺栓”，使横丝对准 b_2。

2.8 自动安平、精密、激光水准仪简介

2.8.1 自动安平水准仪

用普通微倾式水准仪测量时，必须通过转动微倾螺旋使符合气泡居中获得水平视线后，才能读数，需在调整气泡居中上花费时间，且易造成视觉疲劳，影响测量精度。而且自动安平水准仪利用自动安平补偿器代替水准管，观测时能自动使视准轴置平，获得水平视线读数。这不仅加快水准测量的速度，而且，对于微小倾斜，亦可迅速得到调整，使中丝读数仍为水平视线读数，从而提高了水准测量的精度。

1. 自动安平原理——与普通水准仪相比，在望远镜的光路上加了一个补偿器

自动安平原理如图 2-29 所示，当水准轴水平时，从水准尺 a_0 点通过物镜光心的水平光线将落在十字丝交点 A 处，从而得到正确读数。当视线倾斜一微小的角度 α 时，十字丝交点从 A 移至 A'，从而产生偏距 AA'。为了补偿这段偏距，可在十字丝前 s 处的光路上，安置一个光学补偿器，水平线经过补偿器偏转 β 角，恰好通过视准轴倾斜时十字丝交点 A' 处，所以补偿器满足下列要求：

$$f\alpha=s\beta \tag{2-25}$$

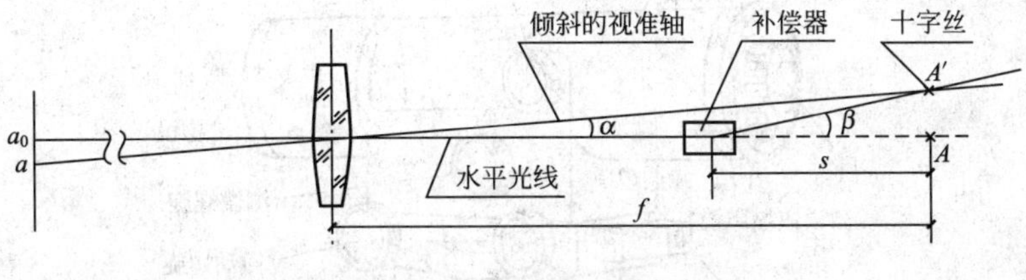

图 2-29 自动安平原理

从而达到补偿的目的。

补偿器的形式很多，如图 2-30 所示，是我国生产的 DSZ_3 型自动安平水准仪。补偿器采用了悬吊式棱镜装置，如图 2-31 所示。在该仪器的调焦透镜和十字丝分划之间装置一个补偿器，这个补偿器由固定在望远镜筒上的屋脊棱镜以及金属丝悬吊的两块直角棱镜所组成，并与空气阻尼器相连接。

2. 自动安平水准仪的使用

使用自动安平水准仪观测时，首先用脚螺旋使圆水准气泡居中(仪器粗平)，然后用望远镜瞄准水准尺，由十字丝中丝在水准尺上读得的数，就是视线水平时的读数。操作步骤比普通微倾水准仪简单，从而可提高工作效率。另外，自动安平水准仪的下方一般具有水平度盘，用于读取指示不同方向的水平方位。

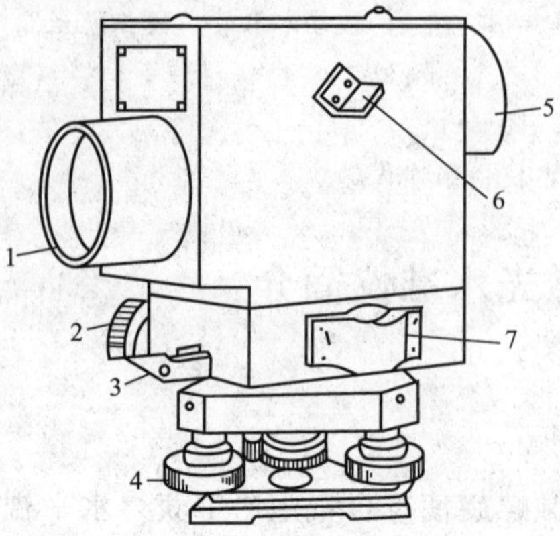

2－30　自动安平水准仪

1—物镜；2—水平微动螺旋；3—制动螺旋；
4—脚螺旋；5—目镜；6—反光镜；7—圆水准器

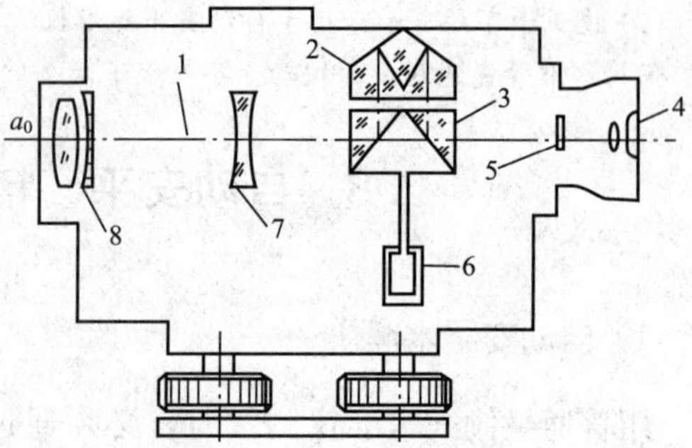

图 2－31　自动安平补偿器

1—水平光线；2—固定屋脊棱镜；3—悬吊直角棱镜；
4—目镜；5—十字丝分划板；6—空气阻尼器；
7—调焦透镜；8—物镜

2.8.2　精密水准仪

精密水准仪主要用于一、二等水准测量和精密工程测量，如大型建筑施工、沉降观测和大型设备安装的测量控制工作。

精密水准仪的结构精密，性能稳定，测量精度高。其基本构造也是主要由望远镜、水准器和基座三部分组成，如图 2－32 所示。但是，与普通的 DS_3 型水准仪相比，其具有以下主要特征：

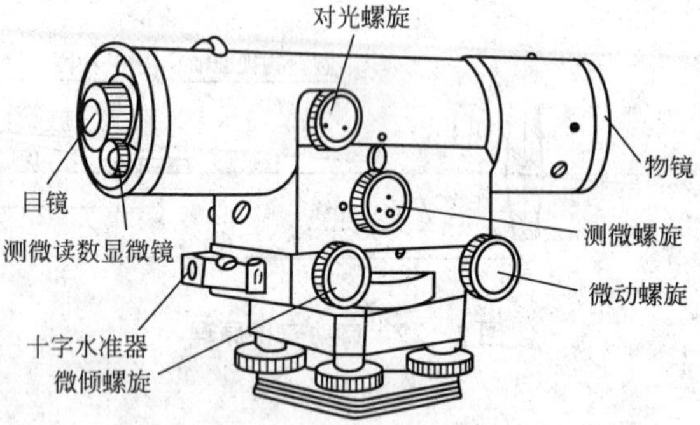

图 2－32　DS_1 精密水准仪

(1) 望远镜的光学性能好，放大率高，一般不小于 40 倍。

(2) 水准管的灵敏度高，其分划值为 10″/2mm，比 DS_3 型水准管分划值提高 1 倍。

(3) 仪器结构精密，水准管轴和视准轴关系稳定，受温度影响较小。

(4) 精密水准仪采用光学测微器读数装置，从而提高了读数精度。

(5) 精密水准仪配有专用的精密水准尺。

精密水准仪的光学测微器读数装置主要由平行玻璃板、测微分划尺、转导杆、测微螺旋和测微读数系统组成，如图 2－33 所示。当转动测微螺旋时，传导杆推动平行玻璃板前后倾斜，视线透过平行玻璃板产生移动，移动值可由观测器反映出来，移动数值由读数显微镜在测微尺上读出。测微尺上 100 分格与标尺上 1 个分格(1cm 或 0.5cm)相对应，所以测微时能直接读到 0.1mm(或 0.05 mm)，读数精度提高。如图 2－32 所示为国产 DS_1 型精密水准仪，其光学测微器读数装置的最小读数为 0.05mm。

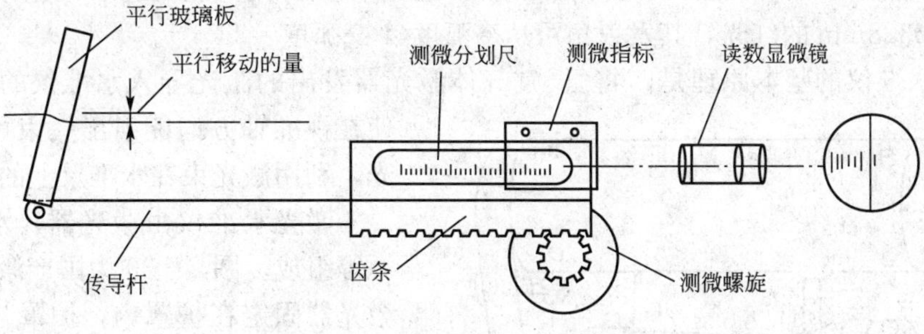

图 2－33　光学测微器测微原理

如图 2－34 所示，为精密水准仪配有的精密水准尺，该尺全长 3m，尺面平直并附有足够精度的圆水准器。在木质尺身中间有一尺槽，内装膨胀系数极小的因瓦合金带。标尺的分划是在合金带上，分划值为 5mm。它有左右两排分划，每排分划之间的间隔是 10mm，但两排分划彼此错开 5mm，所以实际上左边是单数分划，右边是双数分划。注记是在两旁的木质尺面上，左面注记的是米数，右面注记的是分米数，整个注记为 0.1～5.9m。分划注记比实际数值大 2 倍，所以用这种水准尺进行水准测量时，必须将所测得的高差值除以 2 才得到实际的高差值。

精密水准仪的操作方法与普通 DS_3 水准仪基本相同，不同之处主要是读数方法有所差异。精平时，转动微倾螺旋使符合水准气泡两端的影像精确符合，此时视线水平。再转动测微器上的螺旋，使横丝一侧的楔形丝准确地夹住整个分划线。其读数分为两部分：厘米以上的数按标尺读数，厘米以下的数在测微器分划尺上读数，估读到 0.01mm。如图 2－35 所示，在标尺上读数为 1.97m，测微器上读取 1.52mm，整个读数为 1.97152m，实际读数应该是它的 1/2，即 0.98576m。

图 2－34　精密水准尺

图 2－35　精密水准尺的读数

2.8.3 激光水准仪

激光具有射程远、亮度高、方向性强、单色性好等特点。例如由氦—氖激光器发射的波长为0.6328mm的红光，其发射角可达毫弧度(1毫弧度=3′26″)。

激光水准仪的基本原理是，将氦-氖气体激光器发出的激光导入水准仪的望远镜内，使在视准轴方向能射出一束可见红色激光，利用激光束在水准尺上的光斑读数。

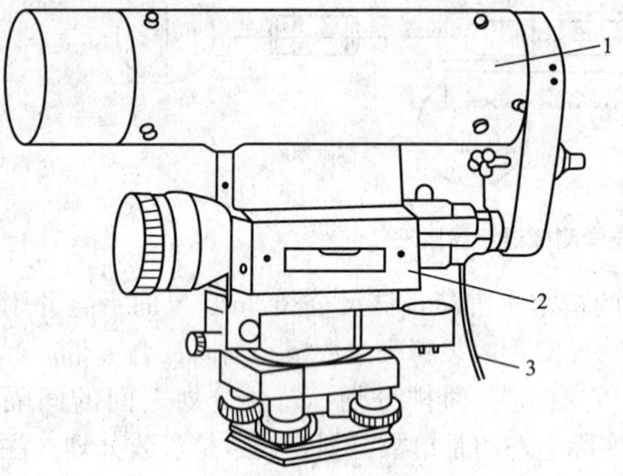

图2-36 激光水准仪

1—激光器；2—水准仪；3—电缆

激光水准仪由激光器、水准仪、电源等组成。图2-36为国产激光水准仪，激光器固定在护罩内，护罩与望远镜相连，并随望远镜绕竖轴旋转。由激光器发出的激光，在棱镜和透镜的作用下与视准轴共轴，因而既保持了水准仪的性能，又有可见的红色激光，是高层建筑整体滑模提升中保证平台水平的主要仪器。若在水准尺上装配一个跟踪光电接受靶，则既可作激光水准测量，又可用于大型建筑场地平整的水平面测设。

激光水准仪的精度主要取决于水准仪部分的精度。操作内容仍包括瞄准、整平、读数等内容，具体使用方法详见仪器使用说明书。

本项目小结

水准测量是测定地面点高程的常用方法。本项目主要从以下几个方面对水准测量加以分述。

1. 水准仪及其使用

主要阐述了常用的DS_3普通水准仪的使用。对本部分内容，要在认识水准仪基本构造的基础上，重点掌握DS_3水准仪的粗平、瞄准、精平和读数方法，这是水准测量的基本功。同时也是学习使用其他水准仪的基础。

2. 普通水准测量的实测与内业计算

这是水准测量的核心内容。水准测量的实测要从观测的基本步骤、数据记录计算和测量检核这三个环节加以学习，内业计算要求重点搞懂水准仪的高差闭合差的计算与调整。

3. 水准仪的检验与校正

在了解水准仪应满足几何条件的基础上，掌握圆水准器、十字丝板、水准管轴的检验与校正方法。

4. 水准测量的误差与注意事项

在了解水准测量误差的主要来源的基础上，掌握消除或减少误差的基本措施，这对于做好测量工作，提高测量精度具有重要意义。

习 题

一、选择题

1. 视线高等于(　　)+后视点读数。

A. 后视点高程　　B. 转点高程　　C. 前视点高程　　D. 仪器点高程

2. 在水准测量中转点的作用是传递(　　)。

A. 方向　　B. 角度　　C. 距离　　D. 高程

3. 水准测量时，为了消除 i 角误差对一测站高差值的影响，可将水准仪置在(　　)处。

A. 靠近前尺　　B. 两尺中间　　C. 靠近后尺　　D. 无所谓

4. 产生视差的原因是(　　)。

A. 仪器校正不完善　　B. 物像与十字丝面未重合

C. 十字丝分划板不正确　　D. 目镜呈像错误

5. 水准测量中，同一测站，当后尺读数大于前尺读数时说明后尺点(　　)。

A. 高于前尺点　　B. 低于前尺点

C. 高于侧站点　　D. 与前尺点等高

6. 往返水准路线高差平均值的正负号是以(　　)的符号为准。

A. 往测高差　　B. 返测高差

C. 往返测高差的代数和　　D. 以上三者都不正确

7. 圆水准器轴与管水准器轴的几何关系为(　　)。

A. 互相垂直　　B. 互相平行　　C. 相交 60°　　D. 相交 120°

8. 转动目镜对光螺旋的目的是(　　)。

A. 看清近处目标　　B. 看清远处目标　　C. 消除视差　　D. 看清十字丝

二、简答题

1. 何谓高差法？何谓视线高程法？视线高程法求高程有何意义？

2. 设 A 为后视点，B 为前视点，A 点的高程为 126.016m。读得后视读数为 1.123m，前视读数为 1.428m，问 A、B 两点间的高差是多少？B 点比 A 点高还是低？B 点高程是多少，并绘图说明。

3. 何谓视准轴和水准管轴？圆水准器和管水准器各起何作用？

4. 何谓视差？如何检查和消除视差？

5. 何谓水准点？何谓转点？在水准测量中转点作用是什么？

三、根据表 2-3 中所列观测资料，计算高差和待求点 B 的高程，并作校核计算。

表 2-3　水准测量记录表　　(单位：m)

测站	点名	后视读数	前视读数	高差	高程	备注
1	BM_A	1.481			437.654	
	TP_1		1.347			
2	TP_1	0.684				
	TP_2		1.269			

（续）

测站	点名	后视读数	前视读数	高差	高程	备注
3	TP_2	1.473				
	TP_3		1.584			
4	TP_3	2.762				
	B		1.606			
计算检核						

四、附合水准线路的观测成果如表 2－4 所示，试计算各点高程，列于表 2－4 中。($f_{h容}=\pm12\sqrt{n}$mm)

表 2－4　附合水准线路成果计算表　（单位：m）

点名	测站数	高差	改正数	改正后的高差	高程
A					56.200
	10	－0.854			
Ⅰ					
	6	－0.862			
Ⅱ					
	8	－1.258			
Ⅲ					
	10	＋0.004			
B					53.194

五、某闭合等外水准路线，其观测成果列于表 2－5 中，由已知点 BMA 的高程计算 1、2、3 点的高程。

表 2－5　闭合水准路线成果计算表

点名	距离/km	高差/m	改正数/m	改正后的高差/m	高程/m
A					453.873
	1.4	－2.873			
Ⅰ					
	0.8	＋1.459			
Ⅱ					
	2.1	＋3.611			
Ⅲ					
	1.7	－2.221			
A					
总和					

六、DS_3 水准仪有哪些轴线？它们之间应满足什么条件？

七、为检验水准仪的视准轴是否平行水准管轴，安置仪器于 *A*、*B* 两点中间，测得 *A*、*B* 两点间高差为－0.315m；仪器搬至前视点 *B* 附近时，后视读数 α＝1.215m，前视读数

b=1.556m。

问：(1) 视准轴是否平行于水准管轴？

(2) 如不平行，说明如何校正？

八、水准测量中前、后视距相等可消除或减少哪些误差的影响？

能力评价体系

知识要点	能力要求	所占分值（100分）	自评分数
水准测量原理	具备灵活应用水准测量方法的能力	6	
水准仪的构造及使用	(1) 掌握水准仪各组成部分的名称和功能	6	
	(2) 理解水准仪四条主要轴线	8	
	(3) 理解圆水准器与水准管的作用	6	
	(4) 熟练掌握水准仪的操作步骤及方法	8	
	(5) 掌握水准仪的读数方法	6	
普通水准测量	(1) 了解水准点及点之记的意义	4	
	(2) 理解不同水准路线布设的作用	8	
	(3) 掌握普通水准测量的观测方法	10	
	(4) 熟练掌握水准测量手簿的填写	6	
水准测量误差及注意事项	(1) 了解产生误差的原因	2	
	(2) 掌握消除不必要误差的方法	2	
水准测量成果计算	(1) 理解闭合差及闭合差容许值	2	
	(2) 掌握三种水准路线的成果计算方法及步骤	10	
	(3) 掌握闭合及附和水准测量成果计算表的填写	6	
水准仪的检验与校正	(1) 掌握水准仪的主要轴线及满足的条件	6	
	(2) 掌握水准仪的检验方法及校正操作	4	
总分		100	

项目3

角度测量

学习目标

通过本项目的学习，应具有经纬仪安置的能力；具有水平角测量、竖直角测量及计算的能力；具有经纬仪的检验及简单校正的能力；具有使用电子经纬仪进行角度测量的能力。

学习要求

知识要点	能力要求	相关知识
水平角、竖直角测量原理	明确水平角、竖直角测量原理	水平角、竖直角、天顶距
DJ_6、DJ_2 光学经纬仪构造和使用	(1) 熟练掌握 DJ_6 光学经纬仪的构造和各部件的作用 (2) 熟练掌握经纬仪的安置	圆水准器、管水准管、光学对中器、对中、整平
水平角观测	(1) 熟练掌握测回法测量水平角的方法、记录格式和计算 (2) 了解全圆方向法测量水平角的方法、记录格式和计算	测回、归零、盘左、盘右、方向值、角度值和 $2c$ 值
竖直角观测	熟练掌握竖直角测量的方法、记录格式和计算	竖直角、指标差
水平角测量误差产生原因及注意事项	(1) 了解水平角测量误差产生的原因 (2) 提高角度测量的方法	仪器误差、观测误差、外界环境的影响
经纬仪的检验与校正	(1) 了解经纬仪各轴线应满足的条件 (2) 掌握经纬仪各项检验的步骤和校正方法	视准轴、水准管轴、圆水准器轴、仪器竖轴、横轴、十字丝
电子经纬仪	(1) 了解电子经纬仪的测角原理 (2) 掌握电子经纬仪的使用	编码度盘、光栅度盘、仪器初始化、软键功能

【推荐阅读资料】

http://www. geonews. cn/　中国测绘新闻网

【学习重点】

经纬仪的安置、水平角、竖直角测量的方法、记录格式和计算、仪器的检验与校正及电子经纬仪的使用。

【最新标准】

《工程测量规范》(GB 50026—2007)。

引例

小王暑期到某建筑工地进行社会实践，看到负责该工程的施工员正在利用经纬仪测量一水平角和竖直角，操作非常娴熟，小王非常羡慕。在此之前他由于还没有学习测量内容，加上施工现场安置的经纬仪构造较为复杂，出于好奇，他向施工员请教如何进行角度测量，测量成果怎样才算合格。施工员告诉他首先要弄明白经纬仪的构造，学会对中整平，按照角度测量原理和注意事项进行观测。同时施工员也告诉他学习了本项目后就能进行角度测量了。

知识点

3.1 水平角和竖直角测量原理

3.1.1 水平角测量原理

水平角是地面上任意一点出发到两目标的方向线在水平面上的投影之间的夹角。如图 3-1 所示，过 OA 和 OB 两竖直面所夹的二面角即在水平面上的投影。

$$\beta = \angle A_1 O_1 B_1$$

从图上可以看出，A、O、B 为地面上的任意三点，为测量 $\angle AOB$ 的大小设想在 O 点沿铅垂线上方，放置一按顺时针注记的水平度盘(0°～360°)，使其中心位于角顶的铅锤线上。

过 OA 铅垂面通过水平度盘的读数为 α，过 OB 铅垂面通过水平度盘的读数为 b，则 $\angle AOB$ 的大小即为水平角 β 的两读数之差，如图 3-1 所示。

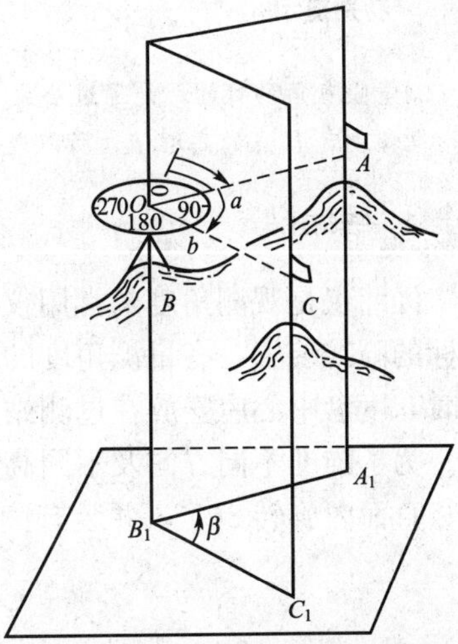

图 3-1　水平角测量原理

即

$$\beta = \alpha - b \tag{3-1}$$

特别提示

在水平角计算时，$\alpha - b$ 和 $b - a$ 不是同一个角度，而是两者加起来等于 360°。

3.1.2 竖直角测量原理

在同一竖直面内，目标方向与水平方向的夹角称为竖直角。目标方向在水平方向以上称为仰角，角值为正；在水平方向以下称为俯角，角值为负。

在图 3-2 中可以看出要测定竖直角，可在 O 点放置竖直度盘，在竖直度盘上读取视线方向读数，将视线方向与水平方向读数之差，即为所求竖直角。即

$$\alpha = \text{目标视线读数} - \text{水平视线读数} \qquad (3-2)$$

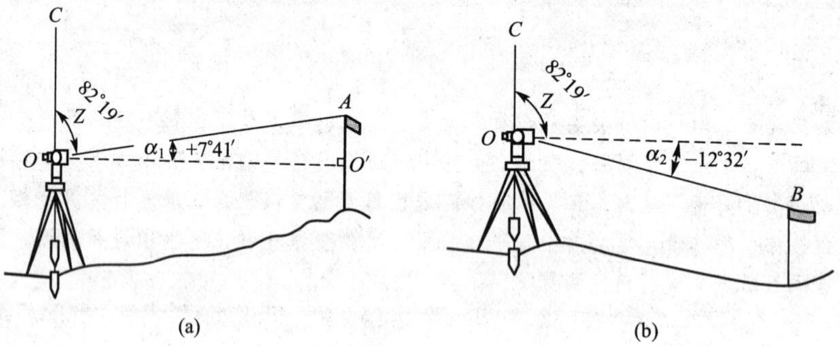

图 3-2 竖直角

(a) 仰角；(b) 俯角

图 3-2 中，Z 为天顶距（即地面点 O 垂直方向的北端，顺时针转至观测视线 OA 方向线的夹角）。即天顶距与竖直角的关系为

$$Z = 90° - \alpha \qquad (3-3)$$

特别提示

测量竖直角的目的，是通过公式 $H_B = H_A + i - v + \tan\alpha$ 计算高程；可以看出 α 的正负决定 $\tan\alpha$ 的正负，也就决定 B 点的高程值，所以竖直角的正负至关重要，不能搞错。

3.1.3 经纬仪

经纬仪是观测角度的常用仪器。要进行水平角和竖直角的测量，经纬仪必须要有照准目标的瞄准装置，有量测角度的水平度盘、竖直度盘以及在度盘上读数的指标。观测水平角时，度盘中心应安放在过测站点的铅垂线上，并能使度盘水平，因此要有对点器、水准器。为了瞄准不同方向及不同高度的目标，望远镜应既能在水平面内绕竖轴旋转 360°又能在竖直面内旋转 360°，并装有读数设备。

3.2 光学经纬仪

3.2.1 经纬仪概述

经纬仪分为光学经纬仪和电子经纬仪两类。两类仪器的基本构造是一致的，只有读数系统和读数方式不同：光学经纬仪利用几何光学的放大、反射、折射等原理进行度盘读

数；电子经纬仪则利用物理光学、电子学和光电转换等原理显示光栅度盘读数。

按精度划分，我国生产的经纬仪有 DJ_1、DJ_2、DJ_6 等几个等级，其中 D、J 分别为"大地"和"经纬仪"的汉字拼音首字母，1、2、6 分别为该经纬仪的精度指标，单位为秒，表示该经纬仪测回方向观测中误差的大小。

角度测量的工具：标杆、测杆、觇牌和垂球线。做为经纬仪瞄准目标时所使用的照准工具，如图 3-3 所示。觇牌一般为红白或黑白相间常与棱镜结合用于电子经纬仪或全站仪。

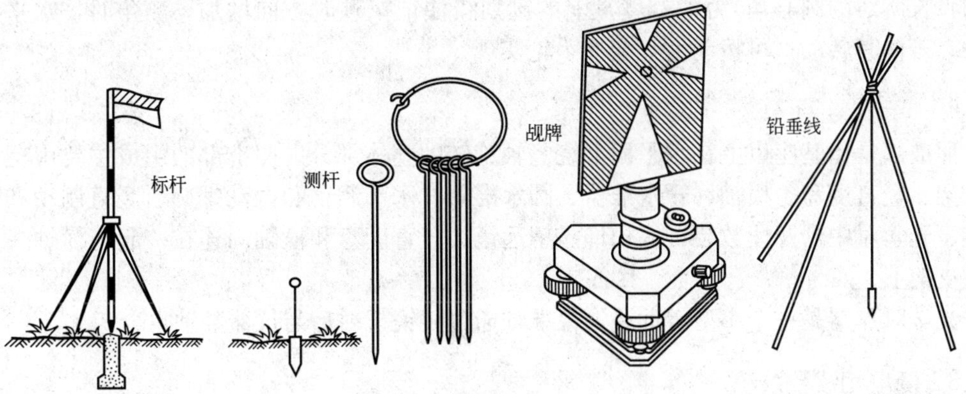

图 3-3　角度测量工具

3.2.2　光学经纬仪的基本构造

各种 DJ_6 级光学经纬仪的构造大体相同。如图 3-4 所示为北京光学仪器厂生产的 DJ_6 级光学经纬仪的外形及外部各构件的名称。

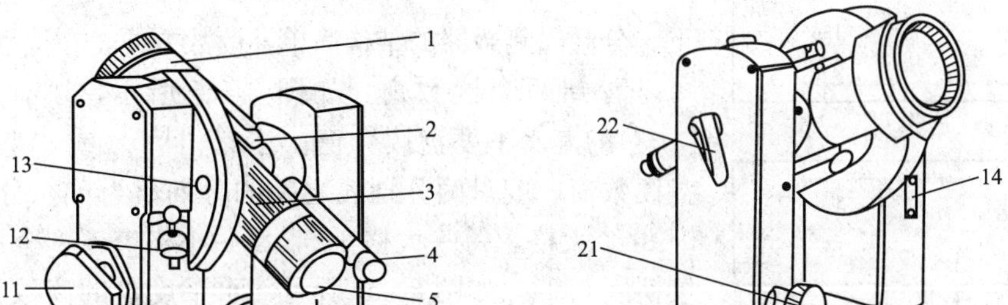

图 3-4　DJ_6 光学经纬仪

1—望远镜物镜；2—粗瞄器；3—对光螺旋；4—读数目镜；5—望远镜目镜；6—转盘手轮；7—基座；8—导向板；9、13—堵盖；10—水准器；11—反光镜；12—自动归零旋钮；14—调指标差盖板；15—光学对点器；16—水平制动扳钮；17—固定螺旋；18—脚螺旋；19—圆水准器；20—水平微动螺旋；21—望远镜微动螺旋；22—望远镜制动扳钮经纬仪由基座、照准部以及度盘和读数系统三大部分组成。

1. 基座

基座由脚螺旋、竖轴轴套、三角压板组成。

2. 水平度盘

DJ_6 级光学经纬仪的水平度盘为 0°～360°全圆刻画的玻璃圆环，其分划值(相邻两刻画间的弧长所对的圆心角)为 1°。度盘上的刻划线注记按顺时方向增加。测角时，水平度盘不动。若使其转动，可拨动度盘变换手轮实现。

3. 照准部

照准部是指基座以上在水平面上绕竖轴旋转的整体部分。照准部的组成主要由望远镜及支架、竖直度盘、横轴、管水准器、圆水准器、水平制动和微动螺旋、竖直制动和微动螺旋、光学对中器及读数装置等构件。望远镜、竖直度盘和横轴固连在一起与横轴一起安装在支架上。

光学对点器是一个小型望远镜，视准轴通过棱镜折射后与仪器竖轴重合。

3.2.3 度盘和读数系统

光学经纬仪的读数设备主要有水平度盘、竖直度盘、测微器。通过一系列的棱镜和透镜、反光镜将度盘分划线、测微器呈现在读数显微镜内。

DJ_6 级光学经纬仪，常用的测微器有分微尺测微器和单平板玻璃测微器两种读数方法。

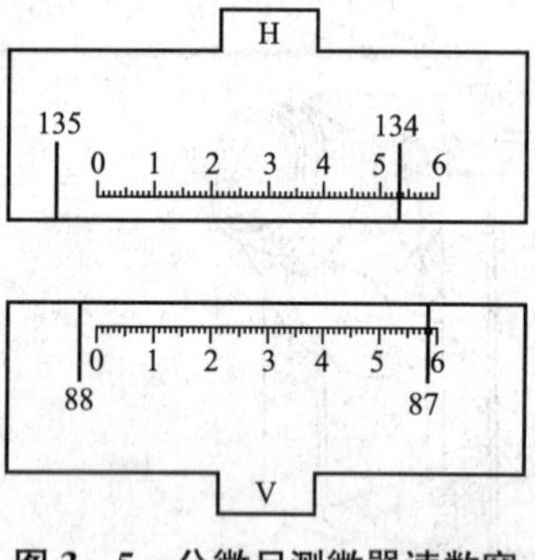

图 3-5　分微尺测微器读数窗

1. 分微尺测微器及读数方法

分微尺测微器的结构简单，读数方便，在读数显微镜中可以看到两个读数窗，如图 3-5 所示，注有“H”(或“—”)的是水平度盘读数窗；注有“V”(或“⊥”)的是竖盘读数窗。度盘两分划线之间的分划值为 1°，分微尺共分 0～6 个大格，每一大格 10′，每一小格为 1′，全长 60′，估读精度 0.1′，如图 3-5 所示，水平度盘的读数为 134°53′48″；竖直度盘的读数为 87°58′36″。

2. 单平板玻璃测微器及读数方法

单平板玻璃测微器主要有平板玻璃、测微尺、连接机构和测微轮组成。转动测微轮，单平板玻璃与测微尺绕轴同步转动。当平板玻璃底面垂直于光线时，如图 3-6(a)所示，读数窗中双指标线的读数是 92°+α，测微尺上单指标线读数为 15′。转动测微轮，使平板玻璃倾斜一个角度，光线通过平板玻璃后发生平移，如图 3-6(b)所示，当 92°分划线移到正好被夹在双指标线中间时，可以从测微尺上读出移动之后的读数为 23′28″。

图 3-7 为单平板玻璃测微器读数窗的影像，下面的窗格为水平度盘影像，中间的窗格为竖直度盘影像，上面的窗格为测微尺影像。分划值为 30′，测微尺全长为 30′，将其分为 30 大格，1 大格又分为 3 小格。因此，测微尺上每一大格为 1′，每小格为 20″，估读至 0.1 小格(2″)。读数时，转动测微轮，使度盘某一分划线精确地夹在双指标线中央，先读

取度盘分划线上的读数，再读取测微尺上指标线读数，最后估读不足一分划值的余数，三者相加即为读数结果。如图 3－7(a)所示，竖盘读数为 92°＋17′40″＝92°17′40″。图 3－7(b)中，水平读数为 4°30′＋12′30″＝4°42′30″。

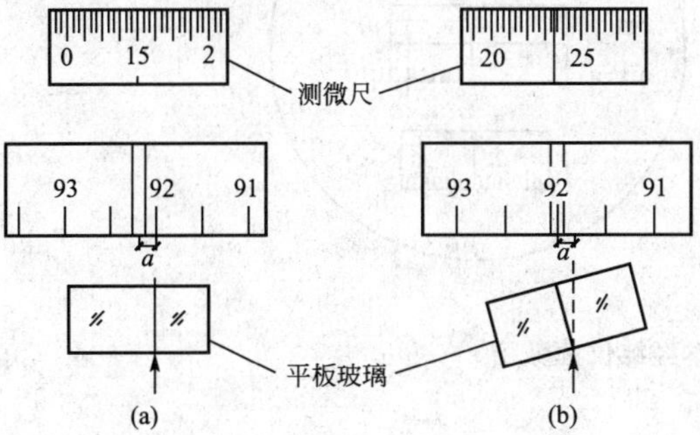

图 3－6　单平板玻璃测微器

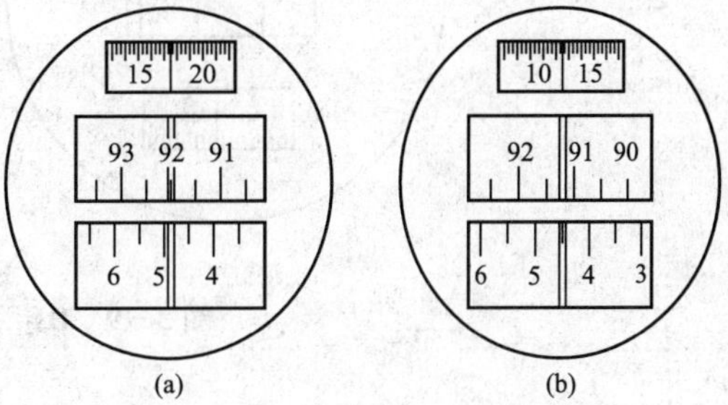

图 3－7　单平板玻璃测微器读数窗

3.3　DJ_2 级光学经纬仪

DJ_2 级光学经纬仪的构造基本同 DJ_6 级光学经纬仪。如图 3－8 所示为苏州第一光学仪器厂生产的 J_2－1 型光学经纬仪。

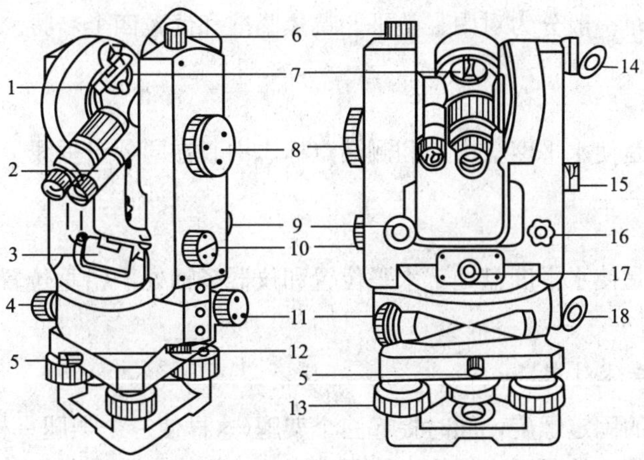

图 3－8　DJ_2 级光学经纬仪

1—望远镜反光板手轮；2—读数显微镜；3—照准部水准管；4—照准部制动螺旋；5—轴座固定螺旋；6—望远镜制动螺旋；7—光学瞄准器；8—测微轮；9—望远镜微动螺旋；10—换像手轮；11—照准部微动螺旋；12—水平度盘变换手轮；13—脚螺旋；14—竖盘反光镜；15—竖盘指标水准管观察镜；16—竖盘指标水准管微动螺旋；17—光学对中器目镜；18—水平度盘反光镜

为使读数方便且不容易出错，近年来生产的 DJ_2 经纬仪采用如图 3－9 所示的读数窗。读数时先转动测微轮，使没有注记的中间窗口度盘对径分化重合由图 3－9 (a) 变为图 3－9(b)。上面的长方形窗口为度盘注记 91°，小方框的数字来标记整 20′，下面窗口的分微尺上为分(3′)和下为秒(22.5″)，图中的读数为 91°23′22.5″。

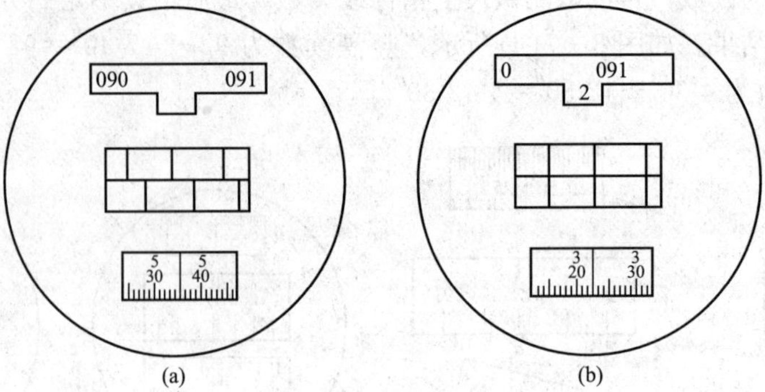

(a)　　　(b)

图 3-9　DJ_2 级光学经纬仪读数窗

特别提示

目前使用的经纬仪大多是分微尺测微器的 DJ_6 光学经纬仪，由于电子经纬仪的出现，DJ_2 光学经纬仪在工程中已不常用。

3.4　经纬仪的使用

经纬仪的使用，一般分为对中、整平、调焦瞄准和读数四个步骤。

3.4.1　对中

对中的目的：是使水平度盘中心和测站点标志中心在同一铅垂线上。

3.4.2　整平

整平的目的：是使水平度盘处于水平位置和仪器竖轴处于铅垂位置。对中、整平应反复操作。

1. 初步对中(垂球对中)

松开三脚架腿的固定螺旋，同时提起三个架腿(这样使三个架腿一样高)，高度一般与胸平齐或略矮于胸部，拧紧固定螺旋，打开三脚架、架头大致水平，并使架头中心初步对准测站标志中心，将垂球挂在三脚架连接螺旋上。平移三脚架使垂球尖对准测站点标志中心，这样架头中心和站点标志中心在同一铅垂线上。

2. 安置仪器

将三脚架连接螺旋与仪器固定。先通过光学对点器看地面的测站中心是否在视线范围，如在视线范围，先整平；如不在视线范围内重新卸下仪器，重新垂球对中。

3. 初步整平

如图 3-10 所示，松开照准部制动螺旋，转动照准部使管水准器、圆水准器位于同一竖直面，转动脚螺旋使管水准器气泡居中，同时使圆水准器气泡位于两脚螺旋中间，转动照准部 90°使管水准器和第三只脚螺旋位于同一竖直面，再转动第三只脚螺旋，使管水准器气泡居中同时使圆水准器气泡也居中。

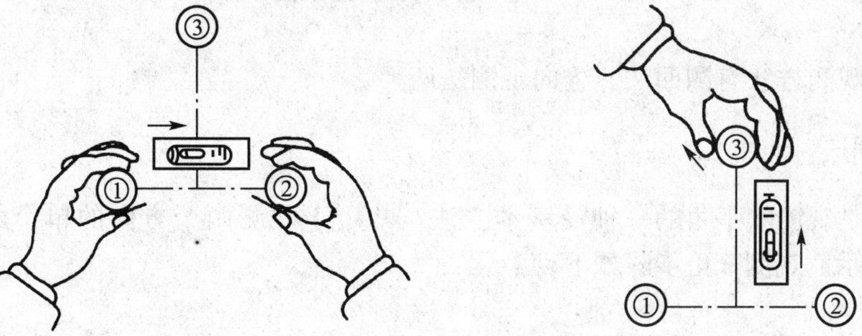

(a) (b)

图 3-10 仪器整平

4. 光学对点起对中(精确对中)

眼睛通过光学对点器看测站中心是否在对点器圆圈中心，如果测站中心在对点器圆圈中心，说明测站中心和水平度盘中心、仪器竖轴在同一条铅垂线上。如果不在对点器圆圈中心，稍微松开连接螺旋三脚架、在架头上平移经纬仪，眼睛看着对点器，使对点器圆圈中心平移到测站中心上。这时两个气泡偏离中心，重新整平。

5. 精确整平(即重新整平)

操作同3初步整平。

注意：对中、整平应反复操作，直至对中、整平同时符合精度要求。

3.4.3 照准

1. 粗略瞄准

用瞄准器粗略瞄准目标。

2. 精确瞄准

转动望远镜的微动螺旋和水平微动螺旋使望远镜的十字丝交点精确瞄准目标，如图 3-11 所示。

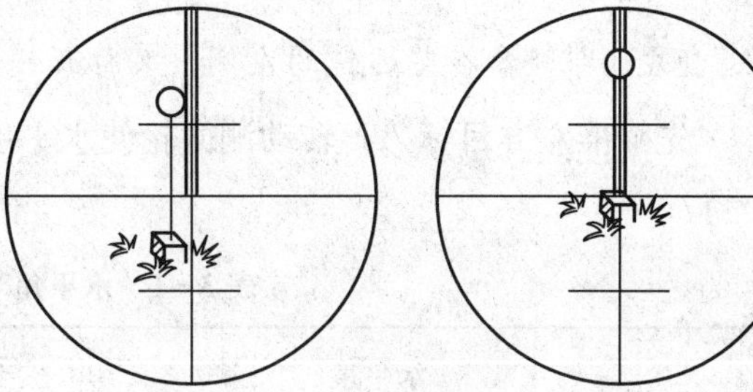

(a) (b)

图 3-11 瞄准目标

3.4.4 读数

(1) 调节反光镜使光线照到读数窗上，要调节到充分的亮度，使读数分划线清晰。

(2) 按 3.2.3 光学经纬仪的基本构造讲述的方法读数。

特别提示

经纬仪的安置(对中和整平)是仪器使用的基础，任何测量角度或坐标的仪器，都必须对中和整平，包括先进测量仪器，如电子全站仪和 GPS。

3.5 水平角的观测方法

水平角观测方法有测回法、方向观测法两种。

3.5.1 测回法

测回法是观测水平角的一种最基本方法，常用于观测两个方向的单个水平夹角，如图3-12所示。观测β角步骤如下。

图3-12 水平角观测(测回法)

1. 在O点安置经纬仪

对中、整平、调焦、照准。

2. 盘左（即竖盘在望远镜的左侧，又称正镜）

(1) 先瞄准左方目标A，转动测微轮使水平度盘读数为$a_{左}=0°00'00''$，记入观测手簿（表3-1）。

表3-1 水平角观测记录

测站	竖直度盘	目标	水平度盘读数			水平角观测值						各测回平均值		
						半测回值			一测回值					
			°	′	″	°	′	″	°	′	″	°	′	″
0	盘左	A	0	00	00	92	24	12	92	24	15	92	24	18
		B	92	24	12									
	盘右	A	180	00	00	92	24	18						
		B	272	24	18									
0	盘左	A	90	00	00	92	24	30	92	24	21			
		B	182	24	30									
	盘右	A	270	00	00	92	24	12						
		B	2	24	12									

(2) 松开水平制动螺旋，顺时针方向转动照准部再瞄准右方目标 B，读取水平度盘读数 $b_{左}=92°24'12''$，记入观测手簿。

盘左水平角为

$$\beta_{左}=b_{左}-a_{左}\text{（称为上半测回）} \tag{3-4}$$

3. 盘右(即竖盘在望远镜的右侧，又称倒镜)

(1) 先瞄准右方目标 B，读记水平度盘读数 $b_{右}$。

(2) 再逆时针方向转动照准部，瞄准左方目标 A，读记水平度盘读数 $a_{右}$，则盘右水平角为

$$\beta_{右}=b_{右}-a_{右}\text{（称为下半测回）} \tag{3-5}$$

4. DJ_6 级光学经纬仪盘左、盘右允许误差

$$\beta_{左}-\beta_{右}\leqslant\pm40'' \tag{3-6}$$

一测回为取其平均值：$\beta=(\beta_{左}+\beta_{右})/2$，上半测回与下半测回合称一测回。

当需要用测回法测 n 个测回时，为了减小度盘刻画不均匀误差的影响，各测回之间要按 $180°/n$ 的差值变换度盘的起始位置。如 $n=4$ 时，各测回的起始方向读数为 0°、45°、90°和 135°。

3.5.2 方向观测法

当在同一测站上需要观测三个以上方向时，通常用方向观测法观测水平角。如图 3-13 所示，欲在 O 点一次测出 a，β 和 r 三个水平角。其观测步骤和计算方法如下：

1. 测站观测

(1) 在测站点 O 安置经纬仪：对中、整平、调焦、照准。

(2) 盘左：瞄准 A 点转动测微轮使水平度盘读数为 0°00′00″，并记入表 3-2，然后顺时针转动仪器，依次瞄准 B、C、D、A，读记水平度盘读数，见表 3-2(称为上半测回)。

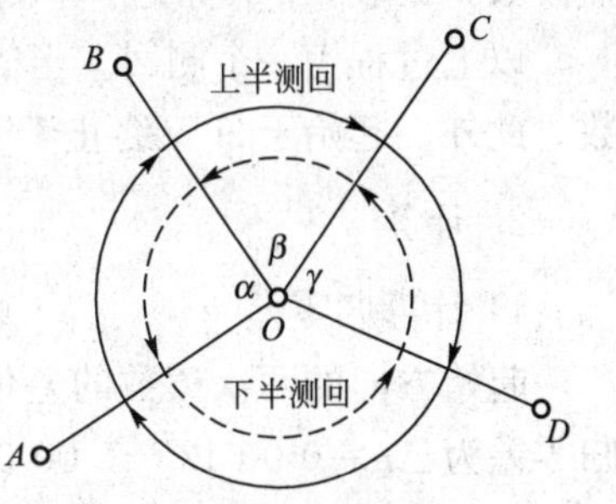

图 3-13 水平角观测(方向观测法)

表 3-2 水平角观测记录(方向观测法)

日期：　　　天　气　　　班　级
仪器：　　　观测者　　　记录着

测站	测回数	标目	读数 盘左 °	′	″	盘右 °	′	″	2c	平均读数 $=\frac{1}{2}$[盘左+盘右±180°] °	′	″	归零后的方向值 °	′	″	各测回归零后方向值的平均值 °	′	″
O	1									0	00	06						
		A	0	00	00	180	00	06	−6″	0	00	03	0	00	00	0	00	00
		B	96	51	54	276	51	48	+6″	96	51	51	96	51	45	96	52	42
		C	143	31	36	323	31	36	0″	143	31	36	143	31	30	143	31	30
		D	214	05	00	34	04	54	+6″	214	04	57	214	04	51	214	05	02
		A	0	00	12	180	00	06	+6″	0	00	09						

（续）

日期：　　　　　　　　天　气　　　　　　　　班　级
仪器：　　　　　　　　观测者　　　　　　　　记录着

测站	测回数	标目	读数						2c	平均读数＝$\frac{1}{2}$[盘左＋盘右±180°]			归零后的方向值			各测回归零后方向值的平均值		
			盘左			盘右												
			°	′	″	°	′	″		°	′	″	°	′	″	°	′	″
			$\Delta_{左}$＝＋12			$\Delta_{右}$＝00				90	00	07						
		A	90	00	00	270	00	02	−2″	90	00	01	0	00	00			
		B	186	51	38	6	51	56	−18″	186	51	47	96	51	40			
O	2	*C*	233	31	32	53	31	44	−12″	233	31	38	143	31	31			
		D	304	05	14	124	05	26	−12″	304	05	20	214	05	13			
		A	90	00	14	270	00	14	0	90	00	14						
			$\Delta_{左}$＝＋14			$\Delta_{右}$＝＋12												

(3) 盘右，逆时针转动仪器，按 *A*、*D*、*C*、*B*、*A* 的顺序依次瞄准目标，读记水平度盘读数，见表 3－2(称为下半测回)。

以上过程为一个测回。当需要观测 *n* 个测回时，测回数仍按 180°/*n* 变换起始方向读数。此外，起始于 *A* 又终止于 *A* 的过程称为归零的方向观测法，又称全圆方向观测法。

2. 计算

1) 计算归零差

起始方向的两次读数的差值称为半测回归零差，用 Δ 表示。例如，表 3－2 中盘左的归零差为 $\Delta_{左}=0°00'12''-0°00'00''=+12''$，盘右的归零差为 $\Delta_{右}=0''$。对 DJ_6 级仪器，Δ 应小于±18″(DJ_2 级不应超过±12″)，否则应查明原因后重测。

2) 计算两倍照准差

表中 2*c* 称为两倍照准差。即

$$2c=[盘左读数-(盘右读数\pm 180°)] \tag{3-7}$$

例如第一测回 *OB* 方向的 2*c* 值为

$$2c=96°51'54''-(276°51'48''-180)=+6''$$

对 DJ_2 经纬仪，一测回内 2*c* 的变化范围不应超过±18″；对 DJ_6 级经纬仪，考虑到度盘偏心差的影响，2*c* 互差只做自检，不做限差规定。

3) 计算平均方向值

$$各方向平均读数=\frac{1}{2}[盘左读数+(盘右读数\pm 180°)] \tag{3-8}$$

例如第一测回 *OB* 方向的平均方向值为：$[96°51'54''+(276°51'48''-180)=96°51'51''$由于 *OA* 方向有两个平均方向值，故还应将这两个平均值再取平均，得到唯一的平均值，填在对应列的上端，并用圆括号括起来。如第一测回 *OA* 方向的最终平均方向值为

$$\frac{1}{2}(0°00'03''+0°00'09'')=0°00'06''$$

4) 计算归零后方向值

将起始方向值化为零后各方向对应的方向值称为归零后方向值，即归零后方向值等于平均方向值减去起始方向的平均方向值。如第一测回 *OB* 方向的归零后方向值为

$$96°51'51''-0°00'06''=96°51'45''$$

5) 计算归零后方向平均值

如果在一测站上进行多测回观测，当同一方向各测回之归零方向值的互差对 DJ6 级仪器不超过±24″(DJ2 级不超过±12″)时，取平均值作为结果。例如表 3－3 中 *OB* 方向两测回的平均归零后方向值为

$$(96°51'45''+96°51'40'')/2=96°51'42''$$

6) 计算水平角

任意两个方向值相减，即得这两个方向间的水平夹角。如 *OB* 与 *OC* 方向的水平角为

$$\angle BOC=143°31'30''-96°51'42''=46°39'48''$$

表 3－3　方向观测限差的要求

经纬仪型号	半测回归零差/(″)	一测回内 2c 互差/(″)	同一方向值各测回互差/(″)
DJ_2	8	13	9
DJ_6	18		

特别提示

水平角观测时，一般用十字丝的竖丝精确照准目标的底部。

3.6　竖直角的观测

3.6.1　竖直度盘的构造

光学经纬仪的竖直度盘读数系统由竖盘、指标、竖盘指标水准管及微动螺旋、读数设备及读数显微镜等组成。竖直度盘为 0°～360°刻划的玻璃圆环。望远镜和仪器横轴固连在一起，竖直度盘固定在横轴的一端，且垂直于横轴。横轴与竖盘随望远镜在竖直面内可旋转 360°，而竖盘指标不动应永远指向地心。仪器整平后，竖盘应为铅垂面。

为读数方便，在经纬仪制造时，望远镜视准轴水平(即望远镜放置水平)竖盘读数为 90°(或 270°)，如图 3－14 所示。故在竖直角测量中，只需读取瞄准目标时的竖盘读数，即可计算竖直角的大小。

竖盘的注记形式分天顶式注记和高度式注记两类。

天顶式注记就是望远镜指向天顶时，竖盘读数指标指示的读数为 0°(或 180°)，如图 3－15 所示。

高度式注记就是望远镜指向天顶时，读数为 90°(或 270°)。在天顶式和高度式注记中，根据度盘的刻划顺序不同，又可分为顺时针和逆时针两种形式。

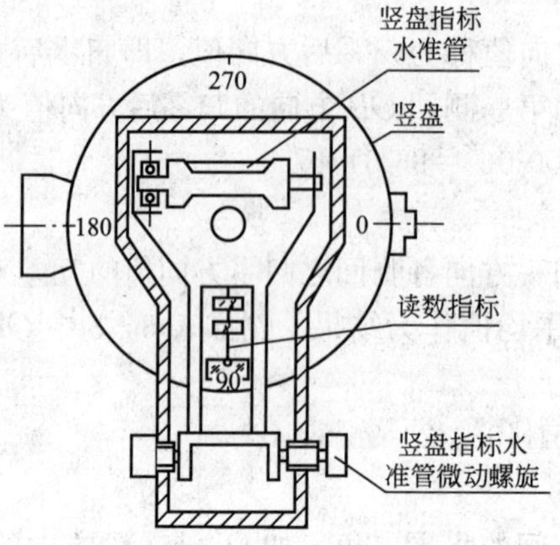

图 3－14　竖直度盘构造

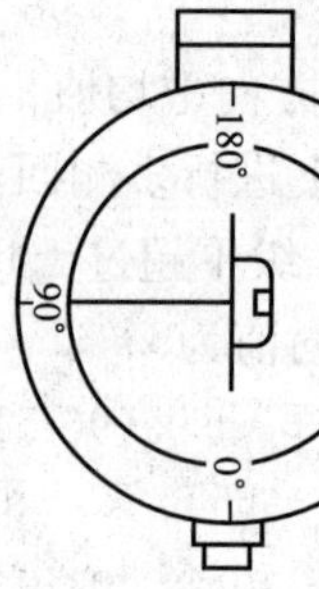

图 3－15　天顶式注记

图 3－15 为天顶式顺时针注记的度盘，近代生产的经纬仪多为此类注记。

3.6.2　竖直角观测与计算

竖盘构造为天顶式顺时针注记，当望远镜视线水平，竖盘指标水准管气泡居中时，读数指标处于正确位置，竖盘读数一般为一常数 90°或 270°。

如图 3－16(a)所示为盘左位置，望远镜的视线水平时竖盘读数为 90°，当望远镜仰起，读数减小，倾斜视线与水平视线所构成的竖直角为 $\alpha_{左}$。设视线方向的读数为 L，则竖直角计算公式为

$$\alpha_{左}=90°-L \qquad (3-9)$$

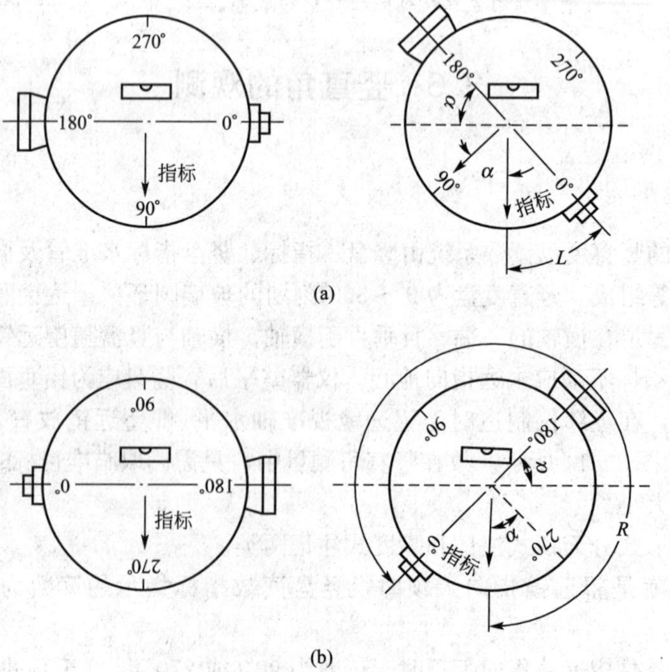

图 3－16　竖直度盘注记

如图 3－16(b)为盘右位置，望远镜的视线水平时竖盘读数为 270°。当望远镜仰起，读数增大，倾斜视线与水平视线所构成的竖直角为 $\alpha_{右}$。设视线方向的读数为 R，则竖直角计算公式为

$$\alpha_{右}=R-270° \tag{3-10}$$

竖直角的平均值为

$$\left.\begin{aligned}\alpha&=\frac{1}{2}(\alpha_{左}+\alpha_{右})\\ \alpha&=\frac{1}{2}(R-L-180°)\end{aligned}\right\} \tag{3-11}$$

3.6.3 垂直角的观测

如图 3－17 所示，设测站点为 A，欲测量竖直角 a，瞄准目标点 B；欲测量 AB 坡度角 a，瞄准目标点 B 的仪器高 i。

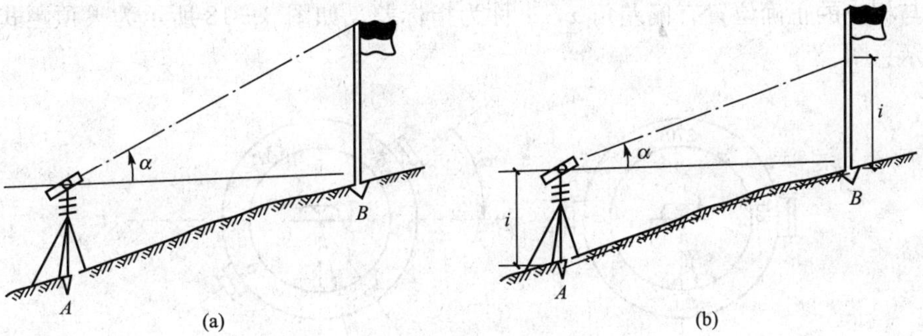

图 3－17 竖直角观测

其观测步骤如下：

(1) 在 A 点安置经纬仪(对中、整平)。

(2) 盘左十字丝横丝精确瞄准目标 B(或目标点的仪器高 i)，转动指标水准管微动螺旋，使指标水准管气泡居中，读取竖盘读数 $L=81°18'42''$。

$$\alpha_{左}=90°-L=90°-81°18'42''=+8°41'18''$$

以上为上半测回的观测值。

(3) 盘右再次瞄准 B(或目标点的仪器高 i)，转动指标水准管微动螺旋，使指标水准管气泡居中，读取竖盘读数 $R=278°41'30''$。

$$\alpha_{右}=R-270°=278°41'30''-270°=+8°41'30''$$

以上为下半测回的观测值。

竖直角为

$$\begin{aligned}\alpha&=\frac{1}{2}(\alpha_{左}+\alpha_{右})=\frac{1}{2}(8°41'18''+8°41'30'')\\ &=+8°41'24''\end{aligned}$$

竖直角观测记录见表 3－4。

表 3-4　竖直角观测记录

测站	目标	竖盘位置	竖盘读数			半测回垂直角			指标差	一测回垂直角			备　注
			°	′	″	°	′	″	″	°	′	″	
A	B	左	81	18	42	+8	41	18	+6	+8	41	24	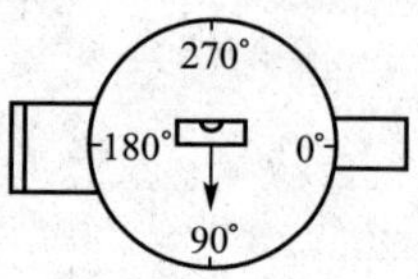
		右	278	41	30	+8	41	30					
	C	左	124	03	30	−34	03	30	+12	−34	03	18	
		右	235	56	54	−34	03	06					

3.6.4　竖盘指标差

竖直角的计算公式是在水准管气泡居中，指标处于正确位置，即盘左和盘右望远镜水平时竖盘常数分别为 90°(或 270°)。由于仪器长期使用而气泡居中时，可能指标所处的实际位置与相应的正确位置有偏差角 x，x 称为指标差。如图 3-18 所示为天顶距式竖盘指标差的示意图。

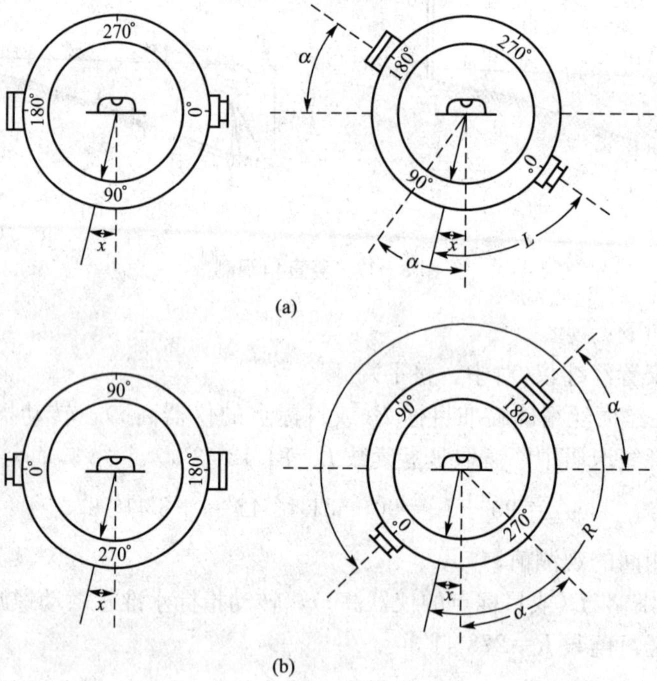

图 3-18　竖盘指标差

望远镜在盘左位置上水平竖盘读数实际上是 $90°+x$，盘右实际上是 $270°+x$。故盘左、盘右观测的正确竖直角应为

$$\alpha_{左}=(90°+x)-L \tag{3-12}$$

$$\alpha_{右}=R-(270°+x) \tag{3-13}$$

由上两式可以导出：

$$x=\frac{1}{2}(L+R-360°) \quad (3-14)$$

式(3－14)便是天顶距式竖盘的指标差计算公式。

对于同一台仪器来说，指标差应是一个常数，如图3－18所示在盘左和盘右测得的竖直角中分别加上和减去一个指标差x。

由上述公式推导得

$$\alpha_{左}=(90°+x)-L=(90°-L)+x$$

$$\alpha_{右}=R-(270°+x)=(R-270°)-x$$

$$\alpha=\alpha_{左}-x$$

$$\alpha=\alpha_{右}+x$$

$$\alpha=\frac{1}{2}(\alpha_{左}+\alpha_{右})$$

估盘左、盘右在观测同一竖直角时取其平均值，即可以消除指标差的影响。当通过式(3－14)计算的指标差$x\geqslant 1'$时仪器的指标差需要校正。

特别提示

竖直角观测时，用十字丝的横丝精确照准目标的顶端。

3.7 水平角测量误差及注意事项

水平角的测量误差来源主要有：仪器误差、观测误差和外界条件影响等误差。

3.7.1 仪器误差

仪器误差的来源主要有两个方面：一方面是仪器检校后还存在着残余误差，另一方面是仪器制造、加工不完善而引起的误差。可以采用适当的观测方法来减弱或消除其中一些误差。如视准轴不垂直于横轴、横轴不垂直于竖轴及度盘偏心等误差，可通过盘左、盘右观测取平均值的方法消除，度盘刻画不均匀的误差可以通过改变各测回度盘起始位置的办法来削弱。

3.7.2 仪器安置误差

1. 仪器对中误差

如图3－19所示，O为测站点，A、B为观测目标，O'为仪器中心。OO'为对中误差，其长度称为偏心距，以e表示。由图3－19可知，观测角值β'与正确角值β之间的关系式为

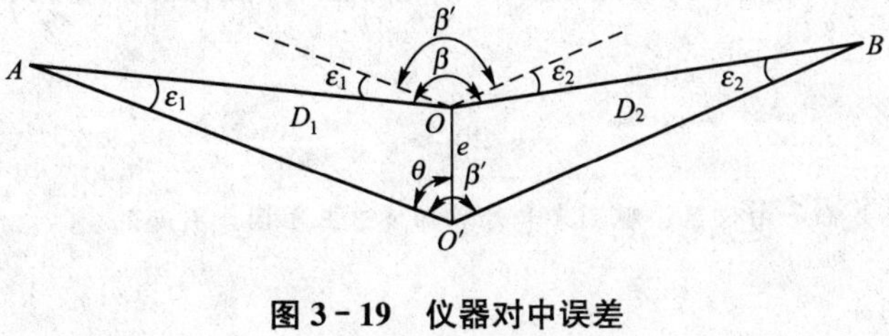

图3－19 仪器对中误差

$$\beta=\beta'+(\varepsilon_1+\varepsilon_2) \tag{3-15}$$

对中误差的影响与偏心距成正比，e 越大，$\Delta\beta$ 越大；与边长成正比，边越短，误差越大；与水平角的大小有关，θ、$\beta'-\theta$ 越接近 90°，误差越大。当 $D_1=D_2=100\text{m}$，$e=3\text{mm}$ 时，$\varepsilon=12.4''$。可见，距离越短，对中越要仔细。

2. 整平误差

整平误差引起竖轴倾斜，且正、倒镜观测时的影响相同，因而不能消除。故观测时应严格整平仪器。当发现水准管气泡偏离零点超过一格时，要重新整平仪器，重新观测。

3.7.3 目标偏心误差

如图 3-20 所示，水平角观测时，常用测杆立于目标上作为照准标志。当测杆倾斜而又瞄准测杆上部时，将使照准点偏离地面目标而产生目标偏心差。设照准点至地面的测杆长度为 L，测杆与铅垂线的夹角为 r，则照准点的偏心距为 e' 对水平角的影响，类似于对中误差的影响，边长越短，测杆越倾斜，瞄准点越高，影响就越大。因此，在观测水平角时，测杆要竖直，并且尽量瞄准其底部，以减小目标倾斜引起的水平角观测误差 $\Delta\beta$。

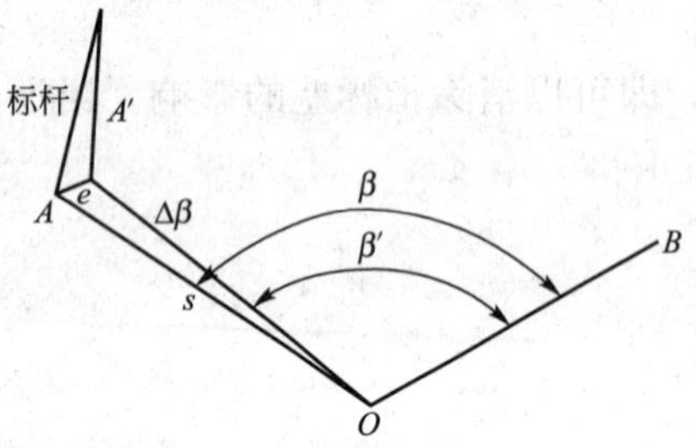

图 3-20 目标偏心误差

3.7.4 观测误差

1. 瞄准误差

影响瞄准的因素很多，现只从人眼的鉴别能力做简单的说明。人眼分辨两个点的最小视角约为 60″。以此作为眼睛的鉴别角。当使用放大倍率为 υ 倍，这时的瞄准误差为设望远镜的放大倍率为 28 倍，则该仪器的瞄准误差为

$$m_o=\pm\frac{60'}{28}=\pm21'' \tag{3-16}$$

2. 读数误差

用分微尺测微器读数时，一般可估到最小格值的 1/10。则读数误差 $m_o=\pm6''$。

3.7.5 外界条件的影响

外界条件对观测质量有直接影响。如松软的土壤和大风影响仪器的稳定；日晒和温度影响仪器整平；大气层受地面热辐射的影响会引起物像的跳动等。因此，要选择目标成像清晰而稳定的有利时间观测，设法克服不利环境的影响，以提高观测成果的质量。

特别提示

任何测量数据的误差都是由仪器、观测者和外界环境这三个因素引起的。

3.8 经纬仪的检验与校正

3.8.1 经纬仪的轴线及其应满足的条件

经纬仪的主要轴线有：

(1) 仪器旋转轴(简称竖轴)VV。

(2) 照准部水准管轴 LL。

(3) 望远镜的旋转轴 HH。

(4) 视准轴 CC。

如图 3-21 所示，仪器出厂时，一般都能满足上述几何关系。但在运输或使用过程中由于振动等因素的影响，轴线间可能不满足几何条件。因此，应经常对所用经纬仪进行检验与校正。

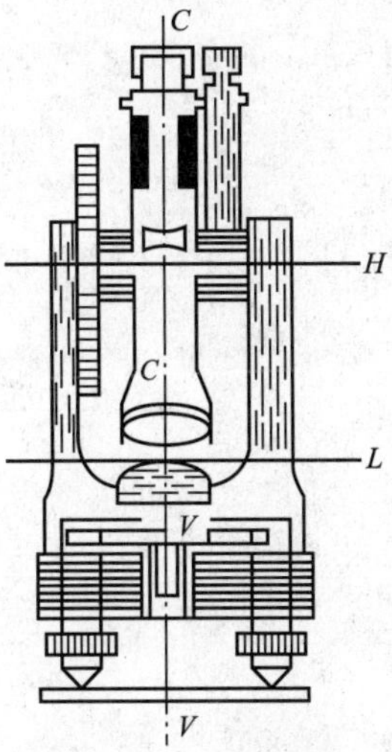

图 3-21　经纬仪轴线

经纬仪必须满足下列几个条件：

(1) 照准部水准管轴应垂直于竖轴，即 $LL \perp VV$。

(2) 视准轴应垂直于横轴，即 $CC \perp HH$。

(3) 横轴应垂直于竖轴，即 $HH \perp VV$。

(4) 十字丝竖丝垂直于横轴。

(5) 竖盘指标差为零。

(6) 光学对中器视准轴的折光轴应与仪器竖轴重合位于铅垂线上。

3.8.2 检验和校正

1. 水准管轴的检验和校正($LL \perp VV$)

1) 检验

检验的目的：水准管轴应垂直于竖轴($LL \perp VV$)

先大致整平仪器，转动照准部使水准管轴与仪器任意两个脚螺旋的连线平行，调节这对脚螺旋使水准管气泡居中。再将照准部旋转 180°(可利用度盘读数)，若气泡仍然居中，则说明条件满足，否则应进行校正，如图 3-22 所示。

2) 校正

相向或相反地旋转平行于水准管的一对脚螺旋，使气泡向中央移动偏离值的一半，再用校正针拨水准管的校正螺旋，升高或降低水准管的一端至气泡居中即可。检验和校正须反复进行几次，直到在任何位置气泡偏离值都在一格以内为止。

3) 检校原理

如图 3-22(a)所示为照准部水准管轴垂直于竖轴的情况，当水准轴气泡居中，竖轴就处于铅直位置，此时，照准部绕竖轴旋转 180°后，水准管气泡仍居中。

图 3-22(b)表示照准部水准管轴不垂直于仪器轴的情况，此时水准管气泡居中(水准管轴水平)，竖轴将不在铅垂位置，而是与铅垂线有一夹角 α，水准管轴与仪器竖轴(旋转

轴)的交角为 90°±α。

将照准部绕竖轴旋转 180°，如图 3-22(c)所示。由于竖轴倾斜方向不变，这时水准管不再居中。

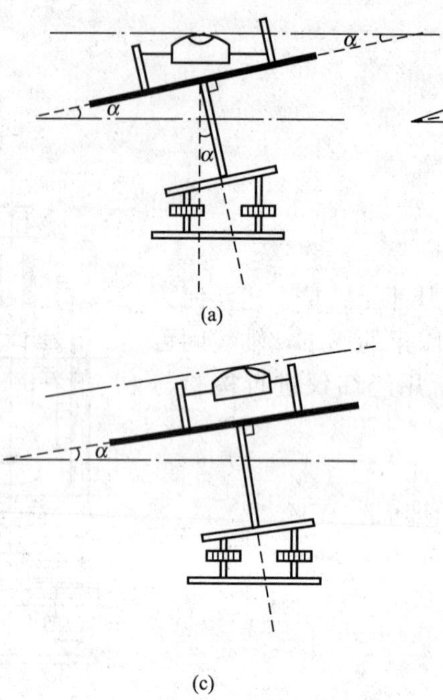

图 3-22　水准管轴垂直于竖轴检验

相向或相反地旋转平行于水准管的一对脚螺旋使气泡向中央移动偏离值的一半，此时竖轴在铅垂线上，但气泡还没有居中，再用校正针拨水准管的校正螺旋，升高或降低水准管的一端至气泡居中即可，如图 3-22(d)所示。

此项工作应反复进行，直到在任何位置气泡偏离值都在一格以内为止。

2. 十字丝的检验与校正

1) 检验

检验的目的：十字丝竖丝垂直于横轴。

如图 3-23 所示，将仪器整平后，用十字丝交点准确瞄准一目标点，然后转动望远镜的微动螺旋，使目标点相对移到竖丝的下端或上端，若目标点始终在竖丝上移动，则说明该项条件满足。否则，应对十字丝进行校正。

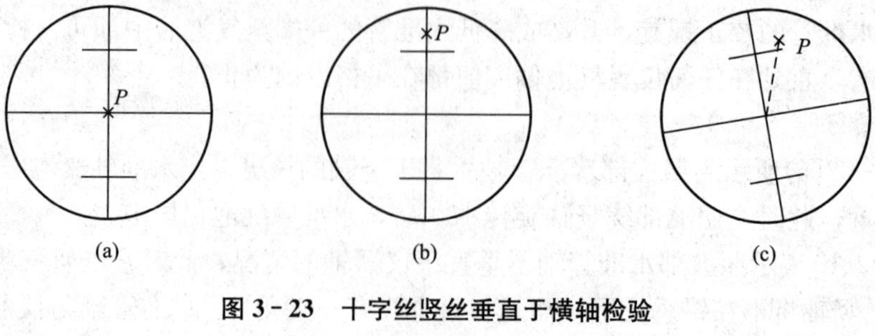

图 3-23　十字丝竖丝垂直于横轴检验

2）校正

打开十字丝分划板座的护罩，用起子松开十字丝分划板座的压环固定螺栓(图 3-24)，然后左手转动分划板座，右手转动望远镜的微动螺旋使竖丝始终沿着目标点在上下移动为止。校正后，应将分划板座的固定螺栓拧紧。

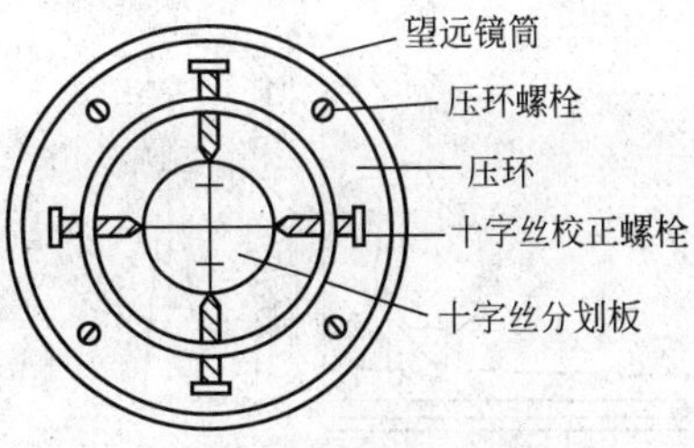

图 3-24　十字丝竖丝校正

3. 视准轴垂直于横轴的检验与校正

1）检验

检验的目的：视准轴垂直于横轴 $CC \perp HH$。

在平坦的地面上，选一条约 80m 长的直线 AB(两面都有墙面或两面都有物体)，在中点 O 安置经纬仪，盘左将望远镜放置水平(竖盘读数为 90°)将十字丝交点点于墙面得一标志点 A，固定照准部纵转望远镜成盘右将望远镜放置水平(竖盘读数为 270°)，再将十字丝交点点于对面墙上得一标志点 B_1 点，如图 3-25 所示。松开照准部成盘右位置再次瞄准 A 点，固定照准部纵转望远镜成盘左将望远镜放置水平，瞄准对面墙体做一标志 B_2 点。若 $B1$ 与 B_2 重合，说明该项条件满足，否则，说明存在视准误差 C。当 C 超限时，应对仪器进行校正。

2）校正

连接墙面 B_1、B_2 两点，取 $B_1B_2/2$ 得 B_3 点，用校正针拨动十字丝的左右两个校正螺栓，使十字丝分划板平移眼睛看着竖丝移至 B_3 点，如图 3-25 所示。即将视准轴调整到 OB_3 的位置，此时视准轴便垂直于横轴。此项检校需反复进行多次。由上可知，视准轴垂直于横轴时，必有 $B_1 = B_2 = B$；视准轴不垂直于横轴时，$B = (B_1 + B_2)$。可见，水平角观测中，盘左盘右取平均值可以消除视准轴不垂直于横轴带来的观测误差。

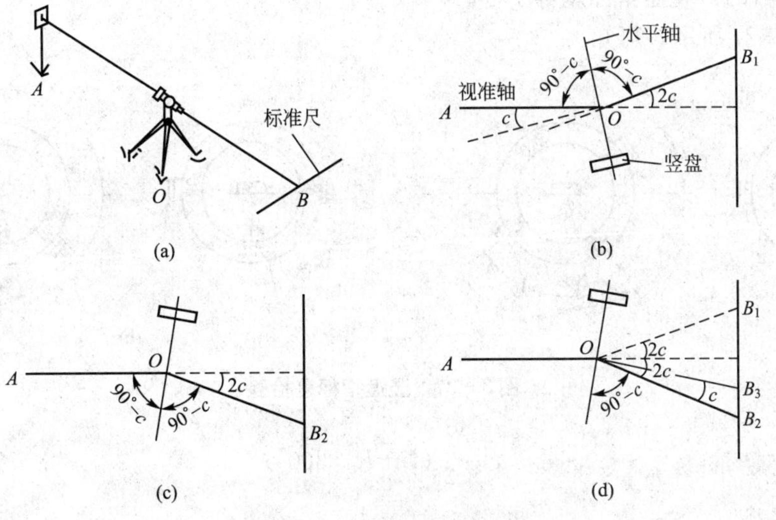

图 3-25　视准轴垂直于横轴检验

4. 横轴的检验与校正

1）检验

检验的目的：横轴垂直于竖轴。

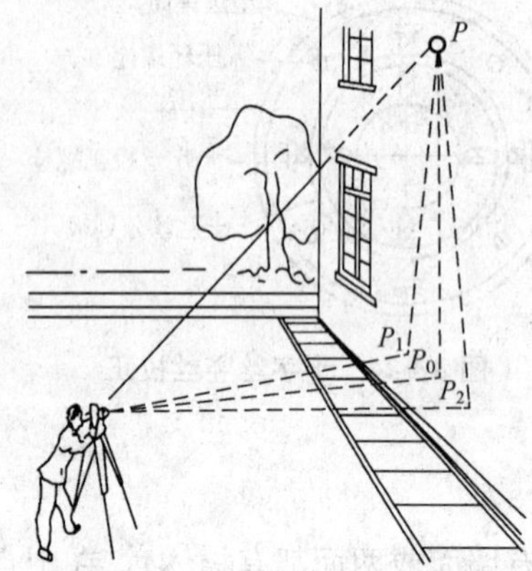

图 3-26　横轴垂直于竖轴检验

在距墙 10～20m 处安置经纬仪，先盘左将望远镜仰起约 20°～30° 照准墙面一个明显目标 P，制动照准部后俯下望远镜，望远镜放置水平将十字纵丝点于墙面 P_1；倒转望远镜成盘右位置再次瞄准 P 点，制动照准部后俯下望远镜，望远镜放置水平将十字纵丝点于墙面 P_2，若 $P_1=P_2$，说明此项条件满足。否则，需要校正，如图 3-26 所示。

2）校正

连接 P_1、P_2，取 $P_1P_2/2$ 为 P_o 点，转水平微动螺旋，使纵丝切准 P_o 点，制动照准部将望远镜仰起观察 P 点。横轴不垂直于竖轴时，则纵丝不能再切准 P 点。校正时，则可拨动装在支架内的偏心轴校正螺旋，使横轴升降，最终竖丝重新切准 P 即可。

现在生产的经纬仪，一般都能保证横轴垂直于竖轴，故此项条件只需检验，不需校正。若需校正时，可交由专业人员在室内完成。

由上可知，当横轴垂直于竖轴时，必有 $P_1=P_2=P_o$；当横轴不垂直于竖轴时，则 $P_o=P_1P_2/2$。

可见，水平角观测中，盘左盘右观测取平均值，可以消除横轴不垂直于竖轴带来的观测误差。

5. 竖盘指标差检验与校正

1）检验

检验的目的：竖盘指标差等于零。

如图 3-27 所示，可知

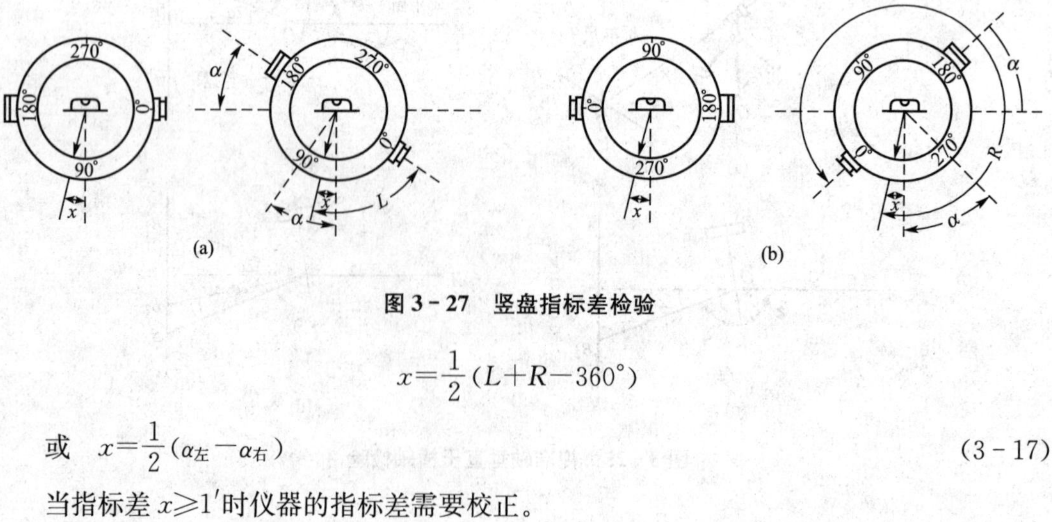

图 3-27　竖盘指标差检验

$$x=\frac{1}{2}(L+R-360^\circ)$$

或　$x=\frac{1}{2}(\alpha_{左}-\alpha_{右})$　　(3-17)

当指标差 $x\geqslant 1'$ 时仪器的指标差需要校正。

因为盘左、盘右在观测同一竖直角时取其平均值，即可以消除指标差的影响。

2）校正

打开支架将竖盘指标针取下擦洗灰尘，再将指标针安置正确位置。

6. 对中器的检验与校正

1）检验

检验的目的：光学对中器视准轴的折光轴应与仪器竖轴重合位于铅垂线上。

安置仪器于平坦地面整平后，盘左位置将对点器视准轴点在地面上定出 A_1 点，转动照准部盘右位置，看对点器视准轴点与地面点 A_1 还是否重合，若与地面点 A_1 重合，说明满足条件；若与地面点 A_1 不重合，则需校正，如图 3-28 所示。

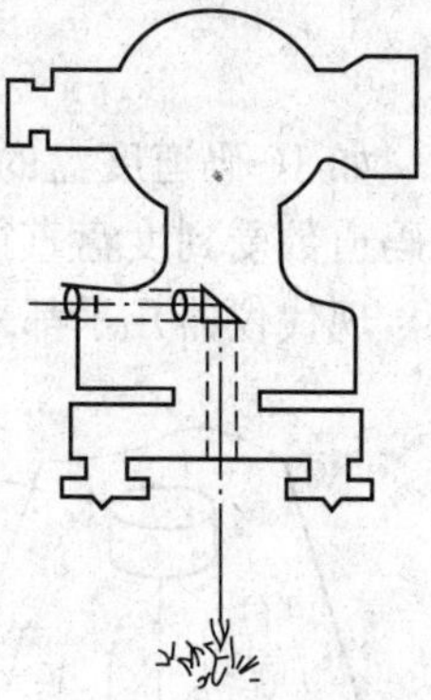

图 3-28 对中器检验

2）校正

取地面点 $A_1A_2/2$ 得点 A_3，用校正针拨动对点器的矫正螺栓使视准轴对准地面 A_3 点。此项工作应反复进行。

特别提示

仪器校正时，要有耐心，逐渐靠近且要反复进行，直至满足要求为止。

3.9 电子经纬仪

随着光电技术、计算机技术和精密机械的发展，在 20 世纪 60 年代，研制出了采用编码度盘测角的电子经纬仪，从此开创了电子测角技术不断探索、完善的新纪元。到了 20 世纪 80 年代，电子经纬仪得到了较大的发展，电子测角方法出现了光栅度盘测角、动态法测角。电子测微技术的改进，使得电子测角的精度大大提高。而计算机技术的应用，使得电子经纬仪的计算功能、操作环境、程序功能大大提高，从而使常规测量迈进了自动化的新时代。

3.9.1 电子经纬仪的测角原理

1. 编码度盘测角

编码度盘测角是电子经纬仪所采用的最早、也较为普遍的一种电子测角方法。它是在光学度盘上刻画若干条环形码道，如图 3-29 所示的是将整个度盘均分为 16 个区间，从里到外有四道码环。黑色部分为透光区，白色部分为不透光区，可用二进制中的“1”和“0”来表示。因为各区间的各个码道透光与否不同，所以各区间由码道组成的状态（即编码）就不相同，图 3-29 中区间编号 8 的编码为 1000。当望远镜瞄准目标后，方向的投影落在度盘的某一区域上，通过发光二极管和接收光电器件，将度盘上该区间的二进制码信息转换成电信号，再通过解码可得到相对应的方向值，即读数。这样，就可根据不同方向的方向值计算出它们之间的夹角。编码度盘测角又称为绝对式测角。

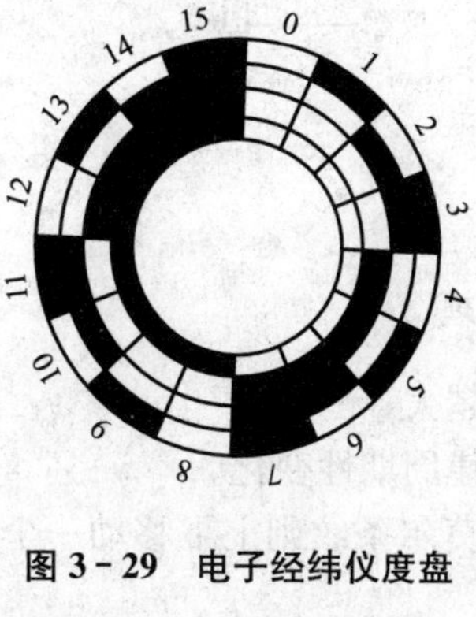

图 3-29 电子经纬仪度盘

多码道编码度盘的角度分辨率 δ 与区间数 m 有关，而

区间数又取决于码道数 n。其关系式为

$$m=2^n \quad \delta=\frac{360^\circ}{m} \tag{3-18}$$

如10码道度盘的角度分辨率为 $21.09'$。为了提高角度分辨率，就必须增加码道数，而码道数受到度盘直径的限制，因此，利用多码道编码度盘测角达不到较高的精度。

现代仪器几乎都采用单码道编码，这种编码是在度盘的圆周边刻画明暗相间的二进制代码，这些二进制代码有着约定的编码规则，也没有重复的码段。工作过程就是通过发光二极管和光电接收器件获取特定度盘位置的编码信息，并由微处理器译码，最后换算成实际角度值，如图3-30所示。

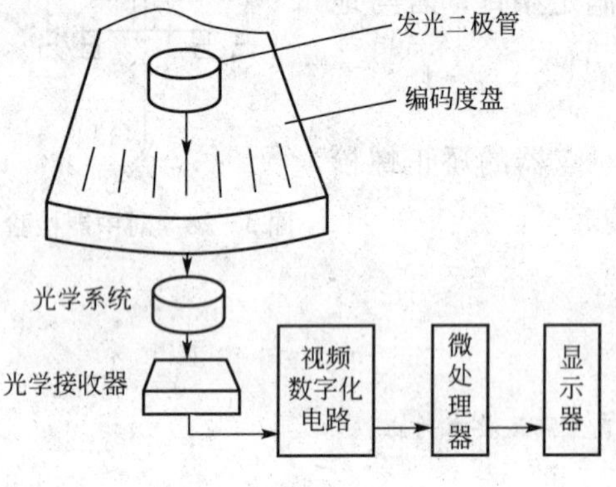

图3-30　电子经纬仪编码程序

和光学经纬仪一样，编码度盘同样存在测微(细分)的问题。因为码元的宽度仍然不可能刻画到秒级。与光学经纬仪显微镜读数原理类似，编码度盘测微依靠的是光学放大系统、光电器件固有的高分辨力，通过像素个数和像素光脉冲信号强度比例关系实现秒级测微。

2. 光栅度盘测角

在电子经纬仪中，另一种广泛使用的测角方法是用光栅度盘测角。

1) 光栅与莫尔条纹

在光学玻璃上均匀地刻画出许多条纹构成光栅，在玻璃圆盘的径向上刻线，形成光栅度盘。如图3-31(a)所示，将两块密度相同的光栅重叠，并使它们的刻划线相互倾斜一个很小的角度 θ，这样便会出现明暗相间的条纹。如图3-31(b)所示，该条纹称为莫尔条纹。莫尔条纹有以下几个特点：

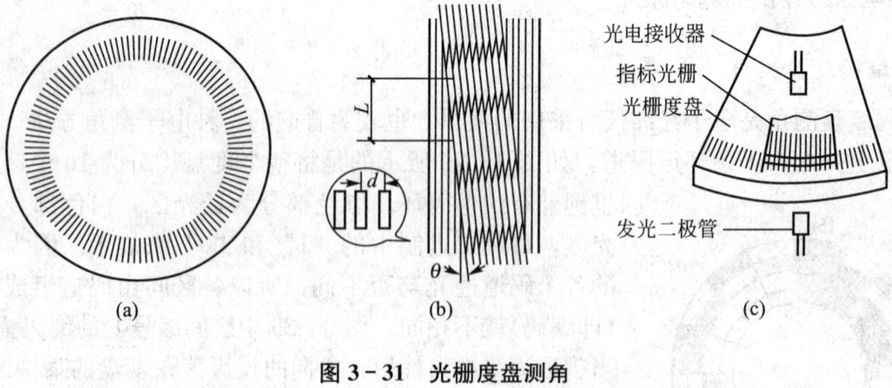

图3-31　光栅度盘测角

(a) 光栅度盘；(b) 莫尔条纹；(c) 测角原理

(1) 两光栅之间的倾角越小，明条纹或暗条纹之间的间距越大。

(2) 在垂直于光栅构成平面的方向上，条纹亮度按正弦规律周期性变化。

(3) 光栅在水平方向相对移动一条刻线，即一个栅距 d，莫尔条纹则上下移动一个周

期，即一个纹距 L，其关系式为

$$L=\frac{d}{\theta}(\theta\text{单位为弧度}) \tag{3-19}$$

由此可见，微小的光栅移动量就会产生很大的条纹移动量。

2）光栅度盘测角

如图 3－31(c)所示，光栅度盘的下面放置发光二极管，上面是一个与光栅度盘形成莫尔条纹的指示光栅，指示光栅的上面为光电接收器。发光二极管、指示光栅和光电接收器的位置固定不动，光栅度盘随照准部一起转动。根据莫尔条纹的特性，度盘每转动一个光栅，莫尔条纹就移动一个周期，光电接收器输出的电流也变化一个周期。因此，可用光电接收器输出的电流周期来表示度盘所转动的光栅数。由于光栅之间的夹角已知，所以通过电子计数器跟踪累计测量实现角度测量。这种测角方法称为增量式测角方法。

如果在输出电流的每个周期内均匀内插 n 个脉冲，则相当于在相邻两光栅刻线之间放置了一个“测微尺”，通过电子计数器对脉冲进行计算，可将角度分辨率提高 n 倍。

采用增量式光栅度测角方法的电子经纬仪，在电子线路中必须有判别旋转方向的电路和可逆计数器，以保证计数的正确性。

另外，还有相位光栅测角、动态测角和电磁度盘测角等方法，其基本原理都是从度盘上取得角度的电信号，然后根据其电信号转换为角度。

图 3－32　电子经纬仪

3.9.2　电子经纬仪的使用

电子经纬仪是一种采用光电元件实现测角自动化、数字化的电子测角仪器。如图 3－32 所示是国产 ZH·ET—2 电子经纬仪。现以如图 3－33 所示的电子经纬仪来说明仪器的使用。

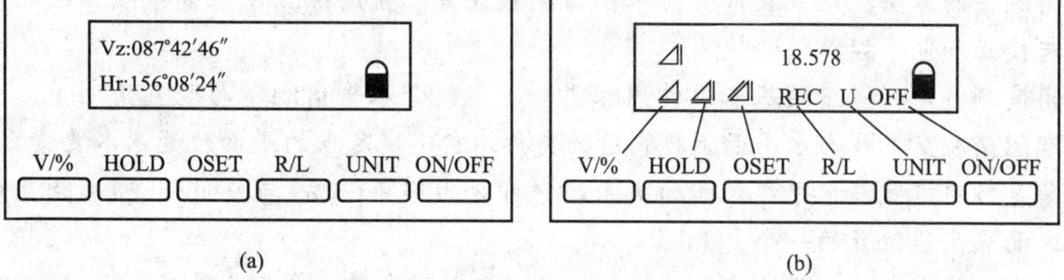

图 3－33　电子经纬仪使用

1. 角度测量

(1) 在测站点上安置仪器，对中、整平与光学经纬仪相同。

(2) 开机，按 ON/OFF 键，上下转动望远镜，使仪器初始化并自动显示水平度盘角度和竖直度盘角度以及电池容量信息，如图 3－33(a)所示。

(3) 选择角度值增加方向为顺时针方向 Hr(R/L)；选择角度单位为 360°，即度、分、秒(UNIT)；选择竖直角测量模式为天顶距 VZ(HOLD)。

(4) 瞄准第一个目标，将水平角值设置为0°00′00″(OSET)。转动照准部瞄准另一个目标，则显示屏上直接显示水平度盘角度和竖直度盘角度，读数并记录。

(5) 进行下一步测量工作。

(6) 测量结束，按 ON/OFF 键关机。

2. 与测距仪联机使用

(1) 取下电子经纬仪的提手，将测距仪安装在电子经纬仪的支架上，用通信电缆将仪器支架上的通信接口与测距仪通信口进行连接，然后分别开机。

(2) 在测角状态下，按 ON/OFF 键进入测距菜单。

(3) 根据测量需要和屏幕上显示的符号或文字，按相应键可完成所需要的操作，如图 3-33(b)所示。

V/%——平距显示(△)，根据斜距和竖盘读数计算。

HOLD——高差显示(符号)根据斜距和竖盘读数计算。

OSET——向测距仪发送单次测距命令(符号)。

R/L——记录(REC)，向外接电子手簿发送测量数据。

UNIT——返回测角状态(U)，进行角度测量。

ON/OFF——关机(OFF)。

特别提示

电子经纬仪和光学经纬仪最主要的区别是电子测角且显示出来；电子经纬仪的使用与光学经纬仪完全相同。

本项目小结

本项目主要内容包括：水平角、竖直角测量原理、经纬仪的构造及使用、水平角、竖直角测量的方法、记录及计算、水平角测量误差产生的原因及注意事项、经纬仪的检验与校正和电子经纬仪的使用。

角度测量是测量三项基本工作内容之一，它包含水平角测量与竖直角测量。水平角是空间两相交直线在水平面上投影后的夹角，它是确定点的平面位置基本要素之一。竖直角是倾斜视线与水平线之间的夹角，它可分为仰角($+\alpha$)与俯角($-\alpha$)，竖直角是确定地面点高程位置的一个要素。

角度测量应用的仪器为光学经纬仪，它主要由照准部、度盘、基座三大部分组成。在正确的安置与使用下，既符合水平角测量原理，又符合竖直角测量原理要求，可测出所需要的要素。

DJ_6 级光学经纬仪是建筑工程施工中常用的测角仪器。DJ_6 级光学经纬仪读数方法有两种，分微尺测微器读数方法与单平板玻璃测微器读数方法。前者是固定式分微尺，后者是活动式测微尺，两者的度盘分划值、最小格值、估读精度均不相同，应熟练掌握两者的读数规律。

经纬仪的使用包括安置经纬仪(对中与整平)，照准目标，正确读数。在仪器的使用上有多项应注意的事项，从而可提高测角的精度。

角度测量，不论是水平角测量，还是竖直角测量，在测量方法上都应采用两个度盘位置进行，即盘左半测回与盘右半测回各观测一次，并取其平均值，从而可消除度盘偏心，视准轴不垂直于横轴，横轴不垂直于竖轴，以及竖盘指标差等误差的影响，提高测角精度。

光学经纬仪有四条主要轴线，它们是照准部水准管轴、望远镜视准轴、横轴及仪器的竖轴。经纬仪的四条主要轴线之间应满足六项几何关系。如轴线之间应保证的几何关系遭到破坏，应予以检验与校正，恢复轴线之间应有的几何关系，减小误差影响。

水平角观测与竖直角观测时，其观测读数应记录在一定的表格之内，保持记录的原始性，并应及时计算其相应的角值，检查是否在容许的精度范围之内，还应掌握记录与计算的规律。

习 题

一、单选题

1. 经纬仪精确整平的要求是(　　)。

A. 转动脚螺旋管水准器气泡居中　　B. 转动脚螺旋圆水准器气泡居中

C. 转动微倾螺旋管水准器气泡居中　　D. 管水准器与圆水准器气泡同时居中

2. 产生视差的原因是(　　)。

A. 仪器校正不完善　　B. 物像与十字丝面未重合

C. 十字丝分划板不正确　　D. 目镜呈像错误

3. 经纬仪视准轴检验和校正的目的是(　　)。

A. 横轴垂直于竖轴　　B. 使视准轴垂直横轴

C. 使视准轴平行于水准管轴　　D. 使视准轴平行于横轴

4. 用经纬仪观测水平角时，尽量照准目标的底部，其目的是为了消除(　　)误差对测角的影响。

A. 对中　　B. 照准　　C. 目标偏心　　D. 整平

5. 测量竖直角时，采用盘左、盘右观测，其目的之一是可以消除(　　)误差的影响。

A. 对中　　B. 视准轴不垂直于横轴

C. 整平　　D. 指标差

6. 当经纬仪的望远镜上下转动时，竖直度盘(　　)。

A. 与望远镜一起转动　　B. 与望远镜相对转动

C. 不动　　D. 有时一起转动有时相对转动

7. 观测某目标的竖直角，盘左读数为$101°23'36''$，盘右读数为$258°36'00''$，则指标差为(　　)。

A. $24''$　　B. $-12''$　　C. $-24''$　　D. $12''$

8. 经纬仪的安置仪器顺序是(　　)。

A. 对中、整平　　B. 调焦、照准　　C. 读取读数　　D. 以上都是

9. 当经纬仪竖轴与目标点在同一竖面时，不同高度的水平度盘读数(　　)。

A. 相等　　B. 不相等

10. 采用盘左、盘右的水平角观测方法，可以消除(　　)误差。

A. 对中　　B. 十字丝的竖丝不铅垂

C. 视准轴　　D. 整平

11. 用回测法观测水平角，测完上半测回后，发现水准管气泡偏离 2 格多，在此情况下应(　　)。

A. 继续观测下半测回　　B. 整平后观测下半测回

C. 整平后全部重测　　D. 测完后取平均值

12. 在经纬仪照准部的水准管检校过程中，仪器按规律整平后，把照准部旋转 180°，气泡偏离零点，说明(　　)。

A. 水准管不平行于横轴　　B. 仪器竖轴不垂直于横轴

C. 水准管轴不垂直于仪器竖轴　　D. 竖轴不垂直与横丝

13. 地面上两相交直线的水平角是(　　)的夹角。

A. 这两条直线的实际　　B. 这两条直线在水平面的投影线

C. 这两条直线在同一竖直面上的投影　　D. 这两条直线的缩短

14. 经纬仪安置时，整平的目的是使仪器的(　　)。

A. 竖轴位于铅垂位置，水平度盘水平　　B. 水准管气泡居中

C. 竖盘指标处于正确位置　　D. 圆水准器气泡居中

15. 经纬仪的竖盘按顺时针方向注记，当视线水平时，盘左竖盘读数为 90°。用该仪器观测一高处目标，盘左读数为 75°10′24″，则此目标的竖角为(　　)。

A. 57°10′24″　　B. －14°49′36″　　C. 14°49′36″

16. 经纬仪在盘左位置时将望远镜大致置平，使其竖盘读数在 0°左右，望远镜物镜端抬高时读数减少，其盘左的竖直角公式为(　　)。

A. $90°-L$　　B. $0°-L$　　C. $360°-L$；　　D. $L-90°$

17. 竖直指标水准管气泡居中的目的是(　　)。

A. 使度盘指标处于正确位置　　B. 使竖盘处于铅垂位置

C. 使竖盘指标指向 90°　　D. 使竖盘指标指向 0°

18. 若经纬仪的视准轴与横轴不垂直，在观测水平角时，其盘左盘右的误差影响是(　　)。

A. 大小相等　　B. 大小相等，符号相同

C. 大小不等，符号相同

19. 光学经纬仪应满足(　　)项几何条件。

A. 3　　B. 4　　C. 5　　D. 6

20. 用测回法观测水平角，可以消除(　　)误差。

A. $2c$　　B. 指标差

C. 横轴误差大气折光误差　　D. 对中误差

二、习题

1. 什么叫水平角？经纬仪为什么能测出水平角？

2. 经纬仪上有几对制动与微动螺旋？它们各起什么作用？

3. 光学经纬仪有何优点？试述 DJ_6 级光学经纬仪分微尺读数的方法。

4. 测量水平角时为什么要对中？如图 3-34 所示，测量 $\angle ABC(90°)$，设对中时在 $\angle ABC$ 的分角线上偏离了 5mm，已知 AB 的距离为 100m，BC 的距离为 80m。试问，因对中误差而引起的角度误差是多少？

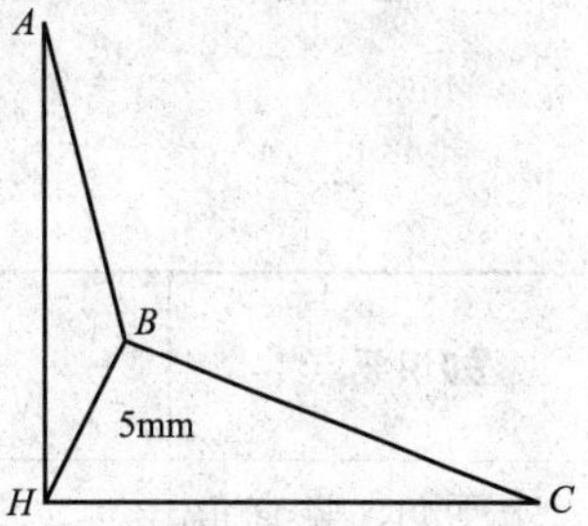

图 3-34 水平角测量对中误差

5. 测量水平角时，为什么要整平？试述经纬仪整平的步骤。

6. 观测水平角时，水平度盘的起始读数要为 0°00′00″，应该怎样操作？

7. 怎样正确瞄准目标？

8. 什么叫竖直角？测量水平角与测量竖直角有何不同？为什么在读取竖直度盘读数时要求竖盘指标水准管气泡居中？

9. 整理下列用测回法观测水平角的记录(表 3-5)。

表 3-5 测回法观测水平角记录

测站	竖盘位置	目标	水平度盘读数			半测回角值			一测回角值			各测回平均角值		
			°	′	″	°	′	″	°	′	″	°	′	″
第一测回 O	左	1	0	0	00									
		2	78	48	54									
		1	180	00	03									
	右	2	258	49	0									
第二测回 O	左	1	90	00	00									
		2	168	48	56									
		1	270	00	04									
	右	2	348	49	01									

10. 怎样确定垂直角的计算公式？

11. 整理下列垂直角观测记录(表 3-6)，并分析有无竖盘指标差。

表 3-6 垂直角观测记录

测站	目标	竖盘位置	水平度盘读数			半测回角值			指 标			一测回角值		
			°	′	″	°	′	″	°	′	″	°	′	″
O	1	左	72	18	12									
		右	287	42	00									
O	2	左	96	32	48									
		右	263	27	30									

12. 经纬仪应满足的几何条件是什么？

13. 观测水平角时，为什么要求用盘左、盘右观测？盘左、盘右观测取平均值能否消除水平度盘不水平造成的误差？

14. 在检验视准轴垂直于横轴时，为什么目标要选择得与仪器同高？在检验横轴垂直于竖轴时，为什么目标要选择得较高？上述两项检校的顺序可否颠倒？

15. 电子经纬仪有哪些功能？与光学经纬仪的主要区别是什么？

能力评价体系

知识要点	能 力 要 求	所占分值（100 分）	自评分数
水平角、竖直角测量原理	明确水平角、竖直角测量原理	8	
DJ_6、DJ_2 光学经纬仪构造和使用	(1) 熟练掌握 DJ_6 光学经纬仪的构造和各部件的作用	10	
	(2) 熟练掌握经纬仪的安置	10	
水平角观测	(1) 熟练掌握测回法测量水平角的方法、记录格式和计算	12	
	(2) 了解全圆方向法测量水平角的方法、记录格式和计算	6	
竖直角观测	熟练掌握竖直角测量的方法、记录格式和计算	12	
水平角测量误差产生原因及注意事项	(1)了解水平角测量误差产生的原因	5	
	(2) 提高角度测量的方法	8	
经纬仪的检验与校正	(1) 了解经纬仪各轴线应满足的条件	8	
	(2) 掌握经纬仪各项检验的步骤和校正方法	8	
电子经纬仪	(1) 了解电子经纬仪的测角原理	5	
	(2) 掌握电子经纬仪的使用	8	
合　　计		100	

项目4

距离测量与直线定向

学习目标

通过本项目学习，要在明确距离测量基本概念和基本原理的基础上，掌握钢尺测距、视距测量和光电测距的操作方法和计算过程；明确直线定向和坐标象限角、方位角的基本概念，会推算坐标方位角。

学习要求

知识要点	能力要求	相关知识
概述	明确距离测量与直线定向的任务	直线测量的方法
钢尺量距	(1) 掌握端点尺与刻线尺的区别 (2) 理解直线定线的方法 (3) 掌握平坦地区量距的方法 (4) 了解钢尺量距的误差来源	量距的工具(钢尺；端点尺与刻线尺的区别)、直线定线的定义、量距方法(平坦地区、倾斜地区)
视距测量	(1) 理解视距测量的原理 (2) 了解误差来源及注意事项 (3) 掌握视距测量的观测、计算	视距测量的原理、观测、计算、误差来源及注意事项
光电测距	了解光电测距仪测距原理、D_{3000}系列红外测距仪	测距原理、D_{3000}系列红外测距仪简介
直线定向	(1) 掌握标准方向的种类(真子午线、磁子午线、坐标纵轴方向) (2) 掌握表示直线的方法(直线的方位角) (3) 学会正反坐标方位角的关系、坐标方位角的推算	标准方向的种类、表示直线的方法、正反坐标方位角、坐标方位角的推算

【学习重点】

钢尺量距的方法与计算、直线定向概念及直线定向的方法、坐标方位角的推算。

【最新标准】

《工程测量规范》(GB 50026—2007)。

引例

在现实生活中，我们用钢尺丈量两点之间的距离其实并非水平距离，而在施工工程中的距离都是水平距离，在丈量时不仅要求用检定过的钢尺，还要注意丈量时的温度、倾斜情况和拉力。在现实中要确定某直线的具体方向，除了利用测量仪器外，还应了解坐标方位角、象限角的含义。至于如何丈量水平距离和直线定向，本项目将会详细介绍。

知识点

4.1 概　　述

要确定两点在平面直角坐标系的相对位置，只要能测出两点之间的水平距离并确定这两点连成直线的方向就可以了。

常用的距离测量方法有钢尺量距、视距测量和光电测距。钢尺量距的方法和原理都很简单，如果采用精密方法，即考虑钢尺实际长度和名义长度的差别、钢尺本身的长度随温度和两端所受拉力的变化而变化等因素，能达到相当高的精度；但在测量超过钢尺长度的距离时需要定线，如果定线不准，则会在一定程度上影响量距精度，而且钢尺量距对地形的要求比较高，一般要求地面平坦、开阔、通视条件好。视距测量采用水准仪、经纬仪望远镜中的十字丝分划板上的视距丝配合水准尺或特制的视距尺根据光学原理来完成，可以与水准测量、角度测量同时进行，方便而迅速，虽然精度较低，却是经纬仪极坐标测绘法来测绘地形图碎部点的基本组成部分。光电测距是以光和电子技术来测量距离，采用能发射电磁波的测距仪或全站仪，通过直接或间接测定电磁波的传播时间来进行的，操作简单、精度高，通过数据线，其观测成果可直接导入计算机。随着测距仪和全站仪价格的下降，已成为目前测距的主要手段。

由于确定地面点位需要的是水平距离，而直接测得的往往是倾斜距离，需要将其换算成水平距离。

至于某直线的方向，是通过该直线与过直线起点的标准方向之间的水平角来确定的，这项工作叫做直线定向。一般采用坐标纵轴方向作为标准方向，用坐标方位角来进行直线定向。

特别提示

测量中，距离测量的一般方法：当距离较远而且路面高低不平时，对精度要求较高时，采用光电测量；一般要求时，采用视距测量。当距离较近时，可采用钢尺量距或光电测量的方法。

4.2 钢尺量距

4.2.1 直线定线

当两个地面点之间的距离较长或地势起伏较大时，为能沿着直线方向进行距离丈量工作，需在直线方向上标定若干个点，作为分段丈量的依据。在直线方向上作一些标记表明直线走向的工作就叫做直线定线。直线定线可以采用目测法也可以采用经纬仪法来进行。

1. 目测定线

目测定线按不同地形条件有二点法、趋近法。

(1) 在平地二点法目测定线，两端为准，概量定点。A、B 是平坦地面上的两点，如图 4-1 所示，具体定线方法是：

① 在 A、B 端点上树立标杆(也称花杆)。

② 一指挥者立 B 点标杆后瞄 A 点的标杆。

③ 两位定点人员按整尺段长 l_0 从 A 概量至 1 号点，根据指挥确定 1 号点位置立在 AB 视线上。

④ 按步骤③的做法依次把 2、3、4…分段点定在 A 线上。

(2) 在山头用趋近法目测定线，概略定中，依次拉直。

如图 4-2 所示，A、B 是山脚下的两点，在不通视的 AB 线上定线确定 C、D 点，定线的方法：

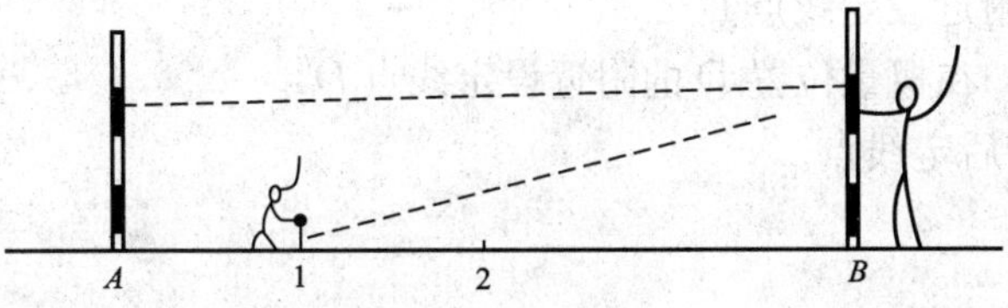

图 4-1 目测定线

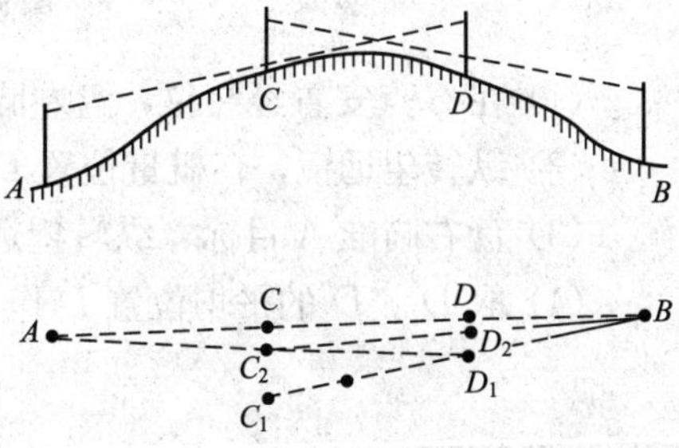

图 4-2 趋近法目测定线

① 可在靠近 A 点又能看到 B 点的位置上初定 C 点(即 C_1)，同时立标杆。

② 按二点法在 CB 线上定 D 点(即 D_1)，D 点立标杆并能看到 A 点。

③ 按二点法在 DA 线上重新定 C 点，移动原来的标杆到新定的 C 点上(即 C_2)。

④ 按二点法在 CB 线上重新定 D 点，移动原来的标杆到新定的 D 点上(即 D_2)。

⑤ 按步骤②、③重复定点，逐渐趋近，最后使 C、D 点落在 AB 线上。

2. 经纬仪定线

用经纬仪定线比目测定线精确，具体有纵丝法和分中法。

1) 纵丝法

以经纬仪望远镜十字丝纵丝为准，概量定点，如图 4-3 所示。具体方法如下：

① 在丈量直线的一端 A 安置经纬仪，经纬仪望远镜精确瞄准另一端 B 树立的目标，

此时照准部在水平方向上不得转动。

② 沿 BA 方向按尺段长 l_0 概量 B_1。

③ 纵转望远镜瞄到 1 处，指挥 1 号分段点测钎(图 4－4)定在十字丝的纵丝影像上。

④ 仿步骤②、③，依次将分段点 2、3、4…定在 AB 线上。

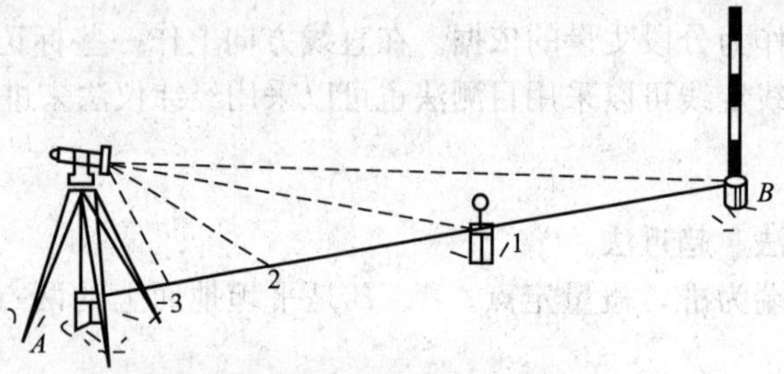

图 4－3　经纬仪纵丝法定线

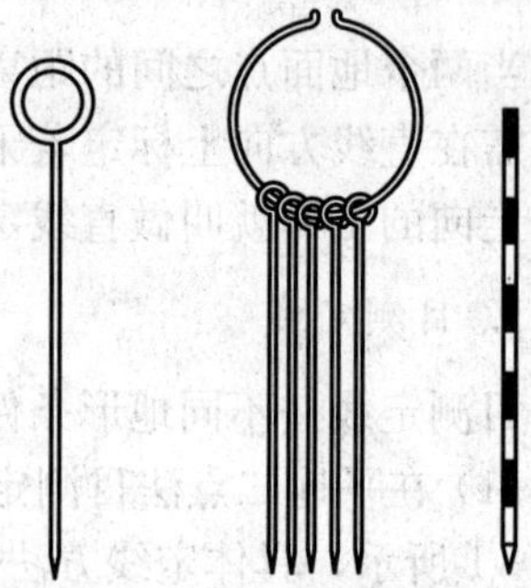

图 4－4　测钎与测杆

2）分中法

即以经纬仪望远镜盘左、盘右平均取中。如图 4－5 所示，A、B、C 在同一直线上，要求把 D 点定在 BC 线上，方法如下：

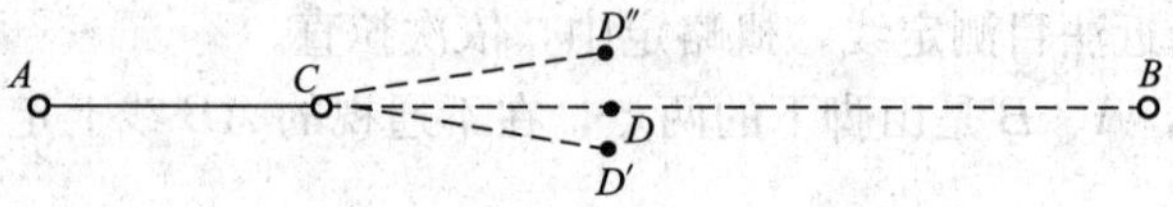

图 4－5　经纬仪分中法定线

(1) 在 C 点安置经纬仪，盘左瞄准 A 目标。

(2) 纵转望远镜，在概量位置 D 的附近设定线点 D'。

(3) 盘右瞄准 A 目标，纵转望远镜，在概量位置 D 的附近设定线点 D''。

(4) 取 D'、D''的平均位置 D 作为最后定线点。

特别提示

注意直线定线与直线定向的区别，直线定线是保证测量时的点在两个端点之间的连线上，利用经纬仪在调平后，视准轴竖向平面垂直于大地水准面方法确定。

4.2.2　钢尺量距的一般方法

在坡度不均匀而且比较平缓的地方，可以先进行定线，然后直接量平距。具体步骤如下：

1. 准备工作

1）主要工具

钢尺(图 4－6)、垂球、测钎、标杆(图 4－4)等。使用前应该检查钢尺是否完好，刻画是否清楚，并注意其零点位置。

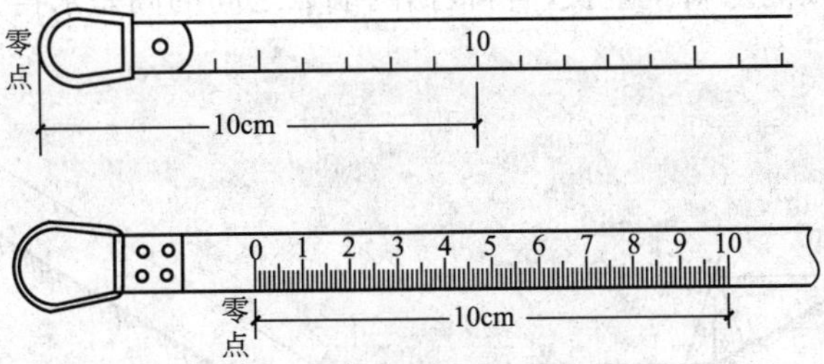

图 4-6　不同零点位置的钢尺

2）工作人员组成

主要工作人员是拉尺、读数、记录人，共 2～3 人。

3）场地

一般比较平坦，各分段点已定线在直线上，并插有测钎，如图 4-7 所示。

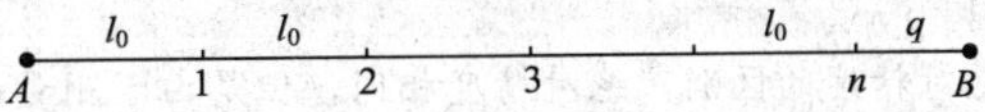

图 4-7　已完成定线的直线

2. 丈量工作

1）逐段丈量整尺段

尺段长为 l_0，最后丈量零尺段长 q。

2）返测全长

步骤 1) 丈量工作从 A 丈量至 B，称为往测，往测长度记为 $D_{往}$；在此基础上再按步骤 1) 的丈量工作从 B 丈量至 A，称为返测，返测长度记为 $D_{返}$。

3. 计算与检核

1）计算往测、返测全长

$$D_{往}=nl_0+q_{往} \tag{4-1}$$

$$D_{返}=nl_0+q_{返} \tag{4-2}$$

2）检核

为了防止错误和提高丈量精度，把往返丈量所得距离的差除以该距离的概值 $D_{往}$ 或 $D_{返}$，并化为分子为 1 的分数 K，该分数称为相对较差。一般丈量要求相对较差 K 不大于 1/2000，即

$$\Delta D=D_{往}-D_{返} \tag{4-3}$$

$$K=\frac{\Delta D}{D_{往}}=\frac{1/\mathrm{D}_{往}}{\Delta D} \tag{4-4}$$

3）计算往返平均值

在往返相对较差 K 满足要求时，按下式计算往返平均值作为 AB 全长的观测值，即

$$D=\frac{D_{往}+D_{返}}{2} \tag{4-5}$$

在比较陡峭的地方，如果坡度不均匀，可分段量得斜距，并测得各分段两端点间的高差，求出各分段的平距，再求和得到全长；也可采用垂球投点分段直接量平距(图 4-8)，

如果坡度均匀，则可以测得斜距全长，再根据两端点之间的高差求得平距全长(图 4-9)。

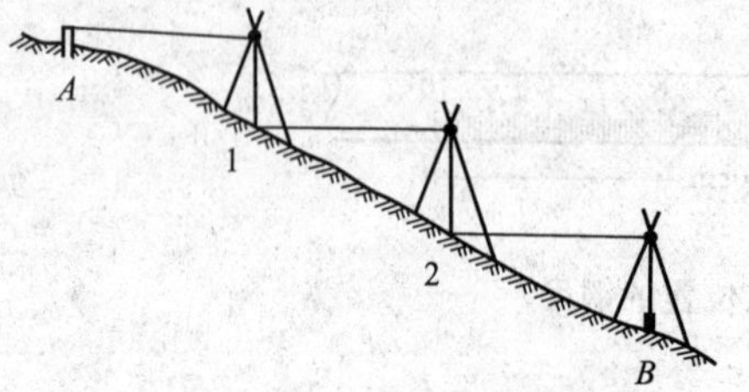

图 4-8　垂球投点分段直接量平距

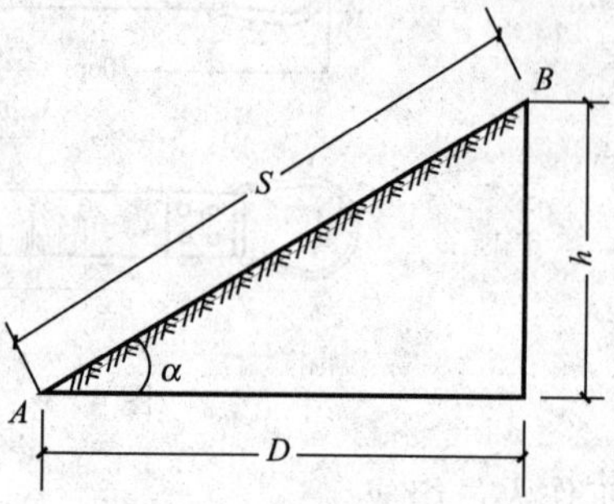

图 4-9　测得斜距全长后根据高差求平距

特别提示

距离测量时相对精度和绝对精度的区别，绝对精度相同，但是由于测量的距离不同，得出的相对精度不同，而衡量测量结构的精度时，一般使用相对精度。

4.2.3　钢尺量距的精密方法

1. 准备工作

1) 主要丈量工具

钢尺、弹簧秤、温度计等。用于精密丈量的钢尺必须经过检定，而且有其尺长方程式。

2) 工作人员组成

通常主要工作人员有 5 人，其中拉尺员 2 人、读数员 2 人、记录员 1 人，他们的分工安排如图 4-10 所示。

3) 场地

(1) 经整理便于丈量。

(2) 定线后的分段点设有精确的标志，如图 4-11 所示，分段点设有木桩顶面的定线方向有“十”字标志(或小钉)。

图 4-10　钢尺量距精密方法的人员组成与分工

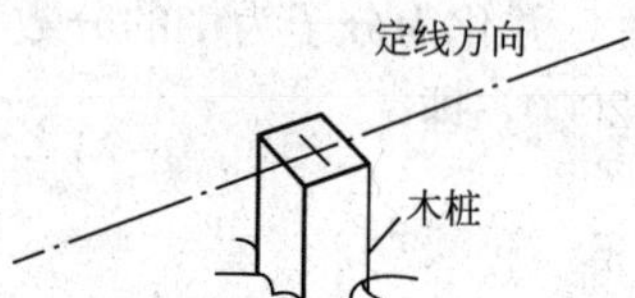

图 4-11　精确的丈量标志

(3) 测量各分段点顶面尺段高差 h_i。

2. 精密量距

丈量必须有统一的口令，如采用“预备”、“好”的口令来协调全体人员的工作步调。现以一尺段丈量为例介绍其丈量方法：

1）拉尺

拉尺员在尺段两个分段点上拉着弹簧秤摆好钢尺，其中钢尺零端在后分段点，整尺端在前分段点。前方拉尺员发出“预备”，同时进行拉尺准备，后方拉尺员在拉尺准备就绪回声“好”的口令，两拉尺员同时用力拉弹簧秤，使弹簧秤拉力指示为检定时拉力(如100N)，钢尺面刻画与分段点标志纵线对齐。

2）读数

两位读数员两手轻扶钢尺，在钢尺刻画与分段点标志相对稳定时，前方读数员使钢尺厘米刻画与分段点标志横线对齐，同时发出“预备”口令。后方读数员预备就绪(即看准钢尺刻画面与分段点标志横线对齐的读数)发出“好”的口令。就在口令之后的瞬间，两位读数员依次读取分段点标志横线所对的钢尺刻画值，前端读数员读前端读数 $l_{前}$，后端读数员读后端读数 $l_{后}$。

3）记录

记录 $l_{前}$、$l_{后}$，计算尺段丈量值 $l'=l_{前}-l_{后}$。

4）重复丈量

按步骤1)、2)、3)重复丈量和记录，计算获得 l''、l'''。

5）检核

比较 l'、l''、l'''，观察各尺段丈量值之差 Δl，如果 $\Delta l \leqslant \Delta l_{容}$，则检核合格，计算尺段丈量平均值 l_i，即

$$l_i=\frac{l'+l''+l'''}{3} \tag{4-6}$$

把计算的尺段丈量平均值 l_i 填写到表格中。

6）记录温度 t_i，抄录尺段高差 h_i

4.2.4 尺长方程式

由于刻画误差等原因，钢尺的实际长度与名义长度会有所差别，而且钢尺的长度会随温度的变化而变化，从而给所量距离带来系统误差，不能通过往返测量取平均值而减小或消除。因此，用于精密量距的钢尺出厂时需经检定，其长度用尺长方程式表示：

$$l_t=l+\Delta l_0+\alpha l(t-t_0) \tag{4-7}$$

式中 l_t——钢尺在温度 t 时的实际长度；

l——钢尺上所标注的长度，即名义长度；

Δl_0——尺长改正数，即钢尺检定时读出的实际长度减去钢尺名义长度；

α——钢尺的线膨胀系数，一般取 1.25×10^{-5}m/(m·℃)；

t——钢尺使用时的温度；

t_0——钢尺检定时的温度。

每根钢尺都应有尺长方程式，根据量距时测得的温度，才能得出其实际长度。根据钢尺的实际长度就可求出所量距离的实际长度。

例4-1 某钢尺名义长度为30m，其尺长方程式为

$$l_t=30+0.007+30\times12.5\times10^{-6}\times(t-20)$$

用这根钢尺在温度为16℃时，丈量一段水平距离为209.62m，试求改正后的实际距离。

解：钢尺丈量时实际长度为

$$l_t = 30 + 0.007 + 30 \times 12.5 \times 10^{-6} \times (t - 20) = 30.006\text{m}$$

实际水平距离为

$$L = 209.62 \times \frac{30.006}{30} = 209.62 \times 1.0002\text{m} = 209.66\text{m}$$

4.2.5 钢尺量距误差来源

在平坦地区进行钢尺量矩，若考虑了温差改正和尺长改正，并用弹簧秤衡量拉力，在外界条件良好的情况下，丈量精度可达 1/5000 以上。若地面有起伏，必然分段较多，丈量精度也能达到 1/3000。当地面崎岖不平，坡陡多变化的困难条件下，只要仔细丈量，其精度也不会低于 1/1000。

通常往返两次丈量结果，一般不会绝对相同，这说明丈量中不可避免有有误差存在。钢尺量距中的误差来源主要有下列几种。

1. 尺长误差

如果钢尺未经检定或未按尺长方程式进行改算，仅用钢尺名义长度计算丈量的距离，则其中就包含了尺长误差。

2. 温度误差

由于钢尺量距时的温度和钢尺检定标准温度不一致而导致温度误差，因此，对于较精确的丈量，无论在检定钢尺和使用钢尺时都以测定钢尺温度为好，可用点温计测定尺温。

3. 拉力误差

钢尺具有弹性，拉力的大小会影响钢尺的长度。一般量距时应保持拉力均衡，精密量距时应使用弹簧秤，使拉力等于钢尺检定时的拉力。

4. 丈量误差

如钢尺端点对准误差、插测钎误差、钢尺读数目估误差等都属于丈量误差。所有这些误差是在工作中，由于人的感官能力限制而产生的，其性质可正可负，或大或小，所以在丈量时尽可能认真操作，以减小丈量误差。

5. 垂曲误差

垂曲，就是钢尺悬空丈量时中间下垂而产生的误差，所以在量距时应尽可能使钢尺处于水平状态，以减小垂曲误差。

6. 钢尺倾斜误差

直接丈量水平距离时钢尺应尽量水平，否则会产生倾斜误差。对于一根 30m 长的钢尺，若尺的两端高差达 0.4m，则使 30m 距离增长约 2.67mm，其相对误差约为 1/11200。因此只要丈量时旁边有人仔细目估水平，这项误差就会很小。

7. 定线误差

钢尺丈量时应伸直紧靠所量直线，如果偏离定线方向，就形成一条折线，把实际距离量长了。当距离较长或精度要求较高时，可借用测量仪器进行。

特别提示

钢尺量距的精确方法中，注意钢尺刻画、温度、拉力等方面对结构的影响。

4.3 视距测量

视距测量是一种根据几何光学原理简便而迅速地测出两点间距离的方法。

视线水平时，视距测量能直接测出水平距离，如果视线是倾斜的，为求得水平距离，还应测出竖直角。根据竖直角也可以求得测站至目标的高差。所以视距测量也是一种能同时测得两点之间距离和高差的测量方法。

4.3.1 视准轴水平时视距法测距原理

经纬仪、水准仪等光学仪器的望远镜中都有与横丝平行、上下等距对称的两根短横丝，称为视距丝。利用视距丝配合标尺就可以进行视距测量。

如图 4-12 所示，设望远镜的视准轴水平，物镜 L_1 和调焦透镜 L_2 的焦点和焦距分别为 L_1、f_1、L_2、f_2。

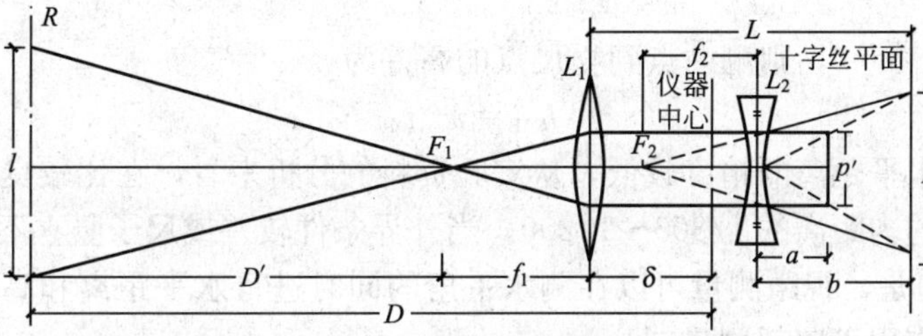

图 4-12 视准轴水平时视距法测距原理

由图 4-12 可知，立尺点与仪器中心之间的水平距离为

$$D=D'+f_1+\delta \tag{4-8}$$

根据成像原理，设 $K=\frac{f_1}{p}$，$C=f_1+\delta$，则 $\frac{D'}{f_1}=\frac{l}{p'}$，代入上式中，可得

$$D=Kl+C \tag{4-9}$$

式中 l——物的视距尺上的上、下丝读数差，称为尺间隔；

p'——l 经透镜之后的像。

通常设计望远镜时，适当选择参数后，可使 $K=100$，$C=0$，从而有

$$D=Kl=100l$$

4.3.2 视准轴倾斜时视距法测距原理

如图 4-13 所示，B 点高出 A 点较多，必须把望远镜视准轴放在倾斜位置，如尺子仍竖直立着，则视准轴与尺面不垂直，上面推导的公式就不适用了。如果将尺间隔 l 转化成与视准轴垂直的尺间隔 l_0，就可按式(4-9)计算倾斜距离 S，根据 S 和竖直角 α 可推算出水平距离 D。

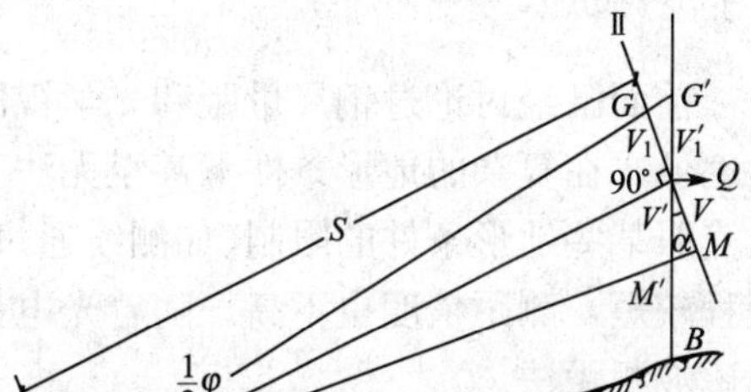

图 4-13 视准轴倾斜时视距法测距原理

由图 4-13 可知，由于 φ 角很小，可近似认为$\angle QMM'$和$\angle QGG'$是直角，设竖直角为 α，$l=V'+V'_1$，$l_0=V+V_1$，则

$$l_0=V+V_1=V'\cos\alpha+V'_1\cos\alpha=l\cos\alpha \tag{4-10}$$

倾斜视线 NQ 的长度为

$$S=Kl_0=Kl\cos\alpha \tag{4-11}$$

AB 的水平距离为

$$D=Kl\cos^2\alpha \tag{4-12}$$

在图 4-13 中，在 A 点安置经纬仪，量得 A 点到经纬仪横轴中心的距离为 i，称为仪器高；在 B 点竖立水准尺，读得中丝读数为 $l_{中}$，h'为通过经纬仪横轴中心的水准面与中丝读数之间的高差，称为高差主值。由图中可以看出：

$$h_{AB}+l_{中}=i+h'=i+S\sin\alpha=i+Kl\cos\alpha\sin\alpha=i+\frac{1}{2}Kl\sin2\alpha \tag{4-13}$$

从而

$$h_{AB}=\frac{1}{2}KL\sin2\alpha+i-l_{中} \tag{4-14}$$

当视准轴水平时，$\alpha=0$，则测站点到立尺点的高差为

$$h_{AB}=i-l_{中} \tag{4-15}$$

视距法测量水平距离的精度较低，从实验资料的分析来看，在比较良好的外界条件下普通视距的精度约为距离的 1/300～1/200。当外界条件较差或尺子竖立不直时，甚至只有 1/100 或更低。但是，视距测量可以在测水平角的同时进行水平距离和高差的测量，快捷方便，所以广泛应用于碎部测量。

特别提示

视距测量只有在对距离要求不很精确时使用，在测量过程中容易产生较大误差，一般使用在地形图测绘的碎部测量。

4.4 光电测距

4.4.1 概述

前面已经讨论过钢尺量距和光学视距法测距。用钢尺直接量距，外业工作繁重，工作效率低，在复杂的地形条件下甚至无法工作。用光学视距法测距，虽然操作比较简单，可以克服某些地形条件的限制(如测线通过高低起伏的地区，跨过河流、池塘等障碍物)，但测程较短，测距精度也不高。随着光电技术的发展，人们又创造出一种新的测距方法——电磁波测距法。

电磁波测距的基本原理是通过测定电磁波(无线电波或光波)在测线两端点间往返传播的时间，按下列公式算出距离 S，即

$$S=\frac{1}{2}ct \tag{4-16}$$

式中　c——电磁波在大气中的传播速度，它可以根据观测时的气象条件来确定。

电磁波测距一般采用光波(可见光或红外光)作为载波，因此又称为光电测距。

由式(4-16)可知，光在1km路程的往返时间约为1/150000s。准确测定这样短的瞬时时间，有相位法、脉冲法等技术，本节主要介绍相位法测距原理。

4.4.2 相位法测距原理

相位法测距的实质是利用测定光波的相位移 φ 来代替测定电磁波在测线两端点间往返传播的时间 t，以实现距离的测量。

1. 相位法测距的基本公式

相位法光电测距是通过测量调制光波在测线上往返传播所产生的相位移，测定调制波长的相对值来求出距离 S。仪器的基本工作原理可用方框图4-14来说明。

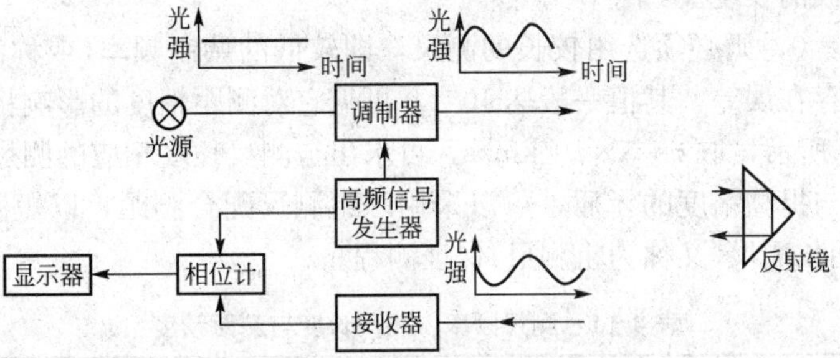

图4-14 光的调制

由光源发出的光通过调制器后成为调制光波，射向测线另一端的反射镜。经反射镜反射后被接收器所接收，然后由相位计将发射信号(又称参考信号)与接收信(又称测距信号)进行相位比较，并由显示器显示出调制光在被测距离上往返传播所引起的相位移 φ，根据 φ 可推算出时间 t，从而计算距离。如果将调制光波的往程和返程摊平，则有如图4-15所示的波形。

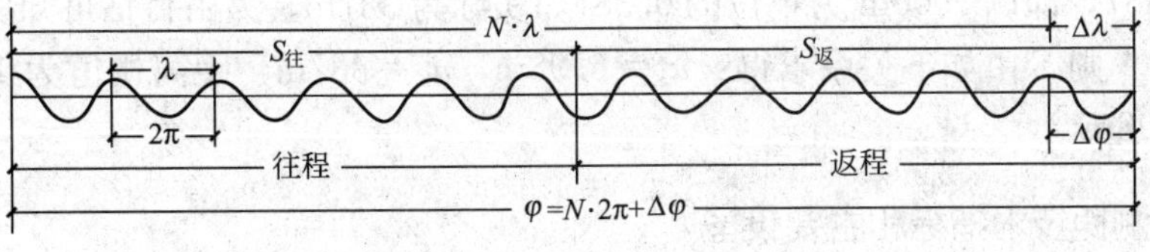

图4-15 相位法光电测距仪的基本工作原理

由图4-15可见，调制光全程的相位变化值为

$$\varphi=N\cdot 2\pi+\Delta\varphi=2\pi\left(N+\frac{\Delta\varphi}{2\pi}\right) \tag{4-17}$$

对应的距离值为

$$S=\frac{1}{2}(N\lambda+\Delta\lambda)=\frac{\lambda}{2}\left(N+\frac{\Delta\lambda}{\lambda}\right) \tag{4-18}$$

实际上，相位式光电测距仪中的相位计只能测定全程相位移尾数 $\Delta\varphi$，而无法测定整周期数 N。如果 $N=0$，则

$$S=\frac{\Delta\lambda}{2}=\frac{\lambda}{2}\frac{\Delta\varphi}{2\pi} \tag{4-19}$$

令

$$u=\frac{c}{2f}=\frac{\lambda}{2} \tag{4-20}$$

则

$$S=u\cdot\frac{\Delta\varphi}{2\pi} \tag{4-21}$$

实际上，u 为 $\lambda/2$(即“光尺”长的一半)，常称为测尺长度。

式(4-17)、式(4-18)中，N 为相位移的整周期数和调制光波整波长的个数，其值可为零或正整数；$\Delta\varphi$ 为不足一个整周期的相位移尾数；λ 为调制光波的波长；$\Delta\lambda$ 为不足一个波长的调制光波的长度。

可见，要 $N=0$，则必须选用较长的测尺，即较低的调制频率(或称测尺频率)。由于仪器的测相系统存在误差，其值一般达 10^{-3}，可见它对测距精度的影响将随测尺的增长而增大。如表 4-1 所示，取 $c=3\times10^5$km/s，可求出与测尺长度相应的测尺频率。因此，为了解决扩大测程与提高精度的矛盾，可以采用一组测尺配合测距，以短测尺(又称为精测尺)保证精度，用长测尺(又称为粗测尺)保证测程。

表 4-1　测尺频率、测尺长度与测距精度

测尺频率	15MHz	1.5MHz	150kHz	15kHz	1.5kHz
测尺长度	10m	100m	1km	10km	100km
测距精度	1cm	10cm	1m	10m	100m

某些短程相位式测距仪就是采用这种办法，其测程最大为 2km。因为测尺 u_1、u_2 只能测得 1km 以内的值，所以在距离大于 1km 时，这可用目估求得。

例如，由 u_1 测得 $\Delta N_1=0.698$，即以 10m 为单位的 0.698，实际为 6.98m。由 u_2 测得 $\Delta N_2=0.387$，即以 1000m 为单位的 0.387，实际为 387m。另由目估可知所测距离 S 在 1～2km 之间，则 S 由如下关系求得：$u_1=6.98$m，$u_2=387$m，距离概值为 1km，所测距离 $S=1386.98$m。

4.4.3　光电测距技术指标和主要设备

1. 光电测距技术指标

1) 测距误差

$$m=\pm(a+bS) \tag{4-22}$$

式中　a——非比例误差；

b——比例误差；

S——以千米为单位的测距长度。

例如，通过检验测定，某光电测距仪的测距误差为

$$m=\pm(5\text{mm}+5\times10^{-6}\times S)$$

当距离 S 为 0.6km 时，测距精度 $m=\pm8$mm。

2）测程

在满足测距精度的条件下测距仪可能测得的最大距离。一台测距仪的实际测程与大气状况及反射器棱镜数有关。

3）测尺频率

一般的红外测距仪设有2～3个测尺频率，其中有一个是精测频率，其余是粗测频率。

4）测距时间

不同测距模式的测距时间不同，一般为1～4s。

红外测距仪的技术指标还有功耗、工作温度、测距分辨率、光束发散角、发光波长、测尺长度、仪器重量体积等。

2. 光电测距的主要设备

光电测距的主要设备有测距仪主机、反射镜、蓄电池、充电器和气象仪器等。

测距仪主机内装有：红外光调制及调制光波发射系统、接收光学系统、内外光路转换、测相系统、微处理系统。主机外可看到有发射、接收的物镜，操作键盘及数据接口。测距的结果可通过数据接口和有关的电缆连接输出。

反射镜(又称棱镜)安置在被测距离的另一端，它的作用是将调制光反射回到主机。单个的反射镜一般为一个矩形角镜，即将一个矩形体切下一角形成的反射镜。这种反射镜的特点是可以使任何方向进入反射镜的光线都可沿入射方向平行地反射回去。与光电测距仪配合使用的反射镜在近距离可用一块，对远距离则要用一组，如3块、4块、6块、9块及12块等。

蓄电池是适合测距仪的一种小型化学电源，具有电池本身电能与化学能相互转化的性能，在反复充放电中具有重复应用功能。充电则把电能转化为化学能储存在蓄电池中；蓄电池对负载供电则是把化学能转化为电能释放出来。充电器是对蓄电池充电的专用设备，可接入AC 220V市电，经降压和整流电路输出。

主要的气象仪器是空盒气压计和温度计，用以测量测线两端的大气压力和温度 t。在精密的光电测距中，必须配备精密度较高的通风干湿温度计，用以测量空气干温和湿温。

4.4.4 距离计算

由光电测距仪或全站仪测定的距离，需进行仪器系统误差改正、气象改正、倾斜改正。

仪器系统误差改正一般包括加常数改正、乘常数改正。

1. 仪器系统误差改正

将测距仪进行检定，可以得到测距仪的乘常数和加常数。

由于种种原因使得仪器的调制频率产生漂移，由此而引起的距离误差与距离成正比，这个比例系数便是乘常数，其改正数称为乘常数改正 ΔS_f，也称为频率改正。乘常数改正的计算公式为

$$\Delta S_f = S' \times \frac{f_1 - f_1'}{f_1} \tag{4-23}$$

式中 ΔS_f——乘常数改正；

S'——光电测距的观测值；

f_1——测尺的调制频率设计值；

f'_1——是测尺的调制频率实际值。

2. 气象改正 ΔS_{tp}

仪器设计时其测尺长度是在一定温度和气压下计算得到的，而决定测尺长度的光速受气温和气压的影响而变化，因此实际操作时需对测距值进行气象改正。气象改正公式为

$$\Delta S_{tp}=\left(278-\frac{0.386p}{1+0.0037t}\right)S' \tag{4-24}$$

式中，温度 t 以摄氏度为单位，p 以毫米汞柱为单位，S' 以千米为单位，ΔS_{tp} 以毫米为单位。

3. 倾斜改正 ΔS_h

当测线两端不等高时，对观测结果加入仪器系统误差改正和气象改正后，还只能求出实际的倾斜距离；要再加入倾斜改正，才能得到水平距离。若用经纬仪测定了测线竖直角 α，则平距 D 为

$$D=S\cos\alpha \tag{4-25}$$

式中 S——经过常数改正和气象改正后的斜距。

特别提示

光电测量精度较高，但单独的光电测距仪很少，多数使用全站仪上的光电测距功能。

4.5 直线定向

4.5.1 标准方向的种类

在测量工作中常常需要确定两点间平面位置的相对关系。要确定这种关系，仅仅量得两点间的距离是不够的，还需要知道这条直线的方向。测量工作中，一条直线的方向是根据某一标准方向来确定的。确定一条直线与标准方向的关系称为直线定向。

测量工作中常用的三种标准方向分别是真子午线方向、磁子午线方向和坐标纵轴方向。

椭球的子午线称为真子午线，通过地球表面某点的真子午线的切线方向称为真子午线方向，又称真北方向。磁针在地球磁场的作用下，自由静止时其轴线所指的方向，称为磁子午线方向，又称磁北方向；过地面某点平行于该高斯投影带中央子午线的方向，称为坐标纵轴方向，又称坐标北方向。这三类标准方向通常称为“三北方向”。

由于地面各点的真子午线和磁子午线都收敛于地球的地理北极和磁北极，所以各点的真子午线方向并不相互平行，各点的磁子午线方向也不相互平行。地形图图廓下方所绘三北方向中的真子午线是该幅图中间位置的真子午线。但是在同一高斯投影带内，各点的坐标纵轴方向是相互平行的。

4.5.2 表示直线方向的方法

直线的方向一般用方位角表示。由直线起点标准方向的北端起，顺时针量至某直线所夹的水平角，称为方位角。

图 4－16 中，设 NS 为通过 O 点的标准方向线，OP_1、OP_2、OP_3、OP_4 为通过 O 点的四条方向线，则水平角 A_1、A_2、A_3、A_4 即为四条直线的方位角。方位角的取值范围通常为 0°和大于 360°的方位角应该以＋360°或－360°的方法换算至 0°～360°的范围内。

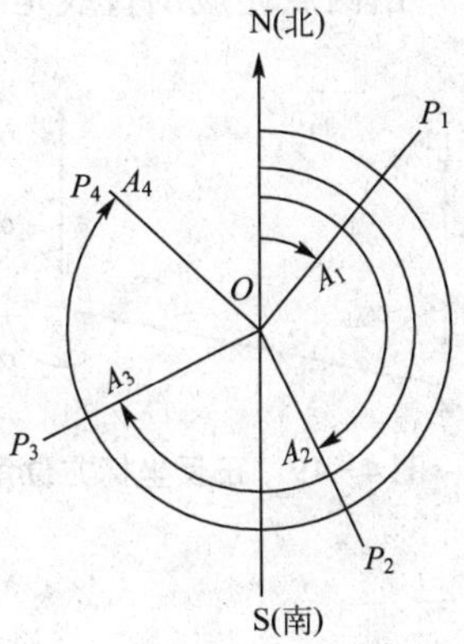

图 4－16　方位角

对应于三类标准方向有三类方位角。由真子午线北端起算的方位角，称为真方位角，用 $A_{真}$ 表示；由磁子午线北端起算的方位角，称为磁方位角，用 $A_{磁}$ 表示；由坐标纵轴北端起算的方位角，称为坐标方位角，用 α 表示。

由于同一个高斯投影带内，各点的坐标纵轴方向相互平行，不同直线之间坐标方位角的推算比较方便，因此坐标方位角最常用，如果不特别指出，本书中的方位角一般是指坐标方位角。

4.5.3 几种方位角之间的关系

通过地面上某点的磁子午线方向和真子午线方向之间的夹角称为磁偏角：凡磁子午线偏于真子午线以东称为东偏，其角值为正；偏于西者称为西偏，角值为负，磁偏角用 δ 表示。

通过地面上某点的真子午线，与该点坐标纵轴方向比较，这两个标准方向之间的夹角，一般测量工作中称子午线收敛角。凡坐标纵轴偏在真子午线以东者为正，反之为负。子午线收敛角用 γ 表示。如图 4－17 所示为分别处于中央子午线东、西两侧的情况。

如果有当地磁偏角的资料，真方位角与磁方位角可以相互换算。图 4－18 中，设 $A_{真}$ 为 OP_1 方向的真方位角，$A_{磁}$ 为 OP_1 方向的磁方位角，δ 为磁偏角。

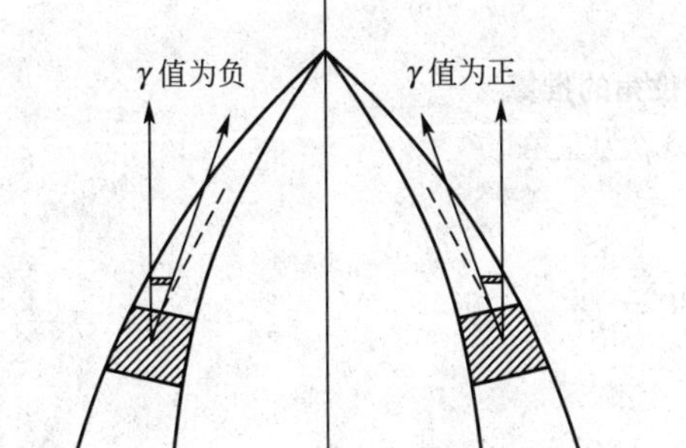

图 4－17　子午线收敛角

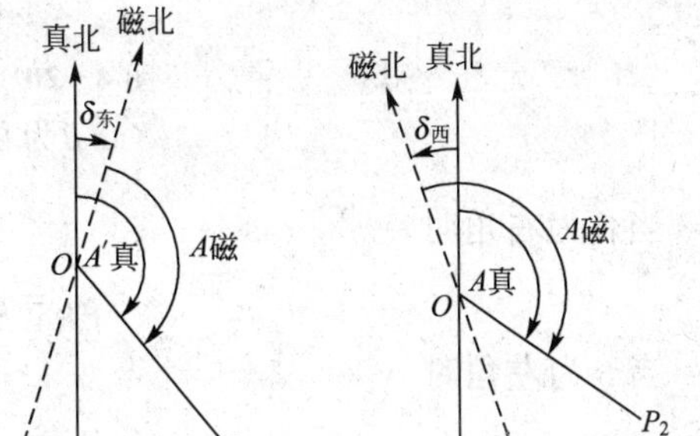

图 4－18　真方位角与磁方位角的换算

根据图 4－18，有

$$A_{真}=A_{磁}+\delta \tag{4-26}$$

类似地，如果能计算出子午线收敛角的大小，也能写出真方位角与坐标方位角之间的关系式：

$$A_{真}=\alpha+\gamma \quad (4-27)$$

4.5.4 正反坐标方位角

由两点连成的直线是有方向的，而直线的方向是相对的。如 A、B 两点间的直线，若将 AB 作为正方向，则 BA 就是反方向；也可将 BA 作为正方向，那么 AB 就是反方向。

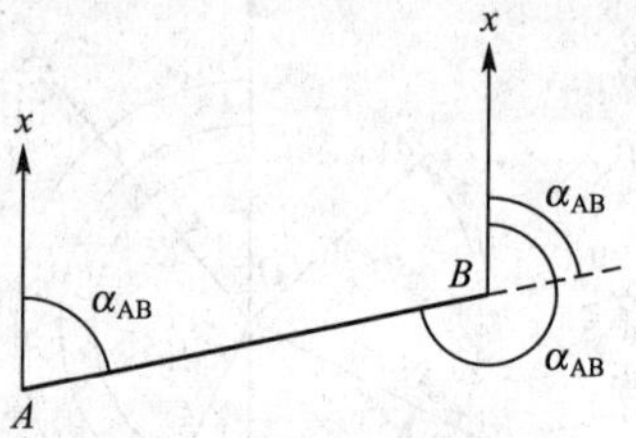

图 4-19 正反坐标方位角

一条直线可按正反两个方向来定向。按正方向定向的方位角称为正方位角；否则称为反方位角。

如图 4-19 所示，一般来说，一条直线的两个端点在同一个高斯投影带内，通过这两点的坐标纵轴方向相互平行，所以正反坐标方位角之间相差 180°，即

$$\alpha_{正}=\alpha_{反}\pm180° \quad (4-28)$$

4.5.5 坐标方位角的推算

方位角一般不能实测，可以由两个已知点的坐标来反算其连线的坐标方位角，再通过已知坐标方位角和未知边的水平角来推算未知边的坐标方位角。如图 4-20 所示，假设按 $\alpha_{12}\rightarrow\alpha_{23}$ 的方向由后往前推算，推算路线右边的水平角称为右角，推算路线左边的水平角称为左角。

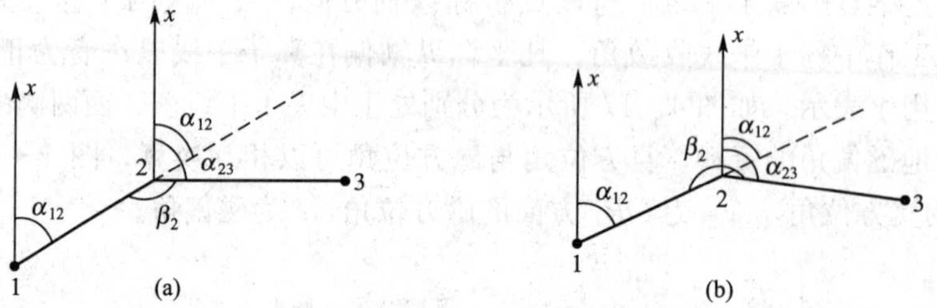

图 4-20 坐标方位角的推算

(a) β 为右角；(b) β 为左角

当 β 为右角时

$$\alpha_{23}=\alpha_{12}+180°-\beta_2 \quad (4-29)$$

当 β 为左角时

$$\alpha_{23}=\alpha_{12}+\beta_2-180° \quad (4-30)$$

对于用式(4-29)和式(4-30)推算出的方位角，如果大于 360°，则应减去 360°；如果小于 0°，则应加上 360°，以保证坐标方位角在 0°～360°的范围内。

特别提示

在坐标轴中有按地理北极、磁北极及中央子午线定出三个不同的坐标轴，同样就有三种不同的直线

定向的依据。得到了真方位角，磁方位角及坐标方位角三种，平常使用的是坐标方位角，但用罗盘仪测量的是磁方位角的角度，由于误差很小，通常使用这个磁方位角代替坐标方位角。

本项目小结

1. 测定地面上两点间的距离是指水平距离。如果地面上两点不在同一水平面上，它们之间的水平距离就是通过这两点的铅垂线投影到水平面的距离。

2. 用钢尺丈量水平距离的方法分为一般方法和精密方法。量距的一般方法可用目估定向，并进行往返观测，精度一般可达到1/2000。量距的精密方法要求经纬仪定向，使用与钢尺检定时相同的拉力测距离3次，测钢尺温度，测两点之间的高差，并经过尺长改正、温度改正和倾斜改正计算。精度可达到1/40000～1/10000。

3. 视距测量是利用仪器的视距丝和竖盘及视距尺，同时测定两点间的水平距离和高差的一种方法。这种方法精度不高，但速度较快。

4. 直线定向是确定直线与标准方向的夹角。标准方向有真子午线、磁子午线和坐标纵轴，以方位角表示直线的方向。在普通测量中，常以坐标纵轴作为直线定向的标准方向。由于各处坐标纵轴相互平行，所以一条直线的正、反坐标方位角相差180°。在实际工作中，有时用锐角计算比较方便，因而常将坐标方位角换算成象限角。

习　题

一、填空题

1. 距离丈量的相对误差的公式为__________。

2. 距离丈量是用________误差来衡量其精度的，该误差是用分子为________的形式来表示。

3. 丈量地面两点间的距离，指的是两点间的__________距离。

4. 尺长方程的表达式为__________。

5. 视距测量的距离和高差的计算公式为__________。

6. 上下丝读数之差称为__________，也叫__________。

二、单项选择题

1. 某段距离的平均值为100m，其往返较差为+20mm，则相对误差为(　　)。

A. 0.02/100　　B. 0.002　　C. 1/5000

2. 在距离丈量中衡量精度的方法是用(　　)。

A. 往返较差　　B. 相对误差　　C. 闭合差

3. 距离丈量的结果是求得两点间的(　　)。

A. 斜线距离　　B. 水平距离　　C. 折线距离

4. 往返丈量直线 AB 的长度为：$D_{AB}=126.72m$　$D_{BA}=126.76m$，其相对误差为(　　)。

A. $K=1/3100$　　B. $K=1/3300$　　C. $K=0.000315$

5. 钢尺量距的基本工作是(　　)。

A. 拉尺；丈量读数；记温度　　B. 定线，丈量读数；检核

C. 定线，丈量，计算与检核

6. 当视线倾斜进行视距测量时，水平距离的计算公式是(　　)。

A. $D=K\cos2\alpha$；　B. $D=K_1\cos\alpha$　C. $D=K_1\cos2\alpha$

7. 视距测量时用望远镜内视距丝装置，根据几何光学原理同时测定两点间的(　　)的方法。

A. 倾斜距离和高差　　B. 水平距离和高差

C. 距离和高程

三、多项选择题

1. 用钢尺进行直线丈量，应(　　)。

A. 尺身放平　　B. 确定好直线的坐标方位角

C. 丈量水平距离　　D. 目估或用经纬仪定线

E. 进行往返丈量

2. 视距测量可同时测定两点间的（　　)。

A. 高差　B. 高程　C. 水平距离　D. 高差与平距

E. 水平角

四、简答题

1. 距离丈量有哪些主要误差来源？

2. 钢尺的名义长度与实际长度有何区别？

3. 什么是水平距离？为什么测量距离的最后结果都要化为水平距离？

4. 在进行一距离改正时，当钢卷尺实长大于名义长，量距时的温度高于检定时温度，此时尺长改正、温度改正和倾斜改正数为正还是负，为什么？

5. 名义长为30m的钢卷尺，其实际长为29.996m，这把钢卷尺的尺长改正数为多少？若用该尺丈量一段距离得98.326m，则该段距离的实际长度是多少？

6. 一钢卷尺经检定后，其尺长方程式为 l_t＝30m＋0.004m＋1.2×10－5×(1－20)×30m，式中30m表示什么？＋0.004m表示什么？1.2×10－5×(t－20)×30m又表示什么？

7. 视距测量时，测得高差的正、负号是否一定取决于竖直角的正、负号，为什么？

8. 练习用CASIOfx-4800p计算器编制视距测量程序。

9. 为什么要进行直线定向？确定直线方向的方法有哪几种？

10. 什么叫方位角、象限角？坐标方位角与象限之间有何关系？正、反坐标方位角之间有何关系？

11. 已知A点的磁偏角为西偏$21'$，过A点真子午线与中央子中线的收敛角为$+3'$，直线AB的坐标方位角$d=60°20'$，求直线AB的真方位角与磁方位角，并绘图说明之。

五、思考题

1. 何谓直线定线？目估定线通常是如何进行的？

2. 用钢尺丈量倾斜地面距离有哪些方法？各使用于什么情况？

3. 试比较钢尺量距的一般方法与精密方法有哪些区别?

能力评价体系

知识要点	能力要求	所占分值(100分)
概　　述	明确距离测量与直线定向的任务	5
钢尺量距	(1) 掌握端点尺与刻线尺的区别	5
	(2) 理解直线定线的方法	10
	(3) 掌握平坦地区量距的方法	10
	(4) 了解钢尺量距的误差来源	5
视距测量	(1) 理解视距测量的原理	10
	(2) 了解误差来源及注意事项	10
	(3) 掌握视距测量的观测、计算	10
光电测距	了解光电测距仪测距原理、D_{3000}系列红外测距仪	5
直线定向	(1) 掌握标准方向的种类(真子午线、磁子午线、坐标纵轴方向)	10
	(2) 掌握表示直线的方法(直线的方位角)	10
	(3) 学会正反坐标方位角的关系、坐标方位角的推算	10
总　　分		100

项目5

全站仪及其应用

学习目标

本项目讲述全站仪的有关知识，以STS—750系列全站仪为例介绍了全站仪的构成和分类，重点讲授了该系列全站仪的使用，包括测量前的准备工作，以及利用全站仪进行常规测量、放样测量的方法，并介绍了全站仪在测绘工作中其他一些常用到的功能，例如交会测量、对边测量和面积计算、悬高测量。

能力标准及要求

通过本项目的学习，掌握全站仪的基本概念；掌握全站仪的日常检验内容；掌握STS—750系列全站仪常用功能键的作用。掌握利用全站仪进行测量工作应用。

知识要点	能力要求	相关知识
概述	(1) 掌握全站仪的概念 (2) 了解全站仪的基本构成和应用	全站仪的定义、分类、应用及构成
全站仪的结构与功能	(1) 熟悉全站仪的构造 (2) 掌握全站仪常用功能键的用途 (3) 了解全站仪的主要技术参数指标	全站仪的构造、功能键用途及技术指标
全站仪的测量方法	(1) 了解全站仪测量前的准备工作 (2) 掌握全站仪的常规测量和放样测量模式 (3) 熟悉利用全站仪进行交会测量、对边测量、面积计算和悬高测量	全站仪的日常检验、安置及主要参数设置、水平角观测、距离测量和坐标测量的操作、放样测量操作、交会测量的操作过程、对边测量的操作、面积量算和悬高测量的操作过程

【学习重点】

全站仪的概念、全站仪的安置、利用全站仪进行常规测量和放样测量。

【最新标准】

《工程测量规范》(GB 50026—2007);《1∶5000、1∶10000 地形图航空摄影测量数字化测图规范》(CH/T 1006—2000)。

引例

你知道吗?随着社会经济和科学技术的不断发展,测绘技术水平也相应地得到了迅速地提高。测绘作业手段也有了一个质的飞越,测绘仪器设备由过去的光学经纬仪,逐渐地过渡到了全站仪。

全站仪是一种可以同时进行角度(水平角、竖直角)测量、距离(斜距、平距、高差)测量和数据处理的仪器。在测量中只需一次安置,便可以完成测站上所有的测量工作,既操作方便,精度又高,现在工程中被广泛采用,所以领会全站仪构造原理和使用方法是掌握现代测量技术水平的关键之一。

本项目将详细阐述全站仪的结构与功能以及测量方法,系统学习后你一定会感觉到你又掌握了一项现代测量新技术,并在实际工程中将会大显身手。

知识点

5.1 概 述

全站仪又称为全站型电子速测仪(Electronic Total Station),在测站上安置好仪器后,除照准需人工操作外,其余可以自动完成,而且几乎在同一时间得到平距、高差和点的坐标。全站仪由电子测距仪、电子经纬仪和电子记录装置三部分组成。

全站仪的电子记录装置是由存储器、微处理器、输入和输出部分组成。由微处理器对获取的斜距、水平角、竖直角、视准轴误差、指标差、棱镜常数、气温、气压等信息进行处理,可以获得各种改正后的数据。在只读存储器中固化了一些常用的测量程序,如坐标测量、导线测量、放样测量、后方交会等,只要进入相应的测量程序模式,输入已知数据,便可依据程序进行测量过程,获取观测数据,并解算出相应的测量结果。

从结构上分,全站仪可分为组合式和整体式两种。组合式全站仪是用一些连接器将测距部分、电子经纬仪部分和电子记录装置部分连接成的一个组合体。它的优点是能通过不同的构件进行灵活多样的组合,当个别构件损坏时,可以用其他的构件代替。整体式全站仪是在一个仪器内装配测距部分、测角部分和电子记录部分。测距和测角共用一个光学望远镜,方向和距离测量只需一次照准,使用十分方便。

全站仪的应用可归纳为以下 4 个方面:

(1) 在地形测量中,可将控制测量和碎步测量同时进行。

(2) 可进行施工放样测量,将设计好的管线、道路、建筑物、构筑物等的位置按图纸数据测设到地面上。

(3) 可用全站仪进行导线测量、前方交会、后方交会等,不但操作简便且速度快、精度高。

(4) 通过数据输入/输出接口设备,将全站仪与计算机、绘图仪连接在一起,形成一套完整的测绘系统，大大提高测绘工作的质量和效率。

全站仪是由电子测角、电子测距、电子计算和数据存储系统等组成，它本身就是一个带有特殊功能的计算机控制系统。从总体上看，全站仪由两大部分组成：

(1) 为采集数据而设置的专用设备：主要有电子测角系统、电子测距系统、数据存储系统，还有自动补偿设备等。

(2) 过程控制机：主要用于有序地实现上述每一专用设备的功能。过程控制机包括与测量数据相连接的外围设备及进行计算、产生指令的微处理机。

特别提示

全站仪是集水准仪、经纬仪、测距仪于一体的测绘仪器，是目前测量工作中最常用的仪器设备。

5.2 全站仪的结构与功能

5.2.1 仪器结构

全站仪的种类很多，各种型号仪器的基本机构大致相同。在此以南方测绘公司生产的三鼎 STS—750 系列全站仪为例进行介绍。图 5-1 为 STS—750 的结构图，其中 STS—752R 为免棱镜全站仪。

全站仪的对中、整平、目镜对光、物镜对光、照准目标的方法和电子经纬仪相同，图 5-1从正反两面表示仪器的各个部件。

1) 仪器各部件的名称

仪器各部件的名称见图 5-1。

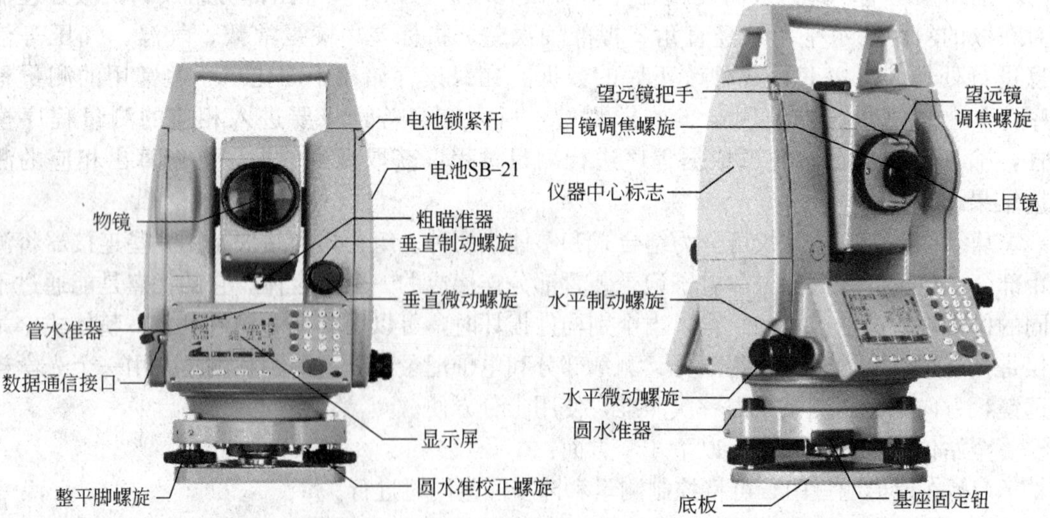

图 5-1 STS—750 系列全站仪构造

2) 显示

仪器的开机显示屏见图 5-2。

5.2.2 键的功能

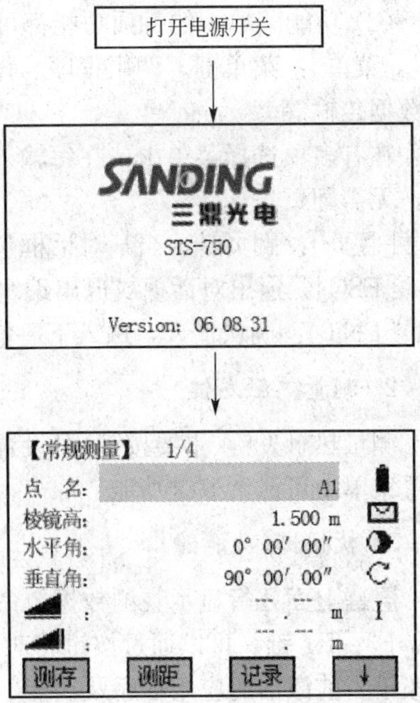

图 5-2 STS—750 系列全站仪开机显示屏

这里以 STS—750 为例介绍全站仪的键盘。见图 5-3。键盘及显示屏的功能分别为：

1——当前操作区(有效区)；

2——图标；

3——固定键(具有相应的固定功能)；

4——字符数字键；

5——导航键(在编辑或输入模式中控制输入光标，或控制当前操作光标)；

6——软功能键(相应功能随屏幕底行显示而变化)；

7——软功能(显示软功能键对应的操作功能，用于启动相应功能。在 STS—720 系列全站仪中还用于启动输入数字、字符功能)；

8——测量热触发键(重要按键)；

9——电源开关键。

特别提示

这里以 STS—750 为例。STS—720 不带数字键盘。

下面主要介绍一下固定键、测量热触发键以及软功能键的作用。

1. 固定键

图 5-3 中显示的 3 标注的是固定键，各个固定键的功能分别为：

[自定义键]：可定义用户键。可从“常用功能”菜单中选择定义该键功能。

[常用功能]：常用测量功能键。有几项功能可以调用，其应用说明如下：

(1) 功能可以在不同的应用程序中直接启动。

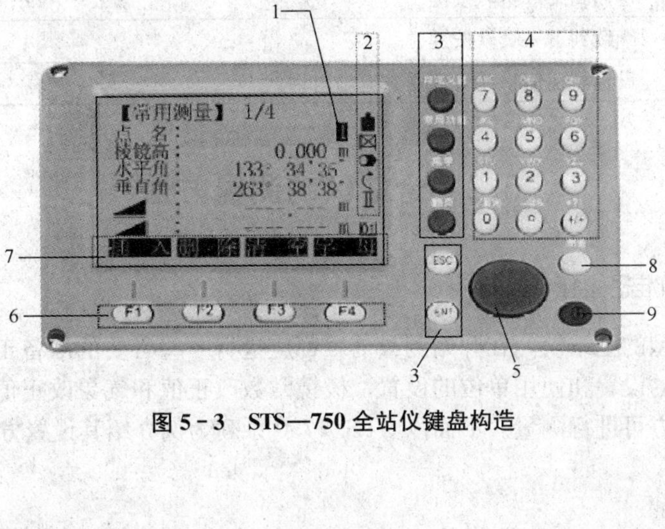

图 5-3 STS—750 全站仪键盘构造

(2) 功能菜单中的每项功能都可以指定给自定义键。

[菜单]：菜单键。调用程序、设置参数、数据管理、通信参数、仪器检校、系统信息和数据传输等。

在有多项选择菜单中，在每输入项的右边显示有快捷数字，利用该快捷数字可直接启动，无需翻页。

[翻页]：翻页键。当某对话框包含几个页面时，用于翻页。

[ESC]：退出对话框或退出编辑模式，保留先前值不变。返回上一级菜单。

[ENT]：确认输入，进入下一输入区。

2. 测量热触发键

测量热触发键(重要按键)可设置为测存、测距或关闭这三种功能。在系统设置或主要设置菜单中可激活该键功能。

3. 软按键(功能键)

屏幕上面几行显示观测数据，命令及功能软按键列于屏幕底行，共四个软键，即 F1、F2、F3、F4 键。可以通过按键将对应的功能键激活。每一个软功能键所代表的实际意义依赖于当前激活的应用程序及功能。

一般软按键见表 5-1。

表 5-1　一般软按键

按键	含　义
[测存]	启动角度及距离测量，并将测量值记录到相应的记录设备中
[测距]	启动角度及距离测量，但不记录数据
[记录]	记录当前显示的测量数据
[坐标]	打开坐标输入模式
[列表]	显示所有可用选项的列表
[检索]	对已输入的点名启动搜索功能
[EDM]	显示 EDM 设置
[返回]	退回到前一个激活的对话框
[继续]	继续到下一个对话框
[ ]	返回到第一页软按键
[↓]	继续到下一页软按键
[确认]	设置显示信息或对话框并退出对话框

5.3　全站仪的测量方法

5.3.1　测量前的准备工作

无论何种类型的全站仪，在开始测量前，都应进行一些必要的准备工作，如全站仪的日常检校，参数的设置和使用单位的设置，棱镜常数改正值和气象改正值的设置等。准备工作完成以后，方可进行测量。下面以 STS—750 系列为例介绍其设置方法。

1. 全站仪的日常检校

全站仪是数字测图工作的主要设备，必须经过省级以上技术监督部门授权的测绘计量鉴定机构鉴定合格，鉴定周期为1年。除进行法定鉴定外，测绘单位还要进行日常的检验校正工作，全站仪日常检校的内容包括：

(1) 照准部水准器的检验与校正。

(2) 圆水准器的检验与校正。

(3) 十字丝位置的检验与校正。

(4) 视准轴的检验与校正。

(5) 光学对点器的检验与校正。

(6) 测距轴与视准轴同轴的检查。

(7) 距离加常数的测定。

其中，上述(1)～(5)项与普通经纬仪检验与校正基本相同。

特别提示

在所有测绘工作进行前，都需要进行仪器的检验与校正，以减弱在测量工作过程中由于仪器造成的测量无误差问题。

2. 安置全站仪(利用光学对中器对中)

1) 架设三角架

将三角架伸到适当高度，确保三腿等长、打开，并使三角架顶面近似水平，且位于测站点的正上方。将三角架腿支撑在地面上，使其中一条腿固定。

2) 安置仪器和对点

将仪器小心地安置到三角架上，拧紧中心连接螺旋，调整光学对点器，使十字丝成像清晰。双手握住另外两条未固定的架腿，通过对光学对点器的观察调节该两条腿的位置。当光学对点器大致对准测站点时，使三角架三条腿均固定在地面上。调节全站仪的三个脚螺旋，使光学对点器精确对准测站点。

3) 利用圆水准器粗平仪器

调整三角架三条腿的长度，使全站仪圆水准气泡居中。

4) 利用管水准器精平仪器

(1) 如图5-4所示，松开水平制动螺旋，转动仪器，使管水准器平行于某一对脚螺旋A、B的连线。通过旋转脚螺旋A、B，使管水准器气泡居中。

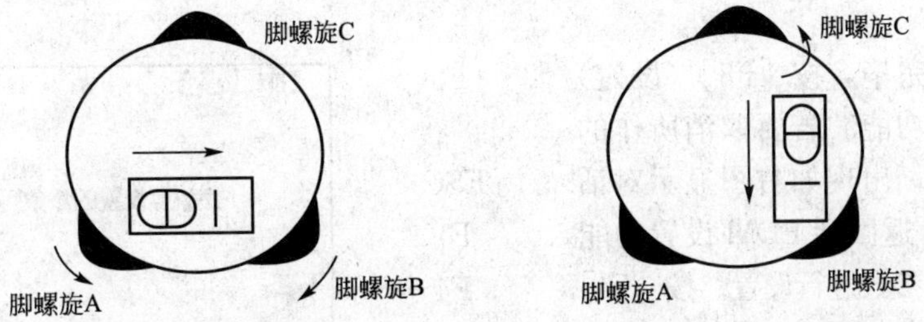

图5-4　利用管水准器精平仪器

(2) 将仪器旋转 90℃，使其垂直于脚螺旋 A、B 的连线。旋转脚螺旋 C，使管水准器泡居中。

5) 精确对中与整平

通过对光学对点器的观察，轻微松开中心连接螺旋，平移仪器(不可旋转仪器)，使仪器精确对准测站点。再拧紧中心连接螺旋，再次精平仪器。

此项操作重复至仪器精确对准测站点为止。

特别提示

全站仪的安置与经纬仪的安置过程相同，提高仪器安置的速度和精度的顺利完成测量工作任务的第一步。

3. 参数设置

1) EDM 模式设置

在测量开始前，需要选择距离测量的模式。该全站仪提供的测量模式有精测单次/精测 2 次/精测 3 次/精测 4 次/精测 5 次/精测连续/跟踪测量。

设置步骤为：

操作步骤	按键	显示
(1) 按［F4］(↓)显示常规测量的第 2 页软按键。按［F3］进入 EDM 设置。	F4 F3	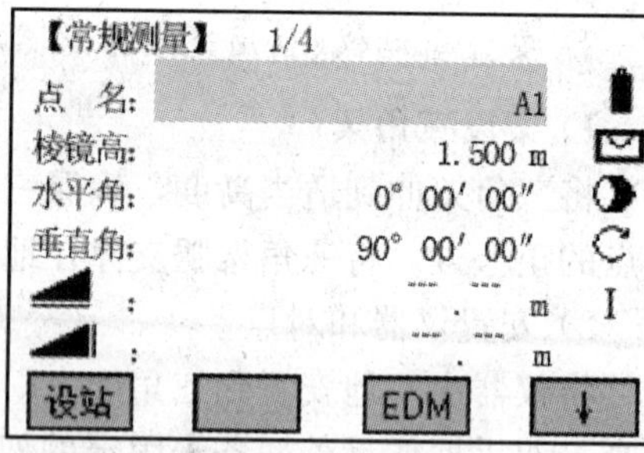
(2) 当光标在 EDM 模式选项处时，按导航键的◀▶选择测量模式。每按下一次◀或▶，测量模式就改变一次。	◀▶	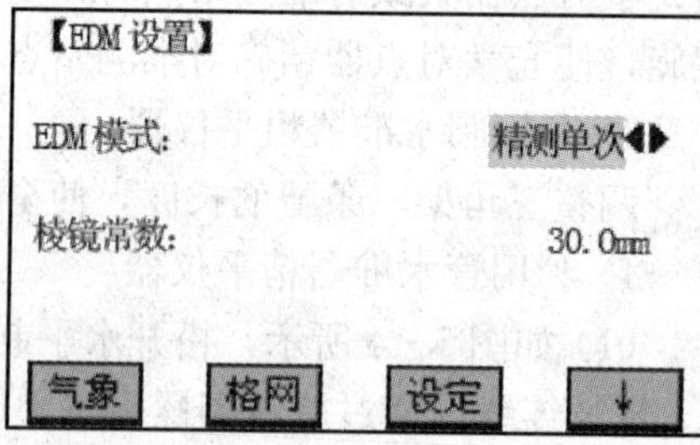
(3) 设置完毕，按［F3］(设定)返回常规测量功能。若要取消所作的设置，按 ESC，出现如右图显示对话框。按［F1］，返回到 EDM 设置功能，可重新对 EDM 参数进行设置。按［F4］，退出到常规测量功能。	F3 ESC F1 F4	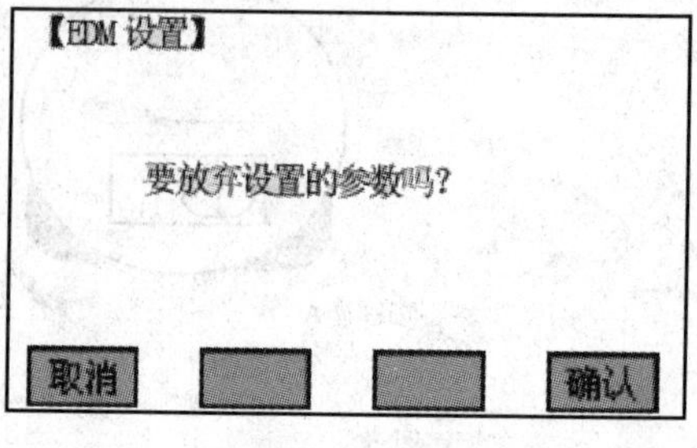

2）棱镜常数的设置

每个公司生产的棱镜其常数是不一样的，因此必须设置相应的棱镜常数。一旦设置了棱镜常数，关机后该常数将被保存。例如，设置棱镜常数值－30mm。

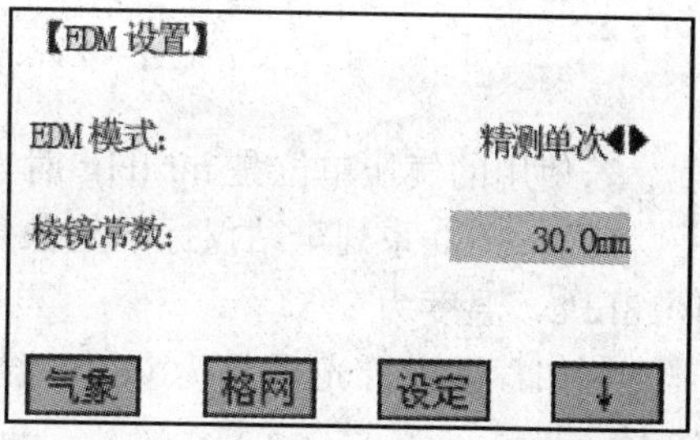

操作步骤	按键	显示
(1) 进入 EDM 设置屏幕后，用导航键的将光标移到棱镜常数项。		
(2) 输入棱镜常数值，并按［ENT］键。	ENT	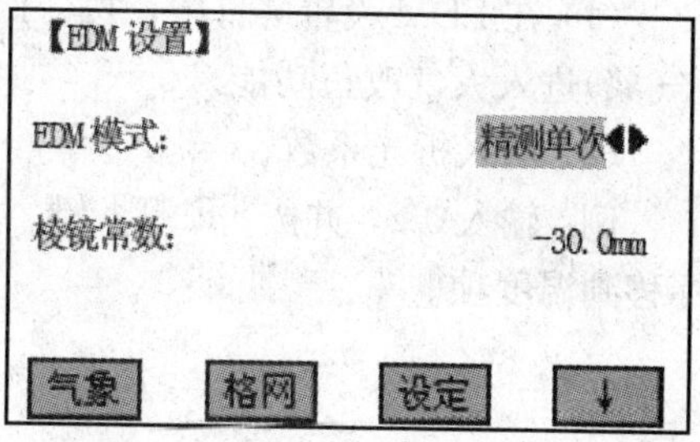
(3) 设置完毕，按［F3］(设定)返回常规测量功能。若要取消所作的设置，按［ESC］，出现如右图显示对话框。按［F1］，返回到 EDM 设置功能，可重新对 EDM 参数进行设置。按［F4］，退出到常规测量功能。	F3 ESC F1 F4	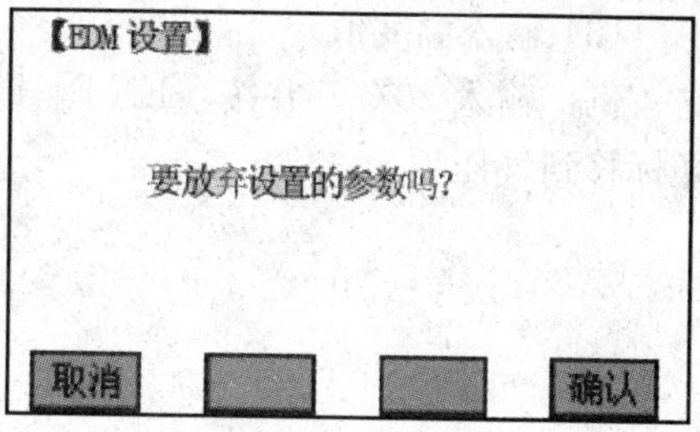

3）气象数据的设置

在该仪器中，气象数据的设置包括大气折光系数、温度、气压和气象改正的设定。

仪器在进行水平距离和高差的计算时，可自动对大气折光和地球曲率的影响进行改正。大气折光和地球曲率的改正依下面所列的公式计算。

经改正后的平距：

$$D=S\times[\cos\alpha+\sin\alpha\times S\times\cos\alpha(K-2)/2Re] \tag{5-1}$$

经改正后的高差：

$$H=S\times[\sin\alpha+\cos\alpha\times S\times\cos\alpha(1-K)/2Re] \tag{5-2}$$

式中 $K=0.14$——大气折光系数；

$Re=6370$——地球曲率半径；

α(或 β)——水平面起算的竖角(垂直角)；

S——斜距。

光在空气中传播的速度并非常数，而是随大气的温度和压力而改变。仪器一旦设置了大气改正值即可自动对观测结果实施大气改正。

大气改正的计算方式如下：(计算单位为米)

$$PPM=273.8-\frac{0.2900\times 气压值(hPa)}{1+0.00366\times 温度值(℃)} \qquad (5-3)$$

若使用的气压单位是 mmHg 时，按：1hPa = 0.75mmHg 进行换算。

STS—750 系列全站仪标准气象条件（即仪器气象改正值为 0 时的气象条件）：气压为 1013hPa，温度为 20℃。

例如：设置折光系数为 0.2，温度为 26℃，气压为 1020hPa，设置气象参数的过程如下。

操作步骤	按键	显示
（1）在 EDM 设置屏幕中，按［F1］（气象）进入大气改正功能。 （2）输入折光系数。 例：输入 0.2，并按［ENT］键。光标移到温度项。	F1 输入 0.20 + ENT	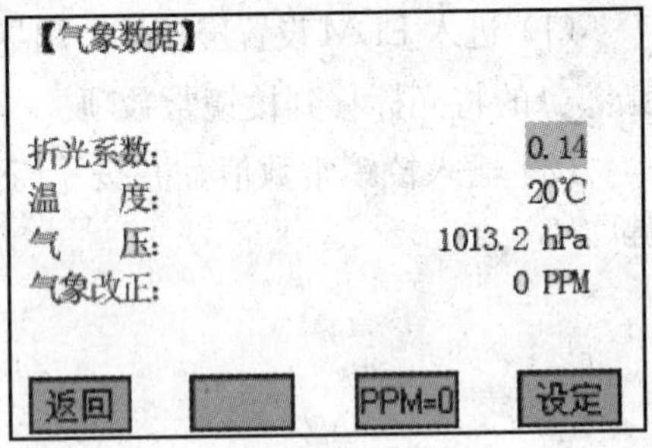
（3）输入温度值。 例：输入 26℃，并按［ENT］键。光标移到气压项。	输入 26 + ENT	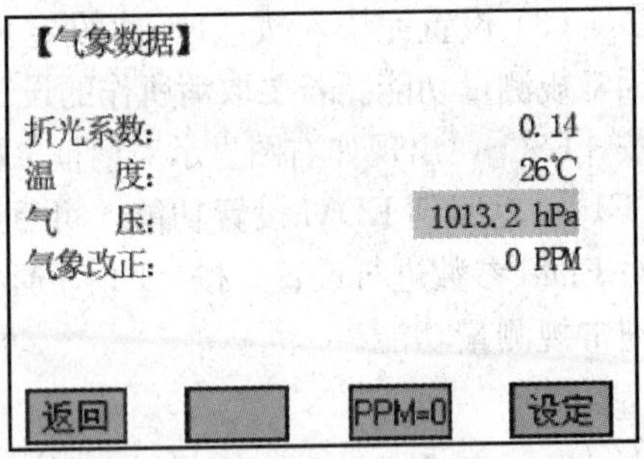
（4）输入气压。 例：输入 1020hPa，并按［ENT］键。程序计算出气象改正值，光标移到折光系数处。	输入 1020 + ENT	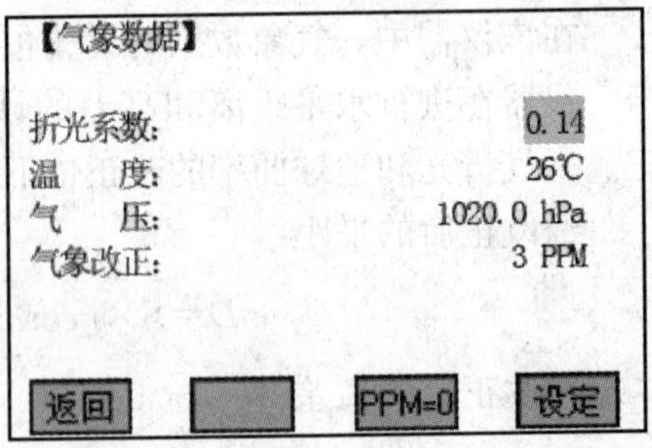
（5）设置完毕，按［F4］保存设置，返回上一级菜单。在这里还要按［F3］（设定），将所作设置保存并退出到常规测量功能。	F4 F3	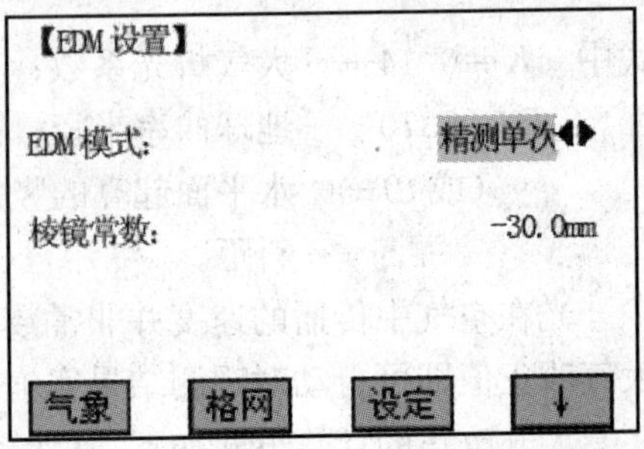

5.3.2 常规测量

常规测量在该系列全站仪中分四页菜单，包括了所有常用的测量功能，如角度测量、距离测量及坐标测量。显示如图 5－5 所示：

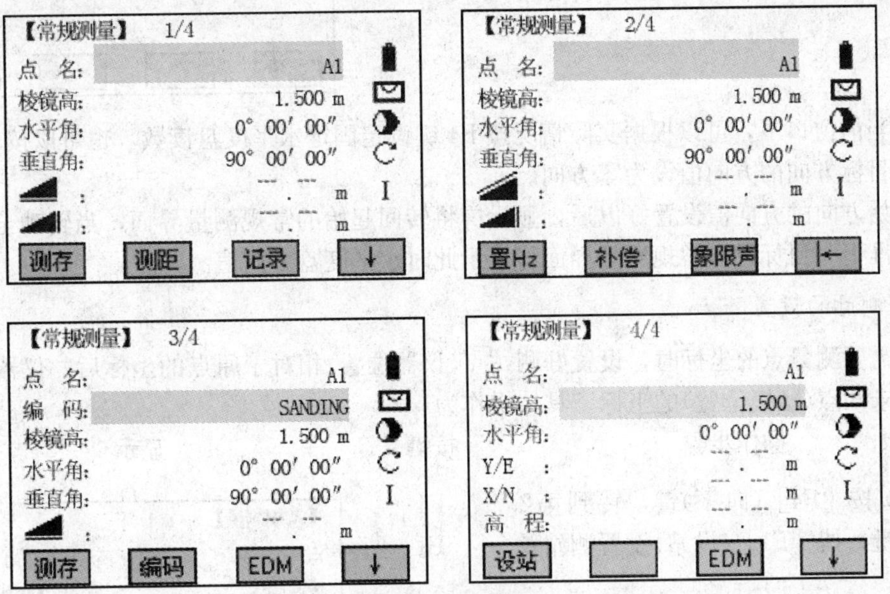

图 5－5 常规菜单

1. 水平角测量

全站仪水平角的测角原理与经纬仪相同，其测角步骤如下。

操作步骤	按键	显示
(1) 照准用于起始目标点。	照准目标点	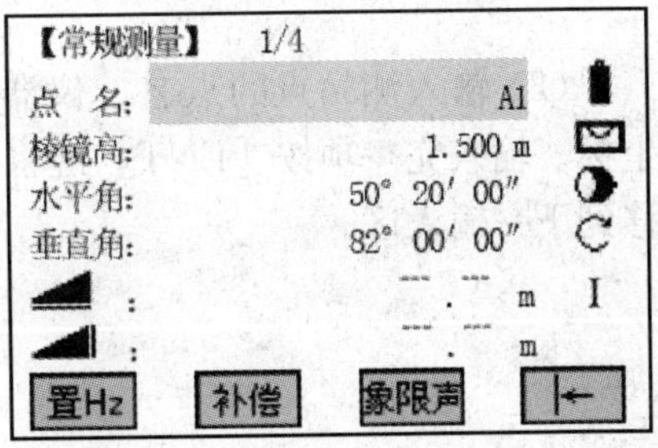
(2) 按［F4］(向下)键两次，转到第 3 页软按键，按［F1］(置 Hz)设置水平角。	F4 F4 F1	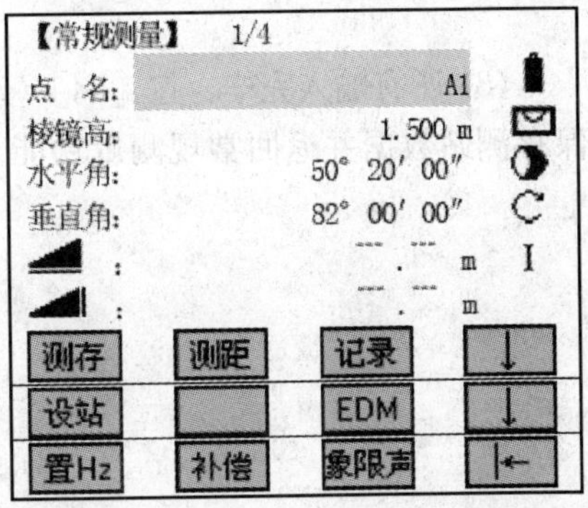

（3）屏幕显示当前的水平角度值。

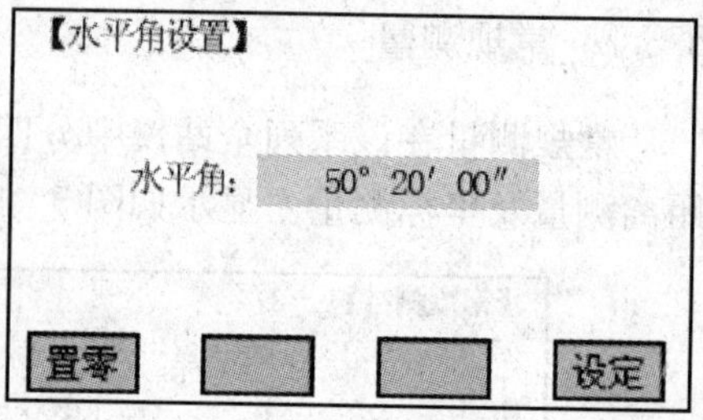

在当前窗口下，可以根据实际情况按 F4 键设定固定水平度盘读数，也可以按 F1 键选择将该目标方向的方向值设为零方向。

起始方向的方向值设置好以后，显示屏将转回起始的常规测量界面，当转动全站仪照准部瞄准下一目标时，常规测量界面将显示此时水平度盘方向值。

2. 测站的设置

当需要测量点的坐标时，设置好测站点(仪器位置)相对于原点的坐标后，仪器便可求出显示未知点(棱镜位置)的坐标。具体操作为：

操作步骤	按键	显示
（1）按［F4］（向下)键，转到第2页软按键，按［F1］（设站)设置测站及仪器高。	F4 F1	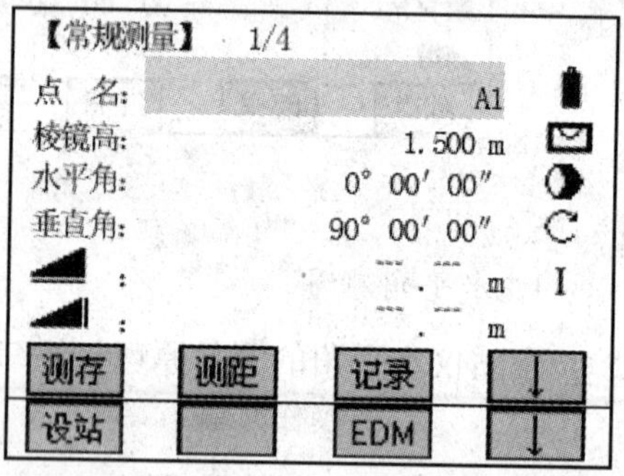
（2）输入测站点的点名、仪器高及坐标。输入完一项按［ENT］键将光标移到下一输入区。	ENT	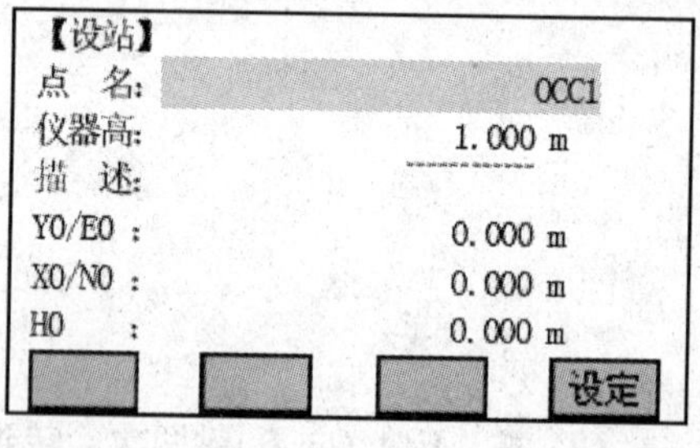
（3）所有输入完毕，按［F4］（设定)保存测站数据并返回常规测量功能。	F4	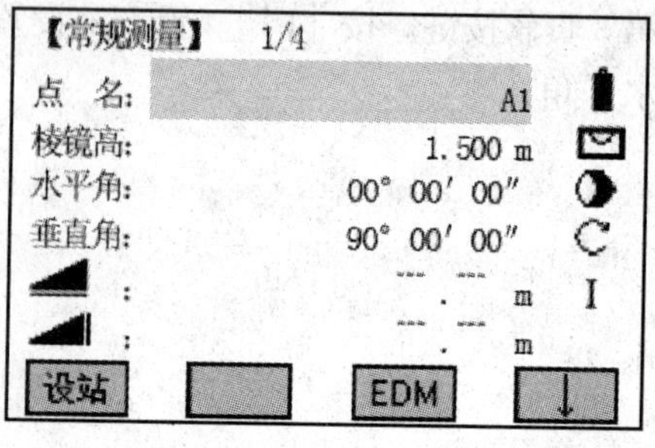

3. 测量模式

当所有设置完成后，便可以开始测量。测量结果分四种页面显示，包含了常规测量的所有数据(角度、距离、高差、高程、点位坐标值)，按［翻页］键可分别查看结果。具体操作过程为：

操作步骤	按键	显示
(1) 输入点名及棱镜高，输入完一项按［ENT］键将光标移到下一输入区。需要时输入编码。	ENT	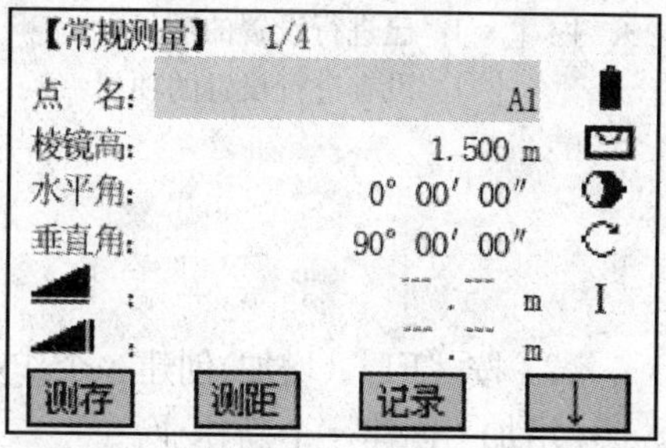
(2) 照准棱镜中心，按［F1］(测存)或［F2］(测距)+［F3］(记录)启动测量，并记录测得的数据。测量及记录的数据包括角度、距离、坐标，按翻页可查看。	F1 F2+F3	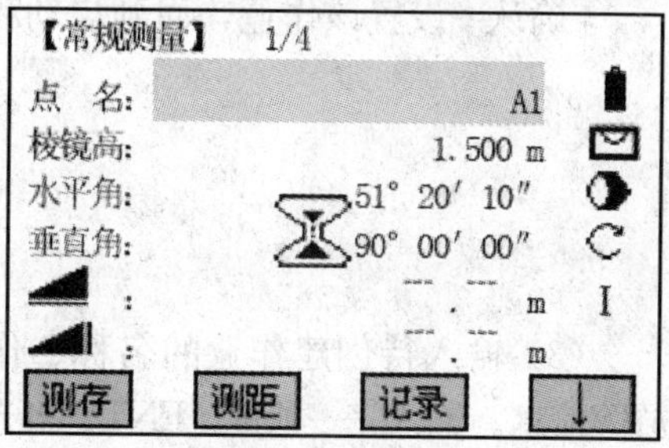
(3) 一个点的测量工作结束后，程序会将点名自动+1，照准棱镜中心重复刚才的步骤即可开始下一点的测量。		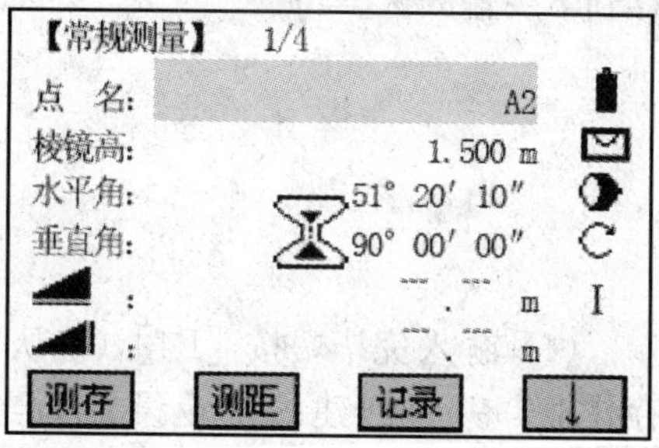

5.3.3 放样测量

放样是测量工作中的一项重要内容，全站仪中的放样程序可根据放样点的坐标或手工输入的角度、水平距离和高程计算放样元素。放样的差值会在显示屏上连续显示。

STS—750 系列全站仪的放样步骤为：

(1) 设置作业。

(2) 设置测站点。

(3) 设置后视方位角。

(4) 从内存中提取坐标，这里的坐标可以是测量的，也可以是输入的已知点坐标。

(5) 进行放样，有三种放样方式可选择：极坐标放样、正交法放样、坐标差放样。

本教材将用常用的极坐标放样法来介绍 STS—750 系列全站仪的放样过程。放样前，先按下［菜单］固定功能键，选择［F1］－［F4］选择“应用程序”栏。在该页面下选择

[放样] 激活应用程序并开始启动程序。

1. 设置作业

操作步骤　　按键　　显示

(1) 在放样设置菜单中按屏幕下方软键 [F1]，进入作业设置功能。

F1

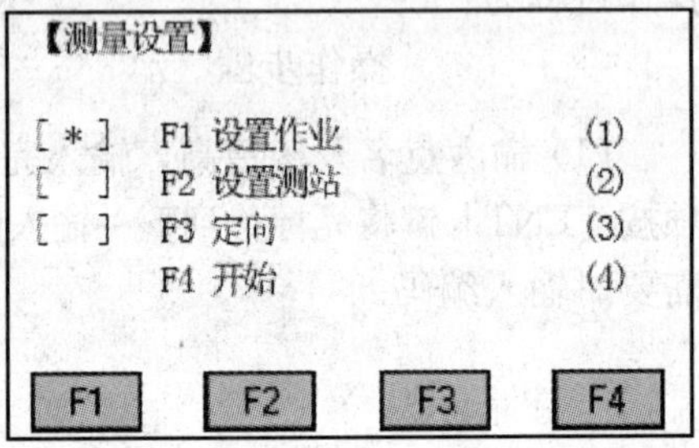

注：[*]：已进行设置的项目

[ ]：没有进行设置的项目

(2) 按 [F1] (增加)创建一个作业。

F1

[增加] 创建一个新作业。

[确认] 设置该作业，回到启动程序。

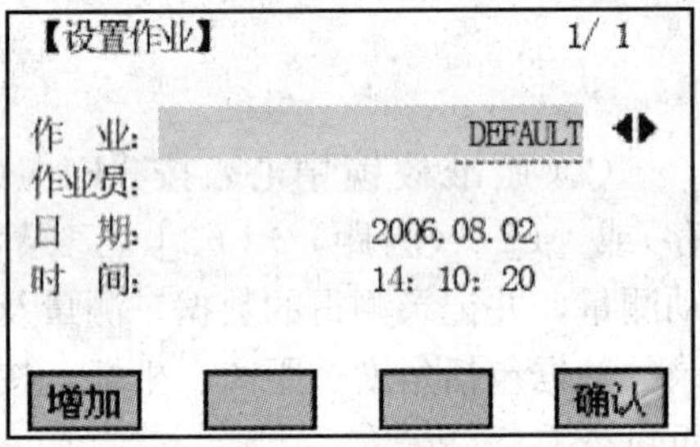

(3) 输入待创建作业的名称、作业员等信息。输入完一项按 [ENT] 将光标移到下一输入区。

ENT

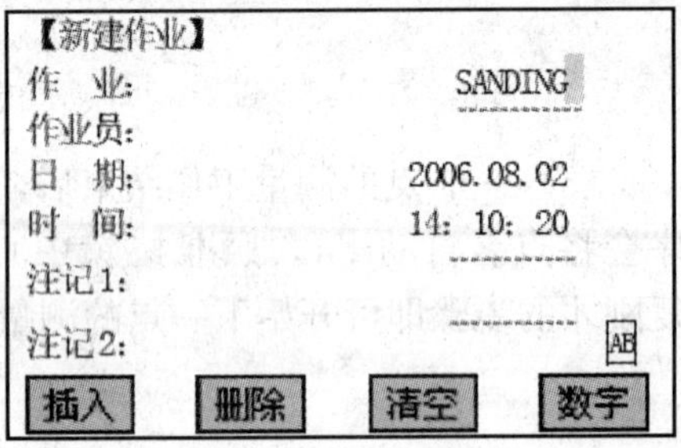

(4) 输入完毕，按 [F4] (确认)保存作业，并将创建的作业设置为当前作业。

F4

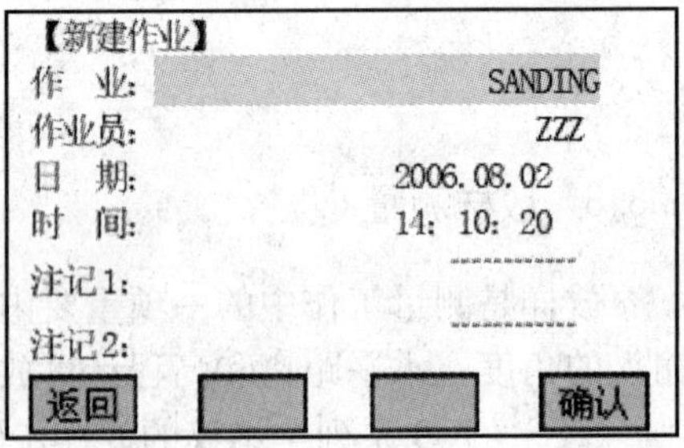

(5) 屏幕显示"作业已保存!""作业已设置!"提示，并返回测量设置菜单。已设置的项目前面会有"*"标识。

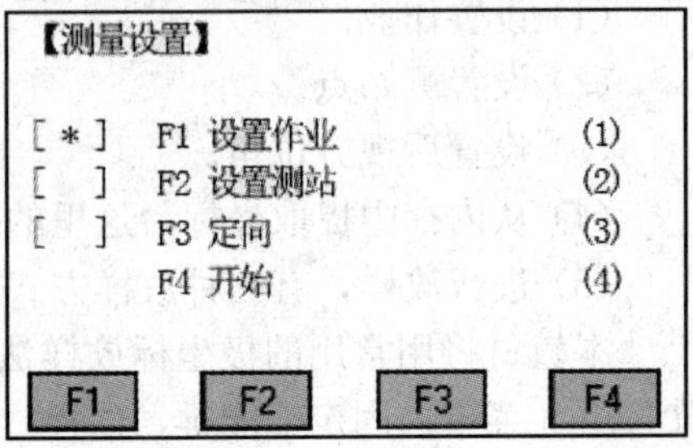

2. 设置测站

每个目标点坐标计算都与测站的设置有关。至少要设置测站的平面坐标(X_0，Y_0)。测站高程在需要测量点的高程时需要输入。测站点坐标可以人工输入，也可以在仪器内存中读取。

操作步骤	按键	显示
(1) 在放样设置菜单中按屏幕下方软键［F2］，进入测站设置功能。	F2	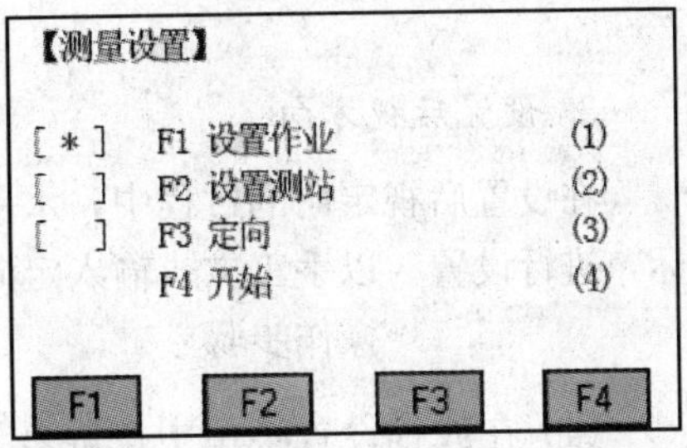
(2) 在测站设置功能界面按［F3］(坐标)。 注：也可在内存中检索或通过列表查找已有测站信息。	F3	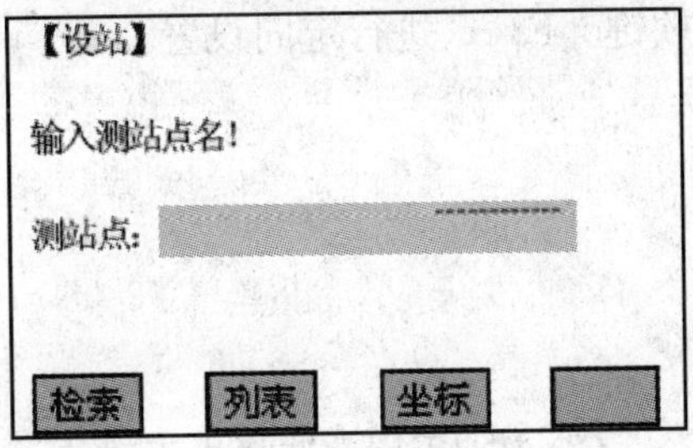
(3) 输入点名以及该点坐标，输入完一项，按［ENT］键将光标移到下一输入区。	ENT	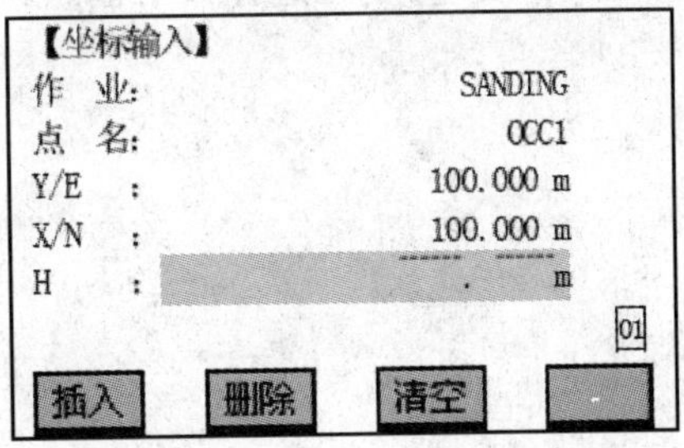
(4) 按［F4］保存该测站点坐标。	F4	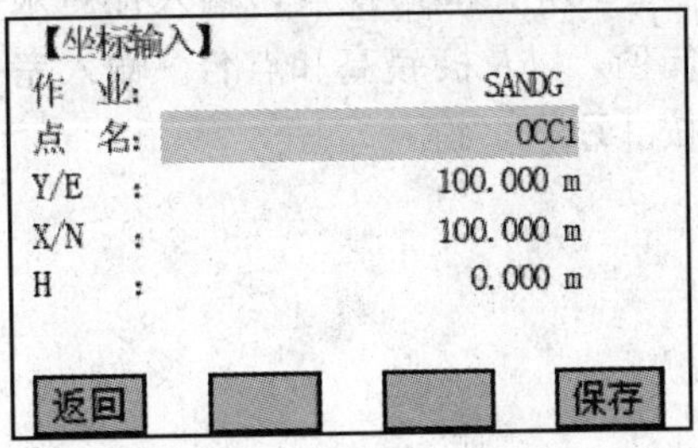
(5) 屏幕提示“数据已保存!”接着“输入仪器高”，并按［ENT］键。	ENT	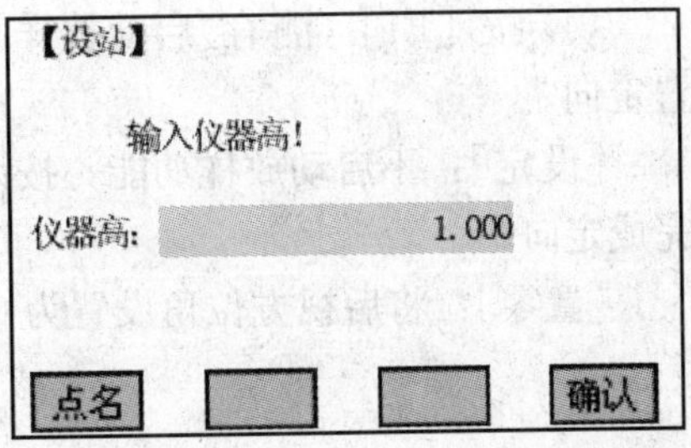

（6）屏幕返回测量设置菜单。已设置的项目前面会有“＊”标识。

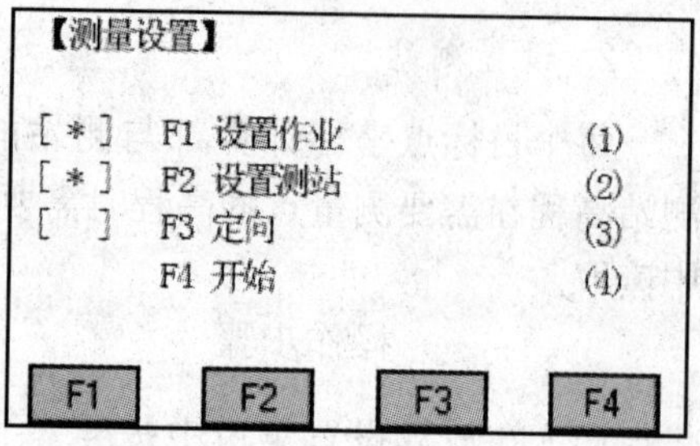

3．设置后视方向

在设置后视定向的过程中，水平方向值可以通过手工方式输入，也可根据已知点的坐标，进行设置。以手工方式输入定向的方向为例，介绍设置过程：

操作步骤　　按键　　显示

（1）在放样设置菜单中按屏幕下方软键［F3］，进行定向设置。　　F3

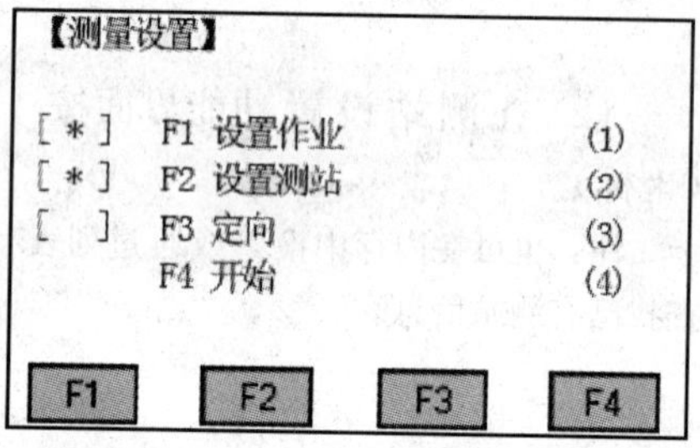

（2）按［F1］，选择人工输入。　　F1

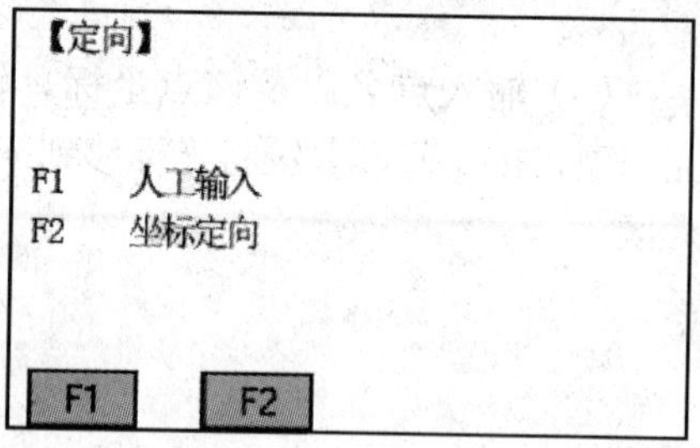

（3）照准后视点，输入任意水平方向值，以及棱镜高和点名。输入完一项按［ENT］键。　　ENT

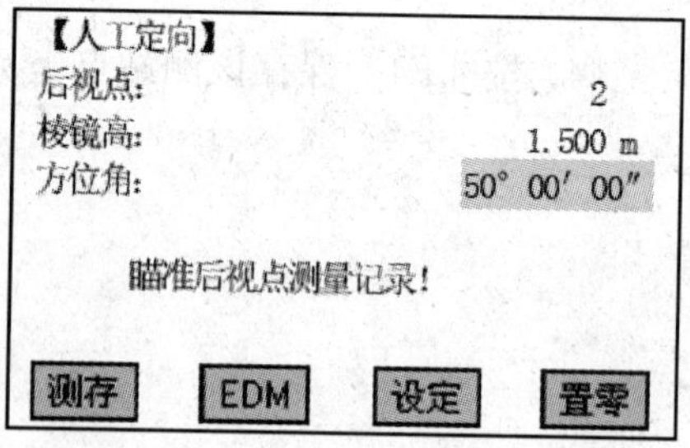

（4）按［F1］（测存）启动放样并设置定向。　　F1

［设定］：不启动放样功能，按该键完成定向。

［置零］：将后视方位角设置为0值。

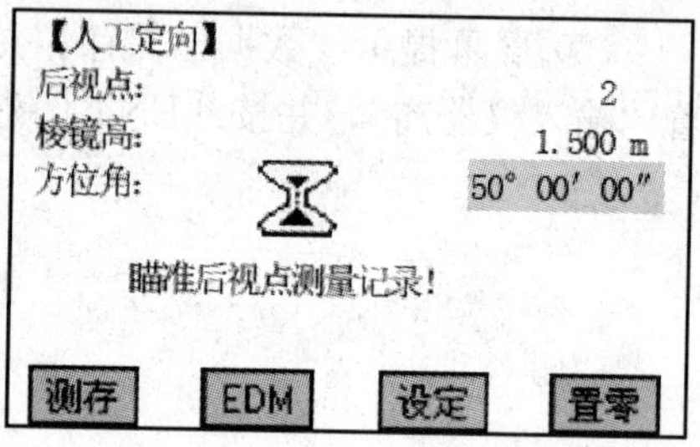

（5）屏幕返回测量设置菜单。已设置的项目前面会有“＊”标识。

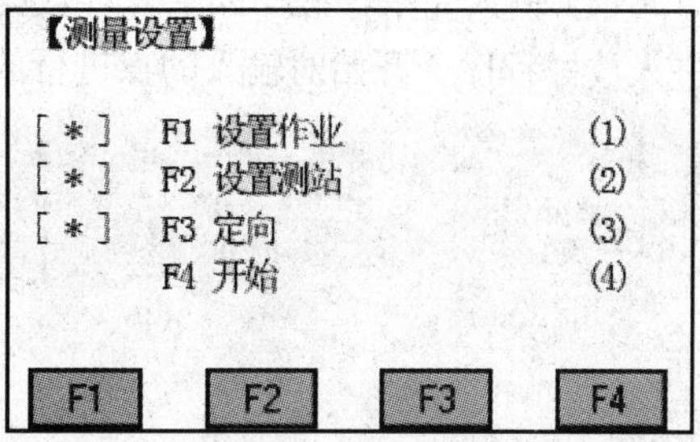

特别提示

在 STS—750 系列全站仪的应用程序中，所有需要进行作业设置、测站设置和定向的操作均与放样设置中的操作相同。

4. 设置放样点放样

在 STS—750 系列全站仪中，可以选择从作业中提取放样点坐标来进行放样，也可以选择手工输入放样点坐标进行放样。本教材以手工输入放样点坐标为例介绍点位放样的操作过程：

操作步骤	按键	显示
（1）设置好作业、测站以及定向方位角后，在放样设置菜单中按［F4］开始放样。	F4	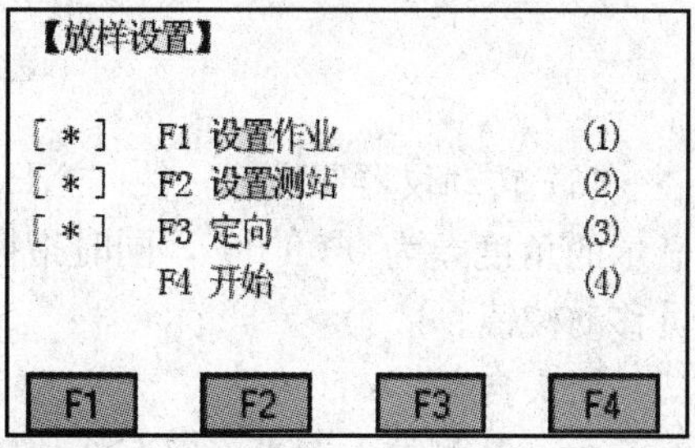
（2）按［F4］（↓）键，显示第 2 页软按键。	F4	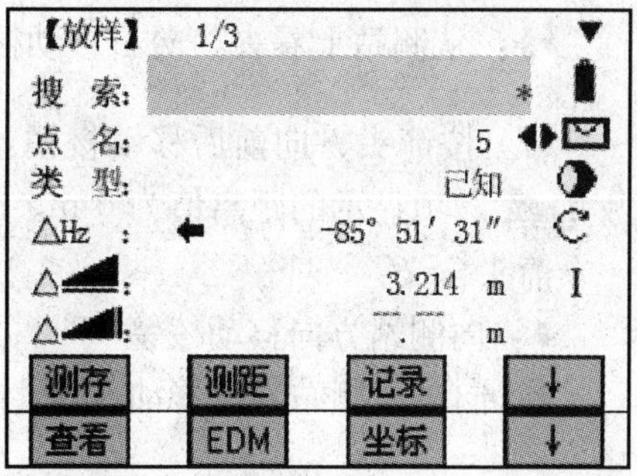
（3）按［F3］（坐标）输入待放样的点名和坐标。输入完一项，按［ENT］键将光标移到下一输入区。	F3 ENT	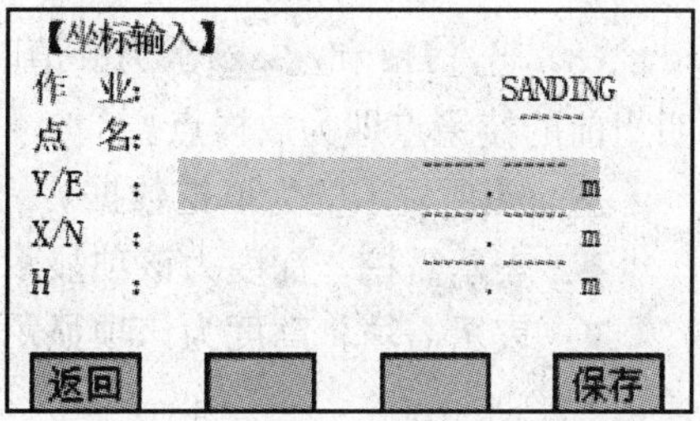

(4) 输入完毕，按［F4］保存数据， F4 进入放样程序。开始对输入的点进行放样。

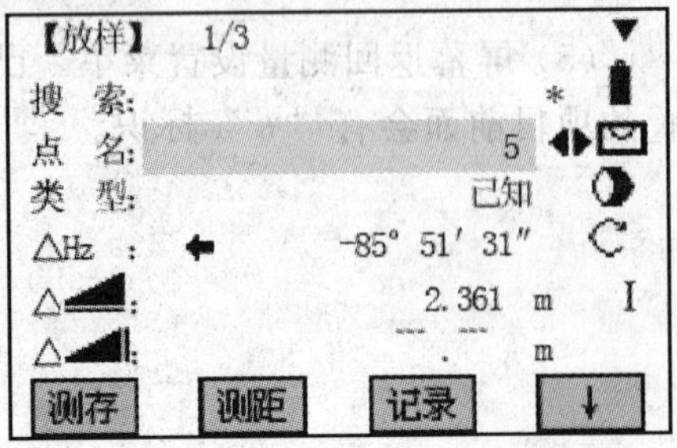

特别提示

在放样页面显示的内容中：

△Hz 角度偏差：放样点在目前测量点右侧时为正。

△◢ 距离偏差：放样点在更远处时为正。

△◢▌高程偏差：放样点在更高处时为正。

(5) 照准当前棱镜，按［F2］(测距) F2 开始测量并计算显示测量点与放样点之间的放样参数差。

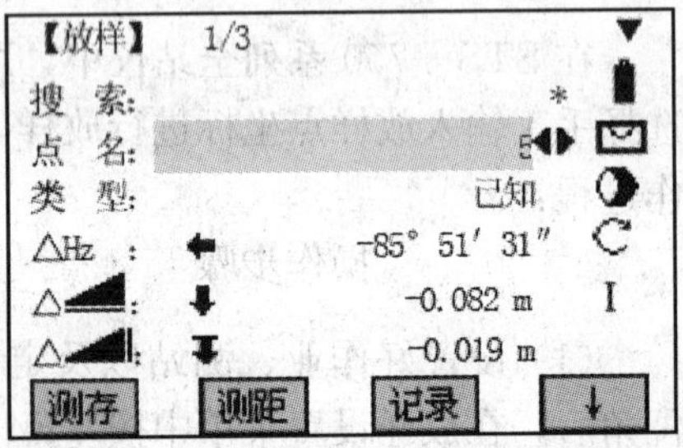

(6) 转动仪器照准部，使“△Hz”项显示的角度差为 0°00′00″，同时指挥立尺员移动棱镜。

箭头含义：

⬅：从测站上看去，向左移动棱镜。

➡：从测站上看去，向右移动棱镜。

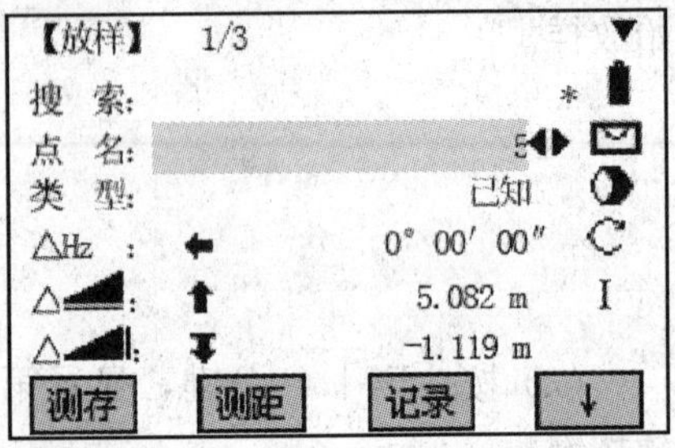

(7) 按箭头方向前后移动棱镜，使“△◢”项显示的距离值为 0 m。

箭头含义：

⬇：向测站方向移动棱镜

⬆：向远离测站方向移动棱镜

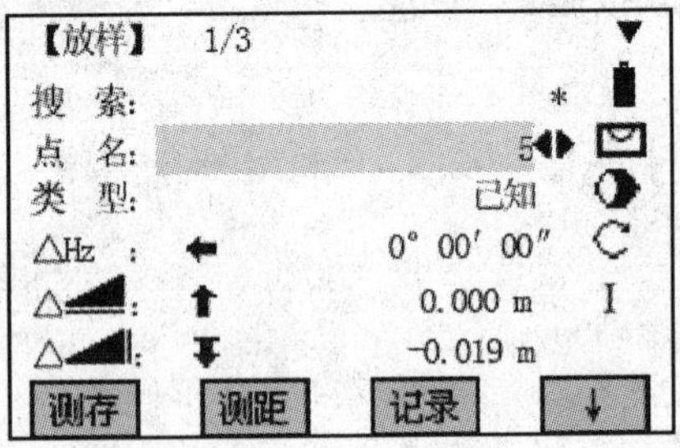

(8) 当△Hz 和△◢都为 0 值时，表明当前的棱镜点即为放样点。

△◢▌项显示的为填挖数据。

⤓：表示需挖，深度为该项显示的数据。

⤒：表示需填，高度为该项显示的数据。

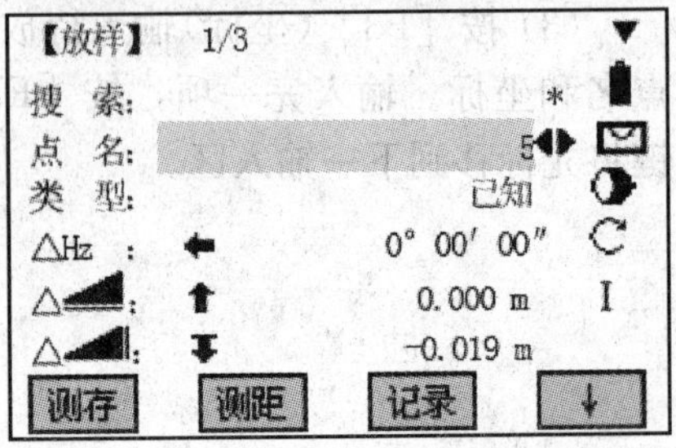

5.3.4 交会测量

当测区内用导线或小三角布设的控制点，还不能满足测图或施工放样的要求时，可采用交会定点的方法来加密。在 STS—750 系列全站仪中，提供了四种交会方式：方位-方位交会法(前方交会)、方位-距离交会法、距离-距离交会和四点交会。本节将以方位-方位交会和方位-距离交会为例，介绍交会定点的操作过程。

1. 方位-方位交会

方位-方位的交会是已知两点 P_1、P_2，以及这两点分别与交会点 P_3 连线的直线坐标方位角，通过方向交会的方式，将点位计算出来进行放样。具体操作过程如下。

操作步骤　　按键　　显示

(1) 在 COGO 主菜单中按［F2］，再在交会菜单中按［F1］，进入方位-方位交会功能。　　F2 F1

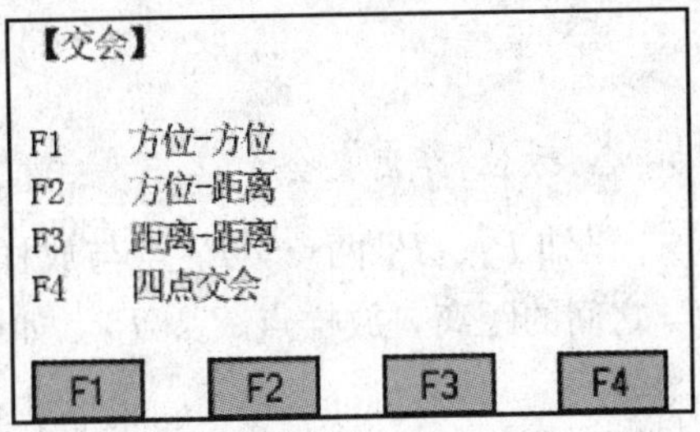

(2) 输入已知点 P_1 的点名，并按［ENT］键将光标移到下一行。　　ENT

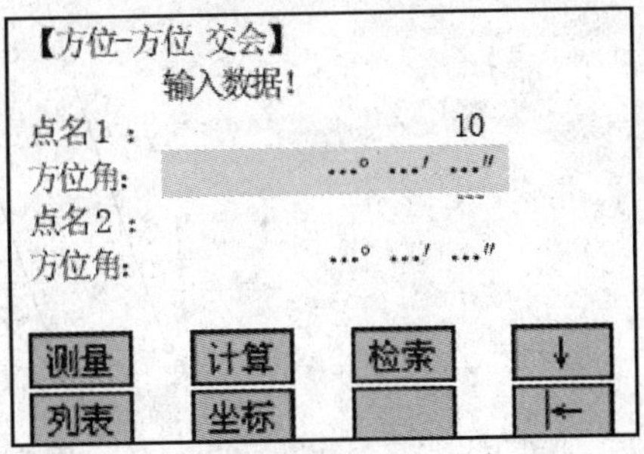

(3) 输入 P_1 到 P_3 的方位角并按［ENT］键将光标移到下一行。　　ENT

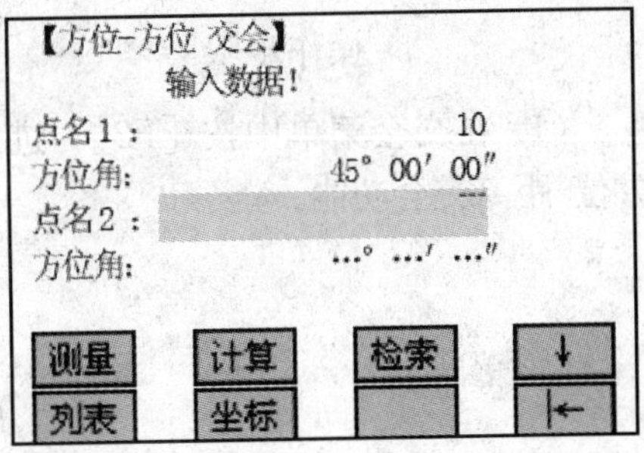

(4) 输入另一个已知点 P_2 的点名，并按［ENT］键将光标移到下一行。操作同步骤(2)。　　ENT

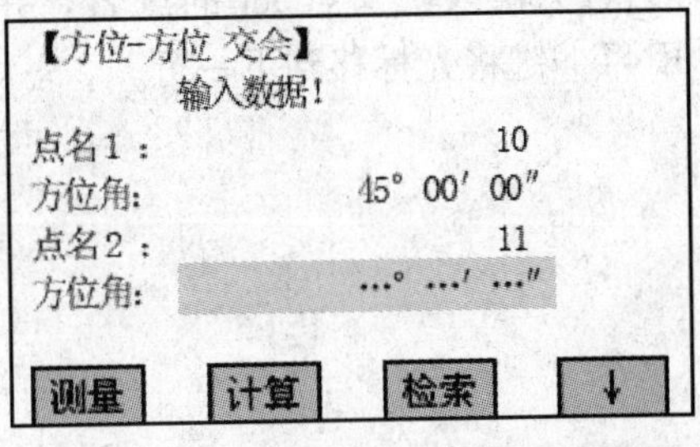

(5) 输入 P_2 到 P_3 的方位角，并按［ENT］键。

ENT

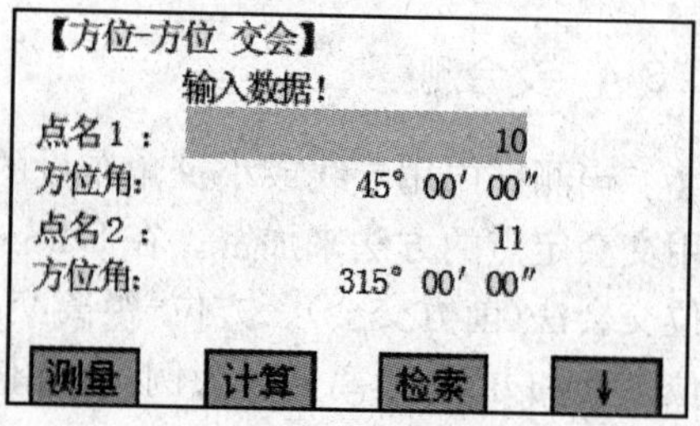

(6) 按［F2］(计算)，显示结果。

F2

若要对该点进行放样操作，输入新点点名，按［F1］即可开始放样操作。(放样操作同前面讲述)

F1

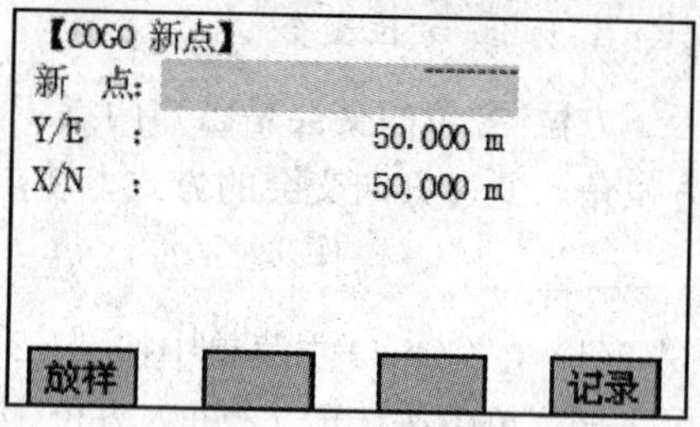

2. 方位-距离交会

已知 P_1、P_2 两点，P_1 点与放样点 P_3、P_4 连线的方位角，以及 P_2 点与放样点 P_3、P_4 之间的距离，放样点 P_3、P_4，如图 5-6 所示。具体放样操作过程为：

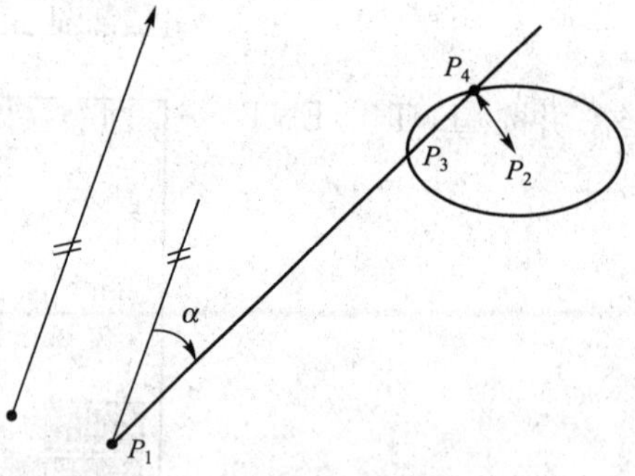

图 5-6 方位-距离交会定点

操作步骤	按键	显示

(1) 在交会菜单中按［F2］，进入方位-距离交会功能。

F2

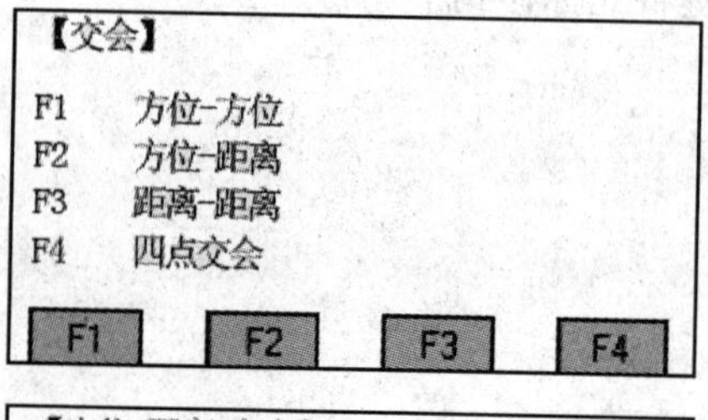

(2) 输入已知点 P_1 的点名，并按［ENT］键将光标移到下一行。

ENT

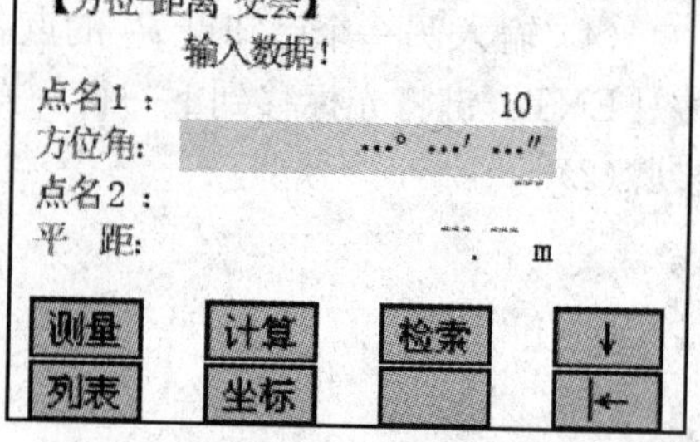

(3) 输入 P_1 到未知点 P_3 和 P_4 的方位角，并按［ENT］键将光标移到下一行。

ENT

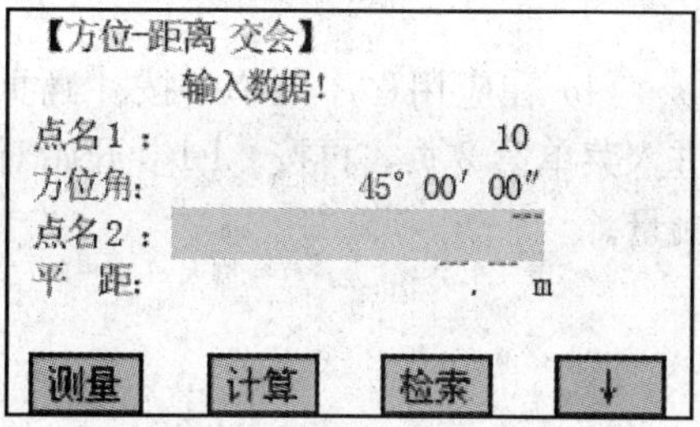

(4) 输入另一个已知点 P_2 的点名，操作同步骤(2)。

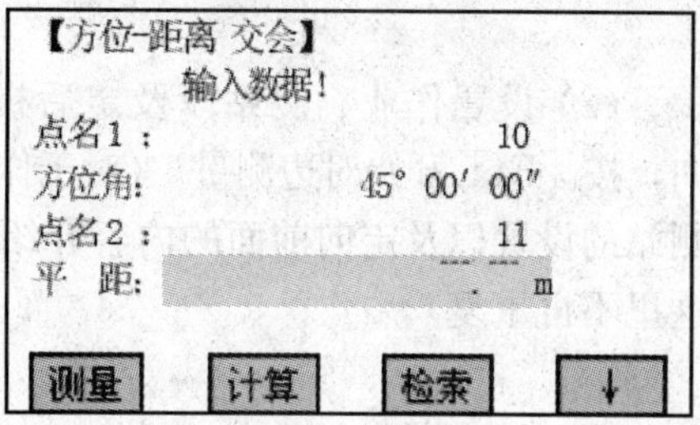

(5) 输入 P_2 到 P_3 或 P_4 的距离，并按［ENT］键。

ENT

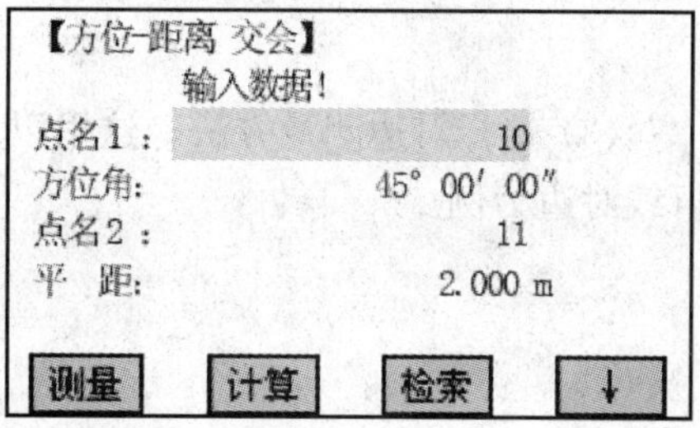

(6) 按［F2］(计算)，显示结果。

若要对该点进行放样操作，输入新点点名，按［F1］即可开始放样操作。

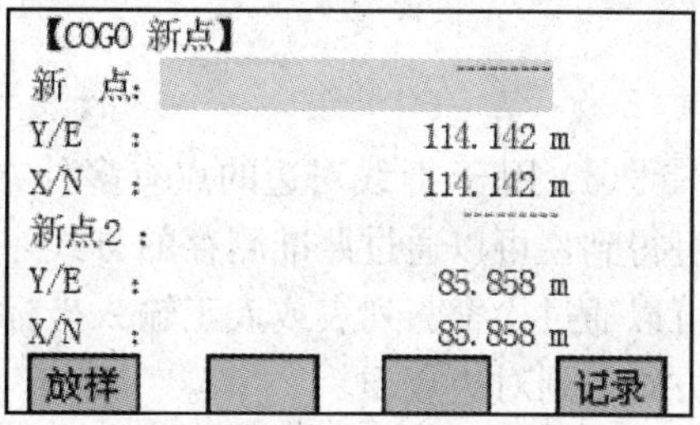

5.3.5 对边测量

用“对边测量”程序可以实时计算两个目标点间的斜距、水平距离、高差和方位角。参与计算的点可以是实时测得或从内存中选取的，也可以是从键盘人工输入的。

STS—750 系列全站仪给用户提供了折线对边和射线对边两种选择。

1. 折线对边测量

如图 5-7 所示，A 为测站点，B、C 为两目标点，通过在 A 点对 B、C 两点进行观测，实时计算出 B、C 两点间的斜距、水平距离、高差和方位角，这就是折线对边测量。

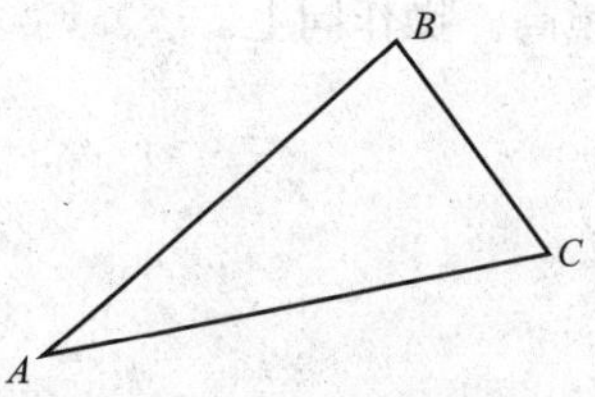

图 5-7 折线对边测量

折线对边测量的具体操作步骤为：

操作步骤	按键	显示
(1) 在应用程序菜单中按［翻页］，进入菜单第 2 页，再按［F1］开始对边测量。	［翻页］ F1	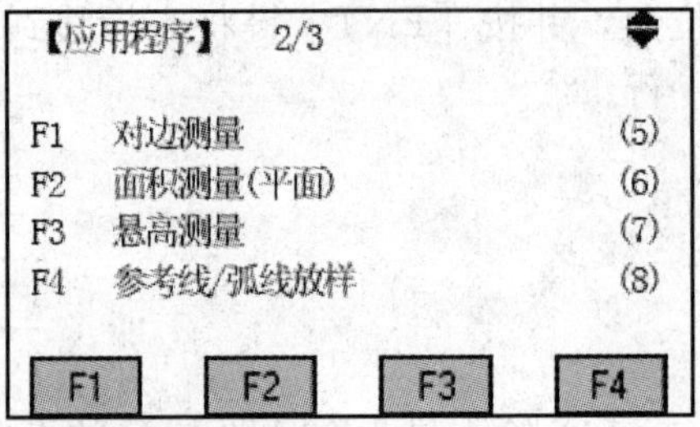
(2) 设置作业、测站以及定后视方向，按［F4］开始对边测量。(对于作业、测站的设置以及定向前面的内容介绍过，这里不再重复)		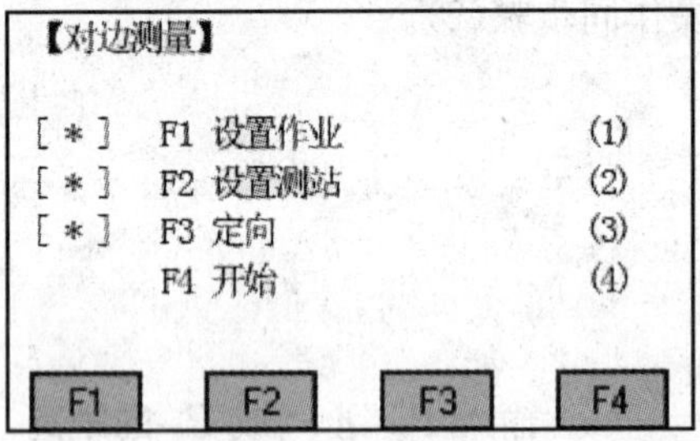
(3) 选择对边测量方法。这里以 F1 折线对边为例。	F1	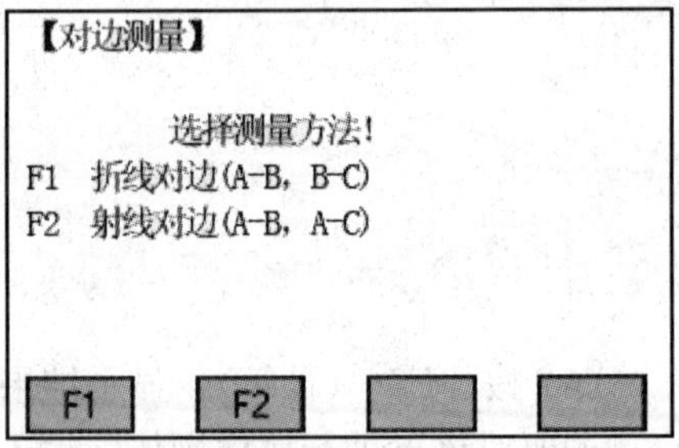
(4) 用于折线对边的点有多种方法可得到，可以通过照准测存的方式，也可以通过检索、列表或人工输入坐标的方式得到对边点 B。		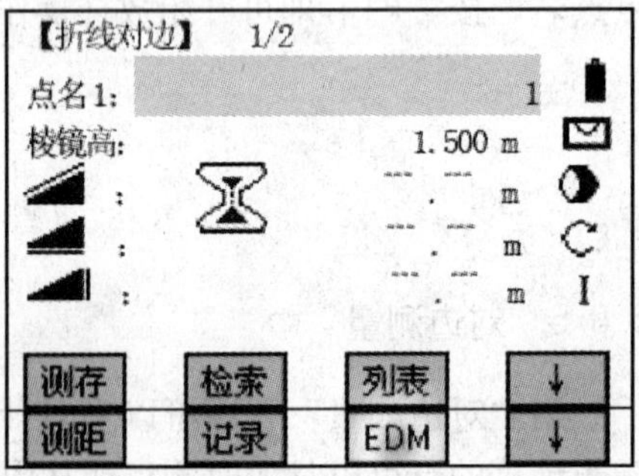
(5) 设置第二个目标点 C 的点名及棱镜高。操作同上。		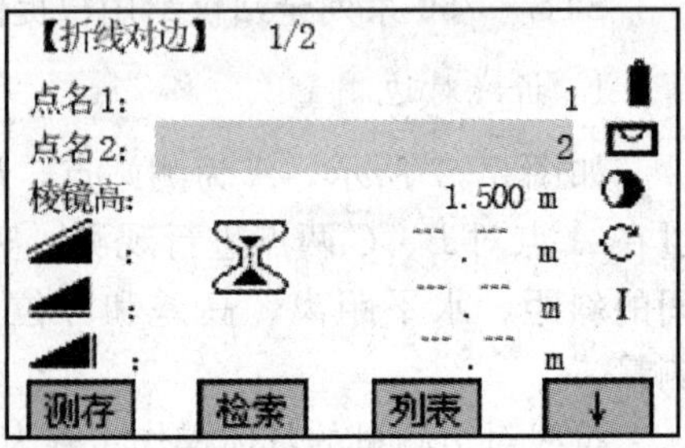

(6) 显示对边测量结果。

△ ◢：点 B 和点 C 间的平距

△ ◢：点 B 和点 C 间的斜距

△ ◢：点 B 和点 C 间的高差

坡度：点 B 和点 C 间的坡度(%)

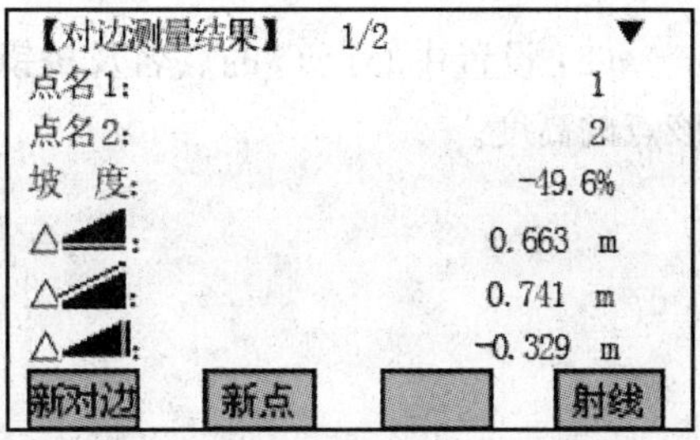

(7) 按［翻页］键显示结果的第二页［翻页］面。方位：点 B 和点 C 间的方位角

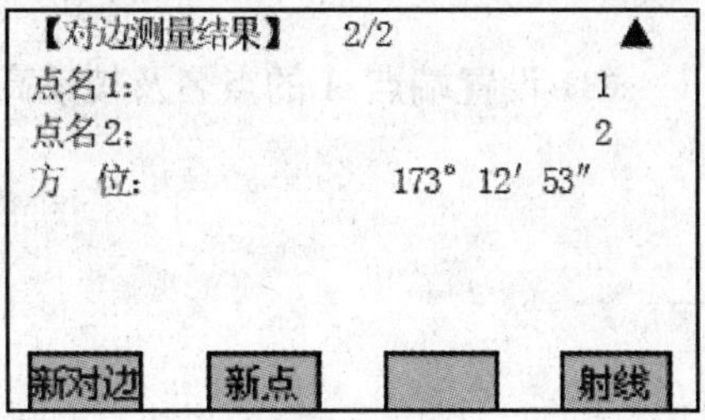

特别提示

折线对边中的有关软按键：

[F1]（新对边）：计算一条新的对边，程序重新启动。

[F2]（新点）：以点 C 作为新对边的起点，开始下一个新点的测量。

[F4]（射线）：切换到射线对边。

2. 射线对边测量

如图 5-8 所示，O 为测站点，通过分别观测 A、B、C 点，实时计算出 OA、OB、OC 三边的斜距、水平距离、高差和方位角，这就是射线对边测量。

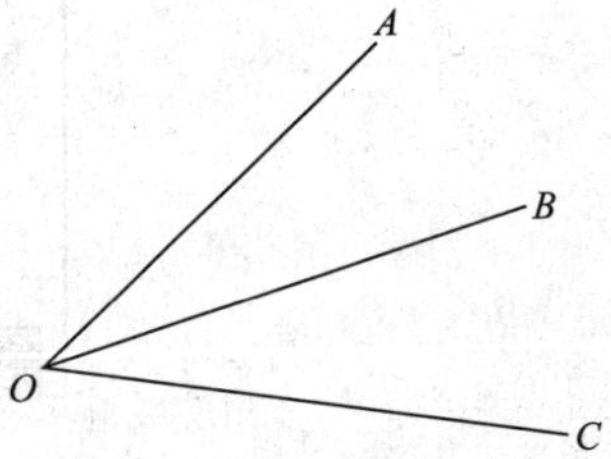

图 5-8 射线对边测量

射线对边测量的具体操作步骤为：

操作步骤	按键	显示
(1) 选择对边测量方法，F2：射线对边为例。	F2	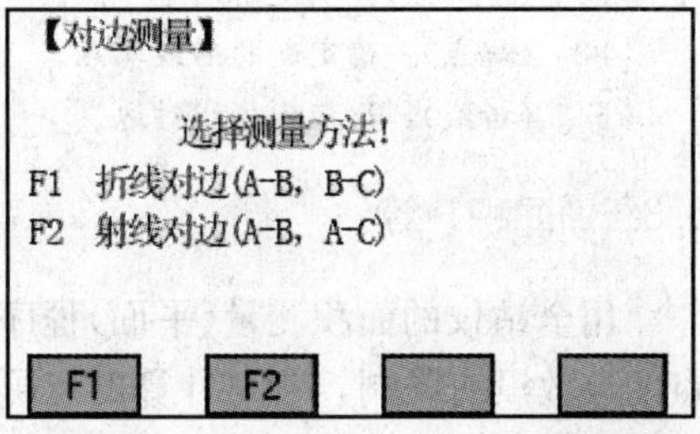

(2) 设置中心点 O 的点名及棱镜在该点的高度。

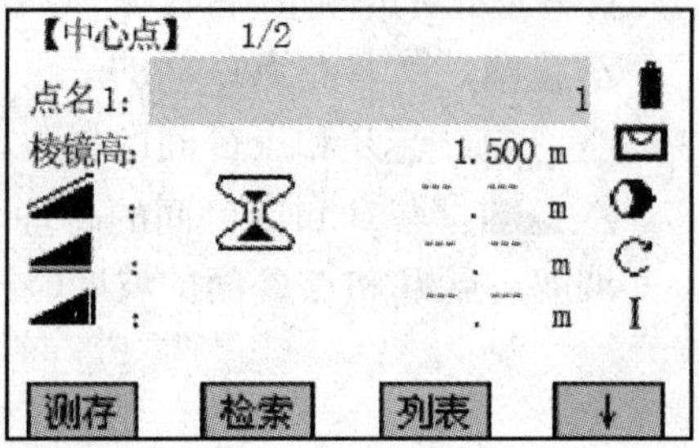

(3) 设置端点 A 的点名及棱镜高。

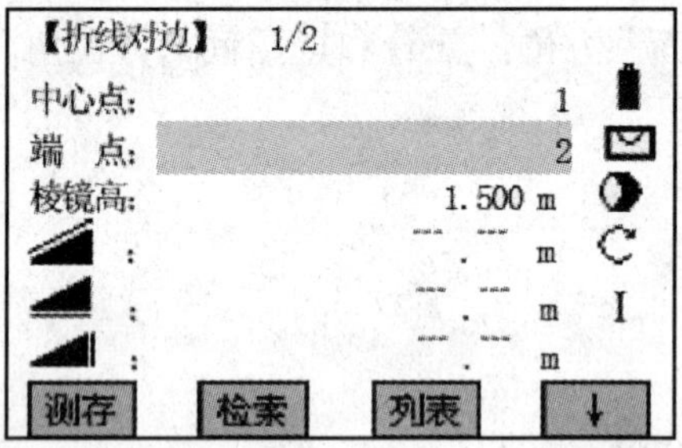

(4) 显示对边测量结果。

△◢：中心点 O 和点 A 间的平距

△◢：中心点 O 和点 A 间的斜距

△◢：中心点 O 和点 A 间的高差

坡度：中心点 O 和点 A 间的坡度(%)

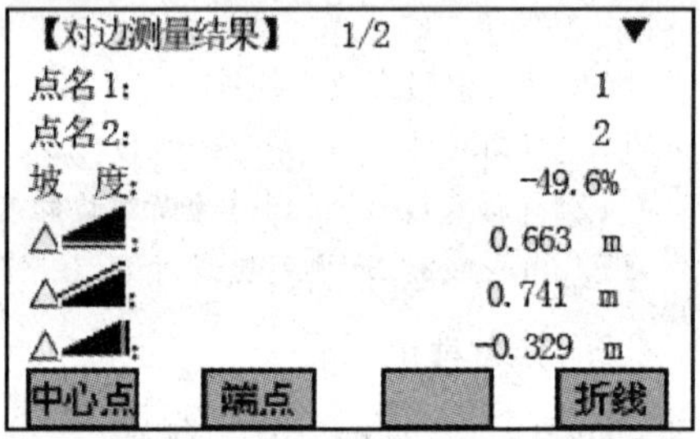

方位：中心点 O 和点 A 间的方位角

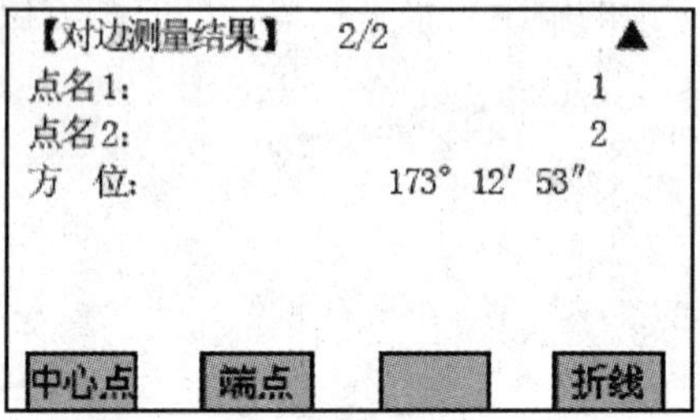

特别提示

射线对边中的有关软按键：

[F1]（中心点）：确定新的中心点。

[F2]（端点）：确定新的射线端点。

[F4]（折线）：切换到折线对边。

5.3.6 面积计算

用全站仪的面积测量(平面)程序，可以实时测算目标点之间连线所包围的面积。目标点的点数没有限制，参与计算的点可以实时测算，从内存中选取，也可以从键盘中人工输入。下面介绍一下 STS—750 系列全站仪的面积计算功能。

例如图 5-9 所示，要求 1、2、3、4 点所围平面面积，需要在一已知点 O 安置全站仪，分别观测 1、2、3、4 点即可计算出四点所围面积。具体操作过程如下。

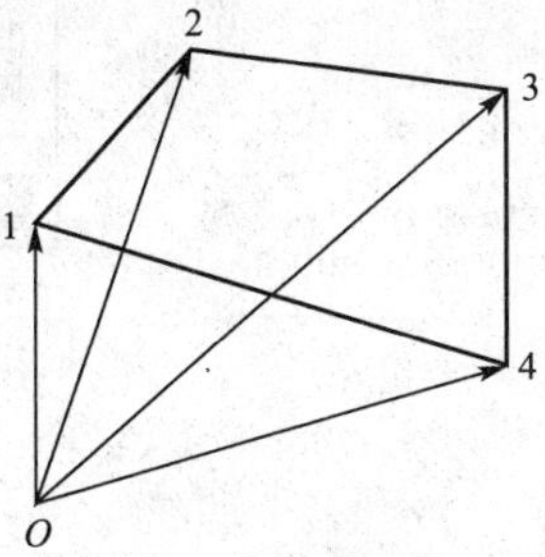

图 5-9　面积计算

操作步骤	按键	显示
(1) 在应用程序菜单中按［翻页］，进入菜单第 2 页，再按［F2］开始面积测量。	［翻页］ F2	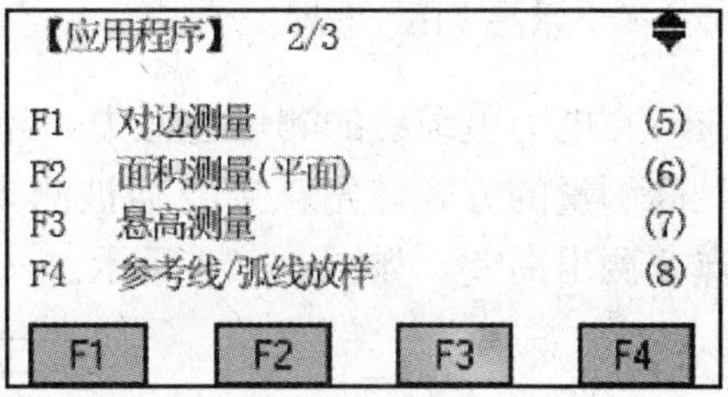
(2) 设置作业、测站以及定后视方向，按［F4］开始面积测量。(对于作业、测站的设置以及定向前面的内容介绍过，这里不再重复)		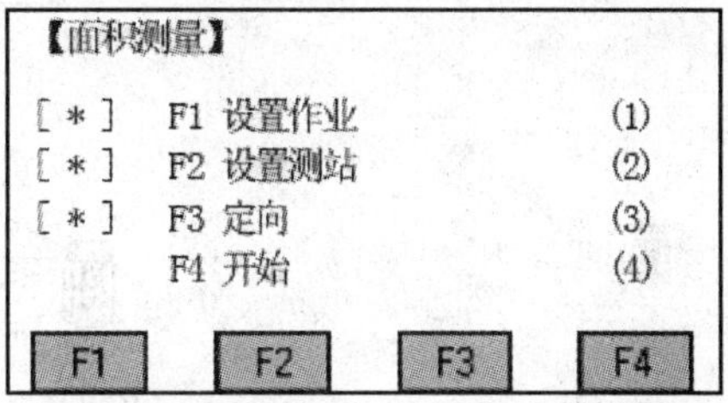
(3) 用于面积测量的点有多种方法可得到，可以通过照准测存的方式获得，也可通过检索、列表和人工输入的方式获得 1 点。		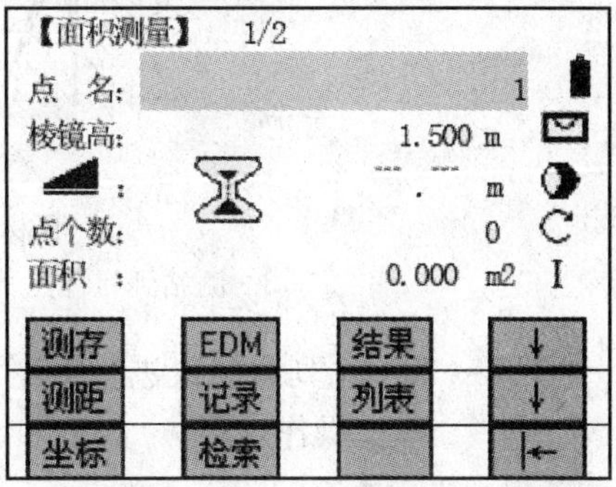
(4) 设置其他待测点 2、3、4 的点名及棱镜高，方法同上。		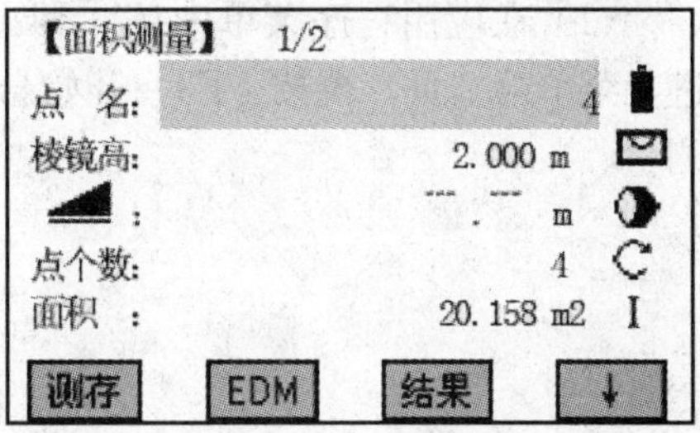

(5) 参与面积计算的点程序会自动计数，并在屏幕第 5 行显示。当至少测量 3 个点后，可按［F3］查看结果。

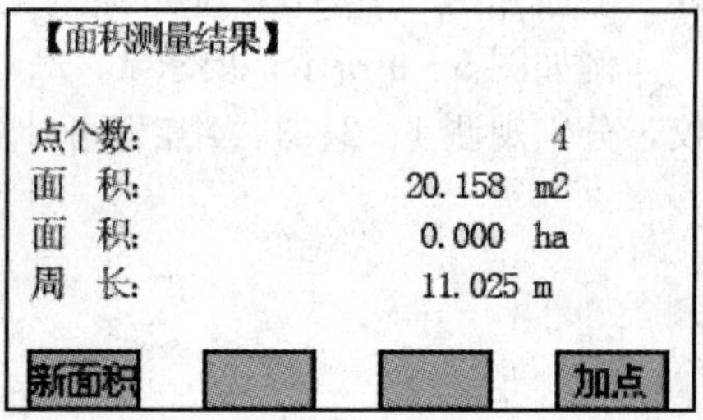

特别提示

面积测量中的有关软按键：

［F1］(新面积)：开始进行新面积的测量，点的个数从 0 开始计数。

［F4］(加点)：在当前面积测量中增加新的测量，点的个数在原来的基础上累加。

5.3.7 悬高测量

在电力电缆线的测量过程中，经常会遇到有些棱镜不能到达的被测点，这时可以通过悬高测量的方式，先直接瞄准被测点下方的基准点上的棱镜，测量平距。然后瞄准悬高点，测出高差，如图 5－10 所示。

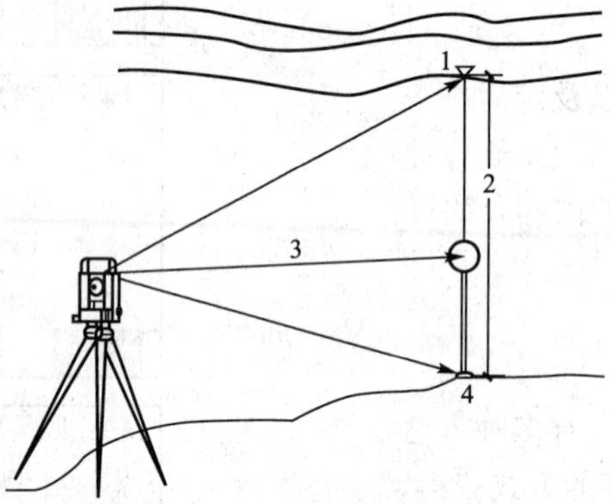

图 5－10 悬高测量

1—目标点(悬高点)；2—所测高差；

3—测站到目标点下方的基准点间的水平距离；4—基准点

STS—750 系列全站仪进行悬高测量的操作过程如下。

操作步骤	按键	显示
(1) 在应用程序菜单中按［翻页］，进入菜单第 2 页，再按［F3］开始悬高测量。	［翻页］ F3	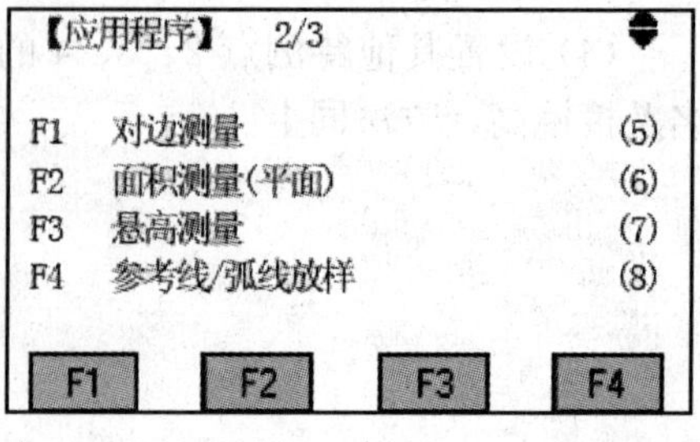

（2）设置作业、测站以及定后视方向，按［F4］开始悬高测量。（对于作业、测站的设置以及定向前面的内容介绍过，这里不再重复）

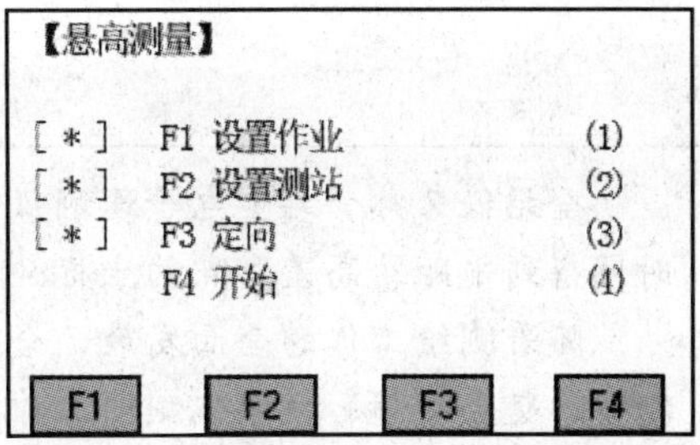

（3）输入基点的点名，按［ENT］键。 ENT

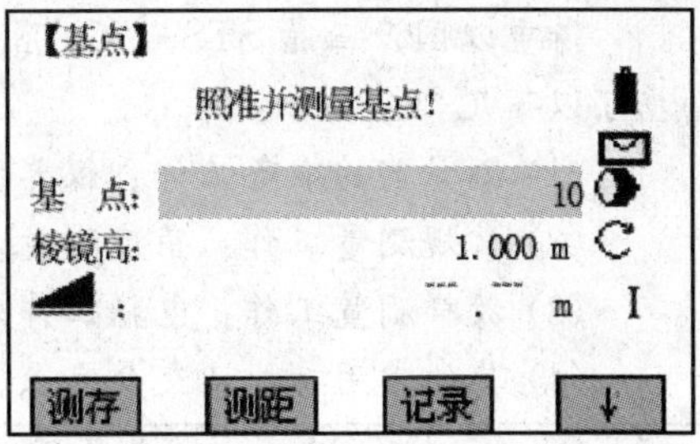

（4）输入已知棱镜高度（这里以 $h=1.500$ 为例），并按［ENT］键。 ENT

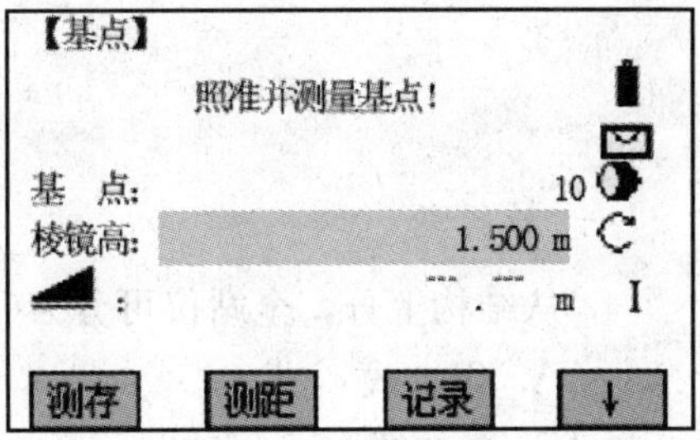

（5）照准棱镜中心，按［F1］（测存）或［F2］（测距）+［F3］（记录）开始测量。这样基点的位置即被确定。 F1 F2+F3

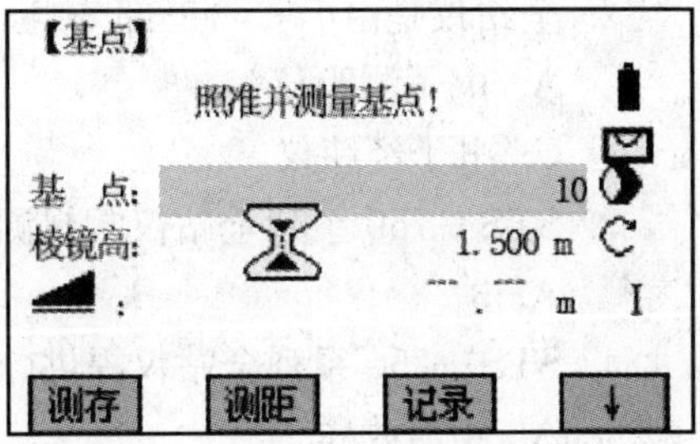

（6）照准目标点（也就是悬高点），显示结果。

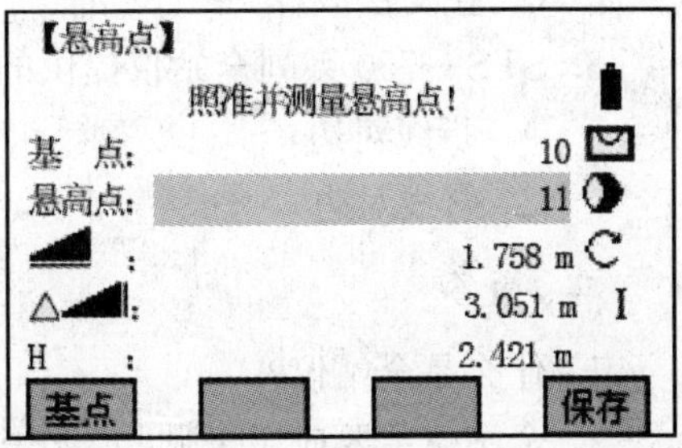

本项目小结

全站仪又称全站型电子速测仪(Electronic Total Station)，它在一个测站上可同一时间得到平距、高差和点的坐标。

随着测绘工作的全面发展，全站仪越来越多地应用在地形测量、施工测量、导线测量、交会测量、数字化测图工作中，大大提高测绘工作的质量和效率。

本项目主要从全站仪的基本概念、构造以及全站仪的基本应用进行了简单介绍。

着重以国产三鼎 STS—750 系列全站仪为例，详细介绍了全站仪的使用过程，包括了以下几部分内容：

(1) 测量前的准备工作：仪器的检验与校正、仪器的安置和参数的设置。

(2) 常规测量工作：角度测量、距离测量、坐标测量。

(3) 放样测量工作：包括工作建立、测站设置、定向和放样四步。

(4) 其他常用功能：交会定点、对边测量、面积计算、悬高测量。

习　题

一、选择题

1. 从结构上分，全站仪可分为(　　)两种。

A. 组合式　　B. 一体式

C. 整体式　　D. 以上答案都正确

2. 全站仪是由(　　)三部分组成。

A. 电子测距仪　　B. 电子水准仪

C. 电子经纬仪　　D. 电子记录装置

3. STS—750 系列全站仪常规测量界面共有(　　)页。

A. 3　　B. 4　　C. 2　　D. 5

4. STS—750 系列全站仪提供(　　)三种放样方式。

A. 距离放样　　B. 极坐标放样

C. 正交法放样　　D. 坐标差放样

5. STS—750 系列全站仪提供的对边测量方式有(　　)。

A. 折线对边　　B. 直线对边

C. 射线对边　　D. A 和 C

二、简答

1. 什么是全站仪？

2. 全站仪主要应用于哪些工作中？

3. 全站仪日常检验的项目有哪些？

4. 在 STS—750 系列全站仪的应用中，放样测量需要进行哪些步骤的操作？

能力评价体系

知识要点	能 力 要 求	所占分值(100分)	自评分数
概述	(1) 掌握全站仪的概念	5	
	(2) 了解全站仪的基本构成和应用	5	
全站仪的结构与功能	(1)熟悉全站仪的构造	6	
	(2)掌握全站仪常用功能键的用途	6	
	(3)了解全站仪的主要技术参数指标	8	
全站仪的测量方法	(1)了解全站仪测量前的准备工作	20	
	(2)掌握全站仪的常规测量和放样测量模式	30	
	(3)熟悉利用全站仪进行交会测量、对边测量、面积计算和悬高测量	20	
总计		100	

项目6 小区域控制测量

学习目标

本项目讲述控制测量的有关理论，导线测量的内外业工作，高程控制测量方法和GPS在控制测量中的应用；重点内容包括导线测量的外业工作，导线测量的内业计算，以及高程控制测量中三四等水准测量的技术指标，外业观测和内业计算方法；难点为导线测量内业计算和三四等水准测量的内业计算方法，以及GPS的测量原理。

能力标准及要求

通过本项目的学习，掌握平面控制测量和高程控制测量的基本原理和方法，明确导线测量外业工作的内容和施测要求。掌握导线测量内业计算的方法。掌握三角高程测量原理和方法。

知识要点	能力要求	相关知识
控制测量概述	了解控制测量的基本知识概念	控制测量的概念、控制测量的分类
导线测量	(1) 掌握导线的布设形式 (2) 掌握导线测量的外业工作内容 (3) 掌握导线测量的内业计算	导线的布设形式、外业工作内容、闭合和附合导线的内业计算、闭合差的分配原则
交会定点	熟悉常用的四种交会定点方式	四种交会定点的定义
高程控制测量	(1) 理解三角高程测量的基本原理 (2) 掌握三角高程测量的观测和计算	三角高程测量的高差和视距计算公式、三角高程的观测过程
GPS测量的施测	了解有关GPS的相关知识	GPS的定义、GPS的组成、GPS的基本原理、GPS的坐标系统、GPS网型的构成、GPS的外业施测和内业处理

【学习重点】

导线的布设形式、导线测量外业观测、闭合和附合导线的内业计算、三角高程测量方法。

【最新标准】

《工程测量规范》(GB 50026—2007)；《国家三、四等水准测量规范》(GB/T 12898—2009)；《全球定位系统(GPS)测量规范》(GB/T 18314—2009)。

引例

小区域控制测量包括平面控制测量和高程控制测量，随着社会的进步和经济的快速发展，高楼大厦拔地而起，城市规划加快步伐，移山填海不再是神话，工程建设越来越快，要求越来越精确。GPS测量技术在众多工程建设中运用更为广泛。其全天候、高精度、自动化、高效率的特点，一跃成为目前最重要的测量仪器。

GPS的产生背景还有一段鲜为人知的小典故。1983年，韩国的KAL—007航班因为迷航误入前苏联领空，被前苏联战斗机击落，机上乘客和机组人员无一生还。那会儿GPS还没有投入民用，民用航班的导航主要靠无线电信标，万一地面信标站或机上系统有故障，那麻烦就大了。于是美国前总统里根于1984年正式宣布：开放GPS信号的民间使用，无偿提供服务。从1989年2月开始，真正用于实用的BLOCKⅡ卫星开始发射升空。到1993年12月，美国国防部宣布GPS系统初步完成，由24颗BLOCK I和BLOCKⅡ卫星组成。1995年7月，美国国防部宣布GPS系统完全完成，由24颗BLOCKⅡ卫星组成。

全球定位系统(Global Positioning System，GPS)是美国从20世纪70年代开始研制，历时20年，耗资300亿美元，于1994年全面建成。它是一种定时和测距的空间交会定点的导航系统，可以向全球用户提供连续、实时、高精度的三维位置、三维速度和时间信息，为海、陆、空三军提供精密导航，还可以用于情报收集、核爆监测、应急通讯和卫星定位等一些军事目的和民用生活中。目前GPS被广泛应用于大地控制测量中。

你知道GPS在小区域控制测量中如何运用吗？其构造原理是什么？如何进行控制测量？请在本项目内容中寻找答案吧。

知识点

6.1 控制测量概述

6.1.1 控制的概念

控制测量是研究精确测定地面点空间位置的学科，其任务是作为较低等级测量工作的依据，在精度上起控制作用。

测量成果的质量高低，其核心指标是精度。保证地面点的测定精度可选用的措施有：提高观测元素(角度、距离、高差等)的观测精度；限制“逐点递推”的点数，从而对误差的逐点积累加以控制；采用“多余观测”，构成检核条件，由此可提高观测结果的精度，并能发现粗差是否存在。

精度要求越高，经济成本就越高，作业时间也就越长。以最高的精度测定所有的地面点的位置，这不符合经济原则和效率原则，也不符合社会的实际需要。为了使精度水平、经济成本、作业时间、社会需要达到统一，必须对点位的测定精度进行分级，采用分级观测、逐级控制的方法。所以测绘工作应遵守如下原则：在精度上“由高级到低级”，逐级控制；在测点的布局上，“由整体到局部”；在施测程序上，“先控制，后碎部”，即先建立控制网，然后根据控制网进行碎部测量。

特别提示

“先控制后碎部，由整体到局部，由高级到低级”是测量工作最根本的原则，无论是测定还是测设都严格遵守。

所谓控制，就是先在测区范围内的适当位置选择一些点，并埋设标桩，然后用较精密的测量仪器精确测得细部点的测量方法，确定出它们的平面位置和高程，再以这些点为基础，测定其他碎部点的位置。这些高精度的点称为控制点；测定它们相对位置的工作称为控制测量。控制测量按测定内容不同分为平面控制测量和高程控制测量。测定控制点的平面位置(x, y)的工作称为平面控制测量，测定控制点的高程(H)的工作称为高程控制测量。控制测量是进行其他细部测量工作的基础，又具有全局控制性的作用，可以限制测量误差的传播和积累，因此对待控制测量工作一定要认真细致，否则会严重影响整个测量结果。

1. 平面控制测量

平面控制测量可分为导线测量、三角测量、三边测量和GPS测量等形式。

1）导线测量

导线测量是把地面上选定的控制点连接成折线或多边形，如图6－1所示，丈量出边长、测出相邻边的夹角，即可确定这些控制点的平面位置。这些控制点称为导线点，这种控制形式称导线控制。

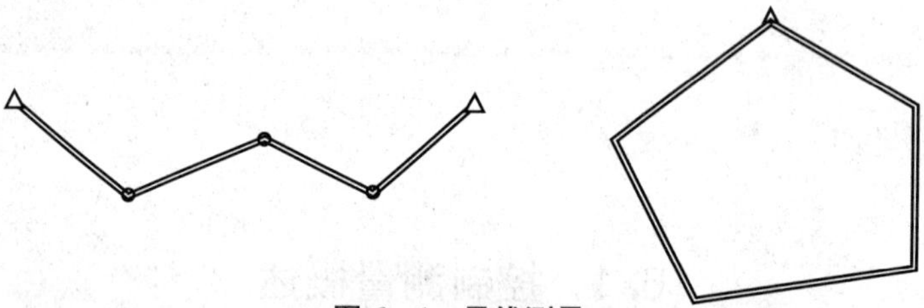

图6－1　导线测量

2）三角测量

三角测量是把控制点组成一系列的三角形，测量出其中一条边的长度(称基线)，如图6－2中的起始边；再量出三角形的各个内角，然后即可推算出其余边的长度，从而确定出各控制点的平面位置。这些控制点称为三角点，这种控制形式称为三角网。

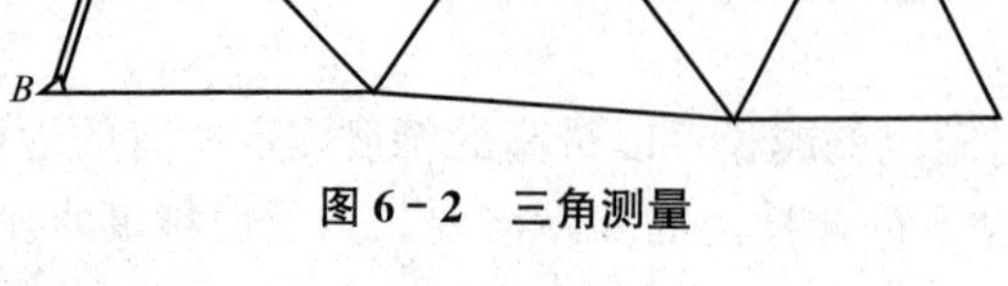

图6－2　三角测量

3）三边网

由于全站仪的广泛使用，使量边工作可不受地形条件的限制，因而可以将三角网中各边都直接测量出来。确定控制点的平面位置称为三边测量，这种形式称为三边网；若既量边又测角，则称为边角网。

2. 高程控制测量

高程控制测量的任务是在测区内建立若干高程控制点，精确地测出它们的高程。高程测量路线可以布设为单独的路线，也可布设成环状闭合路线，如图 6-2 所示。

特别提示

高程控制测量方法主要是采用水准测量，在困难地区或精度要求不太高的地区，也可采用三角高程测量。

6.1.2 国家控制测量概念

在全国范围内建立的平面控制网和高程控制网，总称为国家基本控制网。由于我国幅员辽阔，不可能用最高的精度和较大的密度一次布满全国，必须采用“从整体到局部”和“由高级到低级”的逐级控制原则。

在全站仪和 GPS 接收机普及以前，国家平面控制网，主要是采用三角测量的方法建立的，称为国家三角网。按其精度可分四个等级，一等精度最高；二、三、四等逐级降低。一等三角网基本是沿着经线和纬线的方向布设，而二、三、四等则是各在高一级网的控制下加密得到，其各级网的精度及技术指标见表 6-1。有些地区若不利于三角网的布设，可以用精密导线来代替。

表 6-1 三角测量的等级

等级	平均边长 /km	测角中误差 /km	三角形最大闭合差 /km	起始边相对中误差
一	20～25	±0.7	±2.5	1/350000
二	13	±1.0	±3.5	1/250000
三	8	±1.8	±7.0	1/150000
四	2～6	±2.5	±9.0	1/100000

由于三角测量对控制点之间的通视条件要求高，在选点、外业观测方面有较大的局限性；近年来高精度 GPS 接收机的普及，使得 GPS 测量成为进行大区域国家平面控制测量的主要方法。

国家高程控制网也分成四个等级，它主要用水准测量的方法建立。一等水准网是布设成周长约为 1500km 的环形路线；二等水准网布设在一等水准环内，形成周长为 500～750km 的闭合环线；三等和四等均是与高一级水准点相连而形成附合路线。

国家控制网是全国各种比例尺测图和工程建设的基本控制，并为研究地球形状和大小、地震预报等提供重要依据。

小地区控制网是为小区域的大比例尺测图或工程测量所建立的控制网，它可以以国家控制点作为高级点来进一步加密，也可在测区内形成独立的控制网。在平面控制中采用直角坐标系，在高程控制中采用黄海高程系统。

6.2 导线测量

导线测量由于其布设灵活、计算简单，因而是小区域平面控制的主要方法，尤其是近年来全站仪的普及，使这种控制方法得到越来越广泛的应用。导线既可以用于国家控制网的进一步加密，也常用于小地区的独立控制网。

6.2.1 导线的布设形式

1. 闭合导线

如图 6-3 所示，导线从一已知高级控制点 A 开始，经过一系列的导线点 2、3、…，最后又回到 A 点上，形成一个闭合多边形。在无高级控制点的地区，A 点也可作为同级导线点，进行独立布设，闭合导线多用于范围较为宽阔地区的控制。

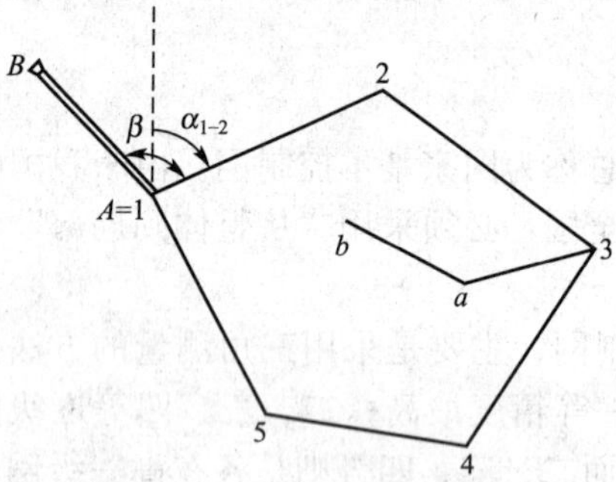

图 6-3 闭合导线和支导线

2. 附合导线

布设在两个高级控制点之间的导线称为附合导线。如图 6-4 所示，导线从已知高级控制点 A 开始，经过 2、3、…导线点，最后附合到另一高级控制点 C 上。附合导线主要用于带状地区的控制，如铁路、公路和河道的测图控制。

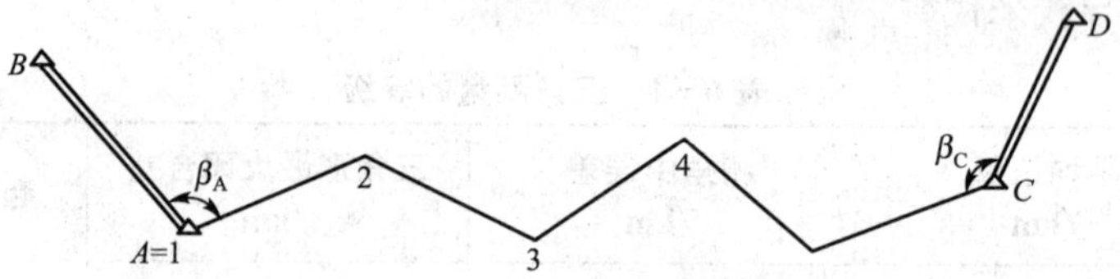

图 6-4 附合导线

3. 支导线

从一个已知控制点出发，支出 1～2 个点，既不附合至另一控制点，也不回到原来的起始点，这种形式称支导线，如图 6-3 所示中的 3—a—b。由于支导线缺乏检核条件，故测量规范规定支导线一般不超过两个点。它主要用于当主控导线点不能满足局部测图需要时，而采用的辅助控制。

特别提示

导线的布设形式要注意与水准测量中的三种水准路线形式进行区分。

6.2.2 导线测量的外业工作

导线测量的外业工作包括：选点、埋设标志桩、量边、测角以及导线的联测。

1. 选点及埋标

在选点之前，应尽可能地收集测区范围及其周围的已有地形图、高级平面控制点和水准点等资料。若测区内已有地形图，应先在图上研究，初步拟订导线点位，然后再到现场实地踏勘，根据具体情况最后确定下来，并埋设标桩。现场选点时，应根据不同的需要，掌握以下几点原则：

(1) 相邻导线点间应通视良好，以便于测角。

(2) 采用不同的工具(如钢尺或全站仪)量边时，导线边通过的地方应考虑到它们各自不同的要求。如用钢尺，则尽量使导线边通过较平坦的地方，若用全站仪，则应使导线避开强磁场及折光等因素的影响。

(3) 导线点应选在视野开阔的位置，以便测图时控制的范围大，减少设测站次数。

(4) 导线各边长应大致相等，一般不宜超过 500m，亦不短于 50m。

(5) 导线点应选在点位牢固、便于观测且不易被破坏的地方；有条件的地方，应使导线点靠近线路位置，以便于定测放线多次利用。

导线点位置确定之后，应打下桩顶面边长为 4～5cm、桩长 30～35cm 的方木桩，顶面应打一小钉以标志导线点位，桩顶应高出地面 2cm 左右；对于少数永久性的导线点，也可埋设混凝土标石。为便于以后使用时寻找，应作“点之记”，即将导线桩与其附近的地物关系量出绘记在草图上，如图 6-5 所示；同时在导线点方桩旁应钉设标志桩(板桩)，上面写明导线点的编号及里程。

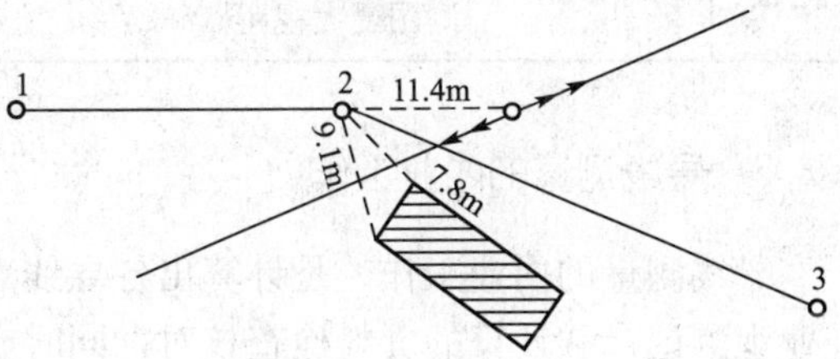

图 6-5 点之记

特别提示

“点之记”是导线测量外业工作中的一项重要内容，不可省略，它是保存导线点点位，方便施测人员寻找导线点位的重要依据。

2. 量边

导线边长可以用全站仪、钢卷尺等工具来丈量。

用全站仪测边时，应往返观测取平均值。对于图根导线仅进行气象改正和倾斜改正；对于精度要求较高的一、二级导线，应进行仪器加常数和乘常数的改正。

用钢尺丈量导线边长时，需往返丈量，当两者较差不大于边长的 1/2000 时，取平均值作为边长采用值。所用钢尺应经过检定或与已检定过的。

3. 测角

导线的转折角可测量左角或右角，按照导线前进的方向，在导线左侧的角称为左角，导线右侧的角称为右角，一般规定闭合导线测内角，附合导线在铁路系统习惯测右角，其他系统多测左角。但若采用电子经纬仪或全站型速测仪，测左角要比测右角具有较多的优点，它可直接显示出角值、方位角等。

导线角一般用 DJ_6 或 DJ_2 级经纬仪用测回法测一个测回，其上、下半测回角值较差要求，DJ_6 仪器不大于 30″；DJ_2 级仪器不大于 20″。各级导线的主要技术要求见表 6-2。

4. 导线的定向与联测

为了计算导线点的坐标，必须知道导线各边的坐标方位角，因此应确定导线始边的方位角。若导线起始点附近有国家控制点时，则应与控制点联测连接角，再来推算导线各边方位角。如果附近无高级控制点，则利用罗盘仪施测导线起始边的磁方位角，并假定起始点的坐标作为起算数据。如图 6-4 所示的 β_A、β_C，再来推算导线各边方位角。

表 6-2　各级导线的主要技术要求

等级	附合导线长度 /km	平均边长 /m	测角中误差 (″)	测回数		角度闭合差 (″)	导线全长相对闭合差
				DJ_6	DJ_2		
一级	2.5	250	5	4	2	$\pm 10''\sqrt{n}$	1/10000
二级	1.8	180	8	3	1	$\pm 16''\sqrt{n}$	1/7000
三级	1.2	120	12	2	1	$\pm 24''\sqrt{n}$	1/5000
图根	≤1.0m	≤1.5 测图最大视距	20	1	…	$\pm 60''\sqrt{n}$	1/2000

6.2.3　导线测量的内业工作

导线测量的内业工作，是计算出各导线点的坐标(x，y)。在进行计算之前，首先应对外业观测记录和计算的资料检查核对，同时亦应对抄录的起算数据进一步复核，当资料没有错误和遗漏，而且精度符合要求时，方可进行导线的计算工作。

下面分别介绍闭合导线和附合导线的计算方法与过程，但对于附合导线，仅介绍其与闭合导线计算中的不同之处。

1. 闭合导线的计算

1) 角度闭合差的计算与调整

闭合导线规定测内角，而多边形内角总和的理论值为

$$\sum\beta_{理}=(n-2)\times180° \tag{6-1}$$

式中　n——内角的个数，图 6-6 中，$n=5$。

测量过程中，误差是不可避免的，实际测量的闭合导线内角之和$\sum\beta$测与其理论值$\sum\beta$理会有一定的差别，两者之间的不符值称为角度闭合差 f_β，即

$$f_\beta=\sum\beta_{测}-\sum\beta_{理}=\sum\beta_{测}-(n-2)\times180° \tag{6-2}$$

不同等级的导线规定有相应的角度闭合差容许值，见表 6-2。

若 $f_\beta\leqslant f_{\beta允}$，因各角都是在同精度条件下观测的，故可将闭合差按相反符号平均分配到各角上，即改正数为

$$V_i=f_\beta/n \tag{6-3}$$

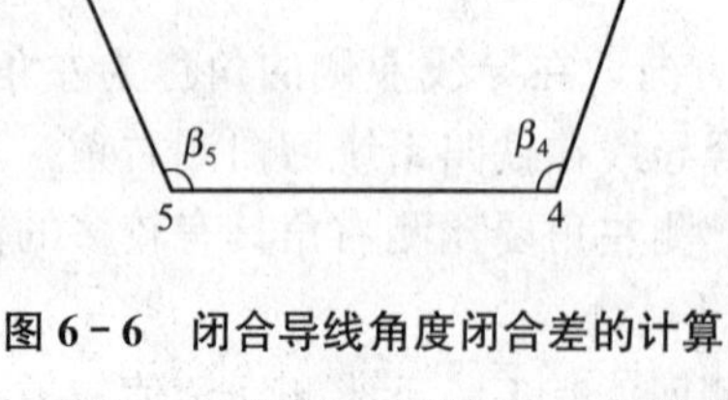

图 6-6　闭合导线角度闭合差的计算

当 f_β 不能被 n 整除时，余数应分配在含有短边的夹角上。经改正后的角值总和应等于理论值，以此来校核计算是否有误。可检核：$\sum V_i=-f_\beta$。

若 $f_\beta>f_{\beta允}$，即角度闭合差超出规定的容许值时，则应查找原因，必要时应进行返工重测。

2) 导线各边坐标方位角的计算

当已知一条导线边的方位角后，其余导线边的坐标方位角，是根据已经经过角度闭合差配赋后的各个内角依次推算出来的，其计算公式为

$$\alpha_{前}=\alpha_{后}+180°\pm\beta_{右}^{左} \tag{6-4}$$

图 6-7 中，假设已知 12 边的坐标方位角为 α_{1-2}，则 23 边的坐标方位角 α_{2-3} 可根据上式计算出来。

坐标方位角值应在 0°～360°之间，它不应该为负值或大于 360°的角值。当计算出的坐标方位角出现负值时，则应加上 360°；当出现大于 360°之值时，则应减去 360°。最后检算出起始边 12 的坐标方位角，若与原来已知值相符合，则说明计算正确无误。

特别提示

在导线测量内业的计算过程中，角度闭合差的处理是为了消除测角过程中存在的测角误差。

3）坐标增量的计算

在平面直角坐标系中，两导线点的坐标之差称坐标增量。它们分别表示为导线边长在纵横坐标轴上的投影，如图 6-8 所示 Δx_{12}、Δy_{12}。

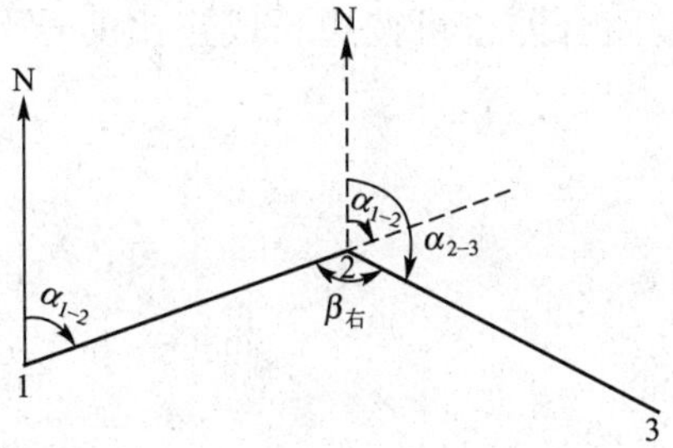

图 6-7　导线边方位角的推算

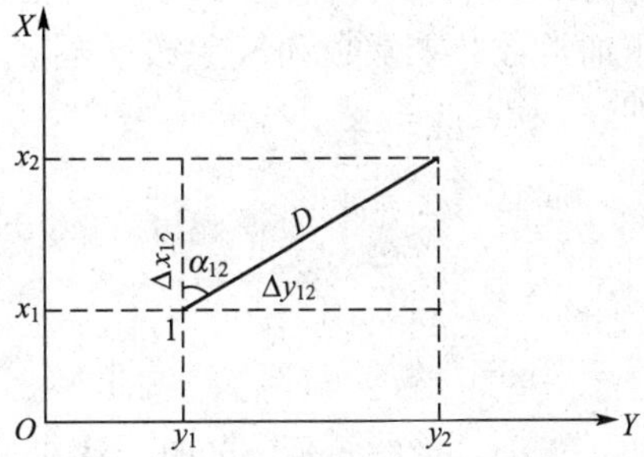

图 6-8　坐标增量

当知道了导线边长 D 及坐标方位角，就可以计算出两导线点之间的坐标增量。坐标增量可按下式计算：

$$\begin{aligned}\Delta X_i&=D_i\cos\alpha_i\\ \Delta Y_i&=D_i\sin\alpha_i\end{aligned} \tag{6-5}$$

坐标增量有正、负之分：Δx_i 向北为正、向南为负，Δy_i 向东为正、向西为负。

4）坐标增量闭合差的计算与调整

闭合导线的纵、横坐标增量代数和，在理论上应该等于零，即

$$\begin{aligned}\sum\Delta x_{理}&=0\\ \sum\Delta y_{理}&=0\end{aligned} \tag{6-6}$$

量边和测角中都会含有误差，在推算各导线边的方位角时，是用改正后的角度来进行的，因此可以认为第 3 步计算的坐标增量基本不含有角度误差；但是用到的边长观测值是带有误差的，故计算出的纵横坐标增量其代数和往往不等于零，其数值 f_x、f_y 分别为纵横坐标增量的闭合差，即

$$\begin{aligned}f_x&=\sum\Delta x_{测}\\ f_y&=\sum\Delta y_{测}\end{aligned} \tag{6-7}$$

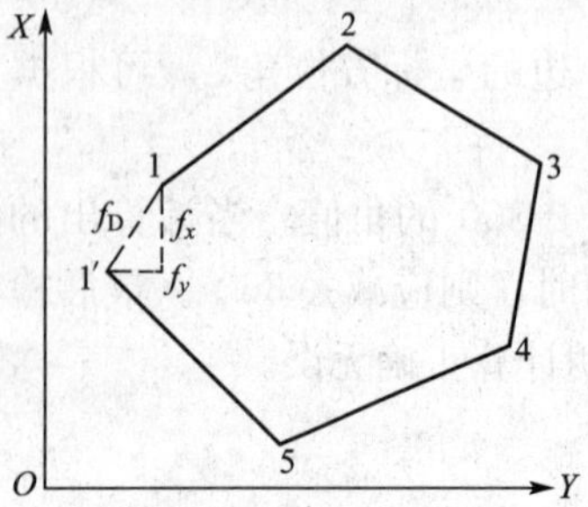

图 6-9　导线全长闭合差

由图 6-9 中看出，由于坐标增量闭合差的存在，使闭合导线在起点 1 处不能闭合，而产生闭合差。f_D 称为导线全长闭合差，即

$$f_D=\sqrt{f_x^2+f_y^2} \tag{6-8}$$

导线全长闭合差可以认为是由量边误差的影响而产生的，导线越长则闭合差的累积越大，故衡量导线的测量精度应以导线全长与闭合差之比 K 来表示：

$$K=\frac{f_D}{\sum D}=\frac{1}{\frac{\sum D}{f_D}} \tag{6-9}$$

式中　K——通常化为用分子为 1 的形式表示，称为导线全长相对闭合差；

$\sum D$——导线总长，即一条导线所有导线边长之和。

各级导线的相对精度应满足表 6-2 中的要求，否则应查找超限原因，必要时进行重测。若导线相对闭合差在容许范围内，则可进行坐标增量的调整。调整的方法是：一般钢尺量边的导线，可将闭合差反号，以边长按比例分配；若为光电测距导线，其测量结果已进行了加常数、乘常数和气象改正后，则坐标增量闭合差也可按边长成正比反号平均分配，即

$$\begin{aligned} \upsilon_{xi}&=\frac{f_x}{\sum D}\times D_i \\ \upsilon_{yi}&=\frac{f_y}{\sum D}\times D_I \end{aligned} \tag{6-10}$$

式中　υ_{xi}、υ_{yi}——第 i 条边的纵、横坐标增量的改正数；

D_i——第 i 条边的边长；

$\sum D$——导线全长。

坐标增量改正数的总和应满足下列条件：

$$\begin{aligned} \sum\upsilon_x&=-f_x \\ \sum\upsilon_y&=-f_y \end{aligned} \tag{6-11}$$

改正后的坐标增量总代数和应该等于零，这可作为对计算正确与否的检验。

特别提示

通过坐标增量改正的计算，来消除在外业观测中量边存在的误差。

5）坐标的计算

根据调整后的各个坐标增量，从一个已知坐标的导线点开始，可以依次推算出其余导线点的坐标。在图 6-8 中，若已知 1 点的坐标 x_1、y_1，则 2 点的坐标计算过程为

$$\begin{aligned} x_2&=x_1+\Delta x_{12} \\ y_2&=y_1+\Delta y_{12} \end{aligned} \tag{6-12}$$

已知点的坐标，既可以是高级控制点的，也可以是独立测区中的假定坐标。

最后推算出起点1坐标。两者与已知坐标完全相等。以此作为坐标计算的校核。

例6-1 表6-3为一个五边形闭合导线计算过程。

表6-3 闭合导线计算表

测站	右角观测值(°′″)	改正后右角(°′″)	坐标方位角(°′″)	边长/m	坐标增量		改正后坐标增量		坐标	
					$\Delta x'$	$\Delta y'$	Δx	Δy	x	y
1										
			335 24 00	231.30	+0.06 +210.31	−0.05 −96.29	+210.37	−96.34		
2	−11″ 90 07 02	90 06 51							200.00	200.00
			65 17 09	200.40	+0.06 +83.79	−0.04 +182.04	+83.85	+182.00		
3	−11″ 135 49 12	135 49 01							410.37	103.66
			109 28 08	241.00	+0.07 −80.32	−0.05 +227.22	−80.25	+227.17		
4	−10″ 84 10 18	84 10 08							494.22	285.66
			205 18 00	263.40	+0.07 −238.14	−0.05 −112.57	−238.07	−112.62		
5	−10″ 108 27 18	108 27 08							413.97	512.38
			276 50 52	201.60	+0.06 +24.04	−0.05 −200.16	+24.10	−200.21		
1	−10″ 121 27 02	121 26 52							224.10	400.21
			335 24 00							
2									200.00	200.00
Σ	540 00 52	540 00 00		1137.70	−0.32	+0.24	0	0		

$$f_{\beta容}=\pm 40\sqrt{n}=\pm 89''$$

$$\sum\beta_{理}=(5-2)\times 180°=540°00'00'' \quad f_D=\sqrt{(-0.32)^2+(0.24)^2}=0.40$$

$$K=\frac{f_D}{\sum D}\frac{0.40}{1137.70}=\frac{1}{2840}<\frac{1}{2000}$$

$$f_\beta=\sum\beta_{测}-\sum\beta_{理}$$
$$=540°00'52''-540°00'00''$$
$$=+52''<f_{\beta容}$$ 合格

合格

(1) 角度闭合差的计算与调整。观测内角之和与理论角值之差 $f_\beta=+52''$，按图根导线容许角度闭合差 $f_{\beta允}=\pm 30\sqrt{5}=\pm 67''$，$f_\beta<f_{\beta允}$，说明角度观测质量合格。将闭合差按相反符号平均分配到各角上后，余下的2″则分配到最短边2～3两端的角上各1″。

(2) 坐标增量闭合的计算与导线精度的评定。坐标增量初算值用改正后的角值推算各边方位角后按式(6-4)计算，最后得到坐标增量闭合差 $f_x=-0.32$，$f_y=+0.24$，则导线全长闭合差 $f_D=0.40$m，用此计算导线全长的相对闭合精度 $K=1/2840<1/2000$，故导线测量精度合格。

(3) 坐标计算。在角度闭合差、导线全长相对闭合差合格的条件下，方可按式(6-10)计算坐标增量改正数，得到改正后坐标增量，最后按式(6-12)推算各点坐标。

2. 附合导线的计算

附合导线的计算过程与闭合导线的计算过程基本相同，它们都必须满足角度闭合条件和纵横坐标闭合条件。但附合导线是从一已知边的坐标方位角 α_{AB} 闭合到另一条已知边的

坐标方位角 α_{CD} 上的，同时还应满足从已知点 B 的坐标推算出 C 点坐标时，与 C 点的已知坐标相吻合，见图 6-10。因而在角度闭合差和坐标增量闭合差的计算与调整方法上与闭合导线稍有不同，以下仅指出两类导线计算中的区别。

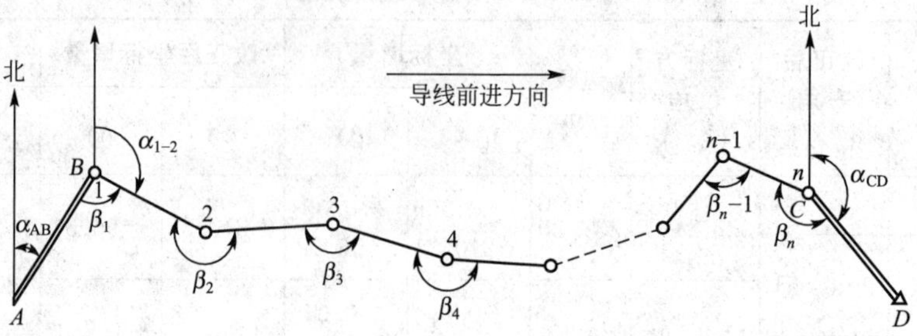

图 6-10　附合导线的计算

1）角度闭合差的计算

图 6-10 中，A、B、C、D 是高级平面控制点，因而 4 个点的坐标是已知的，AB 及 CD 的坐标方位角也是已知的。β 是导线观测的右角，故可依下式推算出各边的坐标方位角：

$$\alpha_{12}=\alpha_{AB}+180°-\beta_1$$
$$\alpha_{23}=\alpha_{12}+180°-\beta_2$$
$$\vdots$$
$$\alpha'_{CD}=\alpha_{(n-1),n}+180°-\beta_n$$

将以上各式等号两边相加，消去两边相同项可得

$$\alpha'_{CD}=\alpha_{AB}+n\cdot180°-\sum_{i-1}^{n}\beta_i \tag{6-13}$$

由此可以得出推导终边坐标方位角的一般公式为

若观测右角，则

$$\alpha_{终}=\alpha_{始}+n\cdot180°-\sum_{i-1}^{n}\beta_i \tag{6-14}$$

若观测左角，则

$$\alpha_{终}=\alpha_{始}+n\cdot180°-\sum_{i-1}^{n}\beta_i \tag{6-15}$$

由于测量角度误差所致，推算值 $\alpha'_{终}$ 与已知值 $\alpha_{终}$ 不相等，产生了附合导线的角度闭合差，即

$$f_\beta=\alpha'_{终}-\alpha_{终} \tag{6-16}$$

角度闭合差的调整原则上与闭合导线相同，但需注意：当用右角计算时，闭合差应以相同符号平均分配在各角上；当用左角计算时，闭合差则以相反符号分配。

2）坐标增量闭合差的计算

附合导线各边坐标增量的代数和，理论上应该等于终点与始点已知坐标之差值，即

$$\begin{aligned}\sum\Delta x_{理}&=x_{终}-x_{始}\\ \sum\Delta y_{理}&=y_{终}-y_{始}\end{aligned} \tag{6-17}$$

由于测量误差的不可避免性，使两者之间产生不符值，这种差值即称为附合导线坐标

增量的闭合差，即

$$\begin{aligned} f_x &= \sum \Delta x_{测} - (x_{终} - x_{始}) \\ f_y &= \sum \Delta y_{测} - (y_{终} - y_{始}) \end{aligned} \tag{6-18}$$

坐标增量闭合差的分配办法同闭合导线。

例 6-2 表 6-4 中为一附合导线计算例题。

表 6-4 附合导线计算表

测站	右角观测值/(° ′ ″)	改正后右角/(° ′ ″)	坐标方位角/(° ′ ″)	边长/m	坐标增量		改正后坐标增量		坐标	
					$\Delta x'$	$\Delta y'$	Δx	Δy	x	y
Ⅱ—91										
			317 52 06							
Ⅱ—90	−05″ 267 29 58	267 29 53							4028.53	4006.77
			230 22 13	133.84	−0.02 −85.37	−0.05 −103.08	−85.39	−103.13		
1	−04″ 203 29 46	203 29 42							3943.14	3903.64
			206 52 31	154.71	−0.03 −138.00	−0.07 −69.94	−138.03	−70.01		
2	−05″ 184 29 36	184 29 31							3805.11	3833.63
			202 23 00	80.70	−0.02 −74.66	−0.03 −80.75	−74.68	−30.78		
3	−05″ 179 16 06	179 16 01							3730.43	3802.85
			203 06 59	148.93	−0.03 −136.97	−0.06 −58.47	−137.00	−58.53		
4	−04″ 81 16 52	81 16 48							3593.43	3744.32
			301 50 11	147.16	−0.03 +77.63	−0.06 −125.02	+77.60	−125.08		
Ⅱ—89	−05″ 147 07 34	147 07 29							3671.03	3619.24
			334 42 42							
Ⅱ—88										
$\sum$	540 00 52	1063 09 52		665.33	−357.37	−387.26				

$\alpha'_{终} = 317°52'06'' + 6 \times 180° - 1063°09'52'' = 334°42'14''$

$f_\beta = \alpha'_{终} - \alpha_{终} = 334°42'14'' - 334°42'42'' = -28'' < f_{\beta容} = \pm 40''\sqrt{6} = \pm 98''$合格

$f_x = +0.13 \quad f_y = +0.27$

$f_D = \sqrt{0.13^2 + 0.27^2}\,\text{m} = 0.30\text{m}$

$K = \frac{f_D}{\sum D} = \frac{0.30}{665.33} = \frac{1}{2200} < \frac{1}{2000}$合格

特别提示

附合导线和闭合导线是导线测量中常用的导线形式，尤其是附合导线。特别要注意两种导线形式的区别与联系。

6.3 交会定点

当测区内用导线或小三角布设的控制点，还不能满足测图或施工放样的要求时，可采用交会定点的方法来加密。常用的方法有前方交会、侧方交会、后方交会和距离交会等。

6.3.1 前方交会

图 6－11 中，A、B 为已知坐标的控制点，P 为待求点。用经纬仪测得 α、β 角，则根据 A、B 点的坐标，即可求得 P 点的坐标，这种方法称测角前方交会。

6.3.2 侧方交会

图 6－12 为一侧方交会，它是在一个已知点 A 和待求点 P 上安置经纬仪，测出 α、γ 角，并由此推算出 P 角，求出 P 点坐标。侧方交会主要用于有一个已知点不便安置仪器的情况。为了检核，它亦需要测出第三个已知点 C 的 ε 角。

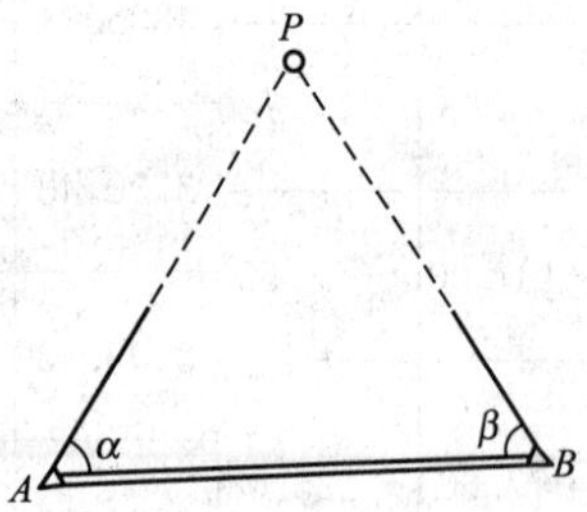

图 6－11　前方交会

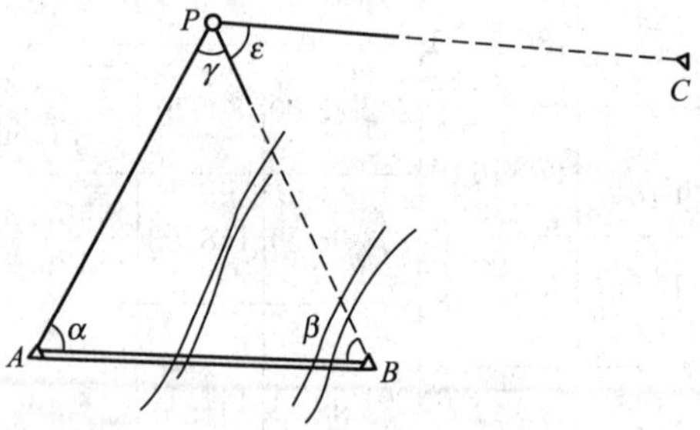

图 6－12　侧方交会

特别提示

侧方交会的测角原理与前方交会相同，因此，两种交会方式的点位计算方法完全相同。

6.3.3 后方交会

如图 6－13 所示，后方交会是在待求点 P 上安置经纬仪，观测三个已知点 A、B、C 之间的夹角 α、β，然后根据已知点的坐标和 α、β 计算 P 点的坐标。

为了检核，在实际工作中往往要求观测 4 个已知点，组成两个后方交会图形。

由于后方交会只需在待求点上设站，因而较前方交会、侧方交会的外业工作量少。它不仅用于控制点加密，也多用于导线点与高级控制点的联测。

后方交会法中，若 P、A、B、C 位于同一个圆周上，则 P 点虽然在圆周上移动，而由于 α、β 值不变，故使 x_p、y_p 值不变，因而 P 点坐标产生错误，这一个圆称为危险圆（图 6－14）。P 点应该离开危险圆附近，一般要求 α、β 和 B 点内角之和不应在 160°～200° 之间。

6.3.4 距离(测边)交会

由于光电测距仪和全站仪的普及，现在也常采用距离交会的方法来加密控制点。图 6-15中，已知 A、B 点的坐标及 AP、BP 的边长如 D_b、D_a，求待定点 P 的坐标。

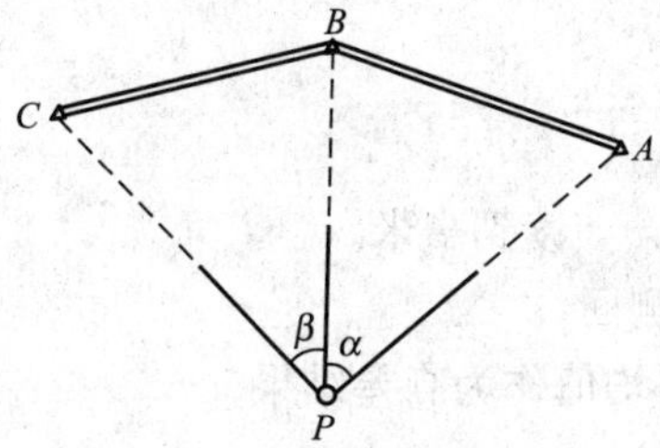

图 6-13　后方交会

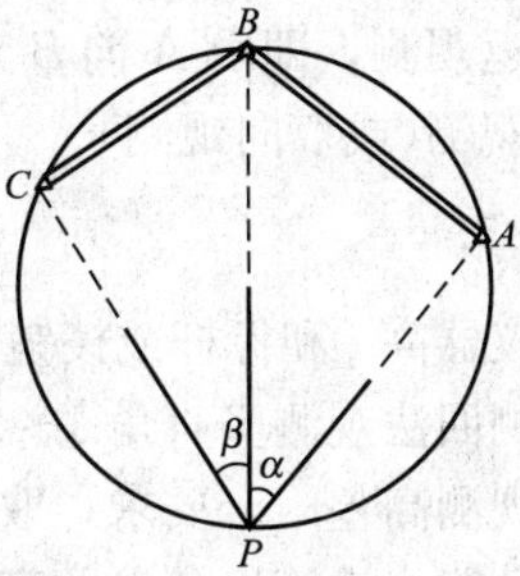

图 6-14　后方交会的危险圆

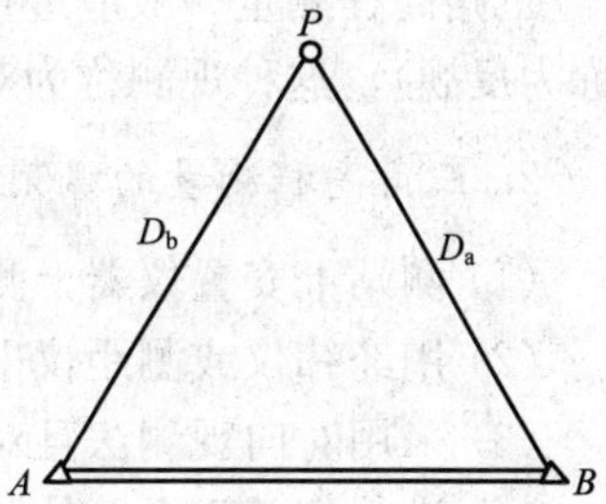

图 6-15　距离交会

6.4 高程控制测量

小地区高程控制测量包括三、四等水准测量和三角高程测量。

6.4.1 三、四等水准测量

三、四等水准测量一般应与国家一、二等水准网进行联测，除用于国家高程控制网加密外，还用于建立小地区首级高程控制网，以及建筑施工区内工程测量及变形观测的基本控制。独立测区可采用闭合水准路线。

三、四等水准测量的观测应在通视良好、成像清晰稳定的条件下进行。常用的有双面尺法和变仪器高法。

6.4.2 三角高程测量

在山地测定控制点的高程，若采用水准测量，则速度慢，困难大，故可采用三角高程测量的方法。但必须用水准测量的方法在测区内引测一定数量的水准点，作为三角高程测量高程起算的依据。常见三角高程测量为：电磁波测距三角高程测量和视距三角高程测量。电磁波测距三角高程适用于三、四等和图根高程网。视距三角高程测量一般适用于图根高程网。

1. 三角高程测量原理

三角高程测量是根据已知点高程及两点间的竖直角和距离，通过应用三角公式计算两点间的高差，求出未知的高程。

如图 6-16 所示，A，B 两点间的高差为

$$h_{AB}=D\tan\alpha+i-v$$

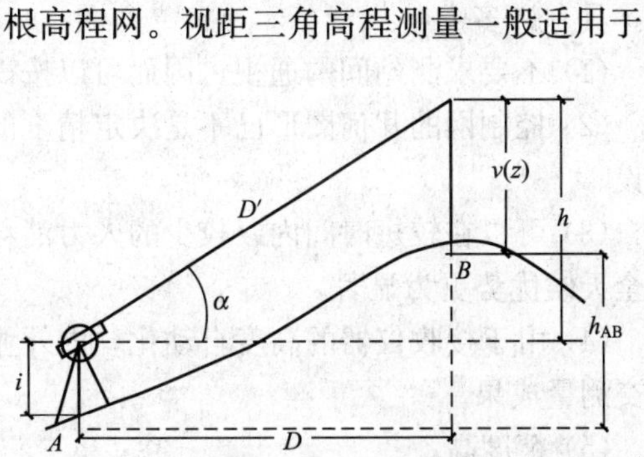

图 6-16　三角高程测量

若用测距仪测得斜距 D'，则

$$h_{AB}=D'\tan\alpha+i-v$$

B 点的高程为

$$H_B=H_A+h_{AB}$$

三角高程测量一般应进行往返观测，即由 A 向 B 观测(称为直觇)，再由 B 向 A 观测(称为反觇)，这种观测称为对向观测(或双向观测)。

2. 三角高程测量的观测与计算

(1) 测站上安置仪器，测量仪器高 i 和标杆或棱镜高度 v，读到毫米。

(2) 用经纬仪或测距仪采用测回法观测竖直角 1～3 各测回。

(3) 采用对向观测法且对向观测高差附合要求，取其平均值作为高差结果。

(4) 进行高差闭合差的调整计算，推算出各点的高程。

特别提示

在山区或是地势起伏较大的地方，三角高程测量是高差观测的重要方法，集视距测量和高差观测于一体。

6.5 GPS 测量的实施

6.5.1 GPS 概述

1. GPS 简介

全球定位系统(GPS)是导航卫星测时和测距全球定位系统(Navigation Satellite Timing and Ranging Global Positioning System)的简称。它是美国 1973 年开始研制的全球性卫星定位和导航系统。GPS 导航定位系统不但可以用于军事上各种兵种和武器的导航定位，而且在民用上也发挥重大作用。特别是在大地测量、城市和矿山控制测量、建筑物变形测量、水下地形测量等方面得到广泛的应用。

GPS 全球定位系统能独立、迅速和精确地确定地面点的位置，与常规控制测量技术相比，具有许多优点：

(1) 不要求测站间的通视，因而可以按需要来布点，并可以不用建造测站标志。

(2) 控制网的几何图形已不是决定精度的重要因素，点与点之间的距离长短可以自由布设。

(3) 可以在较短时间内以较少的人力消耗来完成外业观测工作，观测(卫星信号接收)的全天候优势更为显著。

(4) 由于接收仪器的高度自动化，内外业紧密结合，软件系统的日益完善，可以迅速提交测量成果。

(5) 精度高。

（6）节省经费和工作效率高。

2. GPS的组成

GPS主要由空间卫星部分、地面监控部分和用户设备部分组成，如图6-17所示。

1）空间卫星部分

空间卫星部分由24颗GPS卫星组成GPS卫星星座，其中有21颗工作卫星，3颗备用卫星，其作用是向用户接收机发射天线信号。GPS卫星（24颗）已全部发射完成，24颗卫星均匀分布在6个倾角为55°的轨道平面内，各轨道之间相距60°，卫星高度为20×200km（地面高度），结合其空间分布和运行速度，使地面观测者在地球上任何地方的接收机，都能至少同时观测到4颗卫星（接收电波），最多可达11颗。GPS卫星的主体呈圆柱形，直径约为1.5m，两侧设有两块双叶太阳能板，能自动对日定向，以保证卫星正常工作的用电。每颗卫星装有4台高精度原子钟，为GPS测量提供高精度的时间标准。空间卫星部分如图6-18所示。

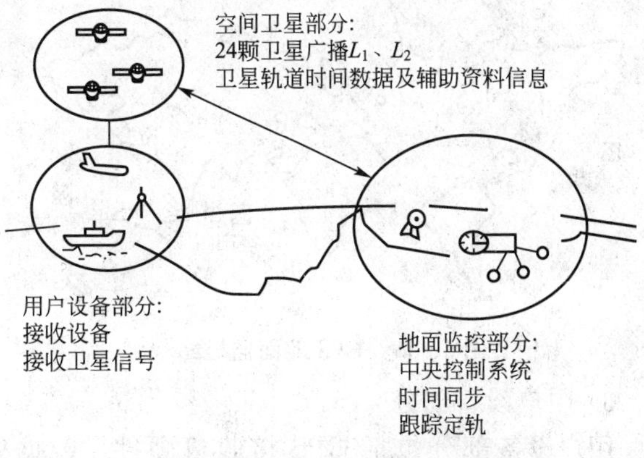

图6-17　GPS的组成部分

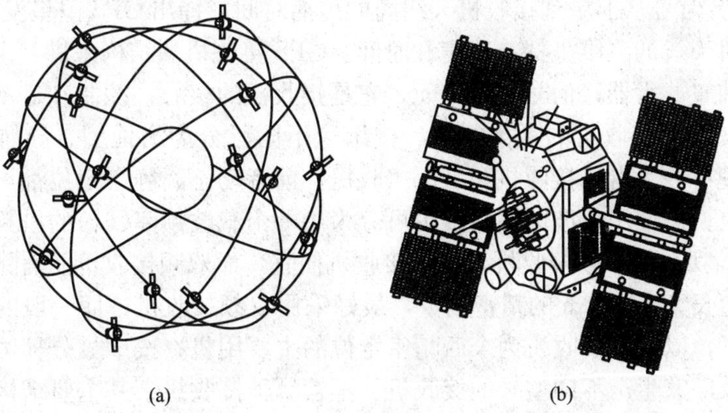

图6-18　GPS卫星星座

2）地面监控部分

地面监控部分由主控站、信息注入站和监测站组成。

主控站一个，设在美国的科罗拉多空间中心。其主要功能是协调和管理所有地面监控系统的工作，主要任务是：

（1）根据本站和其他监测站的所有观测资料推算编制各卫星的星历、卫星钟差和大气层的修正参数等，并把这些数据传送到注入站。

（2）提供全球定位系统的时间基准。各监测站和GPS卫星的原子钟均应与主控站的原子钟同步或测出其间的钟差，并把这些钟差信息编入导航电文送到注入站。

（3）调整偏离轨道的卫星，使之沿预定的轨道运行。

(4) 启用备用卫星以代替失效的工作卫星。

注入站现有3个，分别设在印度洋的迭哥加西亚、南大西洋的阿松森岛和南太平洋的卡瓦加兰。注入站有天线、发射机和微处理机，其主要任务是在主控站的控制下，将主控站推算和编制的卫星星历、钟差、导航电文和其他控制指令注入到相应卫星的存储系统，并监测注入信息的正确性。

监测站共有5个，除上述4个地面站具有监测站功能外，还在夏威夷设有一个监测站。监测站的主要任务是连续观测和接收所有GPS卫星发出的信号并监测卫星的工作状况，将采集到的数据连同当地气象观测资料和时间信息经初步处理后传送到主控站。

图6-19 GPS地面监控站

图6-19是GPS地面监控站分布示意图，整个系统除主控站外，不需人工操作，各站间用现代化的通信系统联系起来，实现高度的自动化和标准化。

3) 用户设备部分

用户设备部分包括GPS接收机硬件、数据处理软件和微处理机及其终端设备等。GPS接收机的主要功能是捕获卫星信号，跟踪并锁定卫星信号，对接收的卫星信号进行处理，测量出GPS信号从卫星到接收机天线间的传播时间，译出GPS卫星发射的导航电文，实时计算接收机天线的三维坐标、速度和时间。GPS接收机从结构来讲，主要由五个单元组成：天线和前置放大器；信号处理单元，它是接收机的核心；控制和显示单元；存储单元；电源单元。GPS接收机的种类很多，按用途不同可分为测地型、导航型和授时型三种；按工作原理可分为有码接收机和无码接收机，前者动态、静态定位都可以，而后者只能用于静态定位；按使用载波频率的多少可分为用一个载波频率(L_1)的单频接收机和用两个载波频率(L_1，L_2)的双频接收机，单频接收机便宜，而双频接收机能消除某些大气延迟的影响，对于边长大于10km的精密测量，最好采用双频接收机，而一般的控制测量，单频接收机就行了，以双频接收机为今后精密定位的主要用机；按型号分种类就更多了，目前已有100多个厂家生产不同型号的接收机。不管哪种接收机，其主要结构都相似，都包括接收机天线、接收机主机和电源三个部分。

3. GPS的坐标系统

任何一项测量工作都需要一个特定的坐标系统(基准)。由于GPS是全球性的定位导航系统，其坐标系统也必须是全球性的，根据国际协议确定，称为协议地球坐标系(Coventional Terrestrial System，CTS)。目前，GPS测量中使用的协议地球坐标系称为1984年世界大地坐标系(WGS—84)。

WGS—84是GPS卫星广播星历和精密星历的参考系，它由美国国防部制图局所建立并公布的。从理论上讲它是以地球质心为坐标原点的大地坐标系，其坐标系的定向与BIH1984.0所定义的方向一致，它是目前最高水平的全球大地测量参考系统之一。

特别提示

现在，我国已建立了1980年国家大地坐标系(简称C80)，它与WGS一84世界大地坐标系之间可以互相转换。

4. GPS定位的基本原理

GPS定位是利用空间测距交会定点原理。GPS测量有伪距与载波相位两种基本的观测量。

伪距测量是GPS接收机测量了卫星信号(测距码)由卫星传播至接收机的时间，再乘上电磁波传播的速度，即得到由卫星到接收机的伪距。但由于传播时间含有卫星时钟与接收机时钟不同步误差，以及测距码在大气中传播的延迟误差等，所以求得的伪距并不等于卫星与测站的几何距离。载波相位测量是把接收到的卫星信号和接收机本身的信号混频，再进行相位测量。伪距测量的精度约为一个测距码的码元长度的1/100，对P码而言约为30cm，对C/A码而言为3m左右。而载波的波长则短得多(分别为19cm和24cm)，所以载波相位测量精度一般为1～2mm。由于相位测量只能测定载波波长不足一个波长的部分，因此所测的相位可看成是波长整倍数未知的伪距。

GPS定位时，把卫星看成是动态的已知控制点，利用所测的距离进行空间后方交会，便可得到接收机的位置。GPS定位包括单点定位和相对定位。

独立确定待定点在WGS—84世界大地坐标系中的绝对位置的方法，称为单点定位或绝对定位。该方法在船舶、飞机的导航以及低精度测量等领域中有着广泛的应用前景。

相对定位是确定同步跟踪相同的GPS卫星信号的若干台接收机之间的相对位置(三维坐标差)的一种定位方法。相对定位测量时，许多误差对同步观测的测站有相同的或大致相同的影响。因此，计算时，这些误差可以抵消或大幅度削弱，从而获得很高精度的相对位置，一般精度为几毫米至几厘米。

特别提示

相对定位与单点定位相比，外业观测的组织与实施以及数据处理就复杂一些。相对定位广泛用于大地测量、工程测量、地壳形变监测等精密定位领域。

6.5.2 GPS的测量施测

与常规测量相类似，GPS测量按其工作性质可分为外业工作和内业工作两大部分。外业工作主要包括选点、建立标志、野外观测作业等；内业工作主要包括GPS控制网技术设计、数据处理和技术总结等。

1. GPS控制网的技术设计

GPS控制网的技术设计是进行GPS定位的基础，它依据国家有关规范(规程)、GPS网的用途和用户的要求来进行，其主要内容包括精度指标的确定和网形设计等。

1) GPS测量精度指标

GPS测量的精度指标通常是以网中相邻点之间的距离中误差来表示，其形式为

$$m_R = \delta_D + pp \times D$$

式中 m_R——网中相邻点的距离中误差(mm)；

δ_D——固定误差(mm)；

pp——比例误差(ppm)；

D——相邻点间距离(km)。

国家测绘局 1992 年颁布的《全球定位系统(GPS)测量规范》将 GPS 控制网分为 A、B、C、D、E 五级，各级控制网的精度指标见表 6－5。

表 6－5　GPS 相对定位精度指标

类别	测量类型	固定误差/mm	比例误差/ppm	相邻点距离/km
A	地壳形变测量或国家高精度 GPS 网	≤5	≤0.1	100～2000
B	国家基本控制测量	≤8	≤1	15～250
C	控制网加密，城市测量，工程测量	≤10	≤5	5～40
D	控制网加密，城市测量，工程测量	≤10	≤10	2～15
E	控制网加密，城市测量，工程测量	≤10	≤20	1～10

由于精度指标的大小将直接影响 GPS 网的布设方案及 GPS 作业模式，因此，在实际设计中应根据用户的实际需要及设备条件慎重确定。控制网可以分级布设，也可以越级布设或布设同级全面网。

2）网形设计

根据用途不同，GPS 网的基本构网方式有点连式、边连式、网连式和边点混合连接四种。

(1) 点连式，是相邻的同步图形(即多台接收机同步观测卫星所获基线构成的闭合图形，又称同步环)之间仅用一个公共点连接，如图 6－20(a)所示。这种方式所构成的图形几何强度很弱，一般不单独使用。

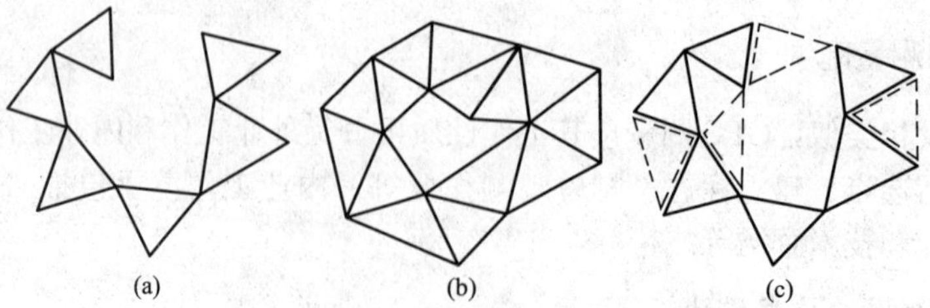

图 6－20　GPS 网的基本构网方式

(2) 边连式，是指相邻同步图形之间由一条公共基线连接。如图 6－20(b)所示，这种布网方案中，复测的边数较多，网的几何强度较高。非同步图形的观测基线可以组成异步观测环(称为异步环)，异步环常用于检查观测成果的质量。边连式的可靠性优于点连式。

(3) 网连式，是指相邻同步图形之间由两个以上的公共点连接。这种方法要求4台以上的接收机同步观测。它的几何强度和可靠性更高，但所需的经费和时间也更多，一般仅用于较高精度的控制测量。

(4) 边点混合连接式，是指将点连式与边连式有机地结合起来组成GPS网，如图6-20(c)所示。它是在点连式基础上加测四个时段，把边连式与点连式结合起来得到的。这种方式既能保证网的几何强度，提高网的可靠性，又能减少外业工作量，降低成本，因而是一种较为理想的布网方法。

对于低等级的GPS测量或碎部测量，也可采用图6-21所示的星形布设。这种图形的主要优点是观测中只需要两台GPS接收机，作业简单。但由于直接观测边之间不构成任何闭合图形，所以其检查和发现粗差的能力比点连式更差。这种方式常采用快速定位的作业模式。

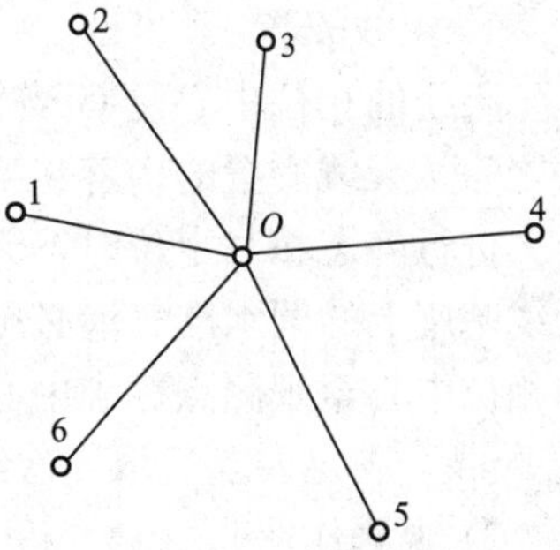

图6-21　GPS网的星形布设

特别提示

(1) GPS网一般应通过独立观测边构成闭合图形，以增加检核条件，提高网的可靠性。

(2) GPS网点应尽量与原有地面控制网点相重合。重合点一般不应少于3个(不足时应连测)且在网中应分布均匀。

(3) GPS网点虽然不需要通视，但是为了便于用常规方法连测和扩展，要求控制点至少与一个其他控制点通视，或者在控制点附近300m外布设一个通视良好的方位点，以便建立连测方向。

(4) 为了利用GPS进行高程测量，在测区内GPS网点应尽可能与水准点重合，而非重合点一般应根据要求以水准测量方法(或相当精度的方法)进行联测，或在网中设一定密度的水准连测点，进行同等级水准连测。

(5) GPS网点尽量选在天空视野开阔、交通方便地点，并要远离高压线、变电所及微波辐射干扰源。

2. 选点与建立标志

由于GPS测量测站之间不要求通视，而且网的图形结构比较灵活，故选点工作较常规测量简便。但GPS测量又有其自身的特点，因此选点时应满足以下要求：

(1) 观测站(即接收天线安置点)应远离大功率的无线电发射台和高压输电线，以避免其周围磁场对GPS卫星信号的干扰。接收机天线与其距离一般不得小于200m。

(2) 观测站附近不应有大面积的水域或对电磁波反射(或吸收)强烈的物体，以减弱多路径效应的影响。

(3) 观测站应设在易于安置接收设备且视野开阔的地方。在视场内周围障碍物的高度角，一般应在10°～15°之间，以减弱对流层折射的影响。

(4) 观测站应选在交通方便的地方，并且便于用其他测量手段连测和扩展。

(5) 对于基线较长的GPS网，还应考虑观测站附近具有良好的通信设施(电话与电报、邮电)和电力供应，以供观测站之间的联络和设备用电。

(6) 点位选定后(包括方位点)，均应按规定绘制点位注记，其主要内容应包括点位及点位略图，点位的交通情况以及选点情况等。

在 GPS 测量中，网点一般应设置在具有中心标志的标石上，以精确标志点位。埋石是指具体标石的设置，可参照有关规范，对于一般的控制网，只需要采用普通的标石，或在岩层、建筑物上做标志。

3. 外业观测

GPS 外业观测工作主要包括天线安置、观测作业和观测记录等，下面分别进行介绍。

1）天线安置

天线的相位中心是 GPS 测量的基准点，所以妥善安置天线是实现精密定位的重要条件之一。天线安置的内容包括对中、整平、量测天线高。

进行静态相对定位时，天线应架设在三角架上，并安置在标志中心的上方直接对中，天线基座上的圆水准气泡必须居中(对中与整平方法与经纬仪安置相同)。天线高是指天线的相位中心至观测点标志中心的垂直距离，用钢尺在互为 120°的方向量 3 次，要求互差小于 3mm，满足要求后取 3 次结果平均值记入测量手簿中。

2）观测作业

观测作业的主要任务是捕获 GPS 卫星信号并对其进行跟踪、接收和处理，以获取所需的定位信息和观测数据。

天线安置完成后，将 GPS 接收机安置在距天线不远的安全处，接通接收机与电源、天线的连接电缆，经检查无误后，打开电源，启动接收机进行观测。

GPS 接收机具体的操作步骤和方法，随接收机的类型和作业模式不同而异，在随机的操作手册中都有详细的介绍。事实上，GPS 接收机的自动化程度很高，一般仅需按动若干功能键(有的甚至只需按一个电源开关键)，即能顺利地完成测量工作。观测数据由接收机自动形成，并以文件形式保存在接收机存储器中。作业人员只需定期查看接收机的工作状况并做好记录。观测过程中接收机不得关闭并重新启动；不得更改有关设置参数；不得碰动天线或阻挡信号；不准改变天线高。观测站的全部预定作业项目，经检查均已按规定完成，且记录与资料完整无误后方可迁站。

3）观测记录

观测记录的形式一般有两种，一种是由接收机自动形成，并保存在接收机存储器中供随时调用和处理，这部分内容主要包括：GPS 卫星星历和卫星钟差参数；观测历元及伪距和载波相位观测值；实时绝对定位结果；测站控制信息及接收机工作状态信息。另一种是测量手簿，由观测人员填写，内容包括天线高、气象数据测量结果、观测人员、仪器及时间等，同时对于观测过程中发生的重要问题，问题出现的时间及处理方式也应记录。观测记录是 GPS 定位的原始数据，也是进行后续数据处理的唯一依据，必须要真实、准确，并妥善保管。

4. 成果检核与数据处理

观测成果应进行外业检核，这是确保外业观测质量和实现预期定位精度的重要环节。观测任务结束后，必须在测区及时对观测数据的质量进行检核，对于外业预处理成果，要按《规范》要求严格检查、分析，以便及时发现不合格成果，并根据情况采取重测或补测措施。

成果检核无误后，即可进行内业数据处理。内业数据处理过程大体可分为：预处理，平差计算，坐标系统的转换或与已有地面网的联合平差。GPS 接收机在观测时，一般为

15～20s自动记录一组数据，故其信息量大，数据多。同时，数据处理时采用的数学模型和算法形式多样，使数据处理的过程相当复杂。实际应用中，一般是借助电子计算机通过相关软件来完成数据处理工作。

本项目小结

测量工作的基本原则是先控制后碎步，因此，控制测量作为测量工作的先行工作，具有重要的意义。本项目主要通过以下内容介绍控制测量的有关知识。

1. 控制测量的基本概念

主要讲述了什么是控制测量，控制测量的意义以及国家控制网的布设。

2. 导线测量的外业观测和内业计算

这是本项目的重点和难点。导线由于它的布设方式灵活性，在小区域控制网的布设中广泛运用，因此针对导线网的特性，介绍了闭合导线、附合导线和支导线形式中点的选择、导线网的布设和导线外业观测，以及导线测量的内业计算过程。

3. 加密控制点的方法

在控制测量过程中，由于碎步测量的需要，往往需要在已有控制网中加密一定数量的控制点，加密控制点的常用方法主要有前方交会、侧方交会、后方交会和距离交会。

4. 高程控制测量

三、四等水准测量在小区域高程控制测量中是常用的方法，本项目从三、四等水准测量的技术要求、观测方法和内业计算系统地介绍了控制点高程的解算。三角高程测量常应用于山区的高程控制测量中，因此本项目从基本原理到观测计算过程介绍了高程控制测量方法。

5. GPS的施测

GPS具有全球性、全天候、高精度、快速实时的三维导航、定位、测速和授时功能，以及良好的保密性和抗干扰性。因此，GPS在控制测量中也发挥了重要的作用。

习　题

一、选择题

1. 导线的布设形式有(　　)。

A. 闭合导线　　B. 附合导线

C. 支导线　　D. 以上答案都正确

2. 常用的交会定点方式有(　　)。

A. 前方交会　　B. 侧方交会　　C. 距离交会　　D. 后方交会

3. 3S技术指的是(　　)。

A. GIS　　B. GPS　　C. RS　　D. CAS

4. GPS主要由(　　)组成。

A. 空间卫星部分　B. 地面监控部分　C. 用户设备　D. 接收设备

5. GPS的定位方式有(　　)。

A. 相对定位　B. 单点定位

C. A和B　D. 以上答案都不对

6. GPS网的基本构网方式有(　　)。

A. 点连式　B. 边连式　C. 网连式　D. 边点混合连接

二、简答

1. 试绘图说明导线的布设形式。

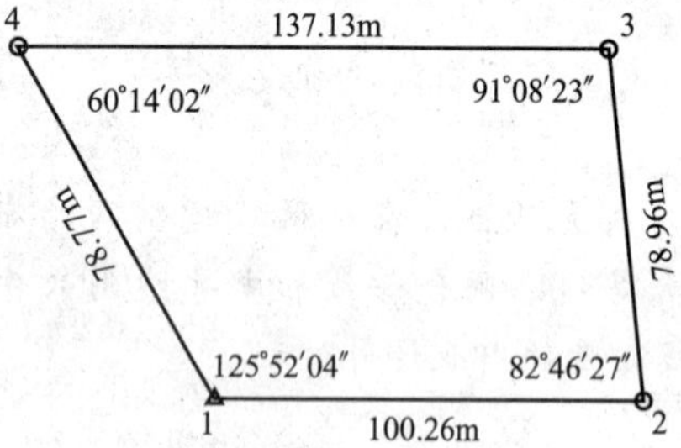

图6-22　闭合导线

2. 导线外业工作包含哪些内容?

3. 闭合导线和附合导线内业计算有哪些不同?

4. 试述三角高程测量的原理。

5. GPS技术具有哪些优点?

三、计算

一闭合导线如图6-22所示，其中 $x_1=5030.70$，$y_1=4553.66$，$\alpha_{12}=97°58'08''$。各边边长与转折角角值均注于图中，求2、3、4点坐标。

能力评价体系

知识要点	能力要求	所占分值(100分)	自评分数
控制测量概述	了解控制测量的基本知识概念	10	
导线测量	(1) 掌握导线的布设形式	8	
	(2) 掌握导线测量的外业工作内容	10	
	(3) 掌握导线测量的内业计算	30	
交会定点	熟悉常用的四种交会定点方式	10	
高程控制测量	(1) 理解三角高程测量的基本原理	10	
	(2) 掌握三角高程测量的观测和计算	12	
GPS测量的施测	了解有关GPS的相关知识	10	
总分		100	

项目7

大比例尺地形图的测绘与应用

学习目标

大比例尺地形图的测绘是工程测量技术的主要任务之一，本项目主要介绍大比例尺地形图的测绘与应用。通过本项目学习，了解识读地形图知识、数字化测图的作业过程，熟悉大比例尺地形图传统测绘方法和原理，地形图上坐标、高程、方位角、距离、坡度的量算，掌握大比例尺地形图的分幅与编号，地物、地貌在地形图上的表示方法，等高线原理，地形图在工程建设中的应用。

学习要求

知识要点	能力要求	相关知识
大比例尺地形图的基本知识	(1) 熟悉图名、图号、结合图 (2) 掌握比例尺与比例尺精度等基本概念 (3) 掌握地形图的分幅与编号 (4) 掌握地物、地貌符号	(1) 地形图的整饰 (2) 比例尺与测图精度的关系 (3) 地物地貌表示方法
大比例尺地形图测绘	(1) 了解地形图测绘的准备工作 (2) 熟悉经纬仪测图作业过程 (3) 掌握等高线原理	(1) 地形图测图原理 (2) 视距测量计算水平距离和高程 (3) 地物地貌表示方法
大比例尺地形图的应用	(1) 熟悉地形图识读 (2) 掌握利用地形图确定点的坐标、高程，确定直线的距离、方位角、坡度，面积量算 (3) 掌握利用地形图绘制纵断面图、选择最短路线、确定汇水面积、土石方估算	(1) 地形图的基本应用 (2) 地形图在工程建设中的应用
数字化测图	(1) 熟悉全站仪的使用 (2) 掌握全站仪外业采集数据作业过程 (3) 掌握数字化成图软件的使用	(1) 数字化测图的外业作业过程 (2) 数字化测图的内业成图

【学习重点】

地形图的基本知识；地物、地貌的表示方法；地形图测绘原理；地形图的应用；数字化测图。

【最新标准】

测量规范

(1)《工程测量规范》(GB 50026—2007)

(2)《城市测量规范》(CJJ 8—1999)

(3)《国家基本比例尺地图图式》(GB/T 20257.1—2007)

引例

汶川大地震发生后，从发生地震当晚开始，测绘系统开通“绿色通道”，每天 24 小时不间断为抗震救灾提供测绘成果。5 月 13 日下午 6 点，国家测绘局得到灾后第一张雷达卫星影像，5 月 14 日，这幅影像图在中央电视台播出，各级领导和公众从图中可以对灾区情况有大致了解。这种测绘速度在 30 多年前是不可想象的。1976 年唐山地震发生后，为了掌握北京、天津、唐山、张家口地区地壳形变资料和震情趋势，国家测绘局组织数千名测绘工作者开展了近 3 个月的外业测量工作。两次大震，都是全力以赴、竭尽所能，然而测绘应急保障服务的科技手段、工作效率等却有极大差距。

我国 1∶50000 数据库 1998 年开始建，2006 年 2 月，数据量更为巨大、应用更为广泛的 1∶50000 数据库正式建成。是迄今覆盖全国范围比例尺最大的地理信息数据库，拥有海量数据，包含交通、水系、境界、耕地、林地等多种自然和人文信息要素。截至 2007 年底，累计完成 6218 幅图更新任务，约占总量的 40%。目前，我国测制和更新的国家基本比例尺地形图，1∶100000 及更小比例尺地形图已覆盖全部陆地国土，1∶50000 和 1∶10000 地形图分别覆盖陆地国土 85%和 47%，1∶5000、1∶2000 或更大比例尺地形图基本覆盖全国城镇地区。2010 年我国基础测绘建设完成了西部 200 万平方公里1∶50000比例尺地形图空白区约5000 幅地形图测绘和数据库建库任务；完成国家地图档案资料的整理、著录、组卷和建库工作，最终建成数字化测绘档案资料馆等。

科学技术的进步，信息化测量仪器——全站仪的广泛应用，以及微型计算机硬件和软件技术的迅猛发展，促进了地形测绘的自动化、数字化。地形测量从模拟测图变革为数字测图，测量的成果不仅是绘制在图纸上的地形图(模拟地图)，更重要的是以计算机磁盘为载体，提交可供传输、处理、共享的数字地形图(数字地形信息)。数字测图实质是一种全解析、机助测图的方法，与模拟测图相比，具有明显的优势和广阔的发展前景。

地形图作为测量工作的主要成果之一，具有丰富的信息量，它是如何生成的？工程建设中，地形图有什么作用？现代测图方法与传统测图方法有什么不同？通过本项目详尽的学习，将会进一步识读地形图中的地物和地貌符号以及绘制方法，掌握地形图在工程中的实际应用和利用现代测绘仪器进行数字化测图方法和程序。

知识点

大比例尺地形图的测绘是工程测量的三个基本任务之一，它是以一定的规则，将工程建设上所需要的基本信息在纸质图或者电子图上简洁明了地表现出来。地形图是测绘工作的主要成果之一，它包含了丰富的地球表面自然信息和人文信息，在工程建设中有着广泛的应用。本项目中，我们将从各个方面探讨大比例尺地形图的测绘的基本知识及其应用。同时，随着现代科技和计算机技术的发展，地形图的测图技术也得到了充分的发展，应用越来越广泛，并且逐步取代了传统的测图方法，本项目后面会有专门的篇幅简介大比例尺数字化测图技术。

7.1 大比例尺地形图的基本知识

地球表面地势形态复杂，有高山、平原、河流、湖泊，还有高楼、道路等各种人工建筑物，有天然形成的，有人工构筑的，通常分为地物和地貌两大类。地物是指地面上有明显轮廓的各种固定物体，如道路、桥梁、房屋、农田、河流和湖泊等。地貌是指地球表面的高低起伏、凹凸不平的各种形态，它没有明确的分界线，如高山、盘地、丘陵、洼地、斜坡、峭壁、平原等。地物和地貌总称为地形。

通过实地测量，将地面上各种地物和地貌的平面位置和高程沿垂直方向投影到水平面上，并按一定的比例尺，用《地形图图式》统一规定的符号和注记，将其缩绘在图纸上，这种既表示出地物的平面位置，又表示出地貌形态的图，称为地形图。简单地说，地形图就是地貌和地物位置、形状在平面图纸上的投影图。而只表示地物的平面位置，不表示地貌起伏形态的地形图称为平面图。传统概念上的地图是按照一定数学法则，用规定的图式符号和颜色，把地球表面的自然和社会现象，有选择地缩绘在平面图纸上的图。如普通地图、专题地图、各种比例尺地形图、影像地图、立体地图等。现代地图已出现有缩微地图、数字地图、电子地图、全息像片等新品种。

由于地形图能客观形象地反映地面的实际情况，所以城乡建设和各项工程建设都需要用到地形图，1∶500、1∶1000、1∶2000 及 1∶5000 比例尺的地形图称为大比例尺地形图，是工程建设勘测、规划、设计、施工及建后管理的重要基础资料。

地形图的主要内容包括数学要素、地理要素及整饰要素等，数学要素主要是指比例尺，地理要素主要包括地物符号、地貌符号和地形图注记，整饰要素主要包括图名、图号、邻接图表、图廓、北方向和图例等。

7.1.1 比例尺和比例尺精度

1. 比例尺

对于地图或地形图来说，比例尺是其重要的数学法则，决定着地图或地形图的图形大小、测制精度和内容的详细程度。

地形图上的任一线段长度 d 与地面上相应线段的水平距离 D 之比，即 $\frac{d}{D}$，称为地形图比例尺，通常用分子为 1 的分数 $\frac{1}{M}$(或 $1:M$)表示。设图上某一直线长度为 d，地面上相应直线段的水平距离为 D，则图的比例尺为

$$\frac{\text{图上线段长度}}{\text{地面水平距离}}=\frac{d}{D}=\frac{1}{D/d}=\frac{1}{M} \tag{7-1}$$

式中 M——比例尺分母。

例 7-1 一地形图上 1cm 的线段长度表示相应地面上水平距离 20m，则该地形图比例尺为

$$\frac{1\text{cm}}{20\text{m}}=\frac{1\text{cm}}{2000\text{cm}}=\frac{1}{2000}$$

知道了比例尺，就可将图上两点间的长度和实地相应两点的水平距离相互换算。

比例尺按表示方法的不同，一般可分为数字式比例尺、图式比例尺和文字式比例尺三种。

1）数字比例尺

如上所述，用分数形式$\frac{1}{M}$(或 1∶M)表示的比例尺称为数字式比例尺，M 越小，分数值越大，比例尺也越大，它在图上表示的地物和地貌也越详细；M 越大，分数值越小，比例尺也越小，它在图上表示的地物和地貌也越粗略。数字比例尺一般注记在地形图下方的正中间位置。

按地形图的比例尺划分，通常称 1∶500、1∶1000、1∶2000、1∶5000 比例尺的地形图为大比例尺地形图，称 1∶10000、1∶25000、1∶50000、1∶100000 比例尺的地形图为中比例尺地形图，称 1∶250000、1∶500000、1∶1000000 比例尺的地形图为小比例尺地形图。在建筑、水利等工程测量中，通常使用的是大比例尺地形图。

2）图式比例尺

除了数字比例尺外，一般的地图或者地形图也常用图解法把比例尺绘在图上，作为图的组成部分之一，称为直线比例尺。图式比例尺常绘制在地形图的下方。图式比例尺的表示方法如图 7-1 所示，图中两条平行直线间距为 2mm，以 1cm 为单位分成若干大格，左边第一、二大格 10 等分，大小格分界处注以 0，右边其他大格分界处标记实际长度。直线比例尺绘制在地形图下方，可以减少图纸伸缩对用图的影响。

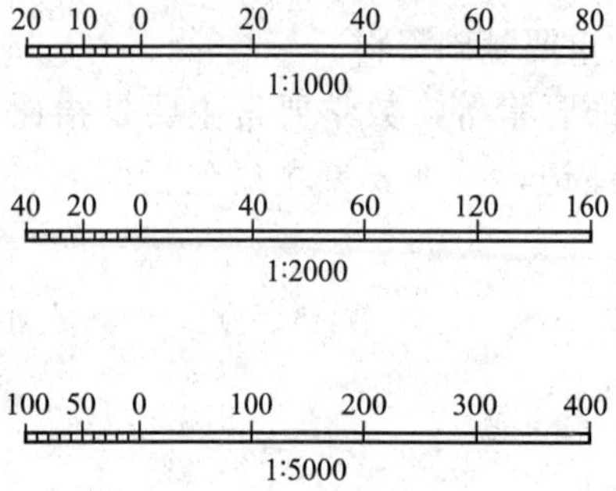

图 7-1 直线比例尺

使用直线比例尺时，先用分规在图上量取某线段的长度，然后用分规的右针尖对准右边的某个整分划，使分规的左针尖落在最左边的基本单位内。读取整分划的读数再加上左边 1/10 分划对应的读数，即为该直线的实地水平距离。如图 7-1 所示，如果是 1∶1000 的比例尺，则图上 10mm 表示实地长度 10m。绘制图式比例尺地形图时可以直接量距而不必再进行换算。

3）文字式比例尺

有些地形图、施工图，在图上直接写出 1cm 代表实地水平距离的长度，如 1cm 相当于地面距离 10m 即表示该图的比例尺为 1∶1000，这种比例尺的表示方法就是文字式比例尺。

综上所述，数字式比例尺能清晰表现地图缩小的倍数，图式比例尺可以直接在地图上量算，受图纸变形的影响小，文字式比例尺能清楚表示比例尺的含义。

2. 比例尺精度

一般认为，正常人的眼睛能分辨的最小距离为 0.1mm。如空气中大于 0.1mm 大小的颗粒，人的眼睛才感觉得到它的存在。在测量上，将地形图上 0.1 mm 的长度所代表的实地水平距离，称为比例尺精度，一般用 ε 表示。显然，比例尺精度＝0.1mm×比例尺分母，即

$$\varepsilon = 0.1M \tag{7-2}$$

根据比例尺精度可用来确定测绘地形图量距的最短距离，也可用来确定测图比例尺。

例 7-2 如果测绘 1：500 的地形图，地面丈量距离的精度为多大?

解：根据式(7-2)得

$$\varepsilon=0.1M=0.1\times500\text{mm}=50\text{mm}=0.05\text{m}$$

地面丈量距离的精度为 0.05m。

7.1.2 大比例尺地形图的分幅与编号

为了便于管理和使用地形图，需要将各种比例尺的地形图进行统一的分幅和编号。大比例尺地形图大多采用矩形分幅法，它是按统一的直角坐标格网划分的。

1. 分幅方法

1：500 地形图的图幅一般为 50cm×50cm，一幅图所含实地面积为 0.0625km²，1km² 的测区至少要测 16 幅图纸。这样就需要将地形图分幅和编号，以便于测绘、使用和保管。大比例尺地形图常采用正方形分幅法，它是按照统一的直角坐标纵、横坐标格网线划分的。

如图 7-2 所示，是以 1：5000 地形图为基础进行的正方形分幅。各种大比例尺地形图图幅大小见表 7-1。

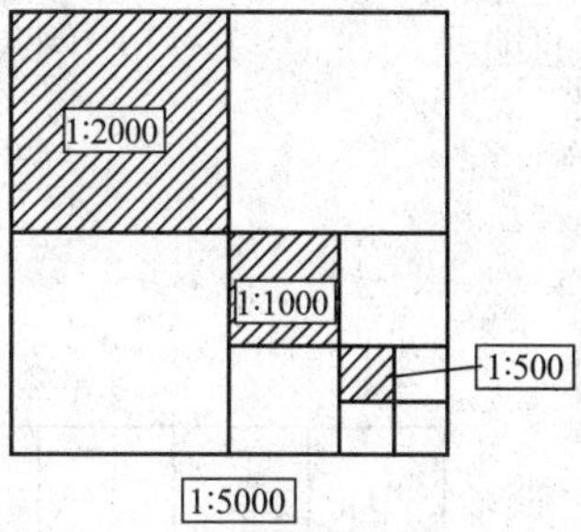

图 7-2 大比例尺地形图正方形分幅

表 7-1 几种大比例尺地形图分幅

比例尺	图幅大小/cm	实地面积/km²	1：5000 图幅内的分幅数	每平方千米图幅数
1：5000	40×40	4	1	0.25
1：2000	50×50	1	4	1
1：1000	50×50	0.25	16	4
1：500	50×50	0.0625	64	16

2. 编号方法

1）坐标编号法

图号一般采用该图幅西南角坐标的千米数为编号，x 坐标在前，y 坐标在后，中间有短线连接。1：5000 坐标取至 1km，1：2000、1：1000取至 0.1km，1：500 取至 0.01km。如图 7-3 所示，1：5000 比例尺地形图，其西面角坐标为 x=6.0km，y=2.0km，因此，编号为“6-2”；格网Ⅰ1：2000 比例尺的地形图，其西面角坐标为 x=7.0km，y=2.0km，因此，编号为“7.0-2.0”；格网Ⅱ1：1000 比例尺的地形图，其西面角坐标为 x=6.5km，y=3.0km，因此，编号为“6.5-3.0”；格网Ⅲ1：500 比例尺的地形图，其西面角坐标为 x=6.25km，y=3.5km，因此，编号为“6.25-3.50”。

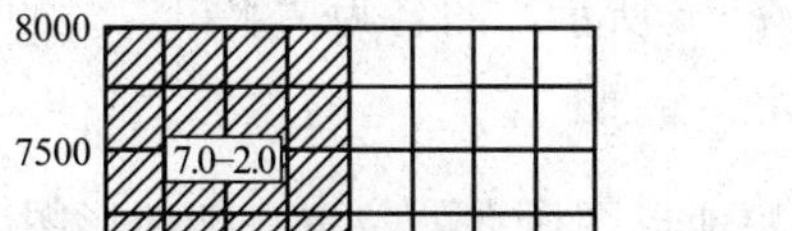

图 7-3 坐标编号法

2）数字顺序编号法

如果测区范围比较小，图幅数量少，可采用数字顺序编号法，如图 7－4 所示。

3）基础分幅编号

在某较大区域，由于面积较大，而且测绘有几种不同比例尺的地形图，编号时可以是以 1∶5000 比例尺图为基础，并作为包括在本图幅中的较大比例尺图幅的基本图号。基础图幅编号为西南角坐标，其后加罗马数字Ⅰ、Ⅱ、Ⅲ。

例如，如图 7－5 所示，某 1∶5000 图幅西南角的坐标值 $x=20\text{km}$，$y=30\text{km}$，则其图幅编号为“20－30”。这个图号将作为该图幅中的较大比例尺所有图幅的基本图号。也就是在 1∶5000 图号的末尾分别加上罗马字Ⅰ、Ⅱ、Ⅲ、Ⅳ，就是 1∶2000 比例尺图幅的编号。同样，在 1∶2000 图幅编号的末尾分别再加上Ⅰ、Ⅱ、Ⅲ、Ⅳ，就是 1∶1000 图幅的编号，在 1∶1000 比例尺的图号末尾再加上Ⅰ、Ⅱ、Ⅲ、Ⅳ，就是 1∶500 图幅的编号。

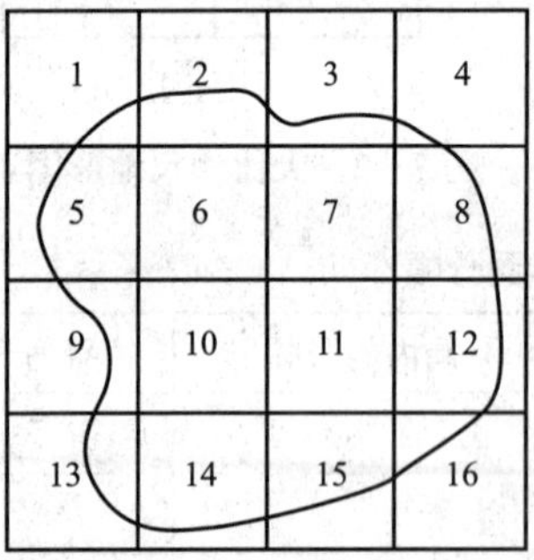

图 7－4　数字顺序编号法

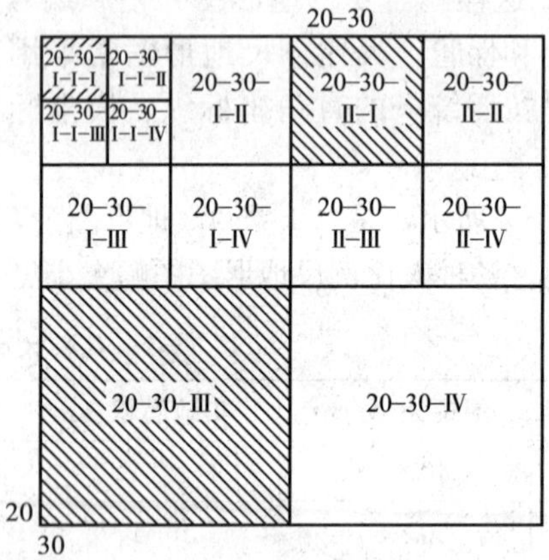

图 7－5　基础分幅

7.1.3 图名、图号、接合图

1. 地形图的图名

每幅地形图都应标注图名，通常以图幅内最著名的地名、厂矿企业或村庄的名称作为图名。图名一般标注在地形图北图廓外上方中央。如图 7－6 所示，图名为“水口”。

2. 图号

图号就是该图幅相应分幅方法的编号。为了区别各幅地形图所在的位置，把地形图图号标注在本图廓上方的中央、图名的下方，如图 7－6 中的图号“30.0－20.0”。

3. 图廓和接合图表

1）图廓

图廓是地形图的边界线，有内、外图廓线之分。内图廓就是坐标格网线，也是图幅的边界线，用 0.1mm 细线绘出。在内图廓线内侧，每隔 10cm，绘出 5mm 的短线，表示坐标格网线的位置。外图廓线为图幅的最外围边线，用 0.5mm 粗线绘出。内、外图廓线相

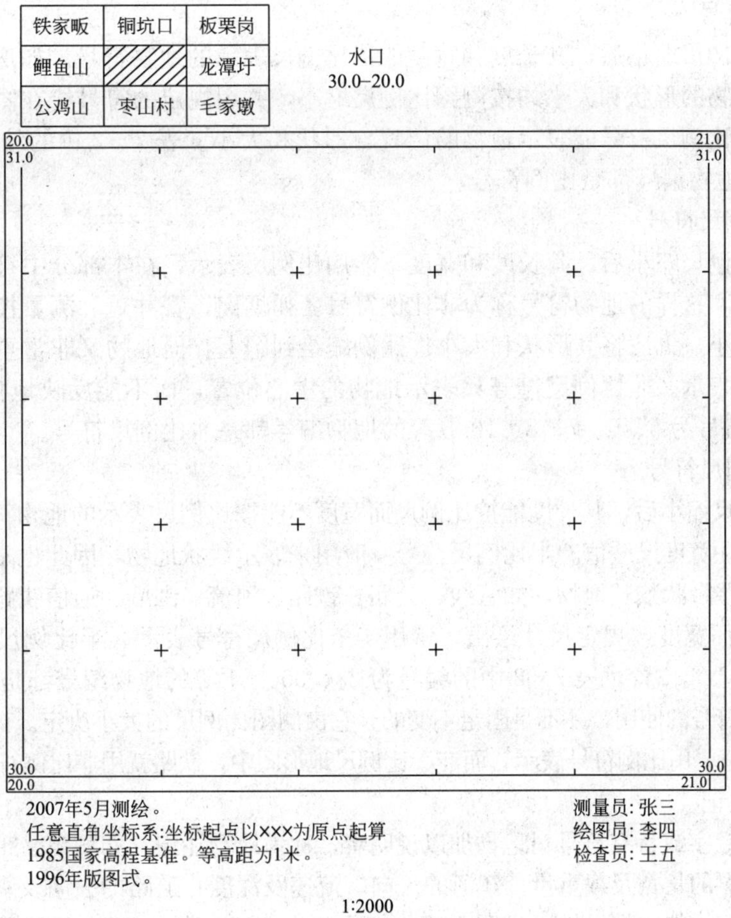

图 7－6　地形图示意图

距 12mm，在内外图廓线之间注记坐标格网线坐标值，如图 7－6 所示。

2）接合图表

为了说明本幅图与相邻图幅之间的关系，便于索取相邻图幅，在图幅左上角列出相邻图幅图名，斜线部分表示本图位置，如图 7－6 所示。

7.1.4　地物符号与地貌符号

地形图上的地物和地貌都采用符号表示。一般分为三类：即地物符号、地貌符号和注记符号。地物符号与地貌符号表示相应的物体及地势起伏，而注记符号则是前两种符号的补充说明，都以文字或特定符号加以说明，注记符号包括地物注记和地貌注记。

1. **地物符号**

在地形图上表示各种地物的形状、大小和它们位置的符号，即表示地物符号属性的符号，称为地物符号，主要包括测量控制点、水系、居民地及设施、交通、管线、境界等。

根据地物特性、用途、形状大小和描绘方法的不同，地物符号分为比例符号、非比例符号、半比例符号和地物注记符号。

1）比例符号

地物依比例尺缩小后，其长度和宽度能依比例尺表示的地物符号。如房屋、花园、草地等，此类地物的形状和大小均按测图比例尺缩小，并用规定的符号绘在图纸上，用比例尺符号表示。比例尺符号能表示地物的位置、形状和大小。表 7－2 中的编号为 1、2、3、4、10. a 等的地物编号都是比例符号。

2）非比例尺符号

地物依比例尺缩小后，其长度和宽度不能用比例尺表示，在本部分中符号旁标注符号长、宽尺寸值，这样的地物符号称为非比例符号。如烟囱，窨井盖、测量控制点等，这些地物，轮廓较小，无法将其形状和大小按比例缩绘到图上，但地物又非常重要，因而采用非比例尺符号表示。非比例尺符号只表示地物的中心位置，而不能反映地物实际的大小。表 7－2 中的编号为 5、6、7、8、10. b 等的地物编号都是非比例尺符号。

3）半比例尺符号

地物比例尺缩小后，其长度能按比例尺而宽度不能按比例尺表示的地物符号。在本部分中符号旁只标注宽度尺寸值。半比例尺符号一般用来表示线状地物，因此也常被称为线性符号。比如对一些带状狭长地物，如管线、公路、铁路、河流、围墙、通信线路等，长度可按比例尺缩绘，而宽度按规定尺寸绘出，常用半依比例尺符号表示。半比例尺符号的中心线代表地物的中心线位置。表 7－2 中的编号为 23、30、31 等的地物编号都是半比例符号。

上述三种符号的使用，并不是固定不变的，它由测图比例尺的大小决定。比如在大比例尺地形图中，铁路要用比例符号表示，而在小比例尺地形图中，铁路就用非比例符号表示。

4）地物注记

用文字、数字或特有符号对地物加以说明者，称为地物注记。如城镇、工厂、河流、道路的名称；桥梁的长宽及载重量；江河的流向、流速及深度；道路的去向及森林、果树的类别等，都以文字或特定符号加以说明，这些都是地物注记。表 7－2 中的编号 1 中“简单房屋”图例中的“简”字、编号 5 中埋石图根点图例中的 12 与 275.46 等都是地物注记。

表 7－2　地物和地貌符号

编号	符号名称	图　例
1	简单房屋	
2	建筑中房屋	
3	破坏房屋	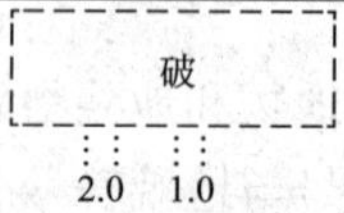
4	棚房 a. 四边有墙的 b. 一边有墙的 c. 无墙的	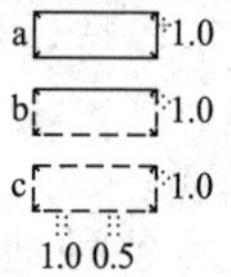
5	埋石图根点 a. 土堆上的 12、16—点号 175. 46、175. 64—高程 2. 0、2. 5—比高	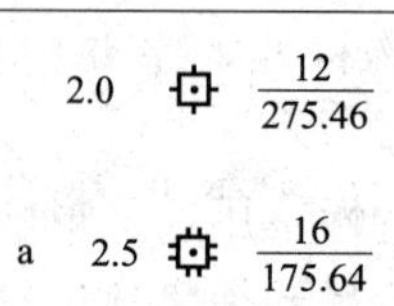

（续）

编号	符号名称	图 例
6	不埋石图根点	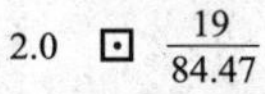
7	三角点 a. 土堆上的 张湾岭、黄土岗—点名 156.78、203.623—高程	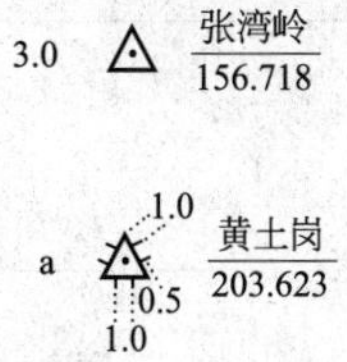
8	水准点 Ⅱ—等级 京石 5—点名点号 32.805—高程	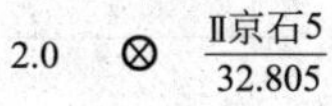
9	廊房 a. 廊房 b. 飘楼	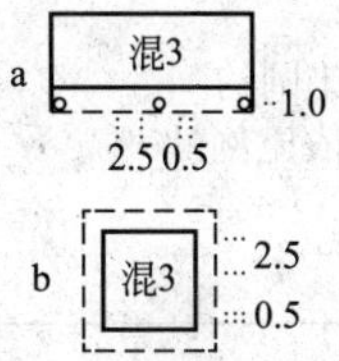
10	水塔 a. 依比例的 b. 不依比例的	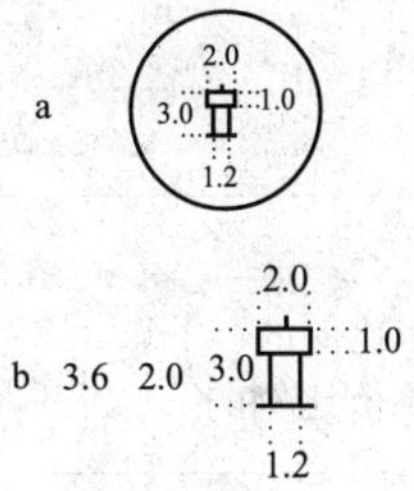
11	学校	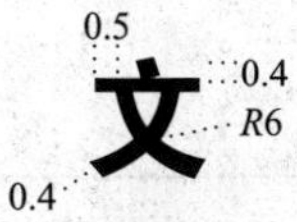
12	医院	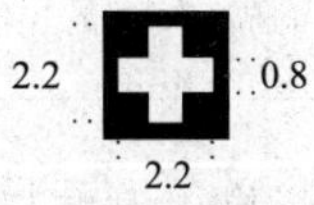
13	体育馆、科技馆、博物馆、展览馆	
14	商场、超市	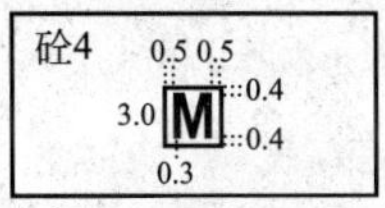
15	无看台的体育场	
16	游泳池	

（续）

编号	符号名称	图　例
17	厕所	
18	垃圾场	
19	旗杆	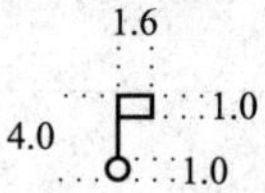
20	纪念碑 a. 依比例的 b. 不依比例的	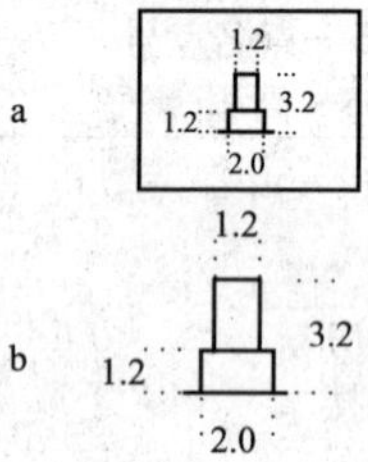
21	教堂	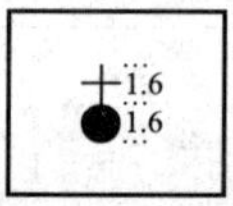
22	围墙 a. 依比例的 b. 不依比例的	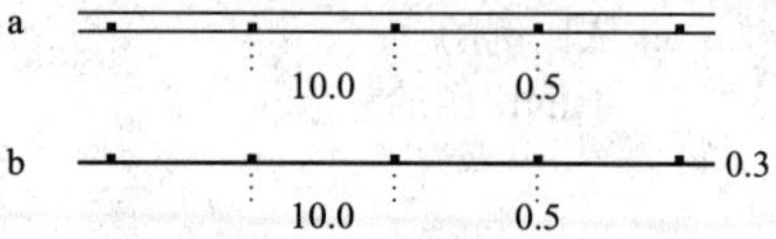
23	篱笆	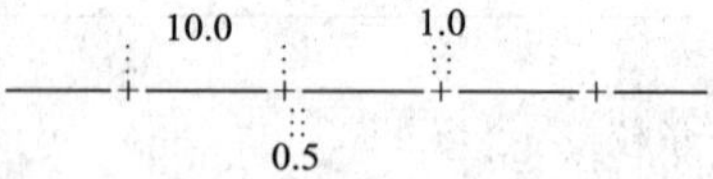
24	地类界	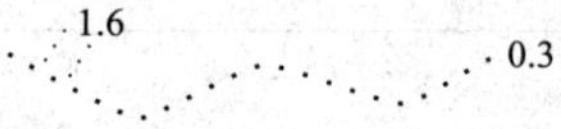
25	阳台	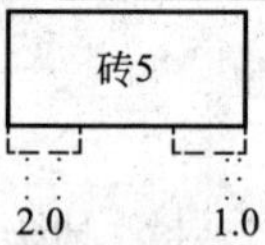
26	路灯	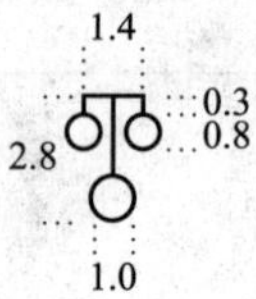
27	假山	

（续）

编号	符号名称	图　　例
28	高速公路 a. 临时停车点 b. 隔离带	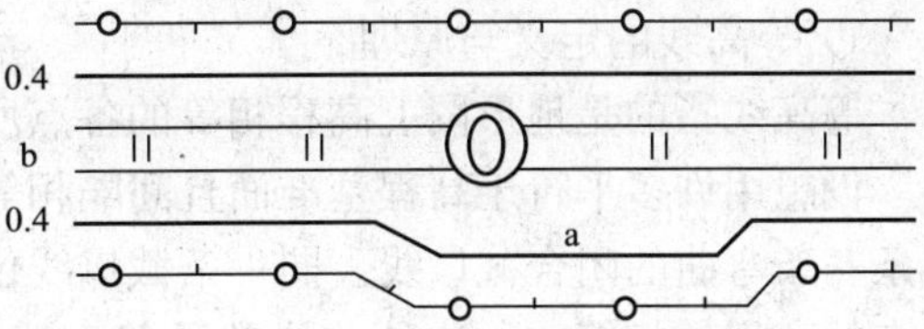
29	加油站	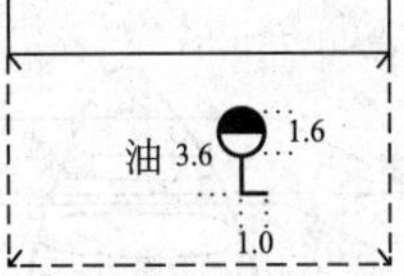
30	地面上的配电线	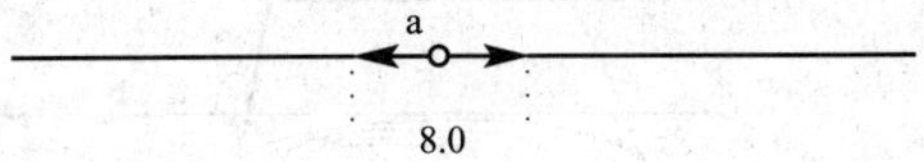
31	地面上的管道	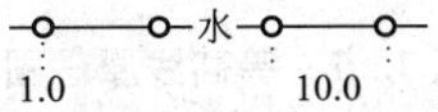
32	等高线及其注记 a. 首曲线 b. 计曲线 c. 间曲线 25—高程	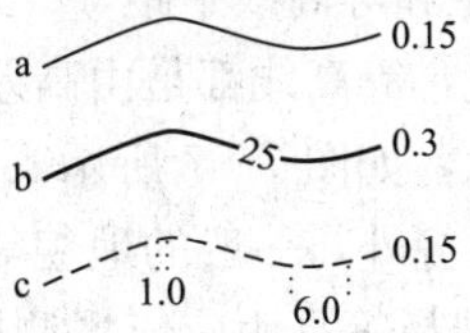
33	高程及其注记 1520.3、−15.3—高程	0.5 • 1520.3　　• −15.3
34	人工陡坎 a. 未加固的 b. 已加固的	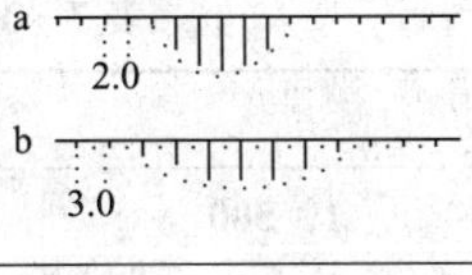
35	旱地	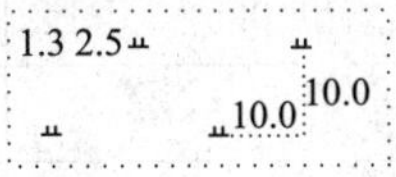
36	独立树阔叶	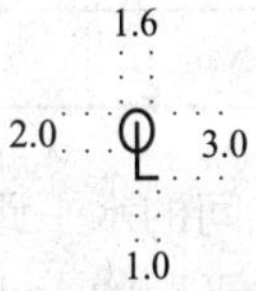
37	天然草地	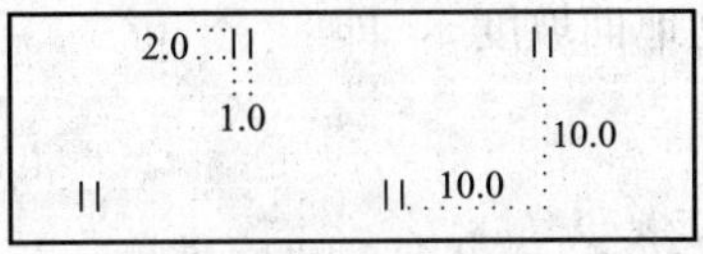

2. 地貌符号

地形图上表示地貌常用等高线表示。

1）等高线的定义与原理

等高线指的是地形图上高程相等的各点所连成的闭合曲线。

设想用许多平行于高程基准面且间隔相等的平面去横截一地貌，则地貌的表面便现出一条一条弯曲的闭合截口线。同一条截口线位于同一水平面(等高面)上，同一截线上任何一点的高程是相等的，这种曲线就是等高线。将这些地面上的等高线垂直投影到水平面上，则基准面上便呈现出表示地貌的一圈套一圈的等高线图形，将平面上的等高线依地形图的比例尺缩绘到图纸上，则得到一圈套一圈的等高线图形，这是等高线表示地貌的基本原理。如图 7-7 所示，设想有一山体被若干个高程为 45m、50m 和 55m 的水平面所截，相邻水平面间的高差相同，均为 5m，每个水平面与山体表面的交线就是与该水平面高程相同的等高线。将这些等高线沿铅垂方向投影到水平面上，并用规定的比例尺缩绘，即得等高线表示这个山体的图形。

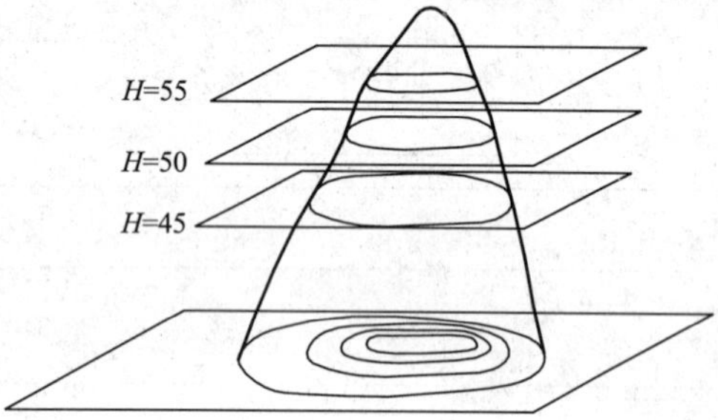

图 7-7　等高线原理图

2）等高距和等高线平距

一般来说，等高线都是由高差相等的水平面截得的，相邻等高线之间的高差称为等高距，用 h 表示，如图 7-7 所示。在同一幅地形图上，除了一些特殊地形外，如太平坦或者太倾斜的地貌外，一般的地貌等高距应该相同的，图 7-7 所示地形图的基本等高距为 5m。测图时选择等高距应依据测图比例尺的大小和测区地貌情况综合考虑而定，比例尺越大，选择的等高距也小，意味着地貌表示得更为详细，外业作业时也要采集更多的地貌特征点，加大了工作量。几种常用比例尺地形图的基本等高距可参见表 7-3。

表 7-3　常用比例尺地形图的基本等高距　　（单位：m）

地形类别	比例尺			
	1∶500	1∶1000	1∶2000	1∶5000
平地	0.5	0.5	0.5 或 1.0	0.5 或 1.0
丘陵地	0.5	0.5 或 1.0	1.0	1.0 或 2.0
山地	0.5 或 1.0	1.0	1.0 或 2.0	2.0 或 5.0
高山地	1.0	1.0	2.0	5.0

相邻等高线之间的水平距离称为等高线平距，用 d 表示。同一幅地形图的等高距是相等的，所以等高线平距的大小是由地面坡度的陡缓来决定的。等高距 h 与等高线平距 d 的比值就是地面坡度 i，即

$$i=\frac{h}{d} \tag{7-3}$$

由式(7-3) 可知，地面坡度 i 与等高线平距 d 成反比。说明地面坡度较缓的地方，

等高线显得稀疏；而地面坡度较陡的区域，等高线显得密集。因此，根据等高线的疏密可判断地面坡度的缓与陡。

3）等高线的分类

为了更详尽地表示地貌的特征，地形图常用四种类型的等高线。

（1）首曲线。在同一幅地形图上，按规定的基本等高距描绘的等高线称为首曲线，也称基本等高线。

（2）计曲线。为了计算和读图的方便，凡是高程能被 5 倍基本等高距整除的等高线加粗描绘并注记高程，称为计曲线。

（3）间曲线。为了表示首曲线不能表示出的局部地貌，按 1/2 基本等高距描绘的等高线称为间曲线，也称半距等高线。

（4）助曲线。用间曲线还不能表示出的局部地貌，可按 1/4 基本等高距描绘等高线，称为助曲线。

4）几种典型地貌的等高线

地貌虽然变化复杂，但分解开来看，都是由山丘、洼地、山脊、山谷、鞍部或陡崖和峭壁等几种典型地貌组成的。掌握这些典型地貌的等高线特点，有助于分析和判断地势的起伏状态，测绘、应用地形图。

（1）山丘和洼地。四周低下而中部隆起的地貌称为山，矮而小的山称为山丘；四周高而中间低的地貌称为盆地，面积小者称为洼地。山丘和洼地的等高线都是一组闭合曲线。如图 7－8(a)所示，山丘内圈等高线高程大于外圈等高线的高程；洼地则相反，如图 7－8(b)所示。

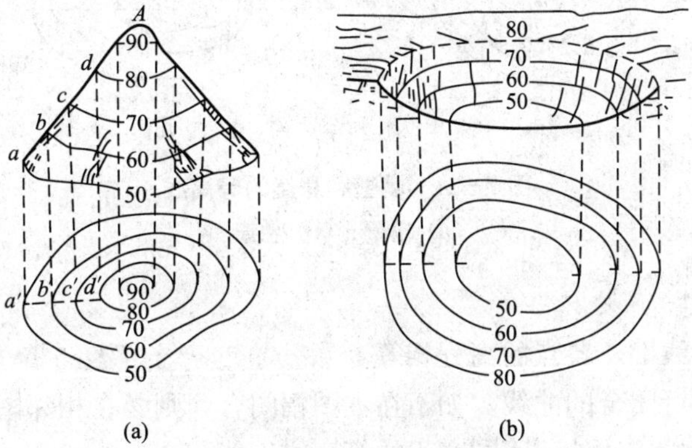

(a) (b)

图 7－8 山丘和洼地的等高线

(a) 山丘；(b) 洼地

（2）山脊和山谷。山脊是山体延伸的最高棱线，山脊上最高点的连线称山脊线，又称分水线。山谷是山体延伸的最低棱线，山谷内最低点的连线称山谷线，又称集水线。如图 7－9(a)所示，山脊等高线为一组凸向低处的曲线；图 7－9(b)所示，山谷的等高线为一组凸向高处的曲线。

山脊线与山谷线统称为地性线，与等高线正交。

（3）鞍部。山脊上相邻两山顶间形如马鞍状的低凹部分称为鞍部。如图 7－10 所示，鞍部的等高线由两组相对的山脊和山谷的等高线组成，形如两组双曲线簇。

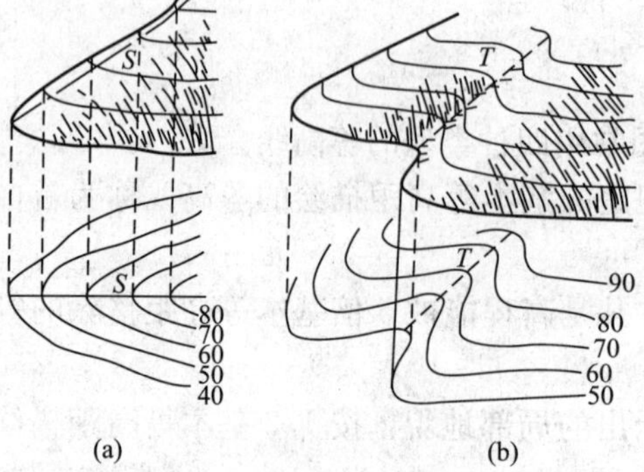

图 7-9　山脊和山谷的等高线

(a) 山脊；(b) 山谷

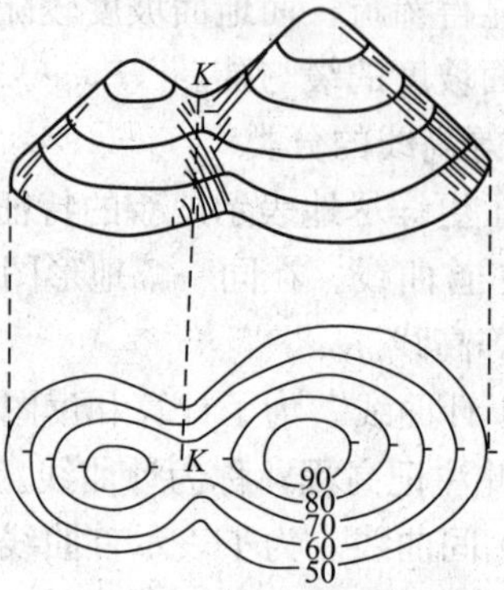

图 7-10　鞍部的等高线

(4) 峭壁和悬崖。峭壁是近于垂直的陡坡，此处不同高程的等高线投影后互相重合，如图 7-11(a)所示。如果峭壁的上部向前突出，中间凹进去，就形成悬崖；悬崖突出部位的等高线与凹进部位的等高线彼此相交，而凹进部位用虚线勾绘，如图 7-11(b)所示。

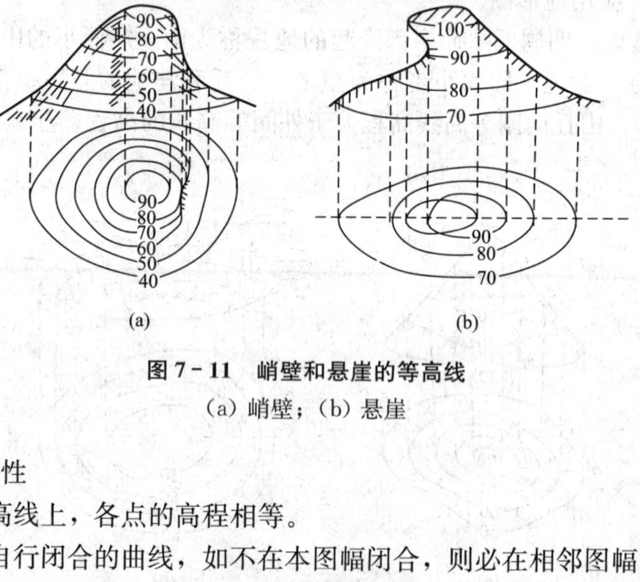

图 7-11　峭壁和悬崖的等高线

(a) 峭壁；(b) 悬崖

5) 等高线的特性

(1) 在同一等高线上，各点的高程相等。

(2) 等高线是自行闭合的曲线，如不在本图幅闭合，则必在相邻图幅内闭合。

(3) 除在悬崖、峭壁处外，不同高程的等高线不能相交。

(4) 各等高线间的平距越小则坡度越陡，平距越大则越平缓，各等高线间的平距相同则表示匀坡。

(5) 等高线通过山脊和山谷时改变方向，且在变向处与山脊线或山谷线垂直相交。

7.2　大比例尺地形图的测绘

地形图测绘是指在控制测量工作结束后，以控制点为测站，测定其周围地物、地貌的特征点的平面位置和高程，按测图比例尺缩绘在图纸上，并根据地形图图式规定的符号，勾绘出地物、地貌的位置、大小和形状，形成地形图。传统的大比例尺地形图测绘是测量地形，地物特征点到测站的距离及其相对某一参考方向的角度，使用量角器、比例尺等绘图工具，直接在绘图纸上定点，并按规定的绘图符号手工绘制地形图。这种测图方法，因为直接在绘图纸上绘图，被称为白纸测图。它包括测图前的准备工作和碎部测量两个步骤。

7.2.1 测图前的准备工作

1. 划分图幅

地形图的图幅一般有 40cm×40cm、40cm×50cm 和 50cm×50cm 三种。每个图幅所能测绘的实地范围等于图幅面积乘上测图比例尺分母的平方。当测区面积或某个方向的长度大于一个图幅所能容纳的范围时，必须分幅进行测绘。可先在印有毫米方格的坐标纸上按较小比例尺展绘出所有控制点，并根据控制点标绘出需测范围的大致边线，然后按测图比例尺和图幅大小划分图幅，使每幅图的 4 个图廓点的纵横坐标均为 10m 的整倍数。如图 7－12 所示，对测区进行图幅划分，该比例尺为 1∶1000，图幅为 50cm×50cm。

2. 展绘控制点

选定一定图幅的标准图纸，根据比例尺和分幅编号，在格网四周标注出各相应格网线的坐标值，如图 7－13 所示。

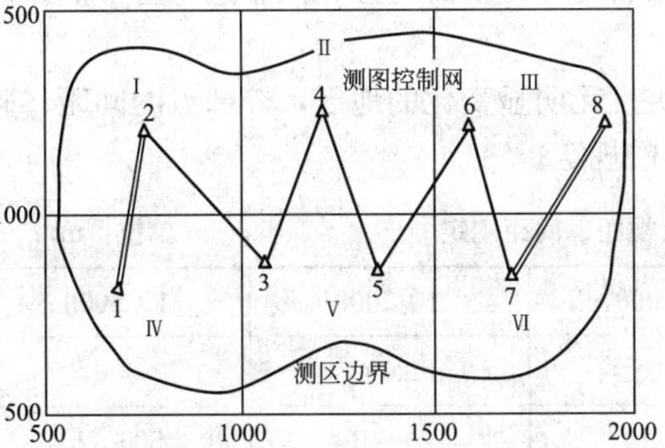

图 7－12 测区的图幅划分

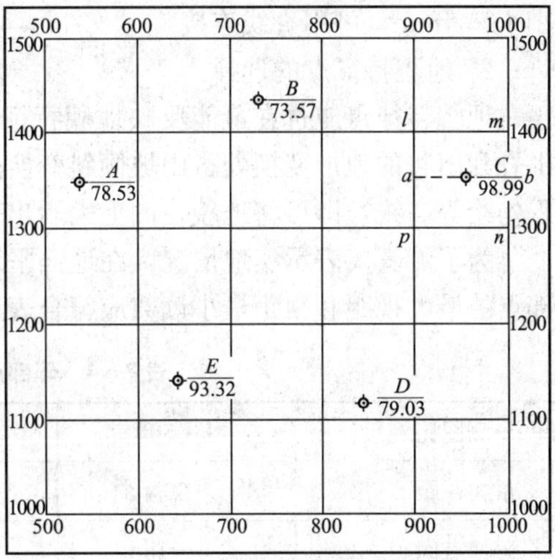

图 7－13 控制点的展绘及注记

展点时，先根据控制点的坐标确定该点所在的方格，再以控制点的坐标与该方格左下角顶点的坐标之差进行展绘。如图 7－13 中的控制点 C，其坐标值 $X_C=1353.514m$，$Y_C=959.905m$；该点位于 $lmmp$ 方格内，它与此格左下角顶点的坐标差为 $\Delta X=53.514m$，$\Delta Y=59.905m$。于是，从角顶 p 和 n 起，沿左右网格线向上按测图比例尺各量取一段 53.514m 的长度，得 a、b 两点；使尺子紧靠 ab，零点对准 a，先在离 a 点 59.905m 处绘一条约 12mm 长的横线(向左 2mm，向右 10mm)，再在此线上按 59.905m 准确标出一点，即为 C 点。然后在离开点位约 3mm 处的横线上方注明点号，横线下方标注高程；并将 C

点绘“+”字形符号表示。所有控制点展绘完后，用比例尺在图上量取相邻两点间的长度，和已知的长度比较，其差值不得超过图上的0.3mm，否则应重新展绘控制点。全部控制点检查无误后，在每控制点的“+”中心用针刺细孔，称为刺点，以固定点在图纸上的位置。

7.2.2 碎部测量

测量工作通过水平角测量、水平距离测量和高程测量确定点的空间位置，一定数量点的组合，可以表示出地物和地貌的位置、形状和大小，这些点反映了地物和地貌的几何特征，这些地物、地貌的特征点为碎部点。以控制点为依据，在测站上测定各碎部点的平面位置和高程，模拟实际地形，并用相应的地物和地貌符号描绘地形图的工作称为碎部测量。经纬仪测图是利用经纬仪测角和视距测量，在图纸上展点测绘地形图的工作，是碎部测量传统的方法。

1. 碎部点的选择

正确选择碎部点是保证测图质量和提高效率的关键。

1）地物特征点的选择

地物特征点主要是地物轮廓的转折点(如房屋的房角，围墙、电力线的转折点)，道路河岸线的转弯点、交叉点，电杆、独立树的中心点等。连接这些特征点，便可得到与实地相似的地物形状。一般情况下，主要地物凹凸部分在图上大于0.4mm时均应表示出来，小于0.4mm，可用直线连接。

2）地貌特征点的选择

地貌特征点应选在最能反映地貌特征的山脊线、山谷线等地形线上，如山顶、鞍部、山脊和山谷的地形变换处、山坡倾斜变换处和山脚地形变换的地方。根据这些特征点的高程勾绘等高线，即可将地貌在图上表示出来。

为了能真实表示实地情况，在地面平坦或坡度无明显变化的地区，碎部点的间距、碎部点的最大视距和视距最小读数应符合表7-4的规定。

表7-4 碎部点最大视距、间距规定 （单位：m）

测图比例尺	1∶500	1∶1000	1∶2000	1∶5000
最大视距	60	120	200	300
碎部点间距	5～15	10～20	20～40	50～75
视距最小读数	0.1	0.1	0.5	0.5

2. 施测方法

经纬仪测绘法观测时先将经纬仪安置在测站上，绘图板安置于测站旁，用经纬仪测定碎部点的方向与已知方向之间的夹角、测站点至碎部点的距离和碎部点的高程。然后根据测定数据用量角器和比例尺把碎部点的位置展绘在图纸上，并在点的右侧注明其高程，再对照实地描绘地形。此法操作简单，灵活，适用于各类地区的地形图测绘。同法，测出其余各碎部点的平面位置与高程，绘于图上，绘制地物和等高线。

1）安置仪器

如图7-14所示，将经纬仪安置在控制点A上，经对中和整平后，量取仪器高i，并记入碎部测量手簿，见表7-5。盘左(或盘右)瞄准另一控制点B，将水平度盘置数为0°00′00″，则AB为起始方向。

将固定了图纸的图板安置在测站附近，使图纸上控制点位置与地面上相应控制点的位置大致相同。图上控制点A、B的连线为图上的起始方向线，用小针通过量角器圆心的小孔插在控制点A，使量角器圆心固定在A点。

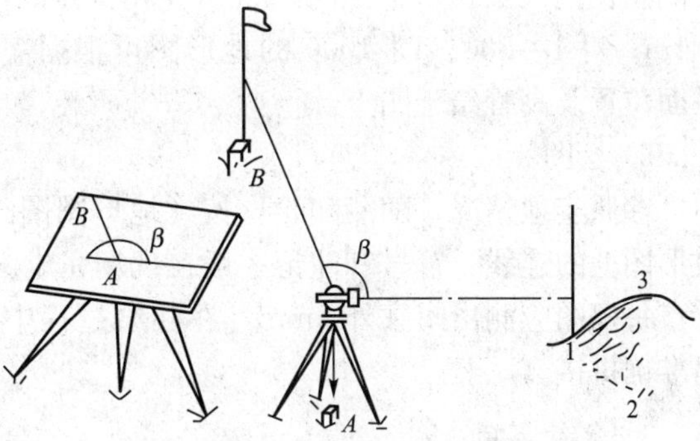

图7-14　经纬仪测图

表7-5　碎部测量手簿

测站：A　　定向点：B　　测站高程：213.45m　　仪器高：1.43m　　仪器：DJ6

点号	水平角(°′)	尺间隔/m	中丝读数/m	竖盘读数(°′)	竖直角(°′)	高差/m	平距/m	高程/m	备注
1	95 54	0.564	1.43	92 12	−2 12	−2.16	56.3	211.29	山脚
2	104 24	0.657	1.43	91 54	−1 54	−2.18	65.6	211.27	电杆

2）立尺

跑尺前，跑尺员与观测员、绘图员共同商定跑尺路线，然后依次将视距尺立在地物、地貌特征点上，如图7-14的1点上。

3）观测

观测员将经纬仪瞄准1点的视距尺，读尺间隔l，中丝读数v、调节竖盘指标水准管微动螺旋使竖盘指标水准气泡居中，得竖盘读数L(盘左)及水平角α。

同理观测2点、3点、4点、…。观测时，应随时检查定向点B的方向，其归零差不得大于4′，否则应重新定向。

4）记录与计算

将上述观测数据逐项记入表7-6相应栏内，并用视距测量计算公式，计算出水平距离和高程。在备注栏内注明碎部点的名称，以方便绘图和必要时进行检查。

视距测量公式为

$$D=kn\cos^2\alpha$$
$$h_{AB}=D\tan\alpha+i-v \tag{7-4}$$

式中　k——取100；

n——上、下丝读数之差；

α——竖直角；

i——仪器高；

v——中丝读数。

5）展点

绘图员转动量角器，利用量角器逆时针注记的刻划，将碎部点1的水平角角值95°54′

对准起始方向线 AB，此时量角器上零方向线便是碎部点 1 的方向。然后在零方向线上，按测图比例尺根据水平距离 56.3m 定出 1 点的位置，并在点的右侧注明其高程，一般注至 0.1m；对 1∶500、1∶1000 的地形图可根据需要注至 0.01m。同法，将其余各碎部点的平面位置及高程绘于图上。

6）绘图

参照实地情况，随测随绘，按《地形图图式》规定的符号将地物和等高线绘制出来。地形图上的连线、符号和注记一般在现场完成。

每幅图应测出图廓外 5mm，在测绘过程中应加强测区边界线的检查，以保证相邻图幅准确拼接。

3. 注意事项

(1) 应事先对所用仪器工具进行检验校正。

(2) 测角时盘左或盘右均可。但每一测站应多次检查起始方向是否为零。若归零差超限，需重新照准起始方向水平读盘置数为 0°00′00″，再对碎部点进行逐点改正。

(3) 每一测站测绘前，应先对图上已展绘的各碎部点进行检查，点数应不少于两个，检查无误后，才能开始测绘。

(4) 在描绘地物、地貌时，必须遵守“看不清不绘”的原则。

4. 等高线的勾绘

当图上有足够数量的地貌特征点时，根据这些特征点位标注的高程，按内插法求出符合等高线高程的点位，再将这些点位按照地貌情况连绘成等高线。

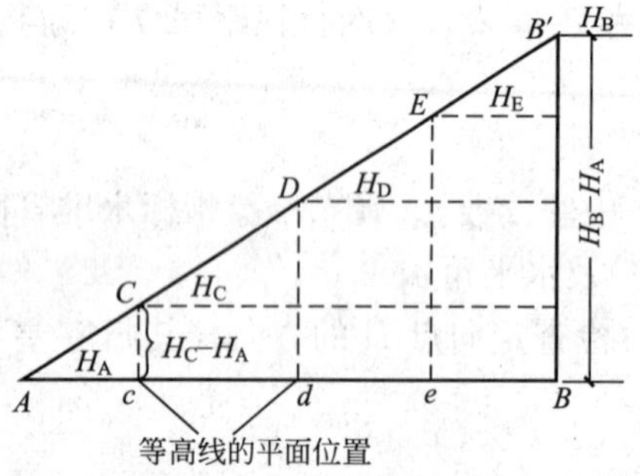

图 7-15　内插法原理图

1）内插法原理

如图 7-15 所示，设坡脚和坡顶两个特征点在图上的平面位置分别为 A 与 B，其高程为 H_A 与 H_B。按照地貌特征点的要求，这两点之间既未测定其他点就应看成是匀坡，于是根据两点的高差可按测图比例尺作匀坡线 AB'，B'就相当于坡顶的高程位置。从两点的高程可以知道该坡上应有几条等高线。假设需要画的等高线其高程为 H_C，它在图上的平面位置为 C，由图可以看出：

$$A_C : AB = (H_C - H_A) : (H_B - H_A)$$

所以

$$A_C = (H_C - H_A)AB/(H_B - H_A)$$

即两特征点间的等高线离其中某个特征点的距离，等于等高线与该特征点的高差乘上两特征点的距离与其高差的比值。

2）勾绘方法

如图 7-16(a)所示，点 A、B、C 等是所测得的地貌特征点。AB、BE、BD、DG、GI、GK 是山脊线，DF、DC、GH 是山谷线。首先将这些地形线轻轻勾绘出来，山脊线、山谷线用虚线勾绘。然后求出相邻两地形点间等高线所经过的位置，如图 7-16(b)所示。以 A、B 两点为例，$H_A=52.8$m、$H_B=57.4$m。如果等高距为 1m，则 A、B 两点间必定有53m、54m、55m、56m和57m共5条等高线通过。如图7-16所示，在图上量得AB的距离为64mm，A、B两点间的高差为$h_{AB}=H_B-H_A=(57.4-52.8)\text{m}=4.6\text{m}$，A点与邻近的53m等高线的高差为0.2m，则根据内插法原理，A点与53m等高线间的平距为$0.2\text{m}\times\frac{64\text{mm}}{4.6\text{m}}\approx3\text{mm}$，即可定出53m等高线在AB线上的位置。而B点与邻近的57m等高线的高差为0.4m，同理可得B点与57m等高线间的平距为$0.4\text{m}\times\frac{64\text{mm}}{4.6\text{mm}}\approx6\text{mm}$，也可定出57m等高线在AB线上的位置。然后将图上53m和57m两条等高线间的平距四等分，节点即为54m、55m、56m等高线的位置。同法可以定出其他各相邻地形点之间的等高线位置，然后将高程相同的相邻点连成光滑的曲线，即为等高线图，如图7-16(b)所示。

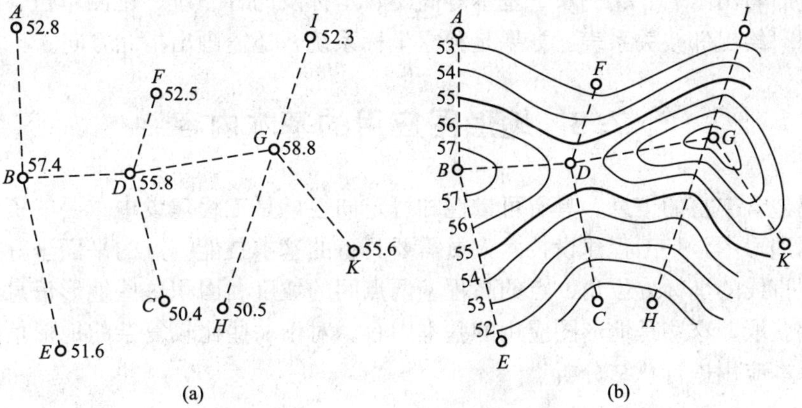

图7-16　等高线的勾绘

(a) 地貌特征点；(b) 等高线

5. 地形图的拼接

采用分幅测图时，为了拼接方便，测图时每幅图的西、南两边应测出图外5mm左右。拼接时，先将相邻两幅共同边界部分的图廓线、坐标方格网及其两侧各1cm范围内的地物和等高线描绘到一条透明纸上，如图7-17所示，然后检查它们的衔接情况，若两边地物错开不到2mm，等高线错开不超过相邻两等高线间的平距时，则可在透明纸上进行修正(通常取两边的平均位置)，使图形和线条合乎自然地衔接起来，再根据透明纸上修接好的图形套绘到相邻两幅上去。如果发现错误或漏测，应当重测或补测。

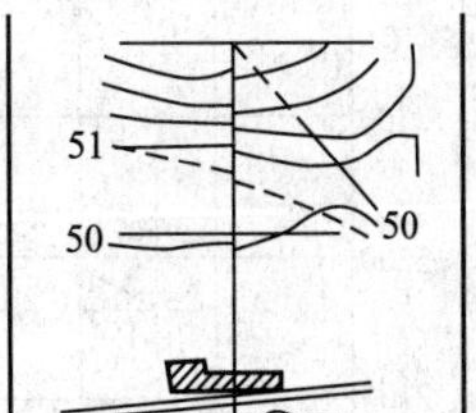

图7-17　图幅拼接

6. 地形图的检查

地形测图的检查需贯穿测图过程的始终。地形图的检查可分为室内检查和室外检查两部分。

室内检查的内容有图面上地物、地貌是否清晰易读，各种符号、注记是否正确，等高线与地貌特征点的高程是否相符，接边精度是否合乎要求等。如发现错误和疑点，不可随意修改，应加以记录，并到野外进行实地检查、修改。

室外检查是在室内检查的基础上进行重点抽查。检查方法分巡视检查和仪器检查两种。巡视检查时应携带测图板，根据室内检查的重点，按预定的巡视检查路线，进行实地对照查看，主要查看地物、地貌各要素测绘是否正确、齐全，取舍是否恰当，等高线的勾绘是否逼真，图式符号运用是否正确等。仪器设站检查是在室内检查和野外巡视检查的基础上进行的。除对发现的问题进行补测和修正外，还要对本测站所测地形进行检查，看所测地形图是否符合要求，如果发现点位的误差超限，应按正确的观测结果修正。

7. 地形图的整饰

原图经过拼接和检查后，还应按规定的地形图图式符号对地物、地貌进行清绘和整饰，使图面更加合理、清晰、美观。整饰的顺序是先图内后图外，先注记后符号，先地物后地貌。最后写出图名、比例尺、基本等高距、坐标及高程系统、施测单位、测绘者及施测日期，同时绘出邻接关系表。如果是独立坐标系统，还需画出指北方向。

7.3 地形图应用的基本内容

地形图包含丰富的信息，具有可量性和可定向性，是工程建设中重要的资料。正确地识读和应用地形图，是工程建设技术人员需要具备的基本技能。点的平面坐标、两点间的水平距离、直线的坐标方位角、点的高程、两点间的坡度、面积这些地形信息，可以直接从地形图上获取，这些是地形图应用的基本内容。对于一些比较复杂的地形信息，也可以通过这些基本应用进行总结分析。

7.3.1 确定点的平面坐标

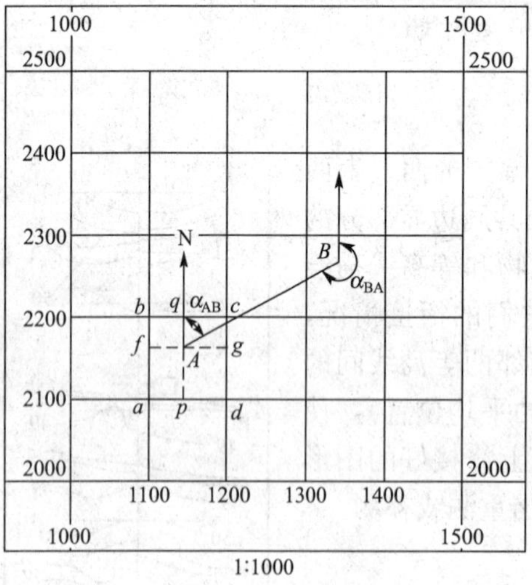

图 7-18　点的位置

如图 7-18 所示，欲求图上 A 点的坐标，首先要根据 A 点在图上的位置，确定 A 点所在的坐标方格 $abcd$，过 A 点作平行于 x 轴和 y 轴的两条直线 pq、fg，与坐标方格相交于 p、q、f、g 四点，再按地形图比例尺量出 af＝60.8m，ap＝48.7m，则 A 点的坐标为

$$X_A = X_a + af = (2100+60.8)\text{m} = 2160.8\text{m}$$

$$Y_A = Y_a + ap = (1100+48.7)\text{m} = 1148.7\text{m}$$

如果考虑图纸伸缩的影响，此时还应量出 ab 和 ad 的长度。设图上坐标方格边长的理论值为 l（l＝10cm），则 A 点的坐标可按下式计算，即

$$\left.\begin{aligned} X_A &= X_a + \frac{l}{ab}af \\ Y_A &= Y_a + \frac{l}{ad}ap \end{aligned}\right\} \tag{7-5}$$

按上例，分别量得 $ab=10.04\text{cm}$ 和 $ad=10.03\text{cm}$，则

$$X_A=X_a+\frac{l}{ab}af=\left(2100+\frac{10}{10.04}\times 60.8\right)\text{m}=2160.6\text{m}$$

$$Y_A=Y_a+\frac{l}{ad}ap=\left(1100+\frac{10}{10.03}\times 48.7\right)\text{m}=1148.6\text{m}$$

7.3.2 确定两点间的水平距离

1. 在图上直接量取

当精度不高时，可用比例尺直接在图上量取直线段两端点间的距离，即可得出两点间的水平距离；或者用三角板等量距离工具量取直线段两端点间的距离，然后乘以比例尺分母，如在 1∶500 比例尺的地形图上量出一线段长度为 5cm，那么该线段实地水平距离为 5cm×500=25m。

2. 解析法

当确定直线段的长度和方向精度要求较高时，需采用解析法。

如图 7.18 所示，欲求 AB 的长度，可按确定图上点坐标的方法求出 A、B 两点的坐标 X_A、Y_A 和 X_B、Y_B，然后可得 AB 的长度，即

$$D_{AB}=\sqrt{(X_A-X_B)^2+(Y_A-Y_B)^2} \tag{7-6}$$

7.3.3 确定直线的坐标方位角

欲求直线 AB 的坐标方位角，有以下两种方法。

1. 在图上直接量取

当精度不高时，方位角可用量角器直接量取，如图 7－18 所示，通过 A、B 分别作坐标纵轴的平行线，然后用量角器的中心分别对准 A、B 两点量出直线段 AB 的坐标方位角 α'_{AB} 和直线段 BA 的坐标方位角 α'_{BA}，则直线 AB 的坐标方位角为

$$\alpha_{AB}=\frac{1}{2}(\alpha'_{AB}+\alpha'_{BA}\pm 180°) \tag{7-7}$$

2. 解析法

当确定直线段的长度和方向精度要求较高时，需采用解析法。

如图 7－16 所示，欲求 AB 的长度，可按确定图上点的坐标的方法求出 A、B 两点的坐标 X_A、Y_A 和 X_B、Y_B，然后可得 AB 的长度，即

$$D_{AB}=\sqrt{(X_A-X_B)^2+(Y_A-Y_B)^2} \tag{7-8}$$

直线 AB 的坐标方位角可按坐标反算公式计算，即

$$\alpha_{AB}=\arctan\frac{Y_B-Y_A}{X_B-X_A} \tag{7-9}$$

7.3.4 确定点的高程

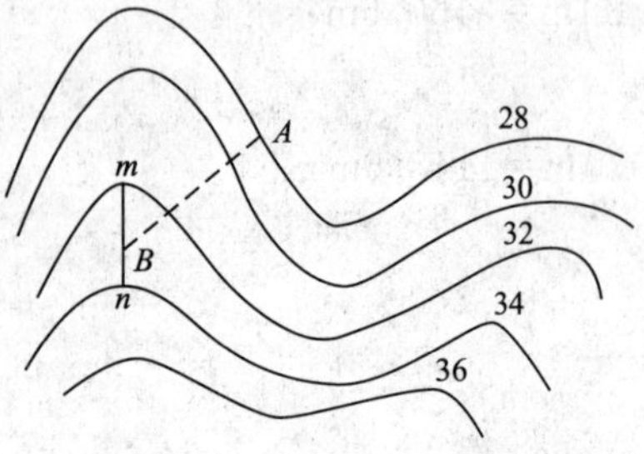

图 7-19 在图上确定点的高程

地形图上点的高程可以根据等高线来确定。点位于等高线上，等高线的高程即为该点的高程。如图 7-19 所示，A 点位于 28m 等高线上，则 A 点的高程为 28m。

不在等高线上的点，其高程须根据等高线按内插法来确定。如图 7-19 所示，根据内插法原理，可知 n 点对于 B 点的高差 h_{Bn} 为

$$h_{Bn}=\frac{Bn}{nm}h$$

设 $\frac{Bn}{nm}=0.3$，则 B 点高程为

$$H_B=H_n-h_{Bn}=(34-0.3\times2)\text{m}=33.4\text{m}$$

7.3.5 确定两点间的坡度

如图 7-19 所示，先按前述方法，分别求出直线段两端点 A、B 的坐标和高程，就可得到两端点间的平距 D 和高差 h，按下式计算该直线段的坡度：

$$i=\frac{h}{D} \tag{7-10}$$

7.3.6 面积量算

1. 透明方格法

如图 7-20 所示，用透明方格纸覆盖在要量算的图形上，先数出图形内的完整方格数，再用目估法将图形边缘不足一整格的方格折合成完整的方格数，两者相加的方格总数 n 乘以每格所代表的面积 A，即为所算图形的面积 S，即

$$S=nA \tag{7-11}$$

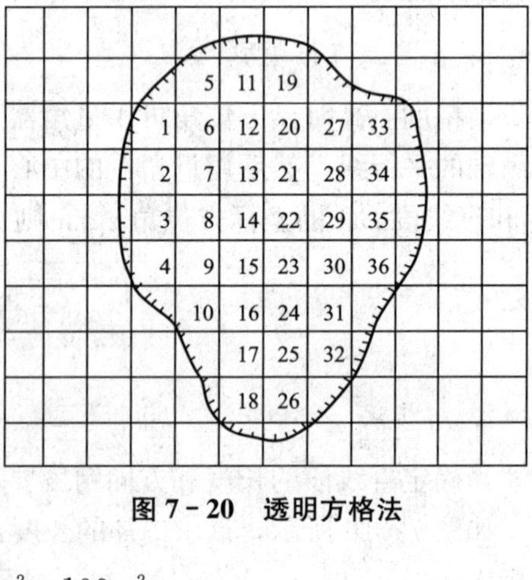

图 7-20 透明方格法

例如图 7-20 中，方格边长为 5mm，图的比例尺为 1∶2000，完整方格数为 36 个，不完整的方格凑整为 8 个。每个方格的实地面积为

$$A=(0.005)^2\times2000^2\text{m}^2=100\text{m}^2$$

总方格数 $n=44$ 个，该图形范围的实地面积为

$$S=44\times100\text{m}^2=4400\text{m}^2$$

2. 平行线法

方格法的量算受到方格凑整误差的影响，精度不高，为了减少因边缘目估产生的误

差，可采用平行线法。

如图 7－21 所示，量算面积时，将绘有平行线组的透明纸覆盖在待计算面积的图形上，则整个图形被平行线切割成若干等高为 d 的近似梯形，上、下底的平均值以 l_i 表示，则图形在图上的总面积为

$$S = d\sum_{i=1}^{n} l_i \qquad (7-12)$$

再根据图的比例尺 M 将其换算为实地面积为

$$S = d\sum_{i=1}^{n} l_i M^2 \qquad (7-13)$$

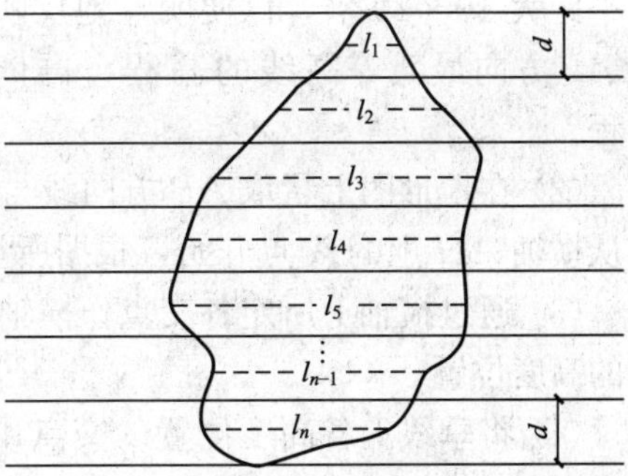

图 7－21 平行线法

3. 求积仪法

求积仪有机械和电子求积仪两种，电子求积仪具有操作简便、功能全、精度高等特点。如图 7－22(a)所示为 KP－90 滚动式求积仪，它由动极轴、微型计算机、描迹臂和描迹放大镜四部分组成。

量算时，将预测图形铺平固定在图板上，把描迹放大镜放在图形中央，并使动极轴与描迹臂成 90°，如图 7－22(b)所示。开机后，输入图的比例尺，确定量测的起始点，描迹放大镜中心准确地沿着图形的边界线顺时针移动一周后，回到起始点，其显示值即为图形的实地面积。为了提高精度，对同一面积要重复测量三次以上，取其均值。

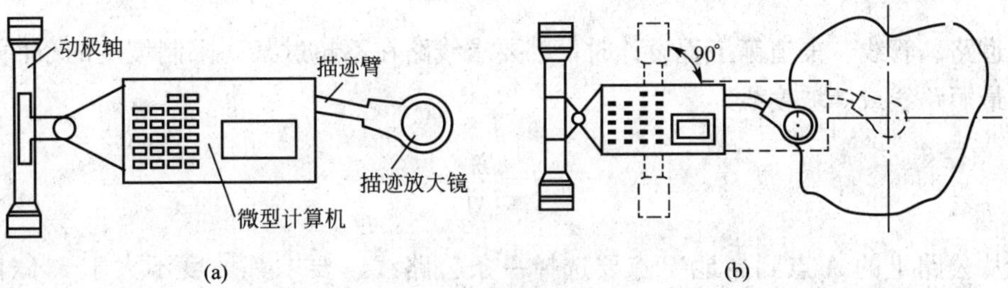

图 7－22 电子求积仪

7.4 地形图的应用

7.4.1 绘制地形图断面图

在工程规划中，需了解某条路线或某个方向上的地面起伏状况，以便进行线路的选定和工程布置，这就需要绘制断面图。断面图在道路、渠道、建筑等工程规划设计中有重要的作用。

如图 7－23(a)所示，欲绘制 AB 方向的断面图，其方法如下：

(1) 在图纸上先画一条直线 AH 作为横轴，表示平距，再在 A 点向上作 AH 的垂线

AZ 作为纵轴，表示高程。断面图的平距采用与地形图相同的比例尺；高程比例尺一般比平距大 10～20 倍，以便明显地反映地面起伏变化情况。比例尺确定后，在起点 A 标出 AB 方向最低等高线的高程，再依比例尺在纵轴上截取等高距，并依次标至最大高程。

(2) 在地形图上量取 AB 方向线与等高线的各交点之间的距离(可用两脚规截取)，然后从横轴 AH 上的 A 点开始，根据所量距离依次定出各交点在横轴上的位置。

(3) 通过横轴上所定各交点作横轴的垂线，按其交点高程分别在各垂线上定出相应交点的高度位置。

(4) 将垂线上各高度位置的交点用光滑曲线连接起来，即为断面图，如图 7-23(b) 所示。

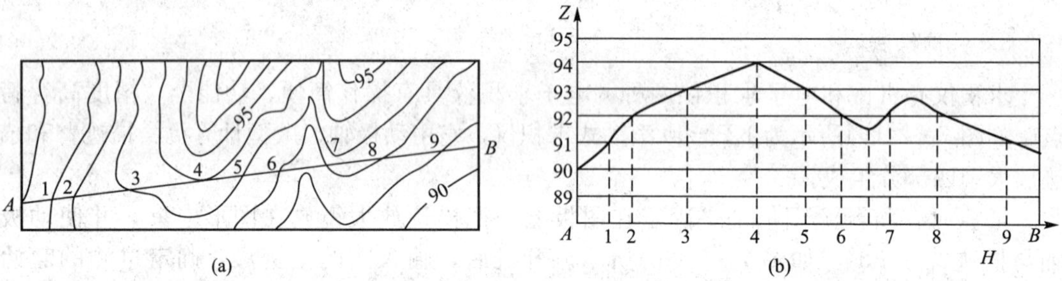

图 7-23　绘制一定方向的断面图

7.4.2　按限制坡度线选择最短线路

在道路、管线、渠道等工程设计时，都要求线路在不超过某一限制坡度的条件下，选择一条最短路线或等坡度线。

$$d=\frac{h}{iM} \tag{7-14}$$

设从公路上的 A 点到高地 B 点要选择一条公路线，要求其坡度不大于 5%(限制坡度)。设计用的地形图比例尺为 1∶2000，等高距为 1m。为了满足限制坡度的要求，根据计算出该路线经过相邻等高线之间的最小水平距离 D。于是，以 A 点为圆心，以 D 为半径画弧交等高线于点 1，再以点 1 为圆心，以 D 为半径画弧，交等高线于点 2，依此类推，直到 B 点附近为止。然后连接 A、1、2、…、B，便在图上得到符合限制坡度的路线。这只是 A 到 B 的路线之一，为了便于选线比较，还需另选一条路线，同时考虑其他因素，如少占农田，建筑费用最少，避开塌方或崩裂地带等，以便确定路线的最佳方案。

如遇等高线之间的平距大于 1cm，以 1cm 为半径的圆弧将不会与等高线相交。这说明坡度小于限制坡度。在这种情况下，路线方向可按最短距离绘出。

7.4.3　确定汇水面积

汇水面积是指河道或河谷某断面以上分水线所围成的面积。确定汇水面积的目的是为了计算来水量的大小，是水利工程设计中一个重要的数据。汇水面积的边界线是由一系列分水线(山脊线)连接而成的，因此要确定汇水面积，首先在地形图上勾绘汇水面积边界线，方法如下：

(1) 边界线包括断面线(即坝轴线)本身，应从断面线一端开始经过一系列山顶、山脊和鞍部再回到另一端，形成闭合曲线。

(2) 边界线应通过山顶和鞍部的最高点，与山脊线一致。

(3) 边界线处处与等高线垂直，却只有在山顶处改变方向。

在图7-24中，虚线所包围的部分即为某坝址上游的汇水面积。当大坝端点在斜坡上时，则边界线应先沿最大坡度线上升到分水线，再按上述方法勾绘。

图7-24 汇水面积和水库库容

7.4.4 土地整理及土石方估算

调整土地利用结构和土地关系，实现土地规划目标的实施过程称为土地整理，这是广义上的土地整理概念。在工程建设中，常常要对原地貌进行改造，以便适用于布置各类建筑物，排除地面水以及满足交通、铺设地下管线、景观设计等的需要，这种地貌改造称之为平整土地，也直接称为土地整理。

在平整土地工作中，常需要预算土石方的工程量，即填挖土石方量估算，或通过土石方量估算，使填挖土石方基本平衡。土石方量估算，常用方法有方格法、断面法、等高线法等。平整土地可分为：水平场地平整和倾斜地面平整。这里主要讲解方格网法计算水平场地平整的土石方计算。

1∶1000比例尺的地形图，要求半原地貌按挖填土方量平衡的原则改造成平面，步骤如下：

1. 绘制方格网，求出各方格点所在的地面高程

方格网的大小取决于地形复杂程度、地形图比例尺及土石方估算要求的精度，一般方格的边长为10m或者20m。图7-25中方格边长为10m。方格的方向尽量与边界方向、主要建筑物方向或者坐标轴方向一致，再给各方格点编号，如图中的A1、A2、A3、…、E3、E4等。根据地形图上的等高线，用内插法求出第一个方格点所在的地面高程，并标在图上。

2. 计算设计高程

将每方格点的高程加起来除以4，得到各方格的平均高程，再把每个方格的平均高程相加除以主格总数，就得到设计高程$H_{设}$，即

$$H_{设}=\frac{1}{n}(H_1+H_2+H_3+H_{设}+\cdots+H_n) \tag{7-15}$$

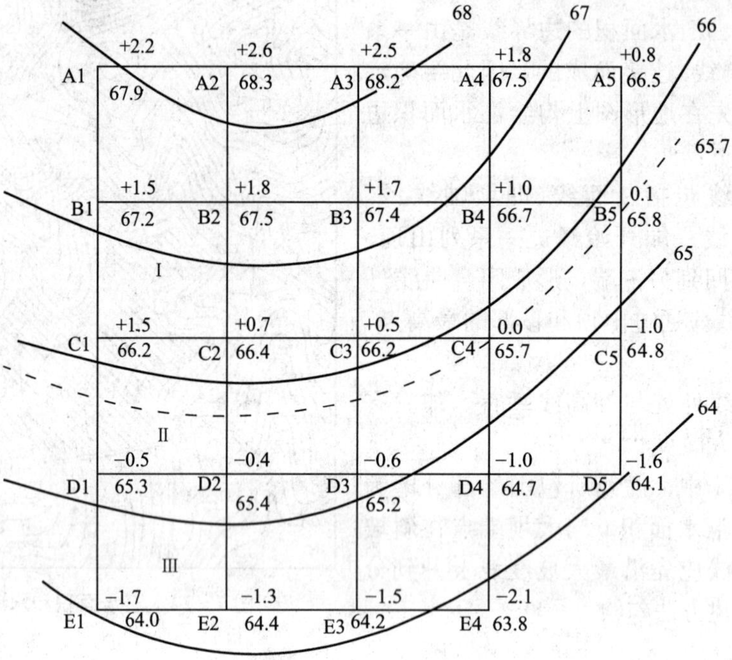

图 7－25　土石方估算

把各方格点的高程代入，可得公式

$$H_{设}=\frac{\sum H_{角}+2\sum H_{边}+3\sum H_{拐}+4\sum H_{中}}{4n} \tag{7-16}$$

式中　$H_{角}$——各转角点的高程，如图 7－25 中的 A1、A5、E1、E4；

$H_{边}$——各边点的高程，如图 7－25 中的 A2、A3、A4、B1、C1、D1 等；

$H_{拐}$——各拐点的高程，如图 7－25 中的 D4；

$H_{中}$——各中心点的高程，如图 7－25 中的 B2、B3、B4、C2、C3、C4 等。

将图 7－25 中各方格点的高程代入，即可算出设计高程为 $H_{设}=5.7\text{m}$。标注在方格点上。

3. 计算挖、填表数值

根据设计高程和各方格点的高程，用方格点高程减去设计高程，计算出第一方格点的挖、填高度，即：挖、填高度＝地面高程－设计高程。并将挖、填高度标在图上。

4. 绘制挖、填边界线

在地形图上根据等高线，用目估法内插出高程为设计高程的高程点，即填、挖边界点，叫零点。边接相邻零点的曲线，称为填挖边界线，一般以虚线表示。在填挖边界线一边为填方区域，另一边为挖方区域。零点和填挖边界线是计算土石方量和施工的依据。

5. 计算挖、填土石方量

计算填、挖土石方量有两种情况，一种是整个方格全填或者全挖方；如一种填挖边界线经过的方格，既有填方，又有挖方。对于整个方格全填(或者全挖方)的方格，用方格中4个方格点填(或挖)高度的平均值乘以该方格面积，即为该方格的填方量(或挖方量)；对于既有填方，又有挖方的方格，取填方(或挖方)部分各边界点的挖高度(或填高度)的平均值乘以该填方(或挖方)面积，即为该方格的填方量(或挖方量)部分。现以方格Ⅰ、Ⅱ、Ⅲ为例，说明计算方法。

方格Ⅰ为整个方格都全挖的方格，全为挖方，则

$$V_{1挖}=\frac{1}{4}(1.5+1.8+0.5+0.7)\times A_{1挖}=\frac{1}{4}\times 4.5\times 100\text{m}^3=112.5\text{m}^3$$

方格Ⅲ为整个方格都全填的方格，全为填方，则

$$V_{3填}=\frac{1}{4}(-0.5-0.4-1.7-1.3)\times A_{3填}=-\frac{1}{4}\times 3.9\times 100\text{m}^3=-97.5\text{m}^3$$

方格Ⅱ既有挖方，又有填方，则

$$V_{2挖}=\frac{1}{4}(0.5+0.7+0+0)\times A_{2挖}=\frac{1}{4}\times 1.2\times 25\text{m}^3=7.5\text{m}^3$$

$$V_{2填}=\frac{1}{4}(-0.5-0.4-0-0)\times A_{2填}=-\frac{1}{4}\times 0.9\times 75\text{m}^3=-16.9\text{m}^3$$

土石方量估算可列表分别计算出填、挖方量，见表7-6。

表7-6 填挖方量计算表

方格序号	挖填数据				所占面积/m^2	挖方量/m^3	填方量/m^3
$Ⅰ_{挖}$	+1.5	+1.8	+0.5	+0.7	100	112.5	
$Ⅱ_{挖}$	+0.5	+0.7	0	0	25	7.5	
$Ⅱ_{填}$	−0.5	−0.4	0	0	75		16.9
$Ⅲ_{填}$	−0.5	−0.4	−1.7	−1.3	100		97.5
						总和：120.0	总和：114.4

本例中只给出了三个方格的土石方估算结果。全部算完，最后的结果，挖方和填方量基本是相等的，满足“挖、填平衡”的要求。

7.5 大比例尺数字化测图简介

7.5.1 数字化测图的原理和特点

传统的地形测图(白纸测图)实质上是将测得的观测值(数值)用图解的方法转化为图

形，随着社会的发展，白纸测图难以适应当前经济建设的需要。数字化测图实现了丰富的地形信息和地理信息数字化和作业过程的自动化或半自动化。它缩短野外测图时间，减轻野外劳动强度，而将大部分作业内容安排到室内去完成，将大量手工作业转化为电子计算机控制下的机械操作，这样不仅能减轻劳动强度，而且不会降低观测精度。

1. 数字化测图的原理

数字化测图的基本原理是采集地面上的地形、地物要素的三维坐标以及描述其性质与相互关系的信息，然后录入计算机，借助于计算机绘图系统处理、显示、输出地形图。它主要可以分为两个步骤，第一步是地形数据采集，第二步是计算机成图。地形数据采集一般采用野外地面数字采集碎部点数据，获取地物、地貌的碎部特征点的坐标和图形信息。目前工程建设中，通常利用全站仪或 GPS RTK 方式来采集；计算机成图包括数据处理和数据输出，需要利用测绘软件来编辑成图。

2. 数字化测图的特点

1）测图用图自动化

数字测图使野外测量自动记录，自动解算，使内业数据自动处理，自动成图，自动绘图，并向用图者提供可处理的数字地(形)图软盘，用户可自动提取图数信息。

2）图形数字化

用软盘保存的数字地(形)图，存储了图中具有特定含义的数字、文字、符号等各类数据信息，可方便地传输、处理和供多用户共享。数字地图的管理，既节省空间，操作又十分方便。

3）点位精度高

用全站仪采集数据，测定地物点的误差在 450m 内约为±22mm，测定地形点的高程误差在 450m 内约为±21mm，若距离在 300mm 以内，则测定地物点误差约为±15mm，测定地形点的高程误差约为±18mm。在数字测图中，野外采集的数据精度毫无损失，也与图的比例尺无关。数字测图的高精度为地籍测量、管网测量、房产测量、工程规划设计等工作提供了保证。

另外，数字化测图还具有便于成果更新、避免因图纸伸缩带来的各种误差、能以各种形式输出成果、方便成果深加工利用等特点。

7.5.2 数字化测图的作业过程

数字测图的作业过程与使用的设备和软件、数据源及图形输出的目的有关。但不论是测绘地形图，还是制作种类繁多的专题图、行业管理用图，只要是测绘数字图，都必须包括数据采集、数据处理和图形输出三个基本阶段。

1. 数据采集

地形图、航空航天遥感像片、图形数据或影像数据、统计资料、野外测量数据或地理调查资料等，都可以作为数字测图的信息源。数据资料可以通过键盘或转储的方法输入计算机；图形和图像资料一定要通过图数转换装置转换成计算机能够识别和处理的数据。

目前，我国主要采用数字化仪法、航测法和大地测量仪器法采集数据。前两者主要是室内作业采集数据，大地测量仪器法是野外采集数据。

1) 野外数据采集

野外常规数据采集是工程测量中，尤其是工程中大比例尺测图获取数据信息的主要方法。而采集数据的方法随着野外作业的方法和使用的仪器设备不同可以分为下面三种形式。

(1) 普通地形图测图方法。使用普通的测量仪器，例如经纬仪、平板仪和水准仪等，将外业观测成果人工记录于手簿中，再进行内业数据的处理，然后输入到计算机内。

(2) 使用测距经纬仪和电子手簿方法。用测距经纬仪进行外业观测距离、水平方向和天顶距等，用电子手簿在野外进行观测数据的记录及必要的计算并将成果储存。内业处理时再用电子手簿中的观测数据或经处理后的成果输入计算机中。

(3) 野外使用全站仪方法。用全站仪进行外业观测，测量数据自动存入仪器的数据终端，然后将数据终端通过接口设备输入到计算机。采用这种方法则从外业观测到内业处理直至成果输出整个流程实现自动化。这是现在比较常用一种方法。

2) 原图数字化采集

不论从哪种比例尺的地形图上采集DEM数据，最基本的问题都是对地形图要素(如等高线)进行数字化处理，如手扶跟踪数字化或者半自动扫描数字化，然后再用某种数据建模方法内插DEM。而关于地形图要素的数字化处理特别是半自动扫描数字化技术已经很成熟并已成为地图数字化的主流。

3) 航片数据采集

涉及DEM数据采集的摄影测量采样方法包括等高线法、规则格网点法、选择采样点、渐进采样法、剖面法和混合采样法等，这些方法可以是人机交互的或自动化的。

2. 数据处理

实际上，数字测图的全过程都是在进行数据处理，但这里讲的数据处理阶段是指在数据采集以后到图形输出之前对图形数据的各种处理。数据处理主要包括数据传输、数据须处理、数据转换、数据计算、图形生成、图形编辑与整饰、图形信息的管理与应用等。数据预处理包括坐标变换、各种数据资料的匹配、图比例尺的统一、不同结构数据的转换等。经过数据处理后，可产生平面图形数据文件和数字地面模型文件。要想得到一幅规范的地形图，还要对数据处理后生成的“原始”图形进行修改、编辑、整理；还需要加上汉字注记、高程注记，并填充各种面状地物符号；还要进行测区图形拼接、图形分幅和图廓整饰等。数据处理还包括对图形信息的全息保存、管理和使用等。

3. 成果输出

经过数据处理以后，即可得到数字地图，也就是形成一个图形文件，由磁盘或磁带作永久性保存。也可以将数字地图转换成地理信息系统所需要的图形格式，用于建立和更新GIS图形数据库。输出图形是数字测图的主要目的，通过对层的控制，可以编制和输出各种专题地图，包括平面图、地籍图、地形图、管网图、带状图和规划图等。

7.5.3 数字化测图的软件介绍

数字化测图需要数字化测图软件支持。数字化测图的软件有很多，各测绘公司(如南方公司的 CASS 软件)及全国很多大中专院校(如清华山维 EPSW)都有自己的数字化测图软件，不同的软件各有其不同的特点，但基本功能大同小异。本节主要介绍现在市场常用的 CASS7.0 软件。CASS 地形地籍成图软件广泛应用于地形成图、地籍成图、工程测量应用、空间数据建库等领域。

1. CASS7.0 的主界面

CASS 地形地籍成图软件是基于 AutoCAD 平台开发的，界面上比 AutoCAD 多了一些菜单，CASS7.0 的主界面如图 7-26 所示。

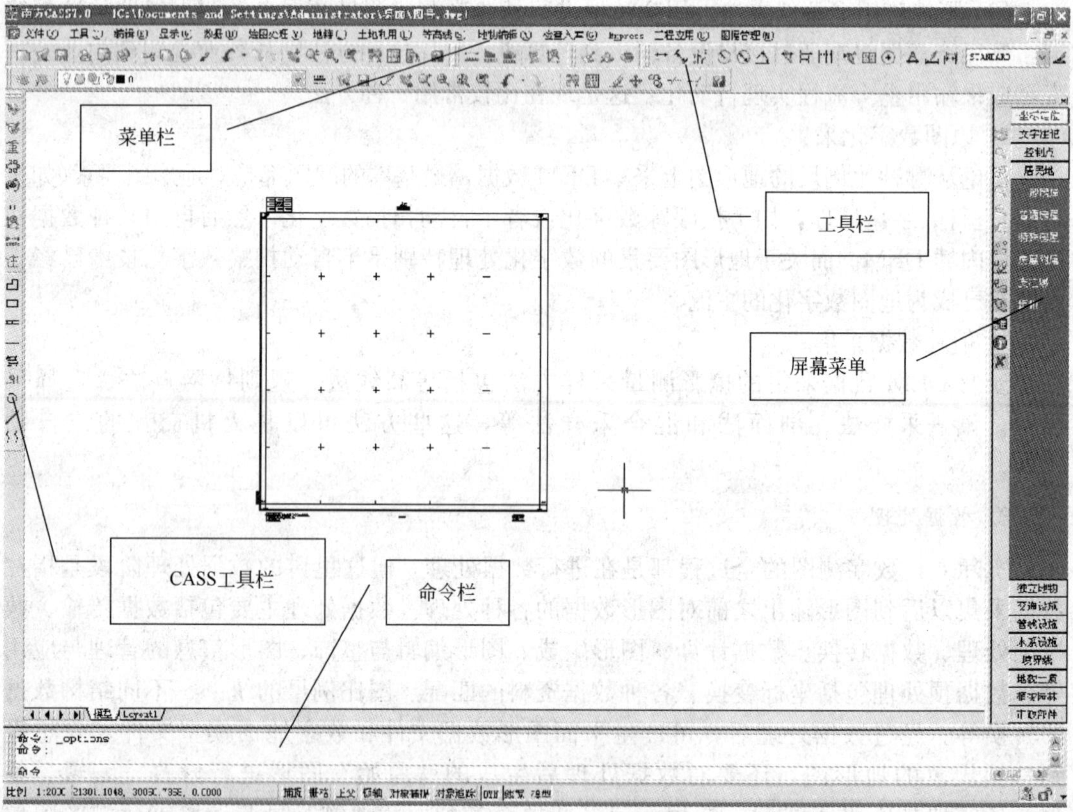

图 7-26 CASS7.0 主界面

2. 地形图的基本绘制流程

地形图的基本绘制流程主要包括数据输入、绘制地物、绘制等高线和数据输出等流程，如图 7-27 所示。

1) 数据输入

把野外采集的数据从电子手簿或全站仪的内存中，进入 CASS，可以通过第三方软件，先把数据传输到计算机，也可以通过CASS进行数据传输。通过CASS进行数据传输，都要通过数据菜单。CASS的数据菜单提供了读取全站仪数据、测图精灵格式转换和手工输入原始测量数据录入三种数据输入方式，如图7－28所示。

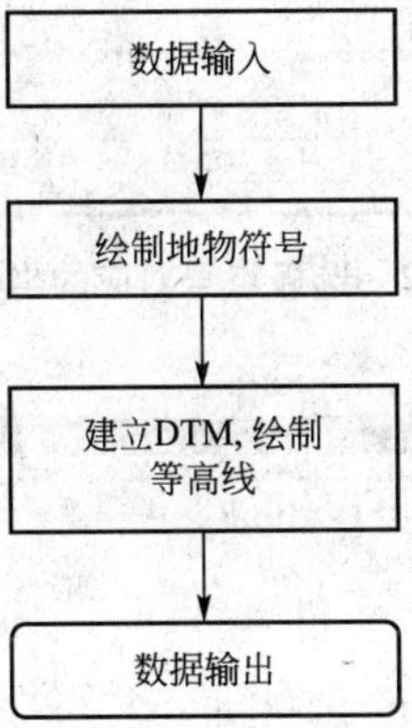

图7－27　地形图的基本绘制流程

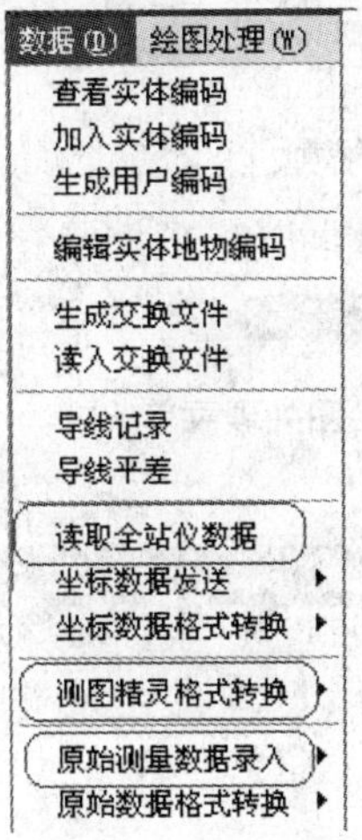

图7－28　读取全站仪数据

其中，常用的是“读取全站仪数据”方法，操作方法如下。

(1) 将全站仪与电脑连接后，选择“读取全站仪数据”，选择正确的仪器类型，设置通信参数，如图7－29所示。

(2) 单击“CASS坐标文件”的“选择文件”按钮，输入文件名，保存，如图7－30所示。

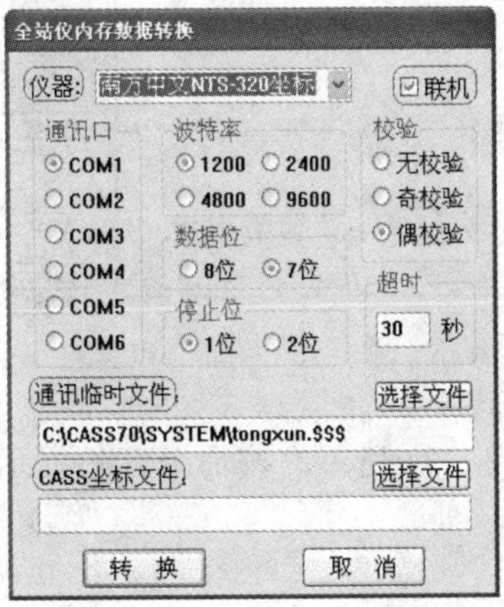

图7－29　全站仪内在数据转换

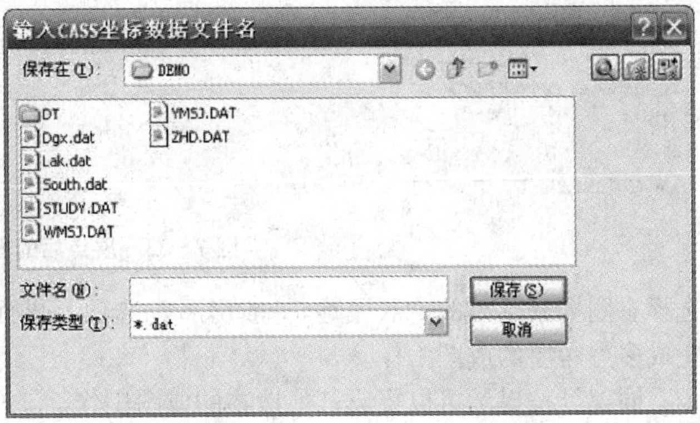

图7－30　输入坐标数据文件名

2）展碎部点

如图7－31所示，移动鼠标至“绘图处理”项，选择下拉菜单中的“展野外测点点号”，即出现如图7－32所示的对话框，展点后如图7－33所示。

3）绘制地物

根据草图，选择右侧屏幕菜单，选择地物名称，进行成图。例如，要画一多点房屋，

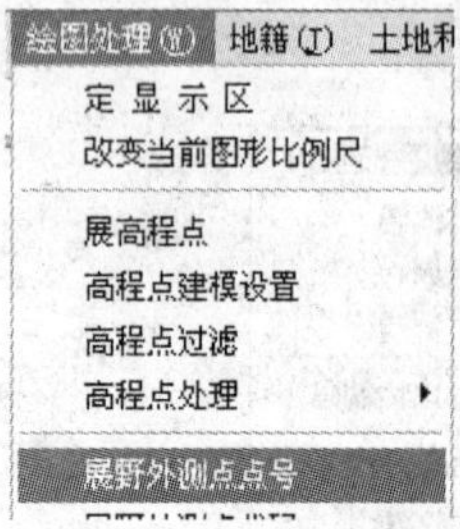

图 7－31　绘图处理菜单

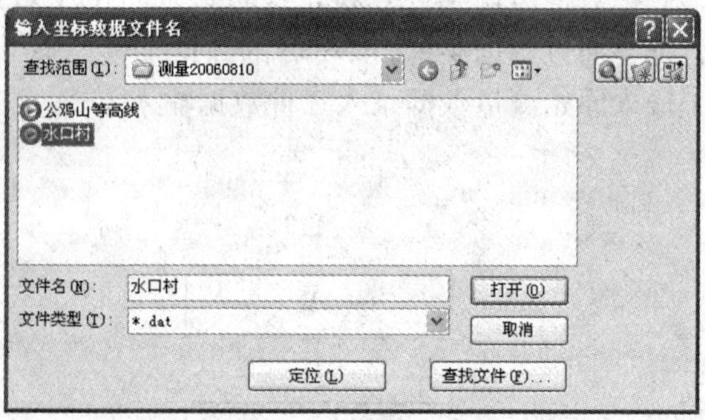

图 7－32　选择点号对应的坐标点数据文件

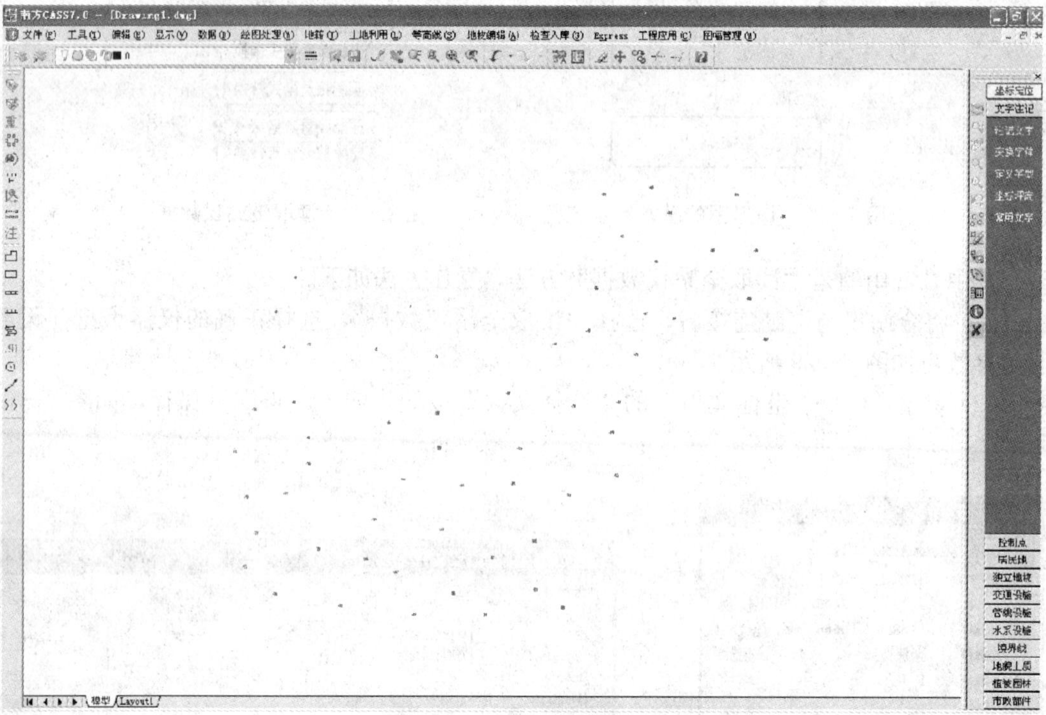

图 7－33　展点后的图

选择右侧屏幕菜单的“居民地/一般房屋”选项，界面如图 7－34 所示。按命令区的提示完成多点房屋的成图工作。

同理，按提示可以完成其他地物的成图工作。

4）绘制等高线

（1）展高程点。如图 7－35 所示，用鼠标左键点取“绘图处理”菜单下的“展高程点”，将会弹出数据文件的对话框，按提示完成命令。

（2）建立 DTM 模型。如图 7－36 所示，用鼠标左键点取“等高线”菜单下“建立 DTM”，弹出如图 7－37 所示对话框，按图 7－38 提示完成“选择建模调和数据文件”。

（3）根据需要选择建立 DTM 的方式和坐标数据文件名，然后选择建模过程是否考虑陡坎和地形线，单击“确定”按钮，生成如图 7－38 所示 DTM 模型。

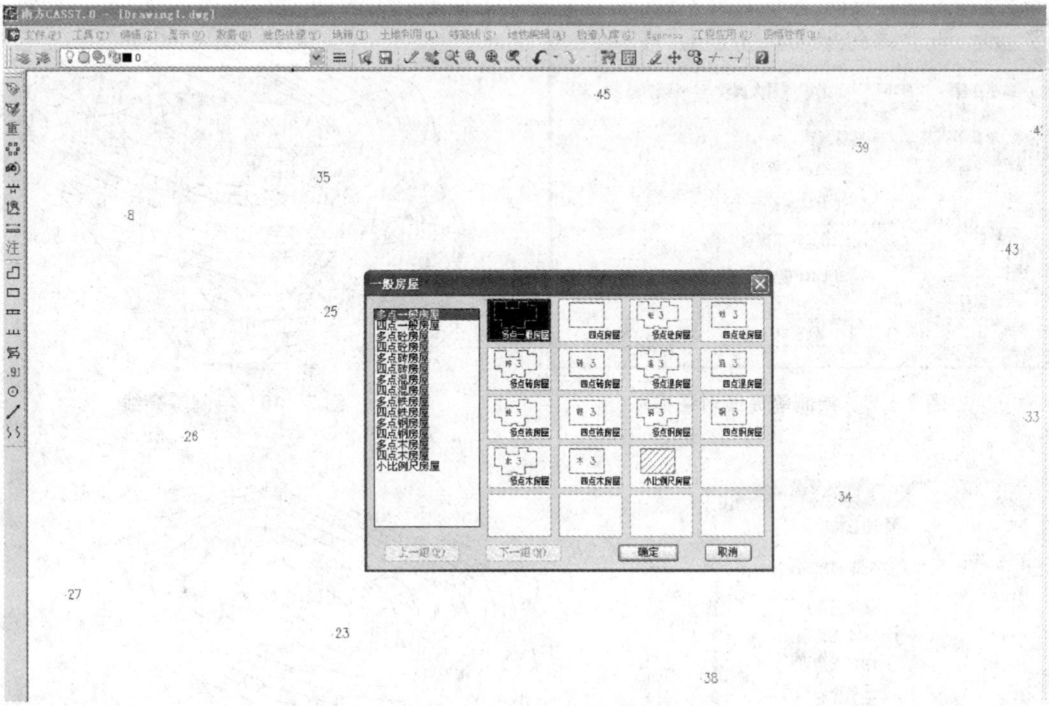

图 7-34 “居民地/一般房屋”界面

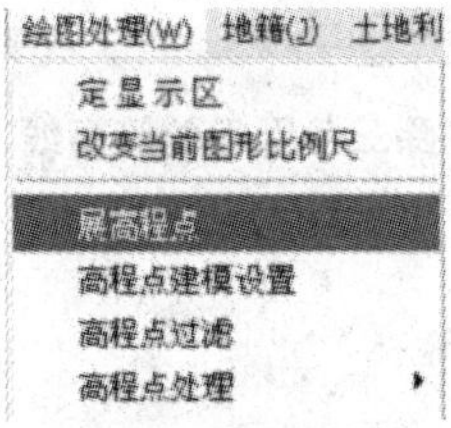

图 7-35 绘图处理菜单

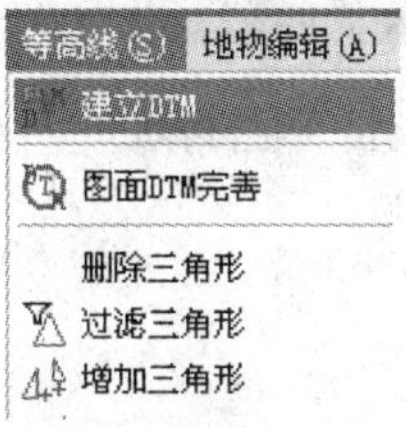

图 7-36 等高线的下拉菜单

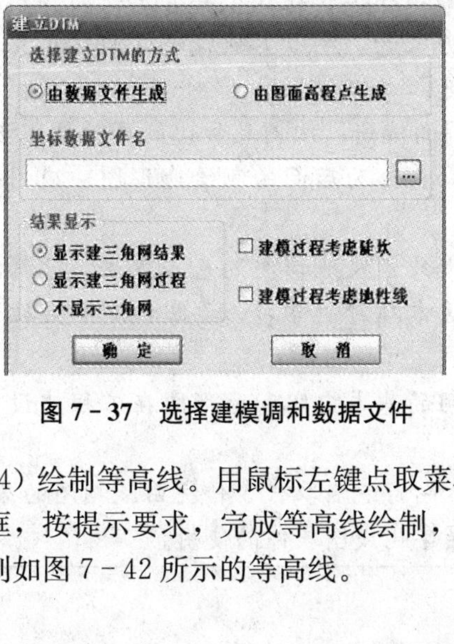

图 7-37 选择建模调和数据文件

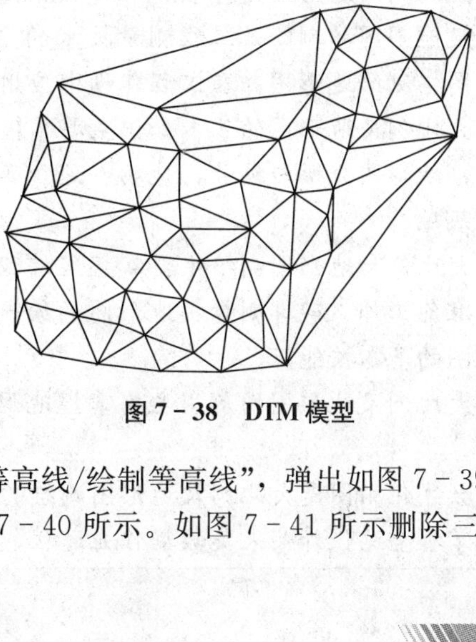

图 7-38 DTM 模型

（4）绘制等高线。用鼠标左键点取菜单“等高线/绘制等高线”，弹出如图 7-39 所示对话框，按提示要求，完成等高线绘制，如图 7-40 所示。如图 7-41 所示删除三角网，可得到如图 7-42 所示的等高线。

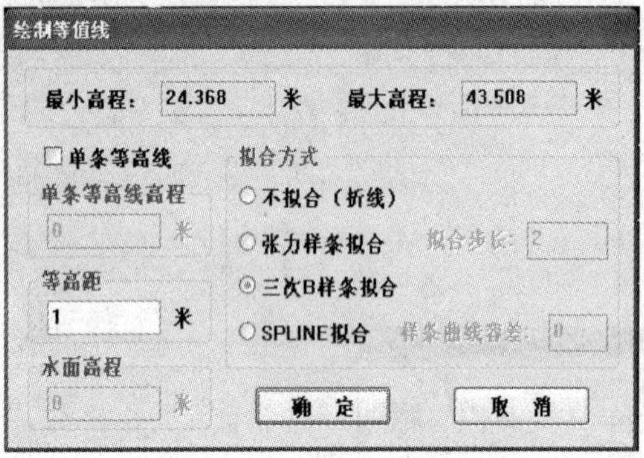

图 7-39　绘制等高线对话框

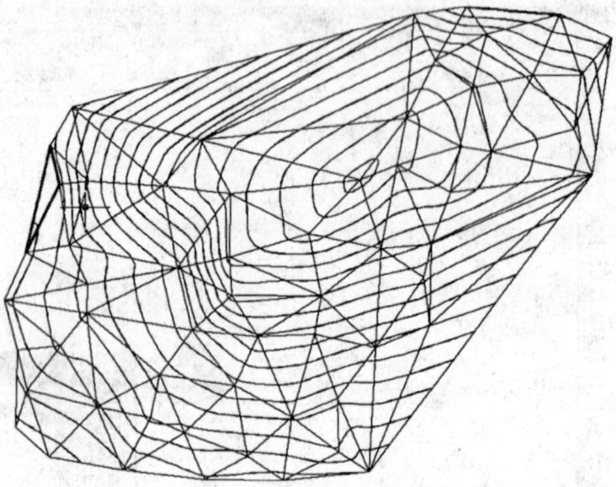

图 7-40　绘制等高线

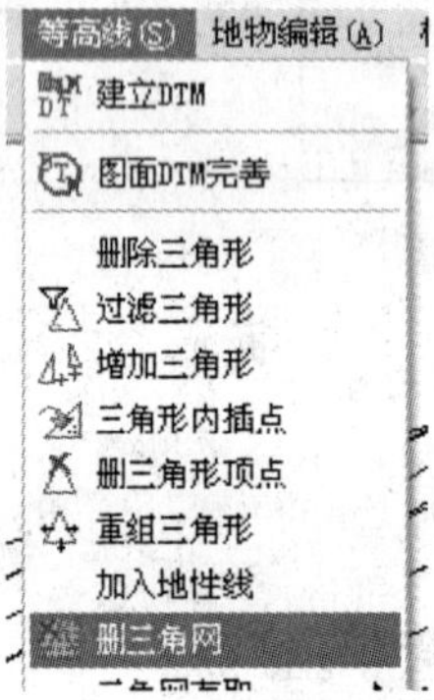

图 7-41　删三角网

图 7-42　删除三角网后的等高线

本项目小结

大比例尺地形图是各项工程建设的基础资料，在工程建设中具有重要的作用，大比例尺地形图的测绘是工程测量技术的主要任务之一。学习本项目的目的就是要认识地形图、测绘地形图并在工程建设中应用地形图。

大比例尺地形图的基本知识主要掌握地形图的概念，比例尺和比例尺精度，图名、图号，地形图分幅与编号，地物、地貌等基础知识。为后面的测绘地形图、应用地形图打基础。

大比例尺地形图测绘主要掌握经纬仪测绘大比例尺地形图的基本方法，包括测图前的准备工作、碎部测量、地形图的绘制。通过本项目的学习，要掌握测绘大比例尺地形图的基本技能。

大比例尺地形图的应用主要掌握地形图应用的基本内容和地形图在工程建设中的应用。

数字化测图是大比例尺地形图测绘的发展方向，逐渐取代了传统白纸测图的方法，主要掌握全站仪外业采集数据作业过程，熟悉数字化成图软件的使用。

习　题

一、选择题

1. 在地形图上，量得 A 点高程为 21.17m，B 点高程为 16.84m，AB 距离为 279.50m，则直线 AB 的坡度为（　　）。

A. 6.8%　　B. 1.5%　　C. −1.5%　　D. −6.8%

2. 地形图的比例尺用分子为 1 的分数形式表示时，（　　）。

A. 分母大，比例尺大，表示地形详细　　B. 分母小，比例尺小，表示地形概略

C. 分母大，比例尺小，表示地形详细　　D. 分母小，比例尺大，表示地形详细

3. 展绘控制点时，应在图上标明控制点的（　　）。

A. 点号与坐标　　B. 点号与高程

C. 坐标与高程　　D. 高程与方向

4. 道路纵断面图的高程比例尺通常比水平距离比例尺（　　）。

A. 小一倍　　B. 小 10 倍　　C. 大一倍　　D. 大 10 倍

5. 山脊线也称（　　）。

A. 示坡线　　B. 分水线　　C. 山谷线　　D. 集水线

二、名词解释

1. 比例尺
2. 地物
3. 等高距
4. 山谷线

三、填空题

1. 地形图的分幅方法基本上有两种：一种是按经纬线分幅的____________________法，另一种是按坐标网格划分的____________________法。建筑工程测量所用的大比例尺地形图通常采用____________________法。

2. 测绘地形图时，碎部点的高程注记在点的________侧、字头应________。

3. 测绘地形图时，对地物应选择________________立尺、对地貌应选择________________立尺。

4. 汇水面积的边界线是由一系列________________连接而成。

四、简答

1. 简述地形图应用的基本内容。
2. 什么是等高线平距、等高距和坡度？它们有什么关系？
3. 等高线的特性是什么？
4. 长、宽各为 80m、60m 的矩形房屋，在 1∶2000 的地形图上面积多少？

五、计算题

在图 7－43 中所示的：1000 地形图上完成下面作业。

1. 求 A、B、C、D、E 各点的坐标和高程。
2. 作 AE 方向的断面图。

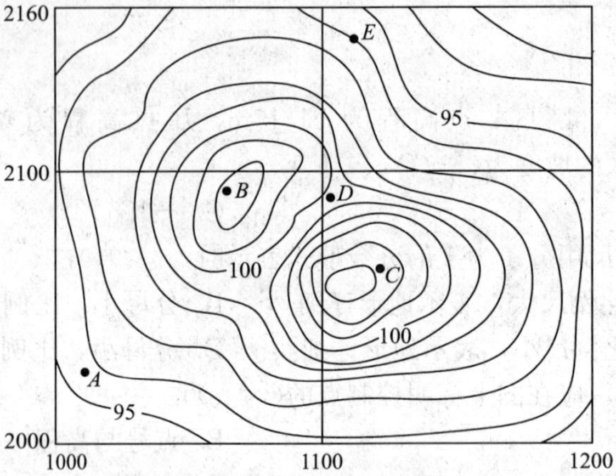

图 7-43 地形图

能力评价体系

知识要点	能 力 要 求	所占分值	自评分数
大比例尺地形图的基本知识	(1) 熟悉图名、图号、结合图	5	
	(2) 掌握比例尺与比例尺精度等基本概念	6	
	(3) 掌握地形图的分幅与编号	8	
	(4) 掌握地物、地貌符号	10	
大比例尺地形图测绘	(1) 了解地形图测绘的准备工作	5	
	(2) 熟悉经纬仪测图作业过程	10	
	(3) 掌握等高线原理	10	
大比例尺地形图的应用	(1) 熟悉地形图识读	5	
	(2) 掌握利用地形图确定点的坐标、高程，确定直线的距离、方位角、坡度，面积量算	10	
	(3) 掌握利用地形图绘制纵断面图、选择最短路线、确定汇水面积、土石方估算	10	
数字化测图	(1)熟悉全站仪的使用	5	
	(2)掌握全站仪外业采集数据作业过程	8	
	(3) 掌握数字化成图软件的使用	8	
总 分		100	

附表：南方 NTS660 全站仪外业数据采集和数据传输操作步骤及示意图。

步骤及操作	示意图	步骤及操作	示意图
1 按电源键进入南方 NTS660 全站仪开机界面，按 F1 进入程序	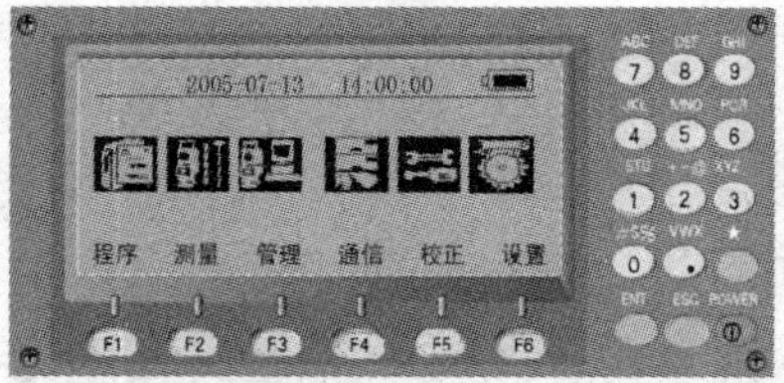	6 选择编辑-坐标数据菜单，按回车(ENT)键	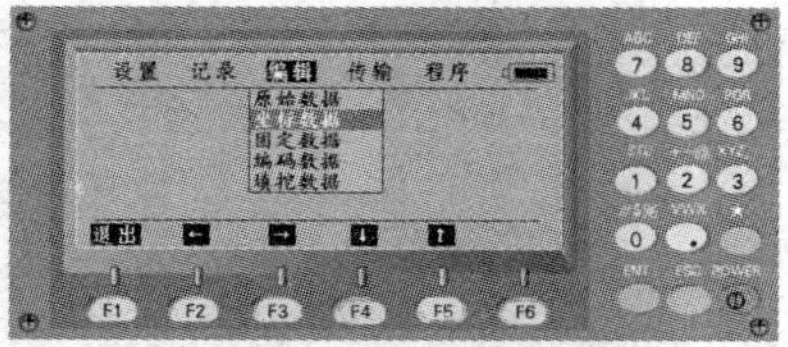
2 按 F1 进入标准测量	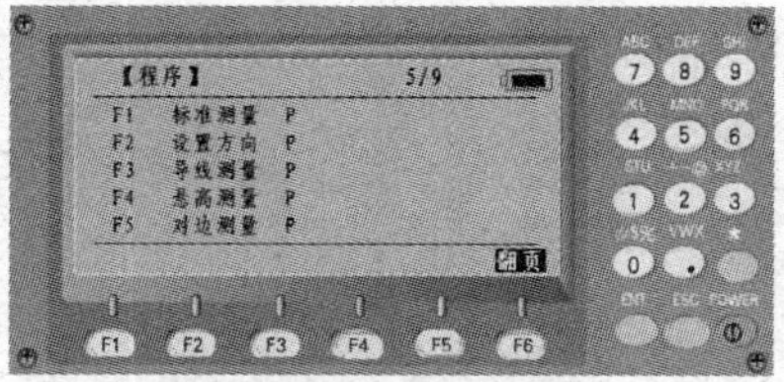	7 进入坐标数据编辑，添加已知点坐标数据，N、E、Z 分别表示 x、y 坐标和高程	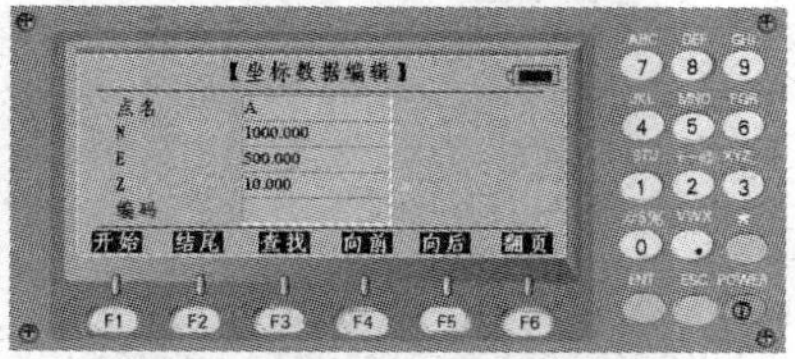
3 按 F2、F3 可以选择设置、记录、编辑等菜单，这里选择设置-作业菜单	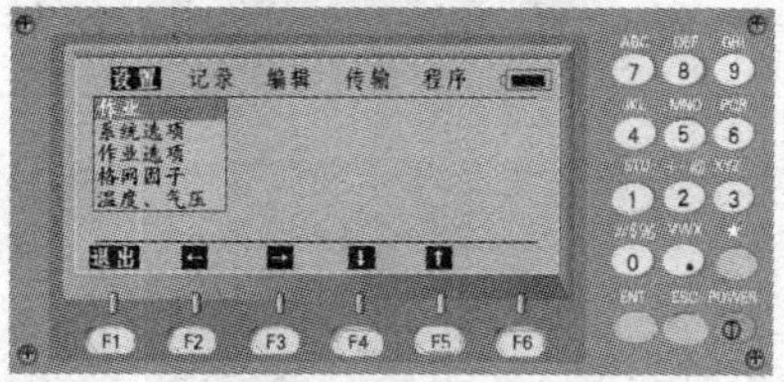	8 再添加一条已知数据，按 F4 确定，不再添加一条已知数据，按 F5 确定	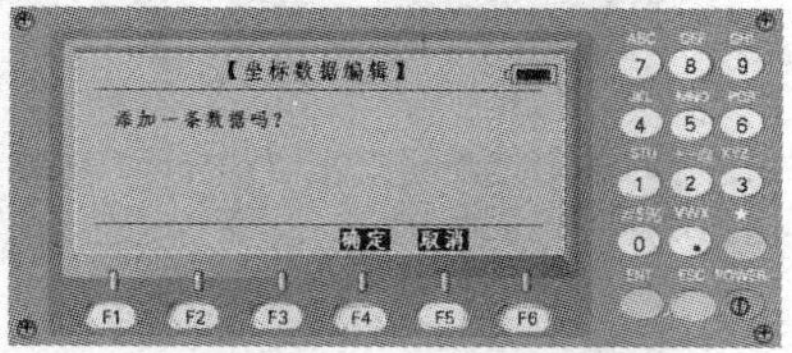
4 按 F2、F3、F4、F5 左右上下可以选择菜单，选择至新建菜单，按回车(ENT)键	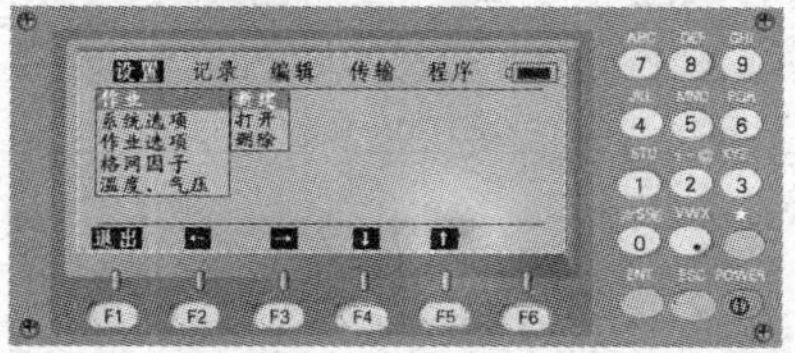	9 再添加一已知点坐标数据	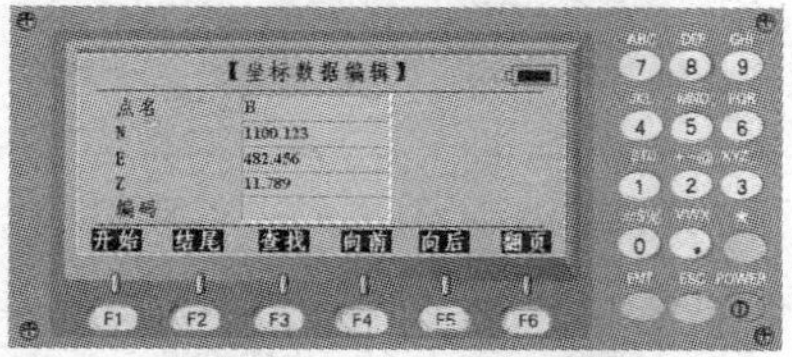
5 输入作业名、作业描述、操作者、仪器型号后，按回车(ENT)键	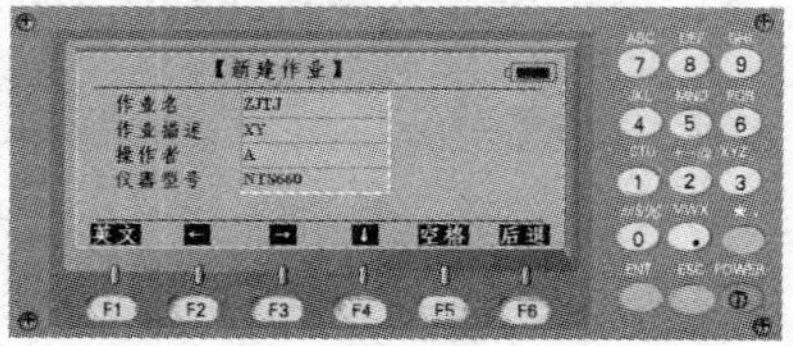	10 已知数据添加完毕后，进入记录—设置测站点菜单	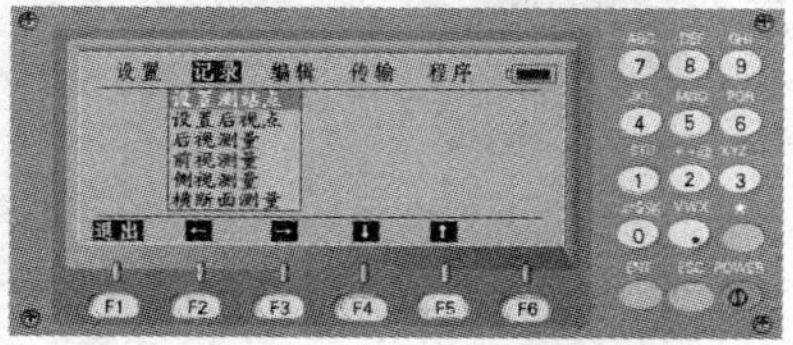

(续)

步骤及操作	示意图	步骤及操作	示意图
11 设置测站点，输入点名、仪器高后，按回车(ENT)键		15 进入前视测量，开始进行碎部点数据采集	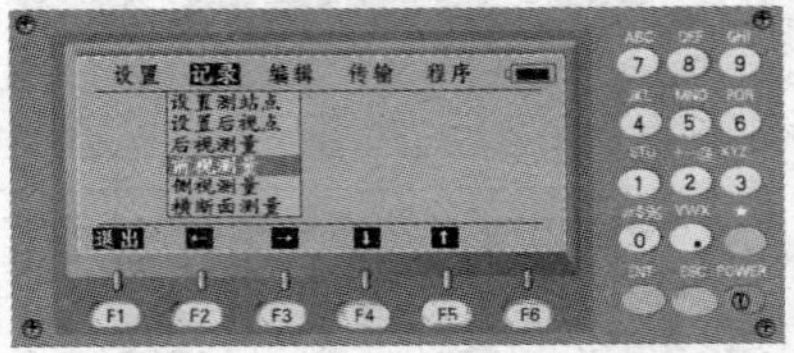
12 进入记录—设置后视点菜单	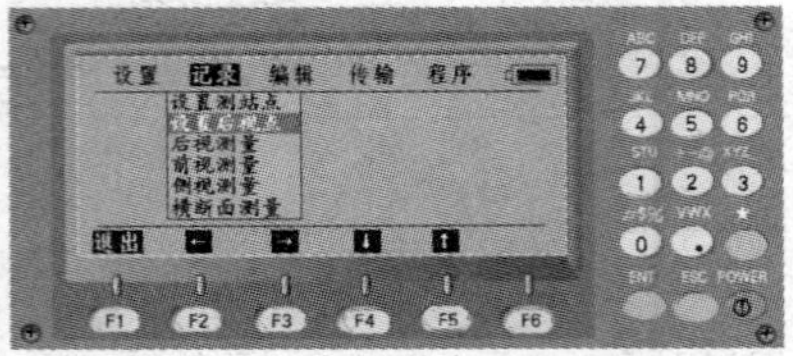	16 瞄准放在碎部点的棱镜，按回车(ENT)键进行碎部点坐标数据采集	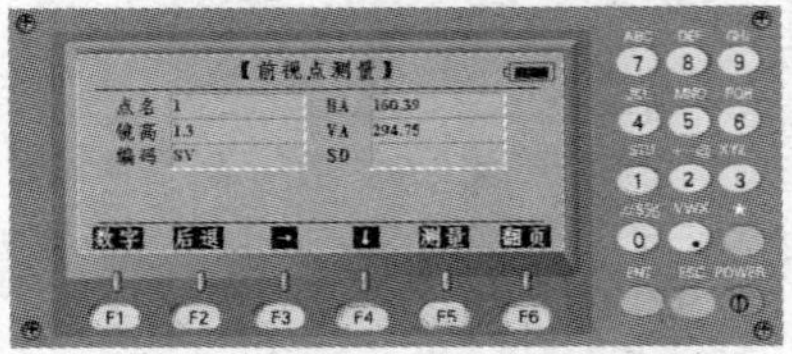
13 设置后视点，输入点名、棱镜高后，按回车(ENT)键	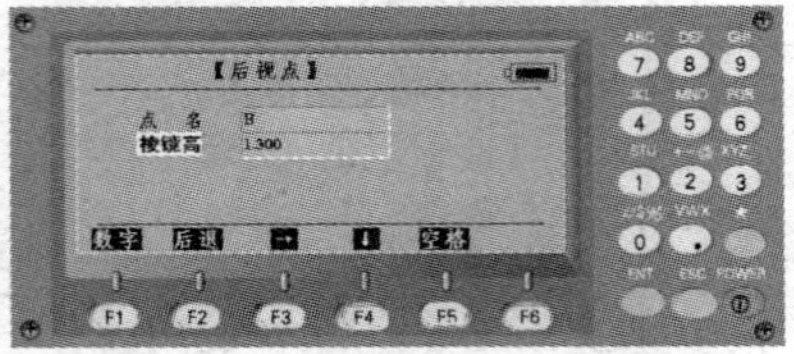	17 碎部数据采集完毕后，与计算机连接，将坐标数据传输到计算机上	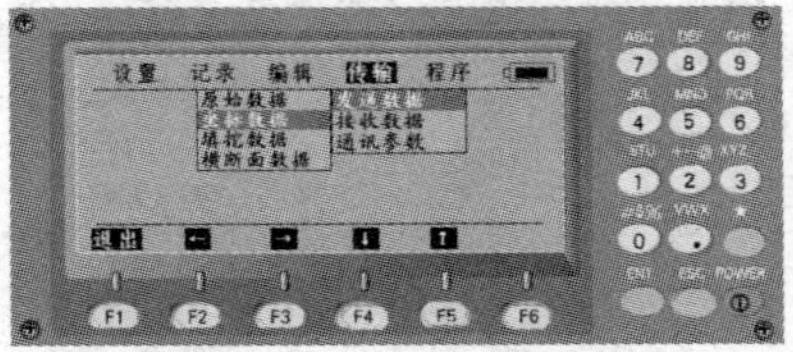
14 仪器算出测站点至后视点方位角，按 F1 设置，水平角和方位角一致，按回车(ENT)键	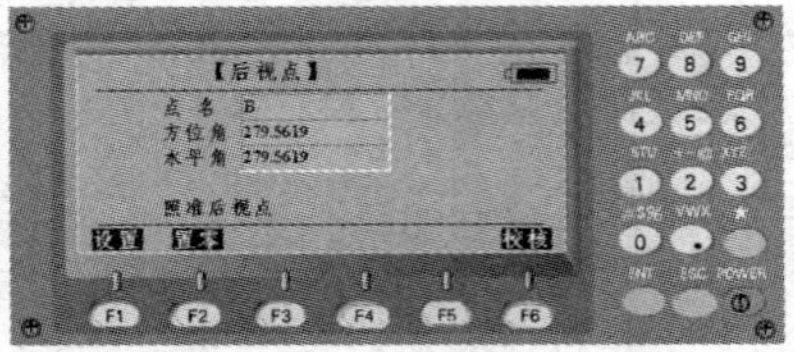	18 数据传输过程中	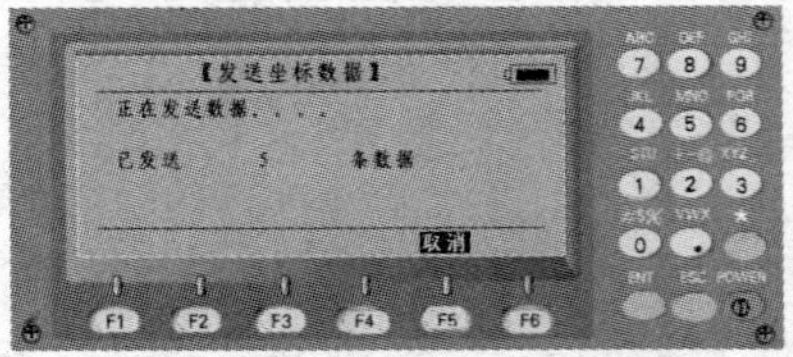

项目8 施工测量的基本工作

学习目标

通过本项目学习，应了解施工测量的主要内容、特点和基本要求；领会已知水平距离、水平角、高程及坡度直线测设的基本工作和方法；重点掌握利用直角坐标法、极坐标法、角度和距离交会法等方法进行点的平面位置测设方法；初步掌握曲线的测设数据整理和方法。

学习要求

知识要点	能力要求	相关知识
测设的基本工作	(1) 了解施工测量的主要内容、特点及要求 (2) 掌握测设已知水平距离的方法 (3) 掌握测设已知水平角的方法 (4) 掌握已知高程测设方法 (5) 理解已知坡度直线测设方法	(1) 钢尺一般测设法基本程序和要求 (2) 钢尺精密测设数据计算 (3) 光电测距仪构造原理 (4) 水平角一般测设方法和精密测设方法 (5) 地面上点的高程测设方法 (6) 高程向上或向下引测原理 (7) 水准仪倾斜视线测设法
点的平面位置测设方法	(1) 掌握直角坐标法测设程序 (2) 掌握极坐标法测设程序 (3) 领会角度交会法测设点位 (4) 掌握距离交会测设法	(1) 直角坐标法测设原理 (2) 极坐标法计算数据 (3) 角度和距离交会法适用条件
圆曲线测设	(1) 了解圆曲线特点 (2) 掌握圆曲线主点测设方法 (3) 掌握圆曲线细部点测设方法	(1) 圆曲线测设元素及其计算数据 (2) 偏角法测设细部点 (3) 切线支距法测设细部点 (4) 极坐标法测设细部点

【推荐阅读资料】

http：//www.ck365.cn/　中国测控网

【学习重点】

测设三项基本工作：已知水平距离、已知水平角和已知高程测设；利用直角坐标法和极坐标法测设点的平面位置；圆曲线主点测设方法以及切线支距法测设细部点。

【最新标准】

(1)《工程测量规范》(GB 50026—2007)

(2)《城市测量规范》(CJJ 8—1999)

引例

某校建筑总平面图给出了拟建的矩形教学楼外墙轴线点坐标，已知附近施工现场有一控制导线，控制点坐标和高程均可知，又知教学楼室内地坪绝对高程。要求测设拟建教学楼外墙轴线交点及其室内地坪±0.000标高。测量技术人员根据已知工程条件如何合理选择测设方法？测设教学楼外墙轴线四点的程序是什么？如何根据已知水准点进行已知高程测设？

通过对本项目讲述的内容进行系统学习后，上述诸问题就不难解决。

知识点

8.1 概　　述

8.1.1 施工测量的主要内容

施工测量是指建筑工程在施工阶段所进行的测量工作。其目的是根据施工的需要，用测量仪器把设计图纸上的建筑物和构筑物的平面位置和高程，按设计要求以一定精度测设(放样)在施工场地上，为后续施工提供依据，并在施工过程中通过系列测量控制工作，以保证工程施工质量。

施工测量的主要内容包括施工前建立施工控制网，施工过程中进行建(构)筑物定位、构件安装、高程控制，以及工程竣工验收质量控制等。因此，施工测量贯穿于整个工程施工过程中。

8.1.2 施工测量的特点和要求

(1) 施工测量与地形测量不同，它是将设计图纸上建(构)筑物特征点按设计要求，测设到相应地面上的工作过程。

(2) 施工测量的精度应满足规范要求。一般情况下，施工控制网的精度要高于测图控制网的精度，施工放样精度也应高于测图精度。复杂结构的建筑物其测设精度高，高层建筑放样精度要比低层高，总之，施工测量精度主要取决于建筑物的使用性质、规模、施工方法及材料等，施工测设时根据不同工程应合理选择不同的测量精度。

(3) 施工测量控制将直接影响建筑物的质量，所以本着“先整体后局部，先控制后细部，从高精度到底精度”的原则进行施测，对每一环节施工测量都要认真进行记录、审核，确保数据的可靠性和准确性。

(4) 由于施工现场交通频繁、交叉作业面大，加上机械设备颇多，地面起伏较大，所以各种测量标志一定要注意埋设稳定，妥善保护并检查，若损坏或被毁，应按照要求及时恢复，确保工程质量。

8.2 测设的基本工作

在建筑场地上根据设计图纸所给定的条件和有关数据，为施工做出实地标志而进行的测量工作，称为测设(也叫放样)。测设主要是定出建(构)筑物特征点的平面和高程位置，而点的平面位置的测设是在测设已知水平长度的距离、已知水平角和已知高程三项基本工作的基础上完成的。

8.2.1 测设已知水平长度的距离

测设已知水平长度的距离是从一个已知点出发，沿指定的方向，量出给定的水平距离，定出这段距离的另一个端点。

1. 钢尺测设法

1) 一般方法

如图 8-1 所示，在平整的施工场地上，当测设精度要求不高时，根据给定的起始点 A 和直线 AB 的方向，用钢尺按一般丈量方法沿直线 AB 方向量出已知水平长度 $D_{设}$，定出直线中点 B 的位置。为了检查测设是否正确，应进行返测丈量其实长 $D_{返}$，其误差 ΔD 为

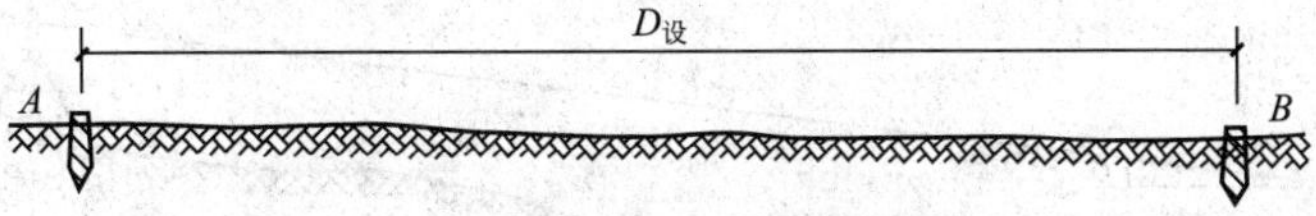

图 8-1 一般方法测设水平距离

$$\Delta D = D_{返} - D_{设} \tag{8-1}$$

相对误差为

$$K = \frac{\Delta D}{D_{设}} = \frac{1}{\frac{D_{设}}{\Delta D}} \tag{8-2}$$

相对误差 K 应小于 1/5000，它们的平均值作为最后结果。

特别提示

当 ΔD 为正时，应自 B 点向内改正；反之，则向外改正。

2) 精密方法

当测设精度要求在 1/10000 以上时，应采用精密测设法。其方法为：

(1) 在平整的施工场地上，自起点 A 按直线方向用钢尺按照设计长度概量，设置尺段桩，桩顶作出“+”标记，定出临时终点 B'，如图 8-2 所示。

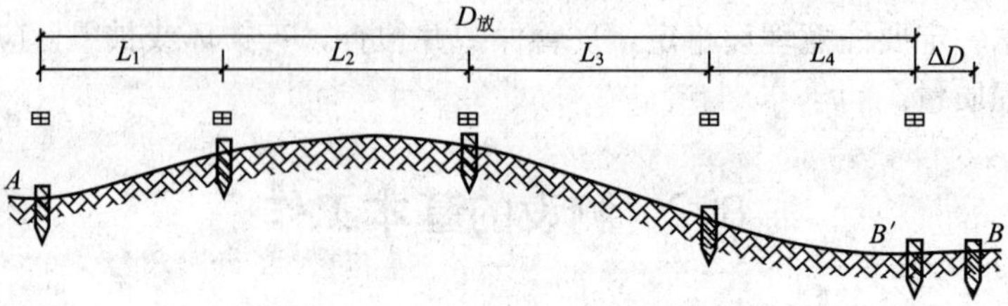

图 8-2　精密方法测设水平距离

(2) 用检定过的钢尺往返实量 AB'的距离，丈量时用弹簧秤控制拉力，每尺段记录丈量时的温度值，并用水准仪测量桩顶 AB'高差。

(3) 计算各尺段尺长改正数、温度改正数、倾斜改正数，计算往、返测设总长，并计算相对误差，其精度须达到 1/10000 以上。在精度合格的情况下，取往返测设长度的平均值为放样长度 $D_{放}$。

(4) 计算改正值 $\Delta D = D_{放} - D_{设}$，若 ΔD 为正，向内改正，反之向外改正。重新设置终点 B 标志，将原标志 B'废除。

2. 光电测距仪测设法

当精度要求较高时，可采用光电测距仪测设法，其方法为：

(1) 如图 8-3 所示，在 A 点安置光电测距仪，反光棱镜在已知方向上前后移动，使仪器显示值略大于测设的距离，定出 B'点。

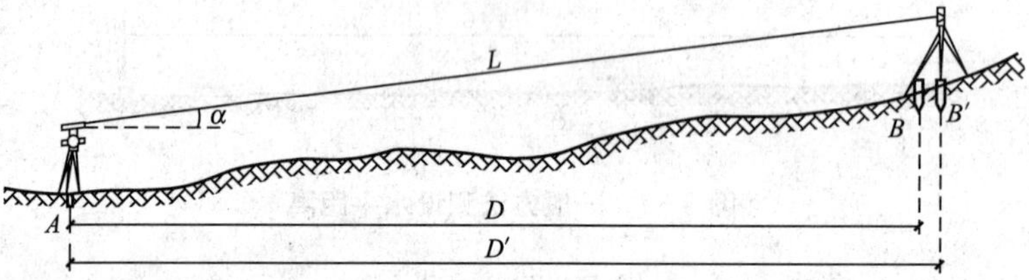

图 8-3　光电测距仪测设法

(2) 在 B'安置反光棱镜，测出竖直角 α 及斜距 L(必要时加测气象改正)，计算水平距离 $D_{放} = L\cos\alpha$，从而求得 $\Delta D = D_{放} - D_{设}$。

(3) 根据 ΔD 数值在实地用检定过的钢尺沿测设方向将 B'改正至 B 点，用木桩标定其点位。

(4) 将反光镜安置在 B 点，重新实测 AB 距离，其误差应在限差内，否则应再次进行改正，直至符合限差为止。

8.2.2　测设已知水平角

测设已知水平角是根据给定的已知水平角和该角的一条起始边，按要求把该角的另一条边测设到地面上。根据精度要求不同，测设方法有如下两种：

1. 一般测设方法

当测设精度要求不高时，可采用盘左、盘右取中的方法，得到欲测设水平角的另一边。如图 8-4 所示，在 O 点安置经纬仪，对中整平，先以盘左位置瞄准 A 点，使水平度盘读数为零，松开制动螺旋，旋转照准部，使水平度盘读数为已知水平角 β 值，在此视线上定出 B' 点；然后盘右位置按上述步骤再测设一次，定出 B'' 点；最后取 $B'B''$ 的中点 B，则 $\angle AOB$ 即为已知水平角 β。

2. 精密测设方法

当测设精度要求较高时，可按下列程序操作，如图 8-5 所示。

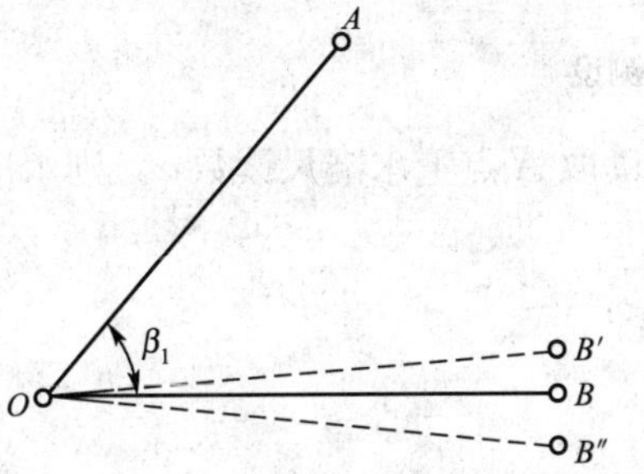

图 8-4　一般方法测设水平角

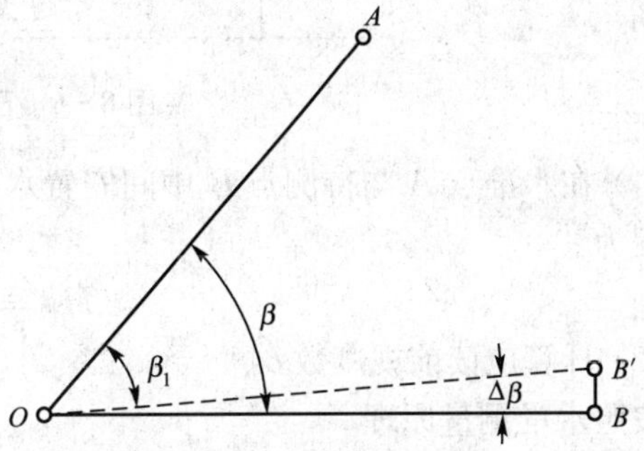

图 8-5　精密方法测设水平角

(1) 按一般测设方法定出点 B'。

(2) 用测回法观测 $\angle AOB$，测回数按精度要求确定，取各测回平均值 β_1 作为观测结果。

(3) 设 $\beta-\beta_1=\Delta\beta$，则 OB' 垂直线 BB' 的水平距离为

$$BB'=AB'\cdot\tan\Delta\beta=\frac{\Delta\beta}{\rho} \tag{8-3}$$

(4) 过 B' 点作 OB' 的垂直线，自 B' 点向外量取 BB' 即得到点 B，则 $\angle AOB$ 即为测设的已知水平角。

特别提示

量取改正距离时，若 $\Delta\beta$ 为正值，则沿 OB' 的垂直方向线向外量取；若 $\Delta\beta$ 为负值，则沿 OB' 的垂直方向线向内量取。

为了便于操作，在测设水平角 β 前，应使经纬仪水平度盘读数为零，这样直接测设水平角。

8.2.3　测设已知高程

测设已知高程是根据附近的水准点，将设计高程按照要求测设到现场作业面上。在建筑物设计、施工中，为了使设计高程与图纸上的竖向尺寸相配合，一般以建筑物底层室内地坪标高为±0.000，其他建筑物部位如基础、楼板标高都是以此为依据确定的。

1. 地面上点的高程测设

如图 8-6 所示，图纸上建筑物室内地坪设计高程为 $H_{设}$，利用附近水准点 A，高程为

H_A，在某处 B 待测设木桩上作出高程标志线，使其高程恰好为 $H_设$。其测设方法为：

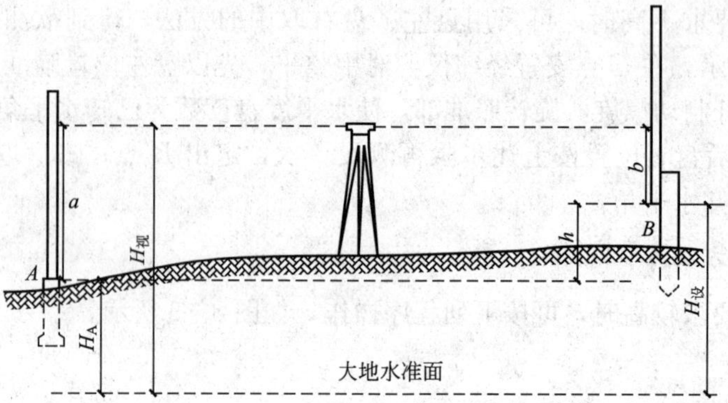

图 8-6　已知高程测设

(1) 在水准点 A 与待测点 B 中间安置水准仪，读取 A 点上水准尺读数 a，则水准仪视线高程为

$$H_视 = H_A + a \tag{8-4}$$

(2) 计算应读前视度数 $b_应$。

按照水准测量原理

$$H_A + a = H_设 + b_应 \tag{8-5}$$

$$b_应 = (H_A + a) - H_设 = H_视 - H_设 \tag{8-6}$$

(3) 将水准尺紧贴待测设点 B 木桩上下移动，直到水准尺度数恰好为 $b_应$，尺底即为测设的高程位置，沿尺底在木桩上划线，然后用红蓝铅笔或红色油漆绘出标高线符号，并注明高程值。

2. 高程传递

当向较深的基坑或较高建筑上测设已知高程点，5m 水准尺无法满足测设要求时，可利用悬挂钢尺代替水准尺的方法向下或向上引测。

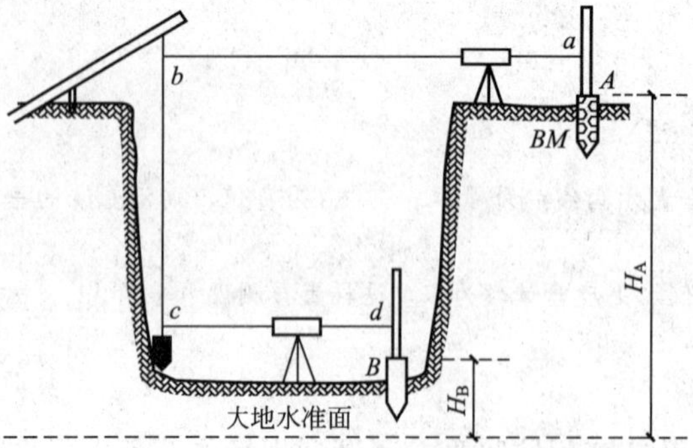

图 8-7　高程传递

如图 8-7 所示，预在深基坑内测设点 B，使其高程为 $H_设$。地面附近有已知水准点 A，高程为 H_A，其测设方法为：

(1) 在坑边架设一吊杆，杆上悬吊一根零点向下的钢尺，尺的下端悬挂 10kg 的重物。

(2) 在地面上安置水准仪，读取 A 点水准尺和钢尺读数分别为 a 和 b。

(3) 在坑底安置另一台水准仪，读取钢尺读数为 c，按照水准测量原理，B 处水准尺的读数应为

$$d = (H_A + a) - (b - c) - H_设 \tag{8-7}$$

按地面上点的高程测设方法，B 处水准尺底部就是设计高程 $H_设$。

利用同样的方法，可将高程由低处向高处引测。

特别提示

高程向上传递时，应在测设高处悬挂钢尺，注意钢尺零点在上，上下移动钢尺，使水准仪的前视读数为：$b=H_{设}-(H_A+a)$，则钢尺零点刻度线所在位置就是欲测设的高程。

8.2.4 测设已知坡度线

道路、管道、地下工程以及场地平整等工程施工中，常需要测设已知设计坡度的直线。已知坡度直线的测设工作，实际上就是根据附近水准点的高程、设计坡度和坡度线端点的设计高程，用高程测设的方法，将坡度线上各点的设计高程测设到地面上，使之构成已知坡度。

若给定的设计坡度 $i=x\%$，要求在水平距离 D 处作出坡度线标志桩。其方法为：

1) 计算一定距离 D 的坡升或坡降值

$$h=iD=D\times x\% \tag{8-8}$$

2) 实地测设

如图 8-8 所示，在 AB 中间安置水准仪，A 处立尺读数为 a，则 B 处水准尺上应读前视读数为

$$b_{应}=a-h \tag{8-9}$$

应注意上式为代数差，若 h 为坡降值，则为负值，$b_{应}>a$；若 h 为坡升值，则为正值，$b_{应}<a$。

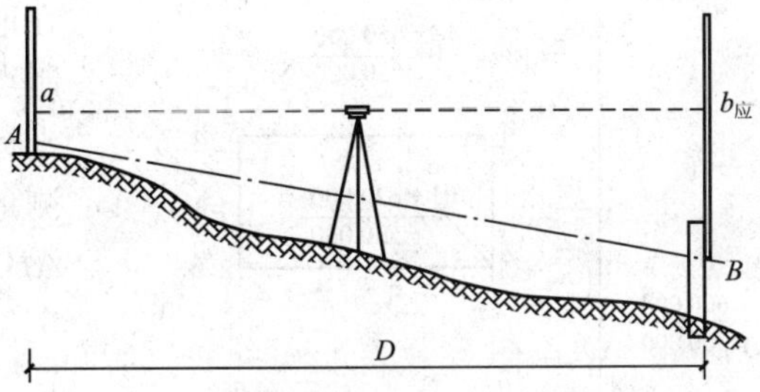

图 8-8　已知坡度线测设

将水准尺紧贴待测设点 B 木桩上下移动，直到水准尺度数恰好为 $b_{应}$，尺底画标志线，B 处标志线与 A 点相连，其坡度就是所需测设坡度。

3) 如果地面实际坡度与设计坡度比较接近，可采用水准仪倾斜视线测设法

如图 8-9 所示，在 A 点安置水准仪，注意一个脚螺旋在测设坡度方向线上，另两个角螺旋与之垂直，量取仪器高 l。瞄准 B 点处的水准尺，旋转 AB 方向线上的角螺旋，使视线在 B 标尺上的读数等于仪器高 l，此时倾斜视线与设计坡度平行。将水准尺移向各加密桩侧面，当尺上读数为 l 时，则尺底标志线的连线就是所需测设的设计坡度。

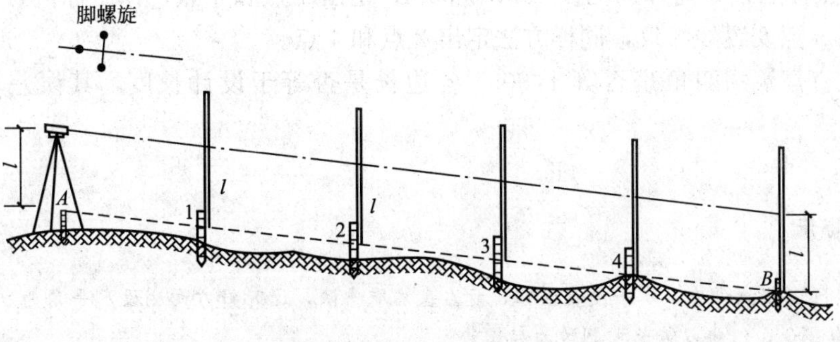

图 8-9　倾斜视线法测设坡度线

特别提示

如果测设较大坡度，而水准仪纵向移动有限，可利用经纬仪进行测设。

8.3 点的平面位置测设方法

点的平面位置测设一般有直角坐标法、极坐标法、角度交会法和距离交会法四种测设方法。测设时，应根据现场施工情况、控制网形式、地面起伏状况、设计条件以及精度要求合理选用。

8.3.1 直角坐标法

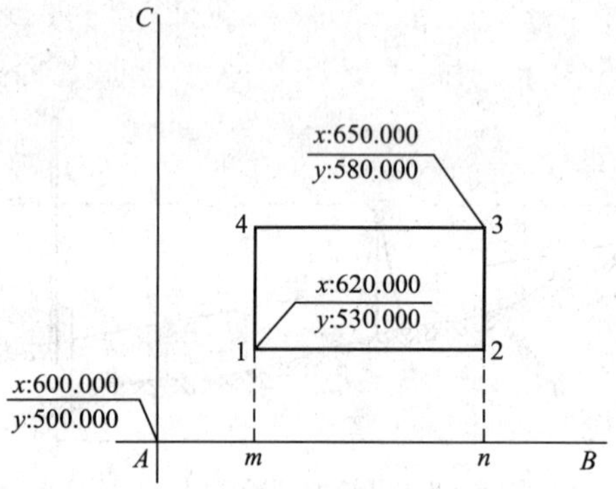

图 8-10 直角坐标法

直角坐标法是根据直角坐标原理，利用纵横坐标之差，测设点的平面位置。此方法适合在地面平坦且现场已布设有连线相互垂直的控制点的情况下。点位测设时，先根据图纸上的坐标数据和几何关系计算测设数据，然后利用测量仪器按要求测设点位。如图 8-10 所示，AB 和 AC 为相互垂直的控制线，它们与建筑物定位轴线相互平行，根据图纸上给定的点位和 1、3 点坐标，用直角坐标法测设 1、2、3、4 点的位置。

1. 计算测设数据

图 8-10 中，建筑物的长度为 $y_3-y_1=50.000$m，宽度为 $x_3-x_1=30.000$m。过 1、2 点分别作 AB 的垂线得 m、n 两点，则 $Am=30.000$m，$An=80.000$m。

2. 实地测设

(1) 在 A 点安置经纬仪，对中整平，瞄准 B 点，沿视线方向自 A 点分别测设 30m 和 80m，定出 m 点和 n 点，作出标记。

(2) 在 m 点安置经纬仪，对中整平，瞄准 B 点，采取盘左盘右取中法逆时针方向测设 90°，由 m 点按视线方向分别测设 20m 和 50m，定出 1 点和 4 点，作出标记。

(3) 在 n 点安置经纬仪，同样方法定出 2 点和 4 点。

(4) 检查建筑物四角是否等于 90°，各边长是否等于设计长度，其误差均应在限差之内。

特别提示

(1) 在实际工程测设中，水平度盘置零，盘左盘右取中法，逆时针方向测设水平角为 90°；顺时针测设时水平角为 270°，但要以较长控制边为起始边。

(2) 为了确保精度要求，在条件允许下，尽可能利用钢尺从已知控制点开始测设。

8.3.2 极坐标法

极坐标法是根据一个水平角和一段水平距离，测设点的平面位置。此方法适用于施工现场只有一般的导线点且测设距离较近又便于丈量，测设精度要求较高的情况下。

如图 8-11 所示，$A(x_A, y_A)$、$B(x_B, y_B)$为已知平面控制点，欲测设建筑物的一个角点 P，其设计坐标为 $P(x_P, y_P)$。

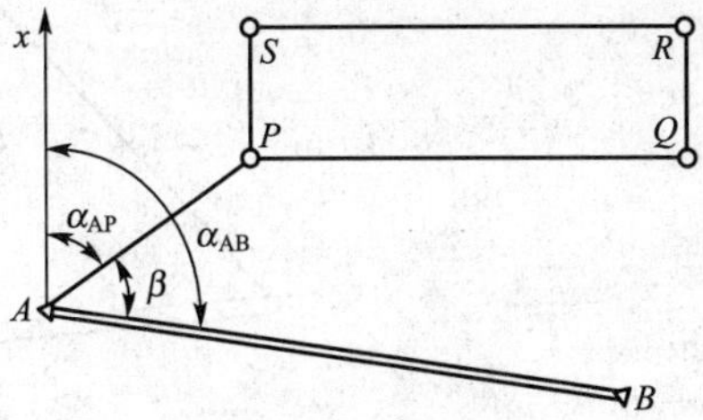

图 8-11 极坐标法

1. 坐标反算，计算测设水平角 β 和水平距离 D_{AP}

AB 边和 AP 边的坐标方位角 α_{AB} 和 α_{AP} 分别为

$$\alpha_{AB}=\arctan\frac{y_B-y_A}{x_B-x_A}=\arctan\frac{\Delta y_{AB}}{\Delta x_{AB}}$$

$$\alpha_{AP}=\arctan\frac{y_P-y_A}{x_P-x_A}=\arctan\frac{\Delta y_{AP}}{\Delta x_{AP}}$$

每条边在计算时，应根据 Δx 和 Δy 的正负情况，判断该边所属象限。

$$\beta=\alpha_{AB}-\alpha_{AP}$$

$$D_{AP}=\sqrt{(x_P-x_A)^2+(y_P-y_A)^2}=\sqrt{\Delta x_{AP}^2+\Delta y_{AP}^2}$$

2. 实地测设

(1) 在 A 点安置经纬仪，瞄准 B 点，按逆时针方向测设 β 角，定出 AP 方向线，沿方向线自 A 点始测设水平距离 D_{AP}，定出 P 点，作出标记。

(2) 用同样方法测设 Q、R、S 点。检查建筑物四角是否等于 90°，各边长是否等于设计长度，其误差均应在限差之内。

8.3.3 角度交会法

角度交会法是测设两个已知水平角，得到两条方向线，其交点是测设点的平面位置。它适用于地面有一般导线点且地面起伏较大、丈量不便、距离较远以及精度要求不高的情况下采用。如图 8-12 所示，地面上有 A、B 两个导线控制点，P 为欲测设点位，已知 P 点坐标为 $P(x_P, y_P)$。测设之前，根据 A、B、P 坐标反算出水平角 α 和 β。实地测设时，分别在 A、B 点上各安置一台经纬仪，同时测设 α 和 β 两水平角，得到两条方向线 AP 和 BP，其交点就是所要测设的点位 P。由于测设时得到的方向线是视线，交点可能离控制点较远，故应在每条测设出的方向线上投测两个标志，然后拉两条小线，则可定出 P 点的位置。测设完毕后应进行检查确保测设结果无误。

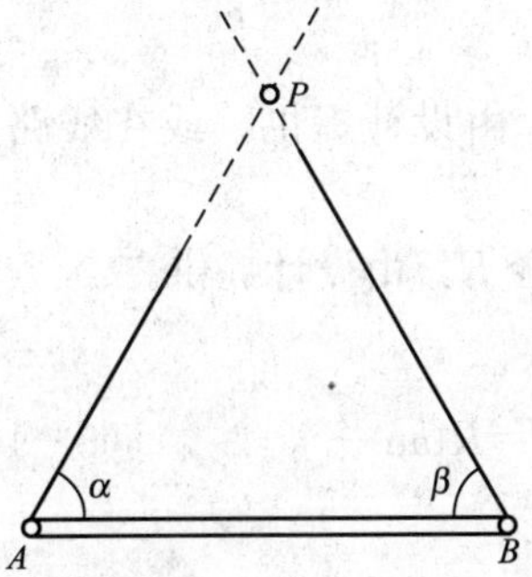

图 8-12 角度交会法

8.3.4 距离交会法

距离交会法是由两个控制点测设两段已知水平距离交会出点的平面位置的方法。该方法适宜在场地平坦，测设点离控制点不超过一个尺长又便于量距，精度要求不高的情况下采用。

如图 8-13 所示，现根据已知控制点 A、B 的坐标及待测

点 P 的设计坐标，反算出测设距离 D_1 和 D_2。实测时，用两根检定过的钢尺同时自 A、B 两点起测设 D_1、D_2，其交点即为测设点 P 的位置。测设完毕后，应利用周围其他条件进行检查。

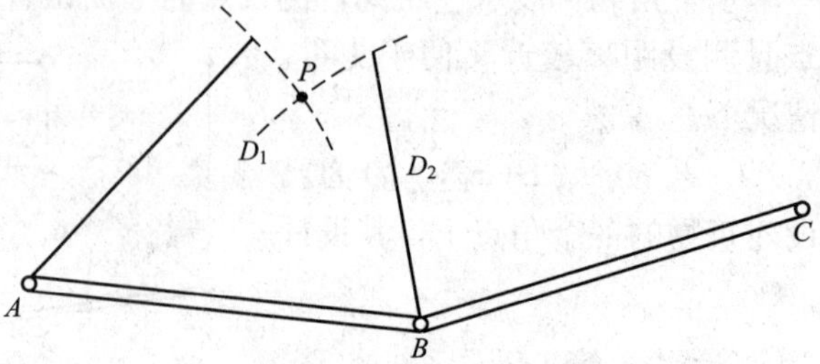

图 8-13 距离交会法

特别提示

距离交会法由于所有工具仅为两根钢尺，并且按照钢尺一般丈量方法进行测设，没有考虑其他影响因素。所以，该种方法多用于施工中距离较近的细部点放样。

8.4 圆曲线测设

道路工程中，为了行车的安全，线路改变方向时必须用曲线连接，其连接方式有圆曲线、缓和曲线、复曲线及回头曲线等多种形式。其中，圆曲线是最常见形式之一；缓和曲线是一种曲率半径按一定规律变化的曲线，在等级工路中常用；其他曲线是圆曲线和缓和曲线的组合形式。近年来，随着建筑设计的不断深入，建筑平面造型也越来越多样化，圆曲线运用颇多，需要根据平面曲线的形状和规律测设一些特征点。

圆曲线是指由一定半径的圆弧所构成的曲线。测设时，首先根据圆曲线的测设元素，测设曲线主点，包括曲线的起点(ZY)、终点(YZ)和中心点(QZ)；然后进行细部加密测设，标定曲线形状和位置。

8.4.1 圆曲线主点测设

1. 圆曲线要素的计算

圆曲线主点的位置主要是根据曲线要素确定的。如图 8-14 所示，圆曲线有以下几个要素：

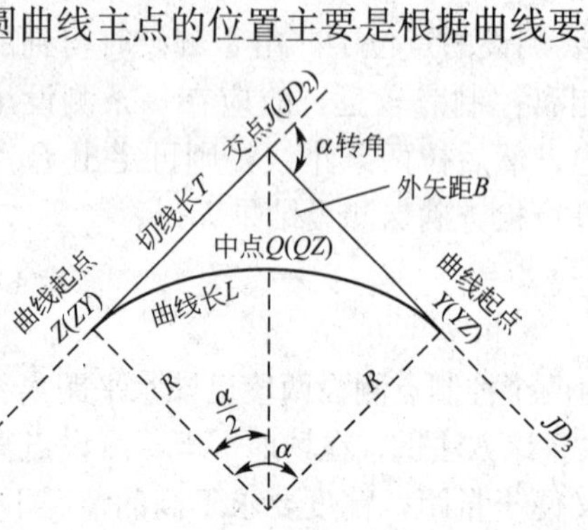

图 8-14 圆曲线要素

(1) 转折角 α，由设计提供，或在线路定测时用经纬仪实测。

(2) 圆曲线半径 R，由设计提供。

(3) 切线长。

$$T = R\tan\frac{\alpha}{2} \tag{8-10}$$

(4) 曲线长。

$$L = R\alpha\frac{\pi}{180^\circ} \tag{8-11}$$

(5) 外矢距。

$$E=R\left(\sec\frac{\alpha}{2}-1\right) \tag{8-12}$$

(6) 切曲差。

$$D=2T-L \tag{8-13}$$

2. 圆曲线主点里程的计算

在线路测量中，线路上的点号是用里程桩表示的。起点的桩号为 0，记为 0+000，“+”前面数字表示千米数，后面表示米数，线路上各点均以离起点的位置表示桩号，例如 K3+360，表示该桩离起点桩的距离为 3360m。圆曲线主点的里程是根据交点里程求得的。

$$\left.\begin{aligned} ZY\text{里程}&=JD\text{里程}-T \\ YZ\text{里程}&=ZY\text{里程}+L \\ QZ\text{里程}&=YZ\text{里程}-\frac{L}{2} \\ JD\text{里程}&=QZ\text{里程}+\frac{D}{2} \end{aligned}\right\} \tag{8-14}$$

例 8-1 设交点 JD 里程为 K2+968.43(单位 m)，T=61.53m，L=119.38m，E=9.25m，D=3.68m，试求曲线主点桩里程。

解：根据式(8-13)可得

$$ZY=JD-T=\mathrm{K}2+906.90$$

$$YZ=ZY+L=\mathrm{K}3+26.28$$

$$QZ=YZ-\frac{L}{2}=\mathrm{K}2+966.59$$

$$JD=QZ+\frac{D}{2}=\mathrm{K}2+968.43$$

与已知条件相符，计算正确。

3. 圆曲线主点测设

如图 8-15 所示，首先在交点 JD_2 处安置经纬仪，分别在瞄准 JD_1 和 JD_3 方向线上自交点起测设切线长 T，定出曲线起点桩 ZY 和 YZ。然后沿(180°$-\alpha$)角的分角线方向测设 E 值得到曲线中点 QZ。测设完成后进行检核，其误差在限差内。

8.4.2 圆曲线细部点测设

在地形变化不大且圆曲线较短时(L<40m)，只测设圆曲线主点即可。若地形变化较大，曲线较长，还应在曲线上每隔一定距离测设一个细部点。一般规定：$R\geqslant$100m 时，曲线上每隔 20m 测设一个细部点；25m$\leqslant R<$100m 时，每隔 10m 测设一个细部点；$R\leqslant$25m 时，每隔 5m 测设一个细部点。圆曲线测设方法主要有偏角法、切线支距法和极坐标法等，在实际工程中，可视地形图情况、精度要求和仪器条件等因素合理选用。

1. 偏角法

偏角法测设圆曲线细部点就是根据已测设至地面的三主点，以相邻两曲线点的长度与经纬仪的视线方向进行交会。如图 8－15 所示，曲线三主点已测设地面，在 ZY 点置经纬仪，利用偏角(弦切角)δ_1 和弦长 c_1 测设细部点 1；根据测设偏角 δ_2 得到 ZY－2 视线方向，与 12 点之间的整桩弦长 c_0 进行交会得到 2 点，以此类推，可测设出其他细部点。

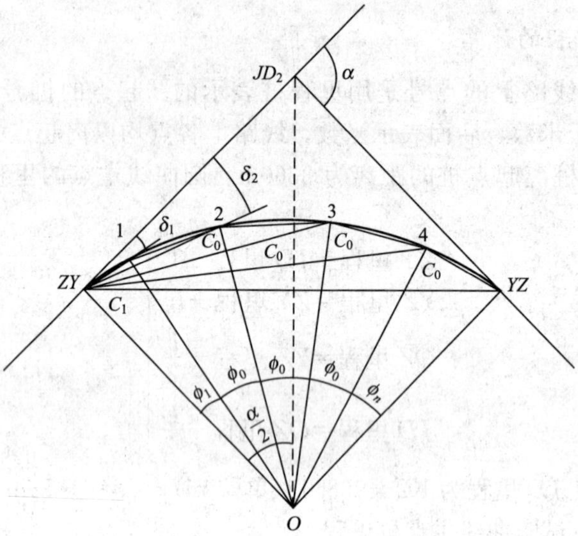

图 8－15　圆曲线主点测设

根据几何学原理可知

$$\left.\begin{aligned}&\text{偏角：}\delta=\frac{l}{2R}\frac{180}{\pi}\\&\text{弦长：}c=2R\sin\frac{\varphi}{2}=2R\sin\delta\end{aligned}\right\}\qquad(8-15)$$

式中　l——弧长；

φ——弧长 l 所对应的圆心角。

由于曲线上细部点的里程一般均为 5m 的整数倍，即细部点为整桩，而曲线起点 ZY 和终点 YZ 并非整桩。所以起点 ZY 至第一细部点的弧长 l_1 和最末细部点至终点 YZ 弧长 l_n 均小于各相邻整桩间的弧长 l_0。l_1、l_n、l_0 相对应的弦长为 c_1、c_n、c_0。根据式(8－15)可知：

$$\delta_0=\frac{\varphi_0}{2}=\frac{l_0}{2R}\frac{180}{\pi}$$

$$\delta_1=\frac{\varphi_1}{2}=\frac{l_1}{2R}\frac{180}{\pi}$$

$$\delta_2=\delta_1+\delta_0$$

$$\delta_3=\delta_1+2\delta_0$$

…

$$\delta_i=\delta_1+(i-1)\delta_0$$

…

$$\delta_n=\delta_{n-1}+\frac{\varphi_n}{2}=\delta_{n-1}+\frac{l_n}{2R}\frac{180}{\pi}$$

各细部点测设步骤为：在 ZY 点安置经纬仪，瞄准交点 JD_2，转动照准部，测设偏角 δ_1，自起点 ZY 测设弦长 c_1 定出 1 点；继续转动照准部，测设偏角 δ_2，从 1 点测设 c_0 与视线交会，定出 2 点，以此类推，测设其他细部点。利用曲线中点 QZ 偏角 $\frac{\alpha}{4}$ 和终点 YZ 偏角 $\frac{\alpha}{2}$ 作为测设检核数据。曲线测设至终点 YZ 时，其半径方向闭合差一般不应超过 ±0.1m，切线方向不超过 $\pm\frac{L}{100}$（L 为曲线总长）。

特别提示

偏角法测设存在误差积累的缺点。为提高精度，可将经纬仪分别安置在曲线起点 ZY 和终点 YZ 上，分别测设曲线的一半。

2. 切线支距法（直角坐标法）

如图 8-16 所示，过 ZY 点的切线为 x 轴，切线上过 ZY 点的垂线为 y 轴，建立直角坐标系。设各细部点至曲线起点 ZY 的弧长为 l_i，所对圆心角为 α_i，则

$$\left.\begin{aligned}\alpha_i&=\frac{l_i}{R}\frac{180}{\pi}\\x_i&=R\sin\alpha_i\\y_i&=R(1-\cos\alpha_i)\end{aligned}\right\}\tag{8-16}$$

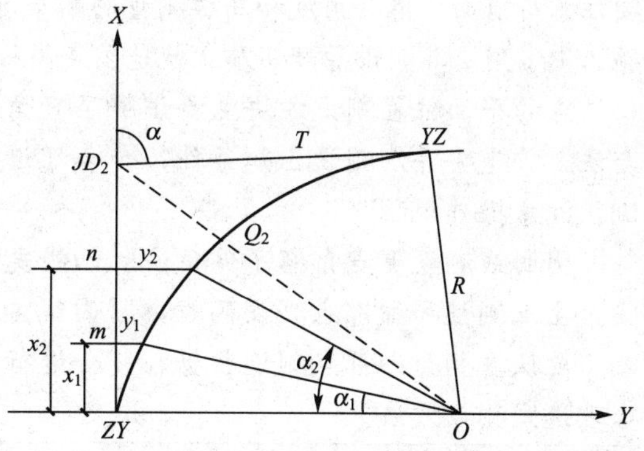

图 8-16　切线支距法

各细部点测设步骤为：

(1) 在 ZY 点安置经纬仪，瞄准交点 JD_2，在其方向线上，自 ZY 点起分别测设 x_1 和 x_2，定出点 m 和 n。

(2) 分别在点 m 和 n 安置经纬仪定出直角方向，自 ZY 点起分别测设 y_1 和 y_2，定出细部点 1 和 2，以此类推直到曲线中点 QZ。

(3) 同法从 YZ-JD_2 切线方向上测设圆曲线另一半细部点。

用切线支距法测设曲线，由于各细部点是独立完成的，其测角与量边的误差都不积累，所以在支距不太大的情况下，具有精度较高，操作较简便的优点，因而应用较为广泛。但它不能自己闭合，不能自行检查，所以对已测设的细部点，要实量其相邻两点间的距离，并符合精度要求。

3. 极坐标法

极坐标法适用于曲线较短或采用光电测距仪测设的情况下。首先计算各细部点桩段偏角和弦长，然后把仪器安置在曲线起点 ZY（或终点 YZ），测设各桩段偏角，在视线方向上测设弦长，定出细部点。根据相邻细部点之间的距离进行检核，其误差应在限差内。

特别提示

按桩距在曲线上设置里程桩号，通常有两种方法：

(1) 整桩号法：将曲线靠近曲线起点 ZY 的第一个桩的桩号凑整成为 l_0 倍数的整桩号，然后按桩距 l_0 连续向曲线终点 YZ 设桩。

(2) 整桩距法：分别从圆曲线起点和终点出发，分别以 l_0 连续向曲线中点设桩。

本项目小结

本项目内容是建筑施工测量的基础，在实际工程运用中具有重要作用。在学习时，要充分理解各种测设工作的主要内容和基本方法。

测设的基本工作包括已知水平距离、已知水平角和已知高程测设，又称测设三要素，是民用与工业建筑施工测量的重要基础。在学习时，既要明确它们之间的相互关系，又要注意与前面距离、角度和高程测量的本质不同。已知直线坡度测设在场地平整和道路施工中常用。其测设原理实质上就是多点高程测设，在实际工程中要合理选用测量仪器。

点的平面位置测设方法主要讲解了直角坐标法、极坐标法、角度交会法和距离交会法。首先要弄清测设已知条件，会合理选用测设方法，数据计算要准确无误，实地测设注意操作规程。

圆曲线测设重点介绍了偏角法、切线支距法和极坐标法三种测设方法。圆曲线测设分主点测设和细部点测设两步，圆曲线主点是曲线的控制点，所以在测设时务必准确。要认真领会细部点测设数据，并会进行计算，在实地测设细部点时根据所给条件合理选用测设方法。

习　题

一、选择题

1. 测设的三项基本工作是(　　)。
   A. 测设已知的高差，测设已知的水平角，测设已知的距离
   B. 测设已知的角度，测设已知的距离，测设已知的高差
   C. 测设已知的边长，测设已知的高程，测设已知的角度
   D. 测设已知的高程，测设已知的水平角，测设已知的水平距离

2. 设 A、B 为平面控制点，已知：$\alpha_{AB}=26°37'$，$x_B=287.36$，$y_B=364.25$，待测点 P 的坐标 $x_P=303.62$，$y_P=338.28$，设在 B 点安置仪器用极坐标法测设 P 点，计算的测设数据 BP 的距离为(　　)。
   A. 39.64　　B. 30.64　　C. 31.64　　D. 32.64

3. 在一地面平坦，无经纬仪的建筑场地，放样点位应选用(　　)方法。
   A. 直角坐标　　B. 极坐标　　C. 角度交会　　D. 距离交会

4. 用水准测设某已知高程点 A 时，水准尺读数为 1.0000m，若要用该站水准仪再测设比 A 点低 0.200m 的 B 点时，则水准尺应读数为(　　)m。

A. 0.08　　B. 1.2　　C. 1　　D. 0.2

5. 用一般方法测设水平角，应取(　　)作测设方向线。

A. 盘左方向线　　B. 盘右方向线

C. 盘左、盘右的 1/2 方向线　　D. 标准方向线

6. 用角度交会法测设点的平面位置所需的数据是(　　)。

A. 一个角度，一段距离　　B. 纵、横坐标差

C. 两个角度　　D. 两段距离

7. 采用偏角法测设圆曲线时，其偏角应等于相应弧长所对圆心角的(　　)。

A. 2 倍　　B. 1/2　　C. 2/3　　D. 1/4

二、简答计算题

1. 测设的基本工作有哪三项？各项工作在什么条件下进行？

2. 测设已知水平角与测量水平角有何区别？

3. 欲在地面上测设一段长 49.000m 的水平距离，所用钢尺的名义长度为 50m，在标准温度 20℃时，其鉴定长度为 49.994m，测设时的温度为 13℃，所用拉力与鉴定时的拉力相同，钢尺的线膨胀系数为 1.25×10^{-5}℃$^{-1}$，概量后测得两点间的高差为 $h=-0.58$m，试计算在地面上测设的长度。

4. 场地附近有一水准点 A，$H_A=126.320$m，欲测设高程为 126.920m 的室内±0.000 标高，水准仪在 A 点立尺读数为 0.928m，试说明其测设方法。

5. 试述测设已知直线坡度的基本方法。

6. 测设点的平面位置有哪些方法？各适用于什么情况？

7. 在平整后的建筑场地上，欲利用已知控制点 A 和 B，其坐标为 $x_B=1142.860$m，$y_B=2506.10$m，$\alpha_{BA}=86°18'24''$，用极坐标法测设某圆形构筑物的中心点 1。1 点设计坐标为 $x_1=1065.000$m，$y_1=2482.000$m。试计算测设所需数据，绘制测设图并简述测设方法。

8. 已知圆曲线的设计半径 $R=300$m，右转角 $\alpha=25°48'00''$，若交点里程为 K3+182.766，要求：

(1) 计算圆曲线的测设元素。

(2) 计算主点里程。

(3) 阐述圆曲线主点测设方法。

能力评价体系

知识要点	能 力 要 求	所占分值(100 分)	自评分数
测设的基本工作	(1) 了解施工测量的主要内容、特点及要求	5	
	(2) 掌握测设已知水平距离的方法	10	
	(3) 掌握测设已知水平角的方法	10	
	(4) 掌握已知高程测设方法	10	
	(5) 理解已知坡度直线测设方法	8	

（续）

知识要点	能 力 要 求	所占分值(100分)	自评分数
点的平面位置测设方法	(1) 掌握直角坐标法测设程序	10	
	(2) 掌握极坐标法测设程序	10	
	(3) 领会角度交会法测设点位	8	
	(4) 掌握距离交会测设法	8	
圆曲线测设	(1) 了解圆曲线特点	5	
	(2) 掌握圆曲线主点测设方法	8	
	(3) 掌握圆曲线细部点测设方法	8	
总　　分		100	

项目9 施工场地的控制测量

学习目标

通过本项目学习，要求了解施工坐标和测量坐标的换算方法；掌握施工控制测量中常用的平面控制网的布设形式；掌握建筑基线和建筑方格网的设计原则和测设方法；掌握施工场地的高程控制测量方法。

学习要求

知识要点	能力要求	相关知识
施工测量概述	(1) 掌握施工测量应遵循的程序和原则 (2) 了解施工控制网	施工测量应遵循的程序和原则、建筑基线、建筑方格网、水准网
坐标系统及坐标换算	(1) 了解施工坐标系统 (2) 巩固测量坐标系统 (3) 了解坐标系统的换算方法	施工坐标系统与测量坐标系统之间的区别、换算公式
建筑基线	(1) 掌握建筑基线的布设形式 (2) 掌握建筑基线的测设方法	建筑基线设计原则、布设形式和测设方法
建筑方格网	了解建筑方格网设计的原则	建筑方格网的设计原则
施工场地的高程控制测量	掌握施工场地高程控制的方法	四等水准测量的方法和技术要求、图根水准测量的方法

【推荐阅读资料】

1.《建筑工程测量》精品网站 http：//www.gdcp.cn

2. http：//www.ck365.cn/ 中国测控网

【学习重点】

建筑基线的设计原则、布设形式和测设方法

【最新标准】

《工程测量规范》(GB 50026—2007)。

引例

工程概况：北京某大学学生活动中心工程位于北京市海淀区某大学院内，建筑面积为4998m²。其中南楼地下一层，地上3层，北楼地上三层，室内地坪±0.000标高，其绝对高程为50.100m，基底标高南楼为−6.060m、北楼为−2.700m。南楼为筏板基础满堂开挖，北楼为条型基础，地上采用框架结构，现浇楼板。

施工测量的基本要求：建立平面控制网或建筑基线，依据建筑物结构特点而布置。精度允许误差为：点位放样中误差±5mm；测角中误差±12″；边长相对中误差1/15000。建筑场区高程控制等级定为四等，即可满足施工要求，高差闭合差限差为$5\sqrt{n}$(mm)(n为测站数)。

本工程由建设方委托测绘设计院在现场放出楼点，其坐标分别为1(312809.578，499165.200)；2(312811.158，499204.018)；3(312749.928，499209.472)；4(312748.538，499175.291)。

根据本工程建筑物特点，如何利用坐标系统和坐标换算进行控制网测设？根据施工需要，按引进的已知水准点，在施工现场附近如何测设两个高程控制点的高程以构成高程控制网？通过本项目系统学习后，上述问题便可解决。

知识点

9.1 概 述

为了保证施工测量的精度和速度，使各个建筑物、构筑物的平面位置和高程都能符合设计要求，施工测量和测绘地形图一样，也要遵循“从整体到局部，先控制后碎部”的原则，即在标定建筑物位置之前，根据勘察设计部门提供的测量控制点，先在整个建筑场区建立统一的施工控制网，作为建筑物定位放线的依据。为建立施工控制网而进行的测量工作，称为施工控制测量。

施工控制网分为平面控制网和高程控制网。平面控制网常用的有建筑方格网和建筑基线。

高程控制网则需根据场地大小和工程要求分级建立，常采用水准网。有时也可利用原测图控制网作为施工控制网进行建筑物的测设。但多数情况下，由于测图时一般尚无法考虑施工的需要，因而控制点的位置和精度很难满足施工测量的要求，且平整场地时多数已遭到破坏，故较少采用。

特别提示

施工控制测量在设计、布设和施测时，应严格按照《工程测量规范》(GB 50026—2007) 的要求进行。

9.2 坐标系统及坐标换算

9.2.1 施工坐标系统

在设计和施工部门，为了工作上的方便，常采用一种独立坐标系统，称为施工坐标系或建筑坐标系。如图 9-1 所示，施工坐标系的纵轴通常用 A 表示，横轴用 B 表示，施工坐标也称为 AB 坐标。施工坐标系的 A 轴和 B 轴，应与厂区主要建筑物或主要道路、管线方向平行。坐标原点设在总平面图的西南角，使所有建筑物和构筑物的设计坐标均为正值。

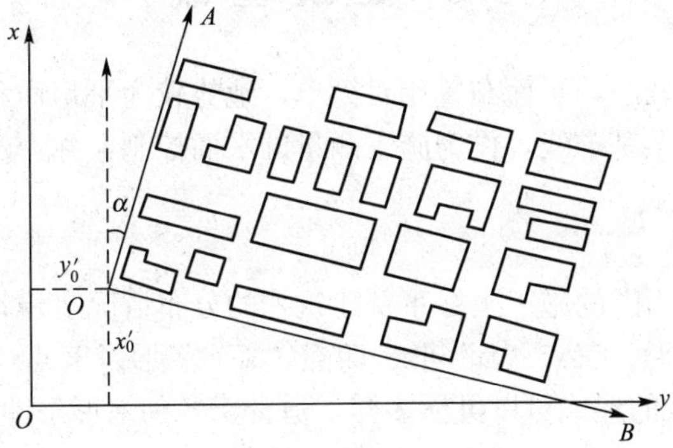

图 9-1 施工与测量坐标系

9.2.2 测量坐标系统

测量坐标系与施工场地地形图坐标系一致，目前，工程建设中，地形图坐标系有两种情况，一种是采用的全国统一的高斯平面直角坐标系；另一种是采用的测区独立平面直角坐标系。如图 9-1 所示，测量坐标系纵轴指向正北用 x 表示，横轴用 y 表示，测量坐标也叫 xy 坐标。

9.2.3 坐标换算

施工坐标系与测量坐标系往往不一致，在建立施工控制网时，常需要进行施工坐标系与测量坐标系的换算。施工坐标系与测量坐标系之间的关系，可用施工坐标系原点 O' 的测量坐标系的坐标 x_0、y_0 及 $O'A$ 轴的坐标方位角 a 来确定。在进行施工测量时，上述数据由勘测设计单位给出。

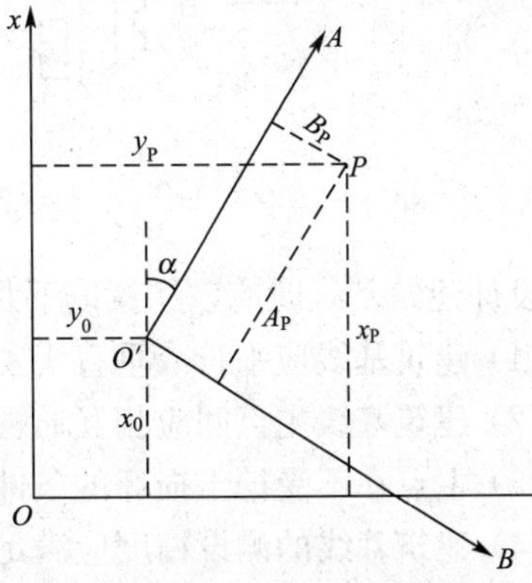

图 9-2 坐标换算

如图 9-2 所示，设 xOy 为测量坐标系，$AO'B$ 为施工坐标系，x_0、y_0，为施工坐标系的原点在测量坐标系中的坐标，a 为施工坐标系的纵轴在测量坐标系中的方位角。设已知 P 点的施工坐标为(A_P, B_P)，换算为测量坐标时，可按下列公式计算：

$$\left.\begin{aligned}x_P&=x_0+A_P\cos\alpha-B_P\sin\alpha\\y_P&=y_0+A_P\sin\alpha+B_P\cos\alpha\end{aligned}\right\}\tag{9-1}$$

如已知 P 点的测量坐标为(x_P, y_P)，则可将其换算为建筑坐标(A_P, B_P)：

$$\left.\begin{aligned}A_P&=(x_P-x_0)\cos\alpha+(y_P-y_0)\sin\alpha\\B_P&=-(x_P-x_0)\sin\alpha+(y_P-y_0)\cos\alpha\end{aligned}\right\}\tag{9-2}$$

特别提示

坐标的换算可以用坐标转换软件或在 AutoCAD 上进行，提高工作效率。

9.3 建筑基线

对于建筑场地面积较小，平面布置相对简单，地势较为平坦而狭长的建筑场地，常在场地内布置一条线或几条基准线，作为施工测量的平面控制，称为建筑基线。

9.3.1 建筑基线设计

根据建筑设计总平面图的施工坐标系及建筑物的分布情况，建筑基线可以在总平面图上设计成三点“一”字形、三点“L”形、四点“T”字形及五点“十”字形等形式，如图 9-3 所示。建筑基线的形式可以灵活多样，适合于各种地形条件。

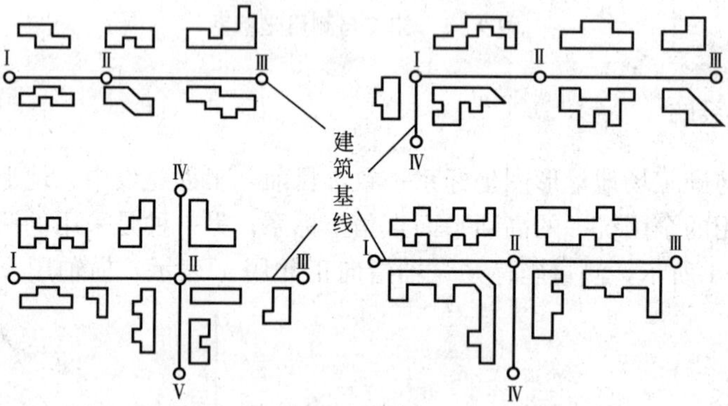

图 9-3 建筑基线形式

设计建筑基线时应该注意以下几点：

(1) 建筑基线应平行或垂直于主要建筑物的轴线。

(2) 建筑基线主点间应相互通视，边长为 90m～400m。

(3) 主点在不受挖土损坏的条件下，应尽量靠近主要建筑物。

(4) 建筑基线的测设精度应满足施工放样的要求。

(5) 基线点应不少于三点，以便检测建筑基线点有无变动。

9.3.2 建筑基线的测设

1. 根据建筑红线测设建筑基线

在城市建筑区，建筑用地的边界由城市规划部门在现场直接标定，图9-4的1、2、3点就是在地面上标定出来的边界点，其连线12、23通常是正交的直线，称为“建筑红线”。一般情况下，建筑基线与建筑红线平行或垂直，故可根据建筑红线用平行推移法测设建筑基线AO、OB。当把A、O、B三点在地面上用木桩标定后，安置经纬仪于O点，观测$\angle AOB$是否等于90°，其允许误差不应超过±24″。量OA、OB距离为设计长度，其允许误差不应大于1/10000。定下A、B点的位置。

2. 根据附近已有的测量控制点测设建筑基线

根据测量控制点的分布情况，可采用极坐标法测设，如图9-5所示。

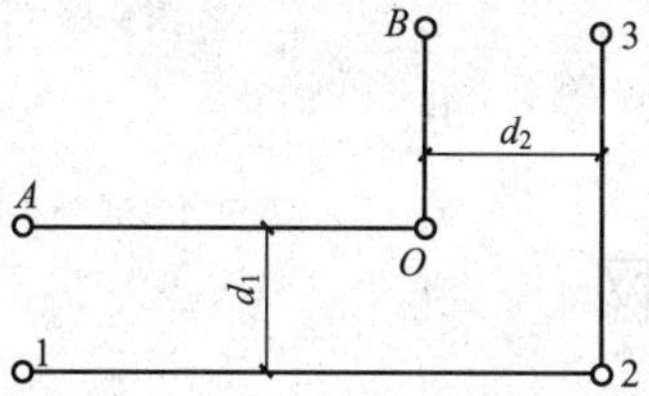

图9-4 用建筑红线测设建筑基线

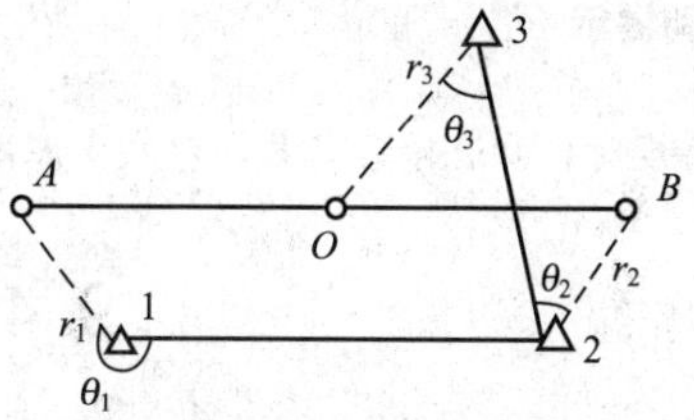

图9-5 用控制点测设建筑基线

测设步骤如下：

(1) 计算测设数据。根据建筑基线主点A、O、B及测量控制点1、2、3的坐标，反算测设数据r_1、r_2、r_3及θ_1、θ_2、θ_3。

(2) 测设主点。分别在控制点C、P、D上安置经纬仪，用极坐标法测设出三个主点初步定下C'、P'、D'并用木桩标定，如图9-6所示。

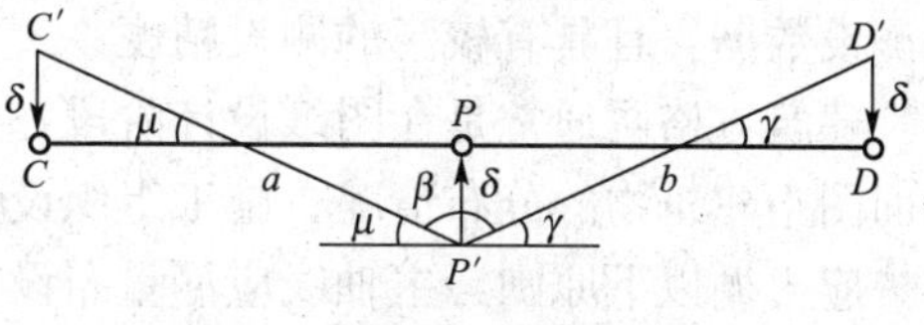

图9-6 用控制点测设主点

(3) 检查三个定位点C'、P'、D'是否是一条直线。安置经纬仪于P'点，检测$\angle C'P'D'$，是否是180°。如与180°之差不大于±9″，则进行调整。如大于±9″找原因重测。

(4) 调整三个定位点的位置。先根据三个主点之间的距离a、b按下式计算出改正数δ，

$$\delta=\frac{ab}{a+b}\left(90^\circ-\frac{\beta}{2}\right)''\frac{1}{\rho''} \tag{9-3}$$

当$a=b$时，则得

$$\delta=\frac{a}{2}\left(90^\circ-\frac{\beta}{2}\right)''\frac{1}{\rho''} \tag{9-4}$$

式中，$\rho''=206265''$。然后将定位点C'、P'、D'三点按δ值移动，方向如图9-6所示。反复检查和调整至误差在允许范围为止定下C、P、D。

(5) 调整三个定位点之间的距离。先检查C、P及P、D间的距离，若检查结果与设计长度之差的相对误差不大于1/10000，则以P点为准，按设计长度调整C、D两点，最

后确定 C、P、D 三点位置。

(6) 安置经纬仪于 P，照准 C 点转动照准部 90°，初步定下 M' 点，倒转望远镜初步定下 N' 点，检测 $\angle CPM'$ 是否是 90°。如与 90°之差不大于 ±9″，则进行调整。如大于±9″找出原因重测。

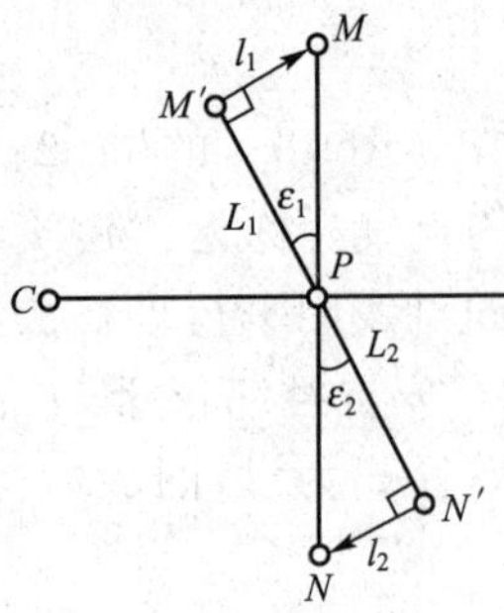

图 9-7　主点调整

(7) 调整定位点 $M'N'$ 的位置。按下式计算出改正数 l，即

$$l=L\cdot\frac{\varepsilon}{\rho} \tag{9-5}$$

然后将定位点 M'、N' 点按值 l 移动，方向见图 9-7，反复检查和调整至误差在允许范围为止定下 M、N。

特别提示

测设角度时，要选择远定向，以减少照准误差。

9.4　建筑方格网

对于地形较平坦的大、中型建筑场区，主要建筑物、道路及管线常按互相平行或垂直关系进行布置。为简化计算或方便施测，施工平面控制网多由正方形或矩形格网组成，称为建筑方格网。利用建筑方格网进行建筑物定位放线时，可按直角坐标进行，不仅容易推求测设数据，且具有较高的测设精度。

建筑方格网通常是在图纸设计阶段，由设计人员设计在总平面图上。有时也可根据总平面图中建筑物的分布情况、施工组织设计并结合场地地形，由施工测量人员设计。设计时，应遵循以下原则：主轴线应尽量布设在建筑区中央，并与主要建筑物轴线平行，其长度应控制整个建筑区。格网点可布设为正方形或矩形。格网点、线在不受施工影响条件下，应靠近建筑物。纵横格网边应严格相互垂直。正方形格网的边长一般为 90m 左右，矩形格网一般为几十米至几百米的整数长度。图 9-8 中 CPD 和 MPN 即为按上述原则布置的建筑方格网主轴线。

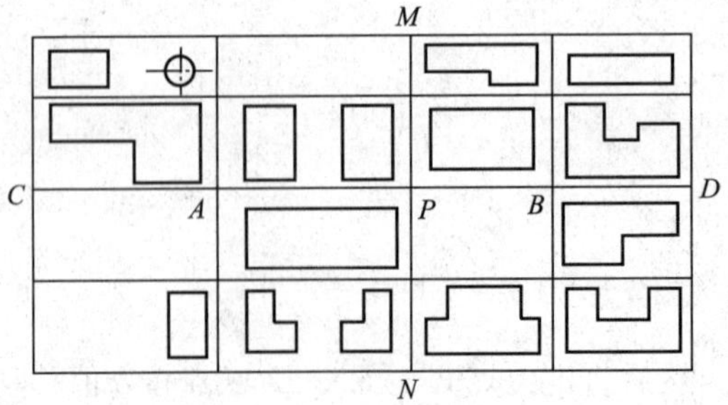

图 9-8　建筑方格网

主轴线拟定以后，可进行方格网线的布置。方格网线要与相应的主轴线成正交，网线

交点应能通视；网格的大小视建筑物平面尺寸和分布而定，正方形格网边长多取 90～200m，矩形格网边长尽可能取 50m 或其倍数。

9.5 施工场地的高程控制测量

建筑场地的高程控制测量就是在整个场区建立可靠的水准点，形成与国家高程控制系统相联系的水准网。水准点的密度应尽可能满足安置一次仪器即可测设出所需的高程点。场区水准网一般布设成两级，首级网作为整个场地的高程基本控制，一般情况下按四等水准测量的方法确定水准点高程，并埋设永久性标志。若因设备安装或下水管道铺设等某些部位测量精度要求较高时，可在局部范围采用三等水准测量，设置三等水准点。加密水准网以首级水准网为基础，可根据不同的测设要求按四等水准或图根水准的要求进行布设。建筑方格网点及建筑基线点，亦可兼作高程控制点。

在作等级水准测量时，应严格按国家规范进行，具体技术要求参见项目 6 有关规定。

特别提示

对已有的平面控制点和水准点，使用前都应检查其稳定性和可靠性。

本项目小结

本项目讲述的主要内容包括：施工控制测量的基本知识、施工坐标与测量坐标系的换算、建筑基线的设计原则、布设形式和测设方法、建筑方格网的设计原则和测设方法及施工高程控制的方法。

了解施工控制测量的意义及内容；了解施工坐标系与测量坐标系的关系及换算方法。

掌握建筑基线的设计、测设方法和建筑方格网的布设及测设方法。

掌握施工场地高程控制测量的方法。

习　题

一、单项选择题

1. 中型企业场地测设建筑方格网边长及角度误差精度要求为(　　)。

A. 1∶50000—5″　　B. 1∶25000—10″

C. 1∶10000—15″　　D. 1∶20000—15″

2. 小型企业场地测设建筑方格网边长及角度误差精度要求为(　　)。

A. 1∶50000—5″　　B. 1∶25000—10″

C. 1∶10000—15″　　D. 1∶20000—15″

3. 大型企业场地测设建筑方格网边长及角度误差精度要求为(　　)。

A. 1∶50000—5″　　B. 1∶25000—10″

C. 1∶10000—15″　　D. 1∶20000—15″

4. 建筑方格网先在(　　)上进行布设，然后再到现场(　　)。

A. 设计总平面图　B. 测设　C. 测定　D. 平面图

5. 建筑方格网主轴线尽可能通过(　　)中央，且与主要建筑物的(　　)平行。

A. 建筑场地　B. 轴线　C. 控制点　D. 导线

6. 建筑方格网中的正方形或矩形的边长，一般以(　　)m 为宜。场地不大时也可采用(　　)m 的边长。

A. 100　B. 200　C. 300　D. 500

二、多项选择题

1. 施工场地的平面控制形式有(　　)。

A. 导线　　B. 建筑基线

C. 建筑方格网　　D. 轴线

2. 测设建筑方格网的方法有(　　)。

A. 主轴线交点法　　B. 轴线法

C. 测定　　D. 导线

3. 测设场地建筑方格网的准备工作有(　　)。

A. 放样数据　　B. 现场踏勘

C. 编制测设方案　　D. 检校经纬仪。

4. 主轴线交点法测设建筑方格网主轴线 *AOB* 和 *COD* 应具备的条件是(　　)。

A. *P*、*Q* 为已知控制点　　B. *O*、*A*、*B*、*C*、*D* 的坐标

C. 经纬仪　　D. 水准仪

5. 投测法测设高层建筑物轴线中，设置控制点应注意的问题有(　　)。

A. 控制点不少于 3 个

B. 控制点应离开轴线 500～800mm

C. 控制点位置应平行或垂直与控制桩

D. 应根据建筑物平面形状来考虑

三、计算题

1. 如图 9-9 所示，已知施工坐标原点 O' 的测图坐标为 $X_0=187.500$m，$Y_0=112.500$m，建筑基线点 *P* 的施工坐标为 $A_P=135.000$m，$B_P=90.000$m，设两坐标系轴线间的夹角 $\alpha=16°00'00''$。试求 *P* 点的测图坐标值。

2. 如图 9-10 所示，假定“一”字形建筑基线 1′、2′、3′三点已测设在地面上，经检测，$\angle 1'2'3'=179°59'30''$，$a=90$m，$b=150$m，试求调整值 δ，并说明如何调整才能使三点成一直线。

3. 如图 9-11 所示，测设出直角 $\angle BOD'$ 后，用经纬仪精确地检测其角值为 $89°59'30''$，并知 $OD'=150$m，问 D' 点在 $D'O$ 的垂直方向上改动多少距离才能使 $\angle BOD$ 为 90°？

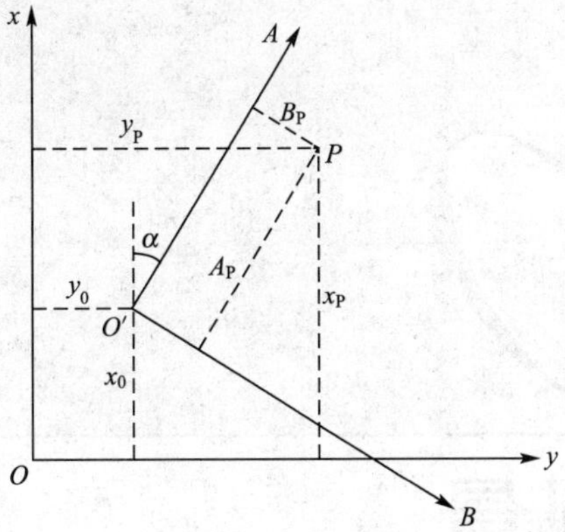

图 9-9　坐标换算

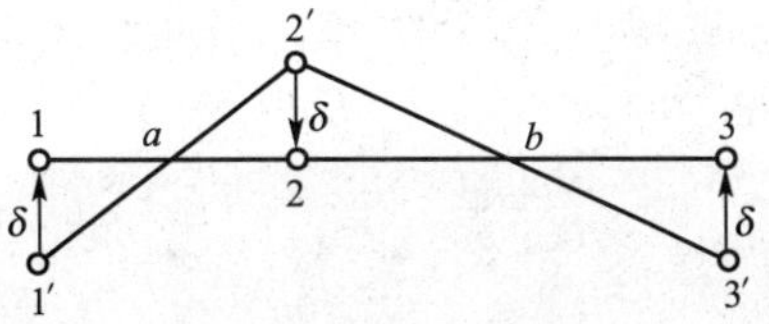

图 9-10　建筑基线

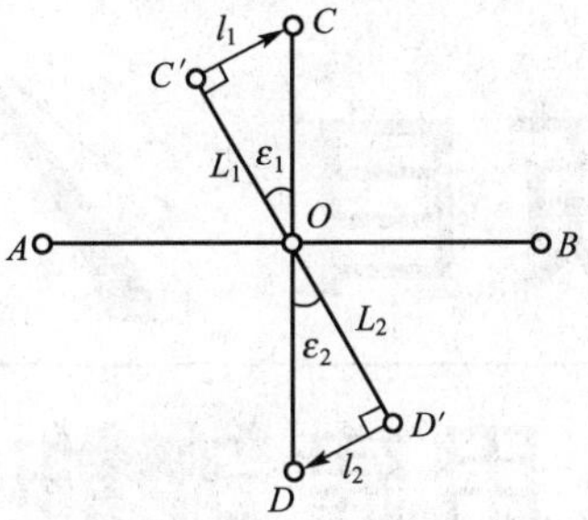

图 9-11　主点调整

能力评价体系

知识要点	能力要求	所占分值(100分)	自评分数
施工测量概述	(1) 掌握施工测量应遵循的程序和原则	12	
	(2) 了解施工控制网	9	
坐标系统及坐标换算	(1) 了解施工坐标系统	8	
	(2) 巩固测量坐标系统	8	
	(3) 了解坐标系统的换算方法	10	
建筑基线	(1) 掌握建筑基线的布设形式	15	
	(2) 掌握建筑基线的测设方法	15	
建筑方格网	了解建筑方格网设计的原则	8	
施工场地的高程控制测量	掌握施工场地高程控制的方法	15	
总　　分		100	

项目10 民用建筑施工测量

学习目标

通过本项目学习和实训，要求掌握民用建筑的施工测量基本工作，即建筑物的定位、放线；基础工程测量；墙体工程测量。还要掌握高层建筑施工测量方法。

学习要求

知识要点	能力要求	相关知识
民用建筑施工测量概述	明确施工测量的任务	熟悉设计图纸、现场踏勘、确定测设方案和准备测设数据
建筑物的定位和放线	(1) 掌握建筑物定位的方法 (2) 掌握建筑物放线的方法	角度的测设、距离的测设、测设数据的计算、轴线控制桩和龙门板
建筑物基础施工测量	(1) 掌握基础标高控制的方法 (2) 掌握基槽抄平的方法和垫层上轴线测设的方法	高程的测设、高程的传递和基础皮数杆
高层建筑施工测量	(1) 熟悉高层建筑施工测量的特点 (2) 掌握高层建筑轴线投测的方法 (3) 掌握高层建筑高传递的方法	内投法、外控法

【推荐阅读资料】

http：//www. etmchina. com/　中国仪器与测量网。

【学习重点】

建筑物定位、放线和标高控制、高层建筑轴线投测和高程传递。

【最新标准】

《工程测量规范》(GB 50026—2007)；《建筑变形测量规程》(JGJ 8—2007)。

引例

工程概况：某工程位于北京市某区，是集金融、商业、办公、餐饮为一体的综合性、智能化大型公用建筑。

该工程占地16338m^2，总建筑面积为136034m^2，其中：地上部分94000m^2，地下部分42034m^2，地下四层为车库，每层层高3.6m；地上23层，其中标准层层高为3.6m。建筑总高为109.8m。使用年限50年，建筑耐火等级为一级，建筑结构安全等级为二级，抗震设防8度，人防工程为六级。1号、2号主楼为框架一剪力墙结构；3号、4号主楼为框架-核心筒结构。

本工程由北京市某建筑工程有限责任公司承建，北京市某监理工程建设有限责任公司负责监理。

平面控制网的布设：根据本工程的结构形式和特点，建立二级平面控制网来控制工程的整体施工。首级控制采用建筑方格网；再根据建筑方格网加密成各单体的建筑物平面控制网，作为二级控制。两控制网等级均确定为二级。本工程建筑物定位桩由北京市测绘院测定，现场共测设11个平面控制点和3个高程控制点。

测设要求：1. ±0.00以下施工测量。包括轴线控制桩的校测，平面放样测量，支立模板时的测量控制和±0.00以下结构施工中的标高控制。2. ±0.00以上施工测量。包括平面控制测量和高程传递。

在民用建筑测设前应做哪些准备工作？如何利用测量仪器根据限定条件对1～4号楼进行定位放线？建筑物基础、墙体施工测量包括哪些项目？各项目如何进行测设？本项目将会进行详细讲解。

知识点

10.1 概　　述

民用建筑指的是住宅、办公楼、食堂、俱乐部、医院和学校等建筑物。

施工测量的任务是按照设计的要求，把建筑物的平面位置和高程测设到地面上，作为施工的依据。并配合施工进度保证施工质量。进行施工测量之前，除了应对所使用的测量仪器和工具进行检校外，尚需做好以下准备工作：

10.1.1 熟悉设计图纸

设计图纸是施工测量的主要依据，与施工放样有关的图纸主要有：建筑总平面图、建筑平面图、基础平面图和基础剖面图。

从建筑总平面图上可以查明拟建建筑物与原有建筑物的平面位置和高程的关系。它是测设建筑物总体定位的依据，如图10-1所示。

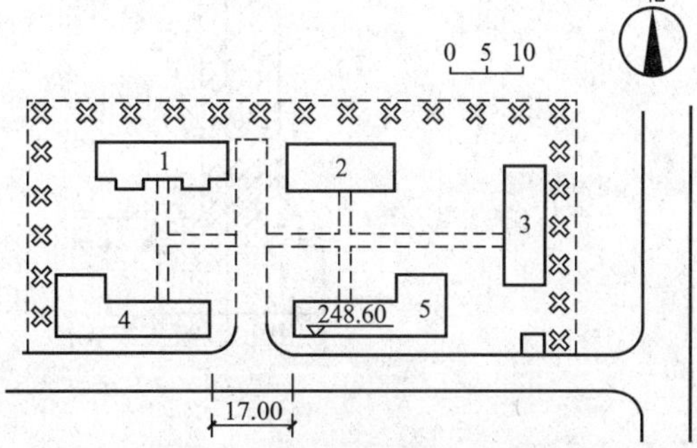

图10-1　建筑总平面图

从建筑平面图上查明建筑物的总尺寸和内部各定位轴线间的尺寸关系，如图 10－2 所示。

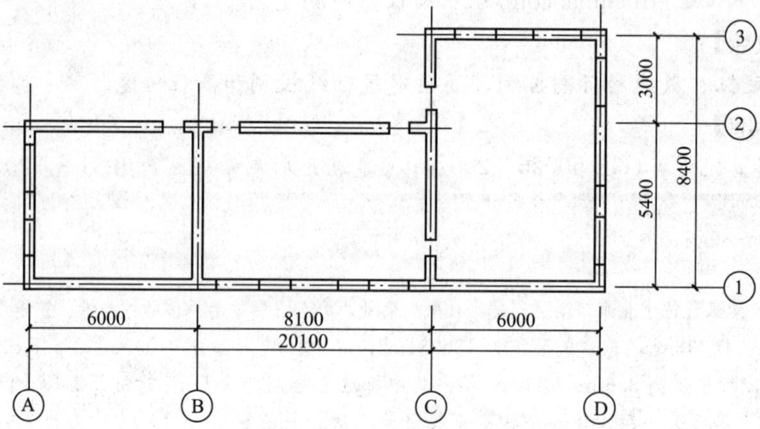

图 10－2　建筑平面图

从基础平面图上可以查明基础边线与定位轴线的关系尺寸，以及基础布置与基础剖面位置关系，如图 10－3 所示。

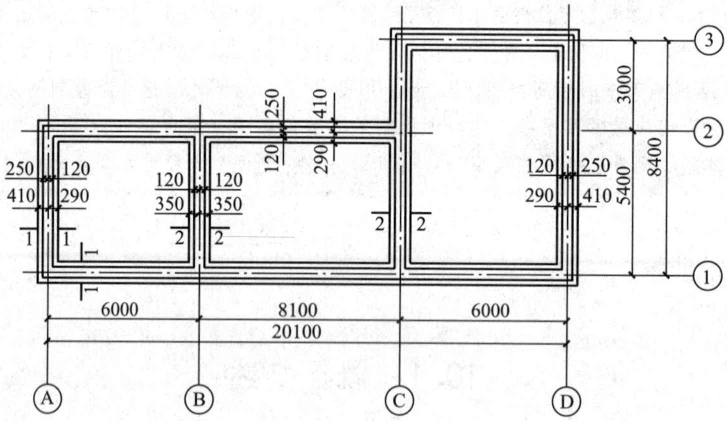

图 10－3　基础平面图

从基础剖面图上可以查明基础立面尺寸、设计标高以及基础边线与定位轴线的尺寸关系，如图 10－4 所示。

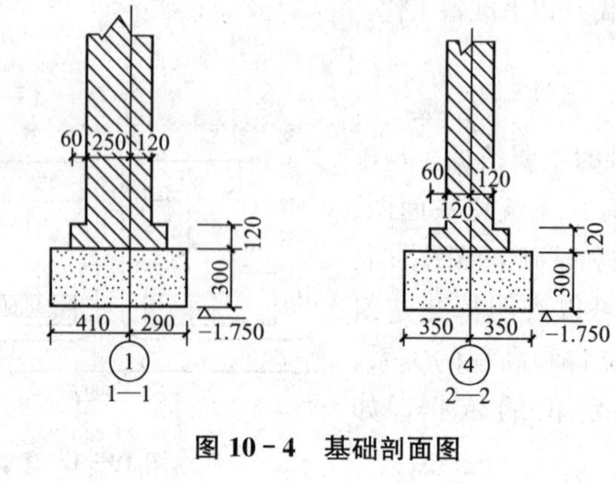

图 10－4　基础剖面图

特别提示

在熟悉图纸的过程中，应仔细核对各种图纸上相同部位的尺寸是否一致，同一图纸上总尺寸与各有关部位尺寸之和是否一致，以免发生错误。

10.1.2 现场踏勘

现场踏勘的目的是了解现场的地物、地貌和原有测量控制点的分布情况，并调查与施工测量有关的问题。对建筑场地上的平面控制点、水准点要进行检核，获得正确的测量起始数据和点位。

10.1.3 确定测设方案

首先了解设计要求和施工进度计划，然后结合现场地形和控制网布置情况，确定测设方案。

例如，按图 10-1 的设计要求，拟建的 5 号楼与现有 4 号楼平行，两者南墙面平齐，相邻墙面相距 17.00m。因此，可根据现有建筑物进行测设。

10.1.4 准备测设数据

测设数据包括根据测设方法的需要而进行的计算数据和绘制测设略图。从图 10-3 可以看出，由于拟建房屋的外墙面距定位轴线为 0.25m，故在测设图中将定位尺寸 17.00m 和 3.00m 分别加上 0.25m(即 17.25m 和 3.25m)而注于图上，以满足施工后南墙面平齐等设计要求。

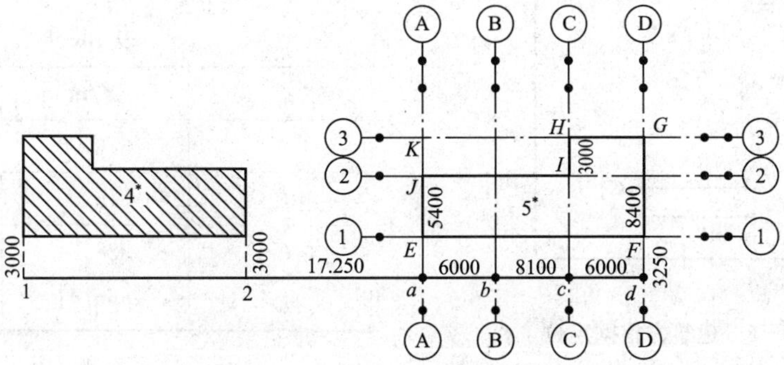

图 10-5 建筑物定位与放线

特别提示

测设数据至少计算两遍，以保证测设数据准确无误。

10.2 建筑物的定位和放线

10.2.1 建筑物的定位

建筑物的定位，就是将建筑物外廓各轴线交点(如图 10-5 所示的 E、F、G、H、I、J)

测设在地面上，然后再根据这些点进行细部放样。由于设计条件不同，定位方法主要有下列四种。

1. 根据与原有建筑物的关系定位

如图 10-5 所示，拟建的 5 号楼根据原有 4 号楼定位。

(1) 先沿 4 号楼的东西墙面向外各量出 3.00m，在地面上定出 1、2 两点作为建筑基线，在 1 点安置经纬仪，照准 2 点，然后沿视线方向，从 2 点起根据图中注明尺寸，测设出各基线点 a、c、d，并打下木桩，桩顶钉小钉以表示点位。

(2) 在 a、c、d 三点分别安置经纬仪，并用正倒镜测设 90°，沿 90°方向测设相应的距离，以定出房屋各轴线的交点 E、F、G、H、I、J 等，并打木桩，桩顶钉小钉以表示点位。

(3) 用钢尺检测各轴线交点间的距离，其值与设计长度的相对误差不应超过 1/5000～1/3000，并且将经纬仪安置在 E、F、G、K 四角点，检测各个直角，其角值与 90°之差不应超过±40″。

2. 根据建筑方格网定位

在建筑场地已测设有建筑方格网，可根据建筑物和附近方格网点的坐标，用直角坐标法测设。如图 10-6 和表 10-1 所示，由 A、B 点的坐标值可算出建筑物的长度和宽度：

$$a=(268.24-226.00)\text{m}=42.24\text{m}$$

$$b=(328.24-316.00)\text{m}=12.24\text{m}$$

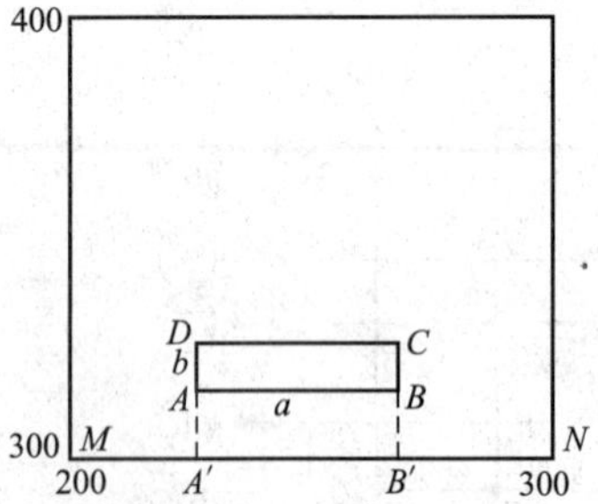

图 10-6　建筑方格网定位

表 10-1

点	X/m	Y/m
A	316.00	226.00
B	316.00	268.24
C	328.24	268.24
D	328.24	226.00

测设建筑物定位点 A、B、C、D 的步骤：

(1) 先把经纬仪安置在方格点 M 上，照准 N 点，沿视线方向自 M 点用钢尺量取 A 与 M 点的横坐标差得 A' 点，再由 A' 点沿视线方向量建筑物长度 42.24m 得 B' 点。

(2) 然后安置经纬仪于 A'，照准 N 点，向左测设 90°，并在视线 $A'A$ 上量取 16m，得 A 点，再由 A 点继续量取建筑物的宽度 12.24m，得 D 点。

(3) 安置经纬仪于 B' 点，同法定出 B、C 点，为了校核，应用钢尺丈量长度，看其是否等于设计长度以及各角是否为 90°。

3. 根据建筑红线定位

建筑红线是城市规划部门所测设的城市道路规划用地与单位用地的界址线，新建筑物的设计位置与红线的关系应得到政府部门的批准。因此靠近城市道路的建筑物设计位置应以城市规划道路的红线为依据。

如图 10-7 所示，A、BC、MC、EC、D 为城市规划道路红线点，其中，A—BC，EC—D 为直线段，BC 为圆曲线起点，MC 为圆曲线中点，EC 为圆曲线终点，IP 两直线段的交点，该交角为 90°，M、N、P、Q 为设计高层建筑的轴线(外墙中线)的交点，规定 M—N 轴应离道路红线 A—BC 为 12m，且与红线相平行；N—P 轴线离道路红线 D—EC 为 15m。

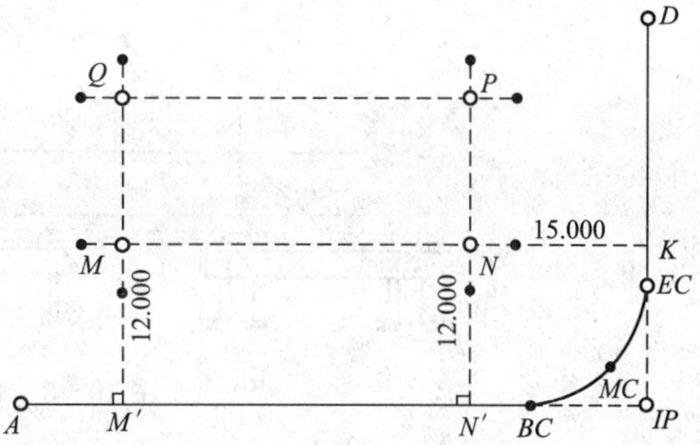

图 10-7　建筑红线定位

测设时，在红线上从 IP 点得 N′点，再量建筑物长度(MN)得 M′点。在这两点上分别安置经纬仪，测设 90°，并量 12m，得 M、N 点，并延长建筑物宽度(NP)得到 P、Q 点。再对 M、N、P、Q 进行检核。

4. 根据测量控制点坐标定位

在场地附近如果有测量控制点利用，应根据控制点及建筑物定位点的设计坐标，反算出交会角或距离后，因地制宜采用极坐标法或角度交会法将建筑物主要轴线测设到地面上。

特别提示

在以上建筑物的定位方法中，根据控制点坐标定位的极坐标法适用性最强，是用得最多的一种定位方法。

10.2.2　建筑物放线

建筑物的放线是根据已定位的外墙轴线交点桩详细测设出建筑物的其他各轴线交点的位置，并用木桩(桩上钉小钉)标定出来，称为中心桩。并据此按基础宽和放坡宽用白灰线撒出基槽开挖边界线。基础开挖前，应引测轴线控制桩以作为基础开挖后恢复各轴线的依据。轴线控制桩应引测到基础槽外不受施工干扰并便于引测的地方，并做好标志，其方法有设置轴线控制桩和龙门板两种形式。

1. 设置轴线控制桩

如图 10-8 所示，轴线控制桩设置在基槽外基础轴线的延长线上，作为开槽后各施工阶段恢复各轴线位置的依据。轴线控制桩离基槽外边线的距离应根据施工场地的条件而定，一般离基槽外边 2～4m 不受施工干扰并便于引测的地方。如果场地附近有已建的建筑物或围墙，也可将轴线投设在建筑物的墙体上做出标志，作为恢复轴线的依据。

为了保证控制桩的精度，施工中将控制桩与定位桩一起测设，精度要求高时应先测设控制桩，再测设定位桩；如精度要求一般也可以先测设定位桩，再测设控制桩。

测设步骤如下：

(1) 将经纬仪安置在轴线交点处，对中整平，将望远镜十字丝——纵丝照准地面上的轴线，再抬高望远镜把轴线延长到离基槽外边(测设方案)规定的数值上，钉设轴线控制桩，并在桩上在望远镜十字丝交点处，钉一小钉作为轴线钉。一般在同一侧离开基槽外边的数值相同(如同一侧离基槽外边的控制桩都为 3m)，并要求同一侧的控制桩要在同一竖直面上。

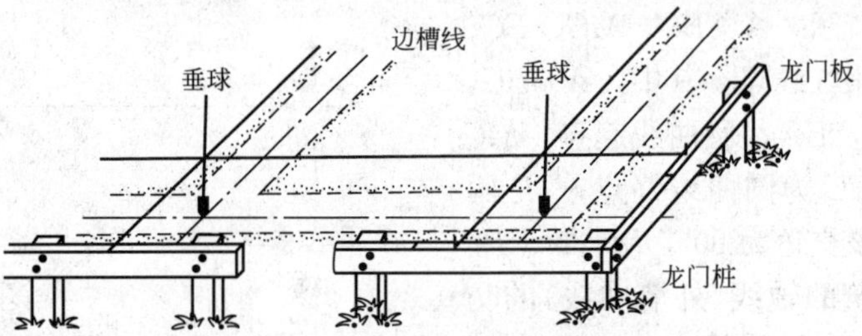

图 10-8 轴线控制桩

倒转望远镜将另一端的轴线控制桩，也测设于地面。将照准部转动 90°可测设相互垂直轴线的轴线控制桩。控制桩要钉得竖直、牢固，木桩侧面与基槽平行。

(2) 用水准仪根据建筑场地的水准点，在控制桩上测设±0.000m 标高线，并沿±0.000m标高线钉设控制板。以便竖立水准尺测设标高。

(3) 用钢尺沿控制桩检查轴线钉的间距，经检核合格后以轴线为准，将基槽开挖边界线划在地面上，拉线，用石灰撒出开挖边线。

2. 设置龙门板

现在仿古建筑施工中和民用建筑中有些特殊部位施工精度要求较高时，为了施工的方便，在基槽外局部范围内设置龙门板。如图 10-8 所示，钉设龙门板的步骤如下：

(1) 在建筑物四角和隔墙两端基槽开挖边线以外的 1～1.5m 处(根据土质情况和挖槽深度确定)钉设龙门板，龙门桩要钉得竖直、牢固，木桩侧面与基槽平行。

(2) 根据建筑场地的水准点，在每个龙门桩上测设±0.000m 标高线，在现场条件不许可时，也可测设比±0.000m 高或低一定数值的线。

(3) 在龙门桩上测设同一高程线，钉设龙门板，这样，龙门板的顶面标高就在一个水平面上，如图 10-8 所示。龙门板标高测定的容许误差一般为±5mm。

(4) 根据轴线桩，用经纬仪将墙、柱的轴线投到龙门板顶面上，并钉上小钉标明，称为轴线投点，投点容许误差为±5mm。

(5) 用钢尺沿龙门板顶面检查轴线钉的间距，经检核合格后，以轴线钉为准，将墙宽、基槽宽划在龙门板上，最后根据基槽上口宽度拉线，用石灰撒出开挖边线。

10.3 建筑物基础施工测量

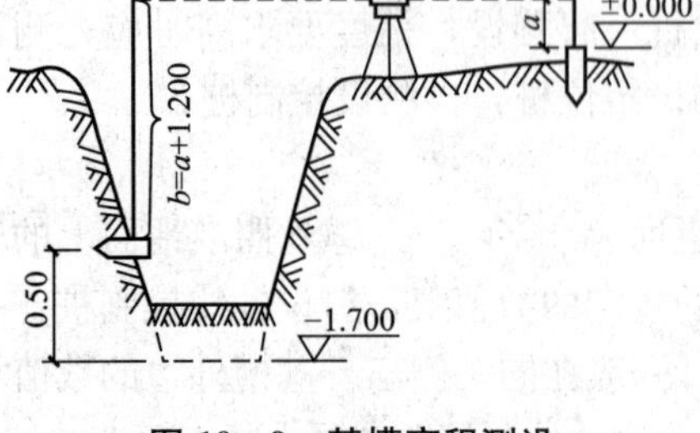

图 10-9 基槽高程测设

10.3.1 基槽与基坑抄坪

建筑物轴线放样完毕后，按照基础平面图上的设计尺寸，在地面放出灰线进行开挖。为了控制基槽开挖深度，当基槽开挖接近设计基底标高时，用水准仪根据地面上±0.000m 标高线在槽壁上测设一些水平桩，如图 10-9 所示，水平桩标高比设计槽底提高 0.500m，一般在槽壁上自拐角处，每隔 3～4m 测设一水平桩。用以控制挖槽深度、修坪槽底、打垫层、帮扎钢筋、支模板等依据。

特别提示

根据水平桩测设槽底的垫层指标桩，在垫层指标桩顶面上拉上线绳，即可作为清底和垫层标高控制的依据。水平控制桩测设的误差不应超过±10mm。

当基础为大开挖时，可用悬挂的钢尺代替水准尺，传递高程测设水平桩，并且还应在基槽壁上测设轴线控制桩。

10.3.2 垫层上轴线的测设

基础垫层打好后，根据轴线控制上的轴线钉，用经纬仪或用拉绳挂垂球的方法，把轴线投测到垫层上，如图10－10所示，并用墨线弹出墙体轴线和基础边线，以便施工。由于绑扎钢筋、支模板等，以此轴线为准，这是施工的关键，所以要严格校核后方可进行施工。

10.3.3 基础标高的控制

房屋基础墙(±0.000以下的砖墙)的高度是利用基础皮数杆来控制的。基础皮数杆是一根木制的杆子，如图10－11所示，在杆上事先按照设计尺寸，将砖、灰缝厚度画出线条，并标明±0.000和防潮层等的标高位置。

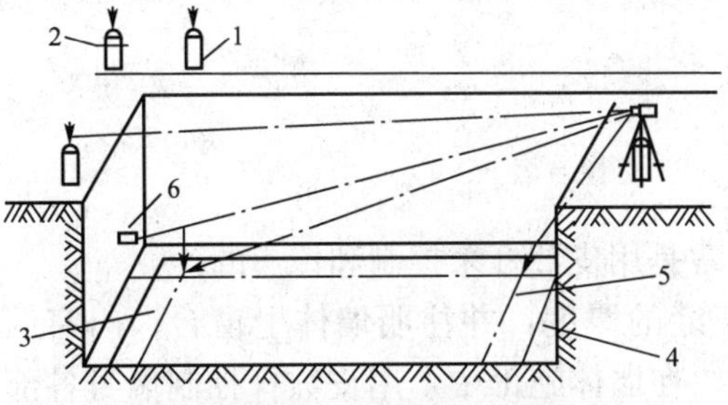

图10－10 垫层轴线投测

1—控制桩；2—控制板；3—轴线

4—基础边线；5—垫层；6—腰桩

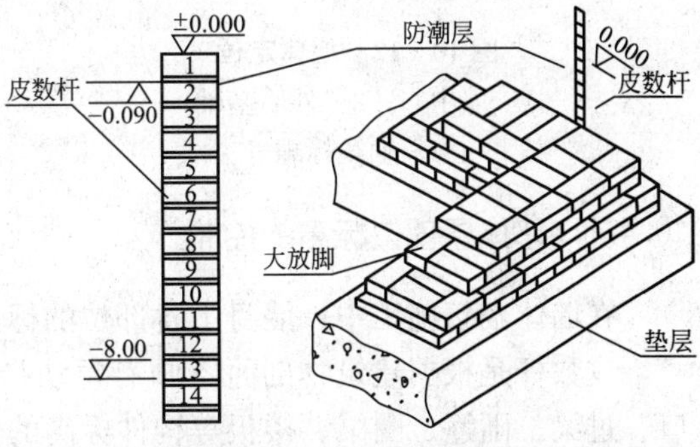

图10－11 基础墙标高控制

特别提示

对于采用钢筋混凝土的基础，可用水准仪将设计标高测设于模板上。

10.4 墙体施工测量

10.4.1 墙体定位

基础施工结束后，用水准仪检查基础顶面的标高是否符合设计要求，误差不应超过

±10mm。同时，根据轴控桩用经纬仪将主墙体的轴线投到基础墙的外侧，用红油漆画出轴线标志，写出轴线编号(图 10－12)，作为上部轴线投测的依据。还应在四周用水准仪抄出(－0.1m)的标高线，弹以墨线标志，作为上部标高控制的依据。

10.4.2 墙体轴线测设

基础施工合格后，首先将轴线恢复到基础顶表面弹出墨线，拉钢尺检查轴线间间距，检验合格后，沿轴线弹出墙宽和门框、窗框等洞口的位置，并标明洞口的宽高尺寸。门的位置和尺寸在平面上标出，窗的位置和尺寸则标在墙的侧面上，如图 10－13 所示。

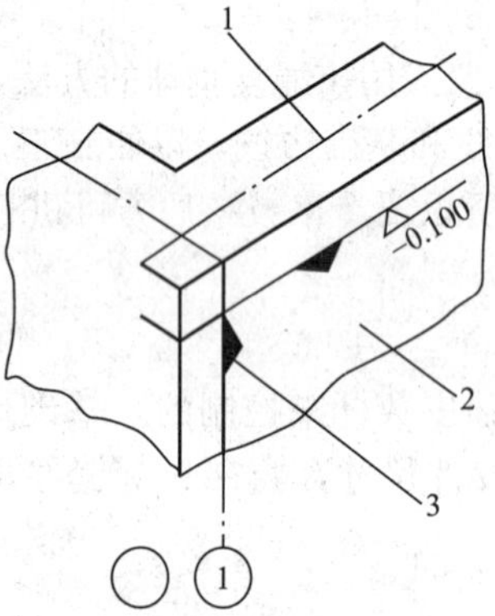

图 10－12　墙体定位

1—墙中心；2—外墙基础；3—轴线标志

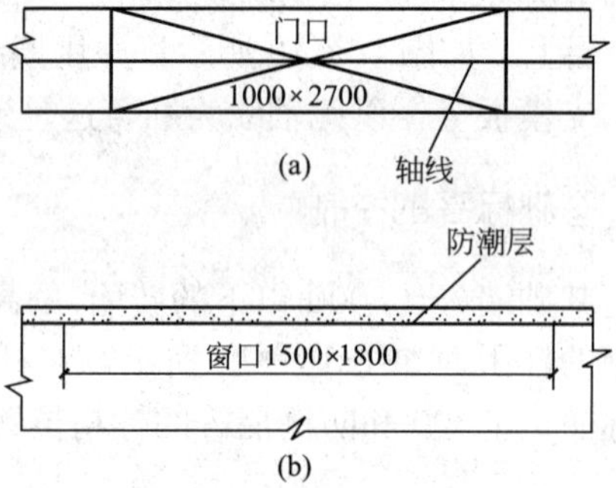

图 10－13　墙体洞口测设

10.4.3 墙体各部位标高的控制

在墙体砌筑施工中，墙身上各部位的标高通常是用皮数杆来控制和传递的。

皮数杆是根据建筑物剖面图画有每块砖和灰缝的厚度，并注明墙体上窗台、门窗洞口、过梁、雨篷、圈梁、楼板等构件标高的位置。在墙体施工中，用皮数杆控制墙身各部位构件标高的准确位置，并保证每皮砖灰缝厚度均匀，每皮砖都处在同一水平面上。皮数杆一般都立在建筑物拐角和隔墙处，如图 10－14 所示。

竖立皮数杆时，先在地面上打一木桩，用水准仪测设出木桩上的±0.000 标高位置，并画一横线作为标志；然后，把皮数杆上的±0.000 线与木桩上±0.000 对齐，钉牢。皮数杆钉好后要用水准仪进行检测，并用垂球来校正皮数杆的垂直。

为了施工方便，采用里脚手架砌砖时，皮数杆应立在墙外侧，如采用外脚手架时，皮数杆应立在墙内侧，如系框架或钢筋混凝土柱间砌块的填充墙时，每层皮数可直接画在框架柱上。

10.4.4 建筑物的轴线投测和高程传递

1. 轴线投测

一般建筑在施工中，常用悬吊垂球法将轴线逐层向上投测。其作法是：将垂球悬吊在楼板或柱顶边缘，垂球尖对准基础侧面的定位轴线，在楼板或柱顶及侧面边缘画一短线作出标志；同样投测轴线另一端点，两端的连线即为定位轴线。同法投测其他轴线，再用钢尺校核各轴线间距，同法依次逐层向上投测。然后继续施工，并把轴线逐层自下向上传递。为减少误差累积，保证工程质量，宜在三层时，将经纬仪安置在轴线控制桩上，望远镜瞄准基础侧面轴线，如图 10－15 所示，再抬高望远镜把轴线投测到楼板或柱子的侧面，以校核用垂球逐层传递的轴线位置是否正确，如有偏差在允许范围以经纬仪投测上去的轴线为准，再用悬吊垂球法向四层逐层传递轴线。

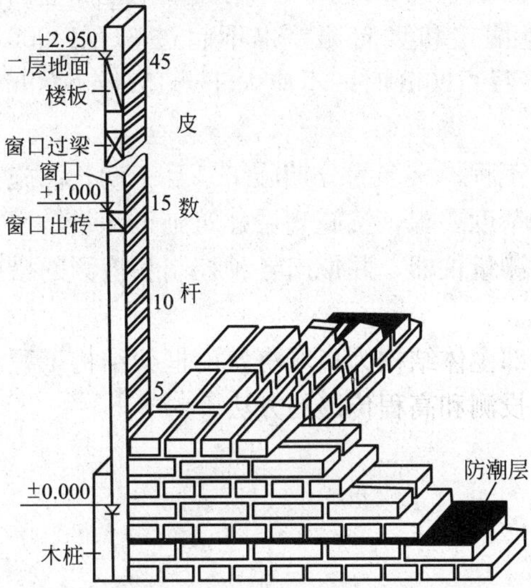

图 10－14　皮数杆的设置

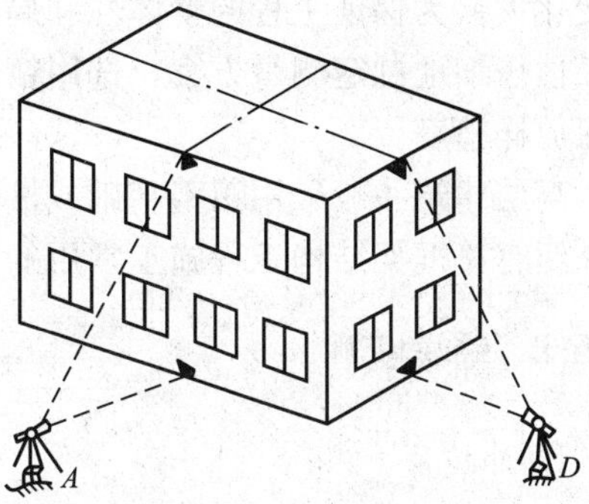

图 10－15　经纬仪投测法

2. 高程传递

一般建筑物可用皮数杆来传递高程。对于高程传递要求较高的建筑物，通常用钢尺直接丈量来传递高程。一般是在底层墙身砌筑到 1.5m 高后，用水准仪在内墙面上测设一条高出室内地坪线＋0.5m 的水平线。作为该层地面施工及室内装修时的标高控制线。对于二层以上各层，同样在墙身砌到 1.5m 后，一般从楼梯间用钢尺从下层的＋0.5m 标高线向上量取一段等于该层层高的距离，并作标志。然后，再用水准仪测设出上一层的＋0.5m的标高线。这样用钢尺逐层向上引测。根据具体情况也可用悬挂钢尺代替水准仪，用水准仪读数，从下向上传递高程。

框架结构高程传递，一般建筑物选择隔一定柱距的柱子外侧，用悬吊垂球法将轴线投测在柱子外侧，再用钢尺沿轴线从下一层的＋0.5m 水平线，量一层层高至上一层的＋0.5m水平线来逐层向上传递高程。一般是在底层主体施工中，用水准仪在柱子钢筋上测设一条高出室内地坪线＋0.5m 的水平线。作为向上绑扎钢筋标高的依据；支模板时还应将＋0.5m 的水平线抄坪到柱子木板上作为模板标高的依据；柱子拆模板后再次将＋0.5m水平线抄坪到柱子侧面作为向上传递高程的依据，并作为该层地面施工及室内装修时的标高控制线。对于二层以上各层同法施工，检查层高时可悬挂钢尺，用水准仪读数一层＋0.5m 水平线，从下向上传递检查高程。

10.5 高层建筑施工测量

10.5.1 高层建筑施工测量的特点

高层建筑物的特点是建筑物层数多、高度高，建筑结构复杂，设备和装修标准较高。因此，在施工过程中对建筑物各部位的水平位置、垂直度及轴线尺寸、标高等的精度要求都十分严格。对质量检测的允许偏差也有严格要求。例如，层间标高测量偏差和竖向测量偏差均不应超过±3mm，建筑全高(H)测量偏差和竖向偏差也不超过$3H/10000$，且$30m<H\leqslant 60m$时，不应大于±10mm；$60m<H\leqslant 90m$时，不应大于±15mm；$90m<H$时，不应大于±20mm。

此外，由于高层建筑工程量大，多设地下工程，又多为分期施工，且工期长，施工现场变化大，为保证工程的整体性和局部施工的精度要求，实施高层建筑施工测量，事先必须谨慎仔细地制定测量方案，选用精度较高的测量仪器，并拟出各种控制和检测的措施以确保放样精度。

高层建筑一般采用箱型基础或桩基础，上部主体结构为现场浇筑的框架结构工程。以下介绍有关框架结构工程施工常用的两种轴线投测和高程传递的方法。

10.5.2 轴线投测

1. 外控法

外控法是在建筑物外部，利用经纬仪，根据建筑物轴线控制桩来进行轴线的竖向投测，亦称作“经纬仪引桩投测法”。

1）在建筑物底部投测中心轴线位置

如图10-16所示，高层建筑的基础工程完工后，将经纬仪安置在轴线控制桩A_1、A_1'、B_1和B_1'上，把建筑物主轴线精确地投测到建筑物的底部，并设立标志，如图10-16所示的a_1、a_1'、b_1和b_1'，以供下一步施工与向上投测之用。

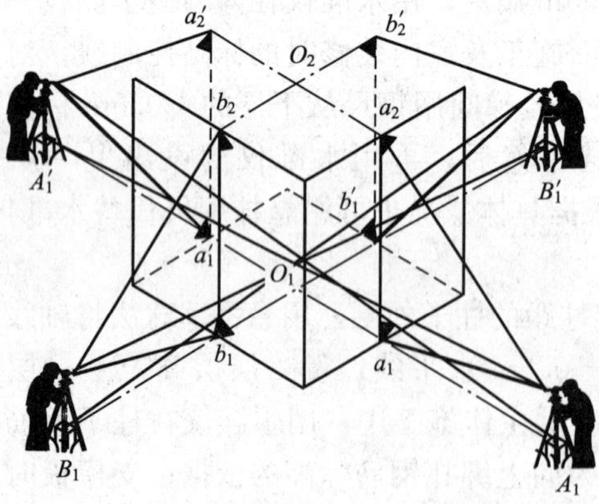

图10-16 经纬仪投测中心轴线

2）向上投测中心线

随着建筑物不断升高，要逐层将轴线向上传递。将经纬仪安置在中心轴线控制桩A_1、A_1'、B_1和B_1'上，严格整平仪器，用望远镜瞄准建筑物底部已标出的轴线a_1、a_1'、b_1和b_1'点。用盘左和盘右分别向上投测到每层楼板上，并取其中点作为该层中心轴线的投影点，a_2、a_2'、b_2和b_2'。

3）增设轴线引桩

当楼房逐渐增高，而轴线控制桩距建筑物又较近时，望远镜的仰角较大，操作不便，投测精度也会降低。将原中心轴线控制桩引测到更远的安全地方，或者附近大楼的屋面。

将经纬仪安置在已经投测上去的较高层(如第十层)楼面轴线 a_{10}、a'_{10}上。瞄准地面上原有的轴线控制桩 A_1 和 A'_1 点，用盘左、盘右分中投点法，将轴线延长到远处 A_2 和 A'_2 点，并用标志固定其位置，A_2、A'_2 即为新投测的 A_1、A'_1 轴控制桩，如图 10－17 所示。

2. 内投法

高层建筑物中一般都建在城市密集的建筑区里，施工场地窄小，无法用外投法。

内投法——不受施工场地限制，不受刮风下雨的影响，施测时在建筑物底层测设室内轴线控制点，建立室内轴线控制网。用垂准线原理将其轴线点垂直投测到各层楼面上，作为各层轴线测设的依据。故此法也叫垂准线投测法，如图 10－18 所示。

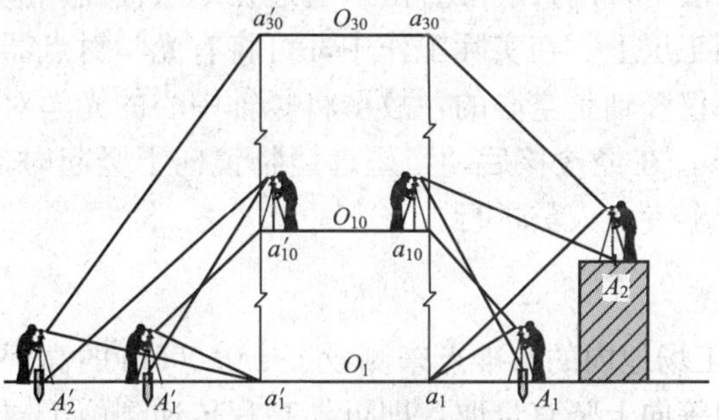

图 10－17　经纬仪引桩投测

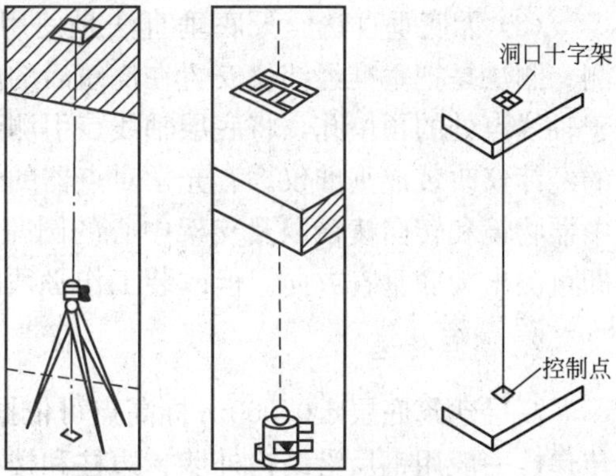

图 10－18　垂准线投测法

室内轴线控制点的布置视建筑物的平面形状而定，对一般平面形状不复杂的建筑物，可布设成“L”形或矩形控制网。内控点应设在房屋拐角柱子旁边，其连线与柱子设计轴线平行，相距 0.5～1.0m。内控制点应选择在能保持通视(不受构架梁等的影响)和水平通视(不受柱子等影响)的位置。当基础工程完成后，根据建筑物场地平面控制网，校核建筑物轴线控制桩无误后，将轴线内控点测设到底层地面上，并埋设标志，作为竖向投测轴线的依据。为了将底层的轴线点投测到各层楼面上，在点的垂直方向上的各层楼面应预留约 200mm×200mm 的传递孔。并在孔周用砂浆做成 20mm 高的防水斜坡，以防投点时施工用水通过传递孔流落在仪器上。根据竖向投测使用仪器的不同，又分为以下三种投测方法。

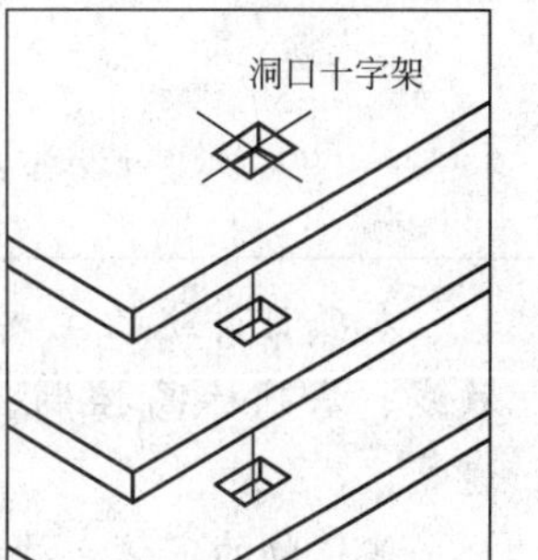

图 10－19　吊线坠法

(1) 吊线坠法。如图 10－19 所示，吊线坠法是使用直径 0.5～0.8mm 的钢丝悬吊10～20kg重特制的大垂球，以底层轴线控制点为准，通过预留孔直接向各施工层投测轴线。每个点的投测应进行两次，两次投点的偏差，在投点高度小于 5m 时不大于 3mm，高度在 5m 以上时不大于 5mm，即可认为投点无误，取用其平均位置，将其固定下来。然后再检查这些点间的距离和角度，如与底层相应的距离、角度相差不大时，可作适当调整。最后根据投测上来的轴线控制点加密其他轴线。施测中，如果采用的措施得当，如防止风吹和振动等，使用线坠引测铅直线是即经济、简单，又直观、准确的方法。

(2) 天顶垂直法。天顶垂直法是使用激光铅垂仪、激光经纬仪和配有目镜有 90°弯管的经纬仪等垂直向上测设的仪器，进行竖向逐层传递轴线。

采用激光铅垂仪或激光经纬仪进行竖向投测是将仪器安置在底层轴线控制点上，进行严格整平和对中(用激光经纬仪需将望远镜指向天顶，竖直读盘读数为 0°或 180°)。在施工层预留孔中央放置专用的透明方尺，移动方尺将激光点接收到方尺刻度中心，即投测的二层轴线控制点，其他内控点同法投测，精度要求较高时，安经纬仪于该点上照准另外一个轴线内控点，在二层建立轴线控制网；精度要求一般时，也可在两控制点间拉钢尺(或拉线绳)，在二层建立轴线控制网。再有二层控制网恢复二层轴线。

(3) 天底垂直法。天底垂直法是使用能测设铅直向下方向的垂准仪器，进行竖向投测。测法是把垂准经纬仪安置在浇筑后的施工层上，用天底准直法，通过在每层楼面相应于轴线点处的预留孔，将底层轴线点引测到施工层上。在实际工作中，可将有光学对点器的经纬仪改装成垂准仪。有光学对点器的经纬仪竖轴是空心的，故可将竖轴中心的光学对中器物镜和转向棱镜以及支架中心的圆盖卸下，在经检核后，当望远镜物镜向下竖起时，即可测出天底垂直方向。但改装工作必须由仪器专业人员进行。

2. 高程传递

高层建筑底层±0.000m 标高点可依据施工场地内的水准点来测设。±0.000m 的高程传递，一般用钢尺沿结构外墙、边柱和楼梯间等向上竖直量取，即可把高程传递到施工层上。用这种方法传递高程时，一般高层建筑至少由三处底层标高点向上传递，以便于相互校核和适应分段施工的需要。由底层传递上来的同一层几个标高点，必须用水准仪进行校核，检查各标高点是否在同一水平面上，其误差应不超过±3mm。

在框架结构的民用建筑施工中，墙体砌块的高度、灰缝的厚度可画在柱侧面代替皮数杆。

本项目小结

本项目讲述的主要内容包括：民用建筑施工测量的基本知识、建筑物的定位、放线、基础标高控制、墙体的定位、测设和标高控制、高层建筑的投测和高程传递等。

建筑物的定位、放线、抄平是建筑工程测量中经常性的工作。因此，测设已知距离、角度、高程三个基本功一定要切实掌握，并力求熟练技能。

单幢民用建筑施工测量，包括建筑物定位、细部轴线测设、设置轴线控制桩，撒出基槽开挖边界线，以及测设基槽水平桩，恢复各部位轴线，皮数杆等工作。这对保证工程质量和施工进度有着重要意义。测量人员必须熟悉图纸，紧密配合工程进度，做好施工测量工作。

高层建筑施工测量一定要考虑高层建筑的特殊要求，要严格控制竖向轴线投测的精度要求，采用内投法，标准框架柱传递高程传递法。一般不少于 3 根柱子，传递到该层校核时三点为一水平面。

习　题

一、选择题

1. 建筑产品分为(　　)和(　　) 两大类。

A. 建筑物　　B. 构筑物　　C. 道路　　D. 桥梁

2. 建筑物分为(　　)和(　　)两大类。

A. 建筑物　　B. 构筑物　　C. 工业建筑　　D. 民用建筑

3. 建筑施工图分为(　　)。

A. 建筑总平面图；施工总平面图　　B. 建筑施工图；结构施工图

C. 暖卫施工图；电气施工图　　D. 基础平面图；基础详图

4. 三通一平是(　　)、(　　)、(　　) 和(　　)。

A. 水通　　B. 电通　　C. 道路通　　D. 施工场地平整

5. 施工现场准备工作包括______、______、______。

A. 施工场地平整　　B. 三通一平

C. 测量放线　　D. 搭设临时设施

6. 建筑红线是(　　)的界限。

A. 施工用地范围　　B. 规划用地范围

C. 建筑物占地范围　　D. 建设单位申请用地范围

7. 施工测量是工程施工各阶段所进行的测量工作的总称，其中包括(　　)、(　　)、(　　)。

A. 规划设计阶段的地形测量　　B. 场地平整测量

C. 基础施工测量　　D. 主体施工测量

8. 建筑平面图尺寸线一般注有三道有(　　)、(　　)、(　　)。

A. 长宽总尺寸　　B. 轴线间尺寸

C. 门窗洞口尺寸　　D. 散水雨篷尺寸

9. 民用建筑是指(　　)、(　　)、(　　)等建筑物。

A. 住宅、办公楼　　B. 道路、桥梁

C. 医院、学校　　D. 食堂、俱乐部

10. 施工测量的任务是按照设计的要求，把建筑物的(　　)到地面上，作为(　　)并配合施工进度(　　)。

A. 平面位置和高程测设　　B. 施工的依据

C. 保证施工安全　　D. 保证施工质量

11. 设计图纸是施工测量的主要依据，与施工放样有关的图纸主要有(　　)、(　　)、(　　)、(　　)。

A. 建筑总平面图　　B. 建筑平面图

C. 基础平面图　　D. 基础剖面图

12. 从建筑(　　)上可以查明拟建建筑物与原有建筑物的(　　)和(　　)的关系。它是测设建筑物(　　)的依据。

A. 平面位置　　B. 总体定位　　C. 总平面图　　D. 高程

13. 从建筑(　　)上查明建筑物的(　　)和(　　)内部各(　　)的尺寸关系。

A. 总尺寸　　B. 平面图

C. 建筑总平面图　　D. 定位轴线间

14. 从基础(　　)上可以查明基础(　　)与定位(　　)的关系尺寸，以及基础布置与基础(　　)位置关系

A. 轴线　　B. 平面图　　C. 剖面　　D. 边线

15. 从基础(　　)上可以查明基础(　　)尺寸、设计标高以及基础(　　)与定位(　　)的尺寸关系。

A. 立面　　B. 轴线　　C. 边线　　D. 剖面图

16. 建筑的定位，就是将建筑物外廓各(　　)、(　　)在地面上，然后再根据这些点进行(　　)放样。

A. 轴线交点　　B. 测定　　C. 测设　　D. 细部

17. 轴线控制桩的测设：基础开挖前，应将(　　)引测到基础槽外 2——4 不受施工干扰并便于引测的地方，测设上(　　)并做好轴线钉的标志，作为基础开挖后恢复各(　　)的依据。

A. 轴线控制桩　　B. 控制桩　　C. 边线　　D. 轴线

18. 根据轴控桩用经纬仪将主墙体的轴线投到基础墙的(　　)，用红油漆画出轴线标志，写出(　　)编号，作为上部(　　)投测的依据。还应在四周用水准仪抄出(　　)的标高线，弹以墨线标志，作为上部标高控制的依据。

A. 轴线　　B. 外侧　　C. 轴线　　D. －0.1m

19. 皮数杆是根据建筑物剖面图画有每块砖和灰缝的厚度，并注明墙体上窗台、(　　)、(　　)等构件标高的位置。

A. 屋面坡度　　B. 门窗洞口、过梁

C. 雨篷、圈梁、楼板　　D. 轴线

20. 内控法的三种投测方法有(　　)。

A. 吊线坠法　　B. 天顶垂直法

C. 天底垂直法　　D. 投测法

二、问答题

1. 名词解释：建筑基线、定位测量、施工放线。

2. 民用建筑施工测量包括哪些主要测量工作？

3. 试述基槽开挖时控制开挖深度的方法。

4. 轴线控制桩和龙门板的作用是什么？如何设置？

5. 建筑施工中，如何由下层楼板向上层传递高程？

6. 高层建筑物施工中如何将底层轴线投测到各层楼面上？

7. 在图 10－20 中已给出新建筑物与原有建筑物的相对位置关系(墙厚 37cm，轴线偏里)，试述测设新建筑物的方法和步骤。

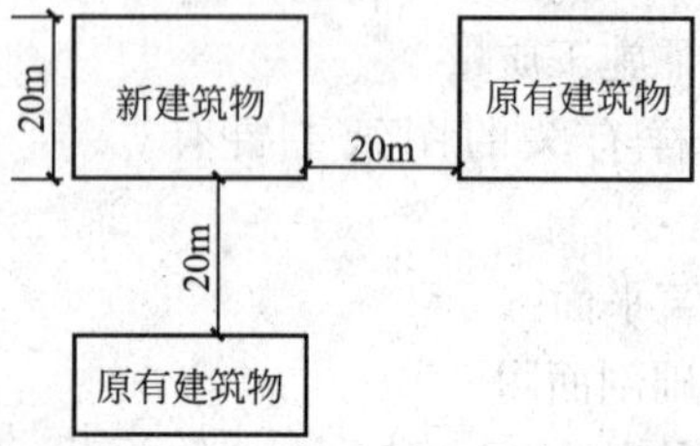

图 10－20　建筑物定位与放线

能力评价体系

知识要点	能力要求	所占分值(100分)	自评分数
民用建筑施工测量概述	明确施工测量的任务	8	
建筑物的定位和放线	掌握建筑物定位的方法	15	
	掌握建筑物放线的方法	15	
建筑物基础施工测量	掌握基础标高控制的方法	10	
	掌握基槽抄平的方法和垫层上轴线测设的方法	12	
高层建筑施工测量	熟悉高层建筑施工测量的特点	10	
	掌握高层建筑轴线投测的方法	15	
	掌握高层建筑高传递的方法	15	
总　　分		100	

项目11 工业建筑施工测量

学习目标

本项目应掌握工业建筑中以厂房为主体的施工测量方法。如厂房控制网的测设、厂房基础施工测量、厂房预制构件的安装测量及烟囱、水塔施工测量、金属网架安装测量、管道施工测量等。重点掌握厂房预制构件的安装测量方法及管道施工测量方法。

学习要求

知识要点	能力要求	相关知识
厂房矩形控制网的测设	(1) 掌握直角坐标法，测设矩形控制网 (2) 了解矩形控制网的形式 (3) 了解厂房柱列轴线的测设方法	直角坐标法定点、矩形控制网、引桩
厂房基础施工测量	(1) 掌握钢筋混凝土柱基的定位、放线 (2) 掌握基础控制桩的测设及杯口投线抄平 (3) 了解钢柱基础的施工测量 (4) 了解混凝土柱子基础、柱身、平台施工测量	吊线法、经纬仪投线法、经纬仪平行线法
厂房构件安装测量	(1) 掌握柱子的安装测量 (2) 理解性掌握吊车梁安装测量 (3) 了解吊轨、屋架安装测量	吊车梁装测量步骤及方法、柱子安装测量步骤及方法
烟囱、水塔施工测量	(1) 理解性掌握烟囱施工测量的方法及步骤 (2) 理解吊线法和激光导向法的操作 (3) 掌握筒身高程测量方法	烟囱筒身施工测量、枋子及靠尺板的工作原理、吊线法、激光导向法
金属网架安装测量	了解金属网架安装测量	模台基础放样、模台顶面投点的检查及其精度
管道施工测量	(1) 理解性掌握管道中线测量 (2) 理解性掌握管道纵、横断面测量方法； (3) 了解地下管道及架空管道施工测量	管道中线测量的内容与方法、管道纵、横断面测量方法与步骤

【学习重点】

厂房矩形控制网的测设、厂房基础施工测量、厂房构件安装测量

【最新标准】

《工程测量规范》(GB 50026—2007);《建筑变形测量规程》(JGJ 8—2007)。

引例

工程概况：某有限公司二期厂房工程位于天津经济技术开发区，地处五大街与相安路交口附近，建筑面积18315m²，结构形式为全现浇框架结构，建筑物檐高24.400m，室内外高差450mm，±0.000相当于绝对标高4.450m。

基础为钢筋混凝土承台结构，埋深－1.700m，C15混凝土垫层100mm厚，外轴线尺寸为64.8×57.6m，内设三部电梯，其中两部为货梯。

施测要求：拟建建筑物的四周场地狭小，故南北向和东西向控制点集中布设在东侧和北侧的原有混凝土路面上，西侧和南侧只布设远向复核控制点，根据甲方要求和测量大队提供的控制点形成四边形进行控制。±0.000以上施工，采用正倒镜分中法投测其他细部轴线，±0.000以上高程传递，采用钢尺直接丈量法，误差必须符合规范要求。

测设任务：

(1) 厂房控制网测设。

(2) 厂房基础施工测量。

(3) 构件安装测量。

(4) 给排水、热力和煤气等管道施工测量。

对上述测设任务如何快速准确地进行施工测量，将是本项目重点阐述的内容。

知识点

11.1 概　述

工业建筑中以厂房为主体，而工业厂房多为排柱式建筑，跨距和间距大，间隔少，平面布置简单，而且施工测量精度又明显高于民用建筑，故其定位一般是根据现场建筑基线或建筑方格网，采用由柱轴线控制桩组成的矩形方格网作为厂房的基本控制网。

目前，我国较多采用预制钢筋混凝土柱装配式单层厂房。采用预制的钢筋混凝土柱、吊车梁、吊车轨道、屋架等构件，在施工现场进行安装。施工测量的主要内容是：

1. 厂房矩形控制网测设

对于一般中、小型工业厂房，在其基础的开挖线以外约4m左右，测设一个与厂房轴线平行的矩形控制网，即可满足放样要求。对于大型厂房或设备基础复杂的厂房，为了使厂房各部分精度一致，须先测设主轴线，然后根据主轴线测设矩形控制网。对于小型厂房，可采用民用建筑定位的方法测设矩形控制网。厂房矩形控制网的放样方案，是根据厂区平面图、厂区控制网和现场地形情况等资料制定的。

2. 柱列轴线放样

3. 杯形基础施工测量

4. 构件与设备的安装测量等

11.2 厂房控制网测设

11.2.1 单一厂房矩形控制网的测设

厂房矩形控制网是为了厂房放样布设的专用平面控制网。布设时，应使矩形网的轴线平行于厂房的外墙轴线(两种轴线间距一般取 4m 或 6m)，并根据厂房外墙轴线交点的施工坐标和两种轴线的间距，给出矩形控制网角点的施工坐标，如图 11－1 所示。根据矩形控制网的四个角点的施工坐标和地面建筑方格网，利用直角坐标法即可将控制网的 4 个角点在地面上直接标定出来。

1. 确定矩形网的形式

1) 轴线控制网

如图 11－1 所示，各轴线桩都钉在轴线交点上，挖槽时会被挖掉，所以要把轴线桩引测到基槽开挖边线以外，称为引桩，这个引桩称为轴线控制桩，也称为保险桩。

2) 矩形控制桩

把各轴线控制桩连接起来，称为矩形控制网。矩形网的形式根据建筑物的规模而定，一般工程布设矩形控制网就能满足要求，较复杂的工程应布设田字形控制网。矩形控制网的一般形式如图 11－1 所示。

2. 设置控制桩时应注意的问题

(1) 设在距基槽开挖边线以外 1～1.5m 处，至轴线交点的距离应为 1m 的倍数。

(2) 采用机械挖方或爆破施工时，距离要加大。

(3) 桩位要选在易于保存，不影响施工，避开地下、地上管道及道路，便于丈量和观测的地方。

11.2.2 大型工业厂房矩形控制网的测设

对于大型或设备基础复杂的厂房，可选其相互垂直的两条主轴线测设矩形控制网的四个角点即布设田字控制网，用测设建筑方格网主轴线同样的方法将其测设出来，然后再根据这两条主轴线测设矩形控制网的 4 个角点，如图 11－2 所示。控制网的技术要求见表 11－1。

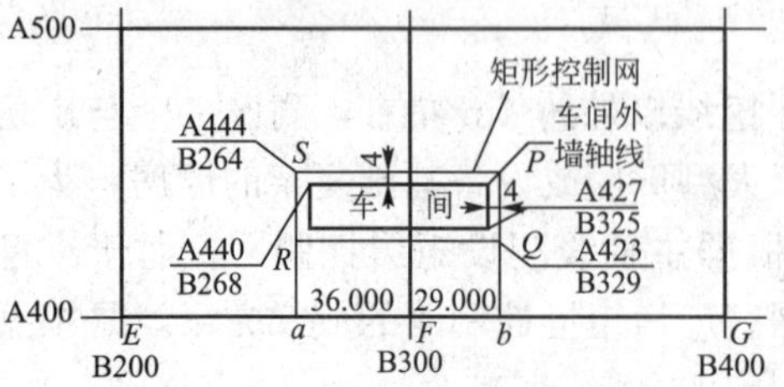

图 11－1 厂房矩形控制网测设

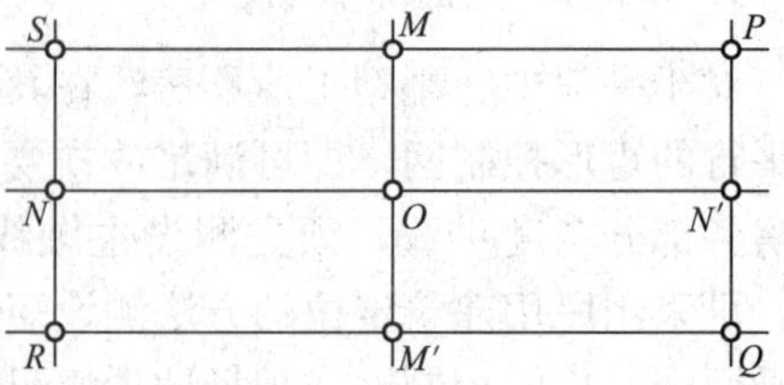

图 11－2 大型厂房控制网测设

表 11-1 控制网的技术要求

矩形网类型	厂房类别	主轴线、矩形边长精度	矩形角允许误差	角度闭合差(″)
单一矩形网	中、小型厂房或系统工程	1∶10000～1∶25000	15′	60″
田字形网	大型厂房或系统工程	1∶30000	7′	28″

注：建筑物建立控制网后，细部放线均以控制网为依据，不得再利用场区控制点。

11.2.3 厂房柱列轴线的测设

如图 11-3 所示，根据厂房平面图上给出的柱间距和跨距，沿厂房矩形控制网的四边用钢尺精确排出各柱列轴线控制点的位置，并以木桩小钉标志，作为柱基础施工和构件安装的依据。

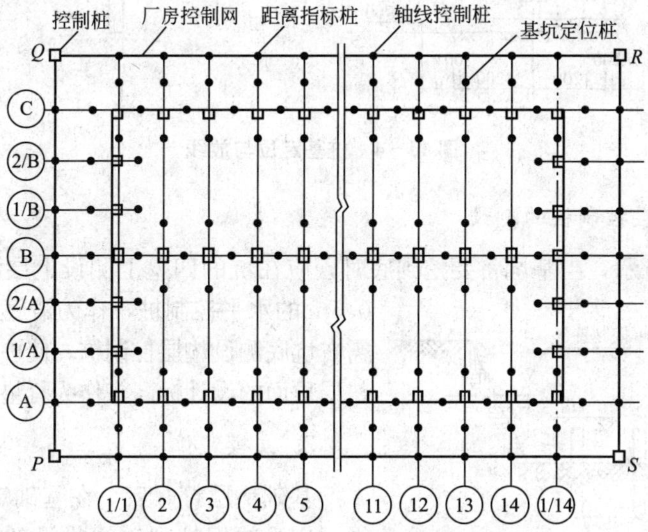

图 11-3 厂房柱列轴线和柱基测设

特别提示

本节主要讲述了单一厂房矩形控制网和大型工业厂房矩形控制网的测设。重点理解其两者的区别，了解其技术指标要求。

11.3 厂房基础施工测量

11.3.1 混凝土杯形基础施工测量

1. 柱基的定位与放线

将两台经纬仪分别安置在相互垂直的两条轴线上，用方向交会法进行柱基定位。每个柱基的位置，均用四个定位小木桩和小钉标志。定位小木桩应设置在开挖边界线外比基坑深度大1.5倍的地方。柱基定位后，用特制的“T”形尺放出基坑开挖边线，并撒以白灰。如图11－4所示。

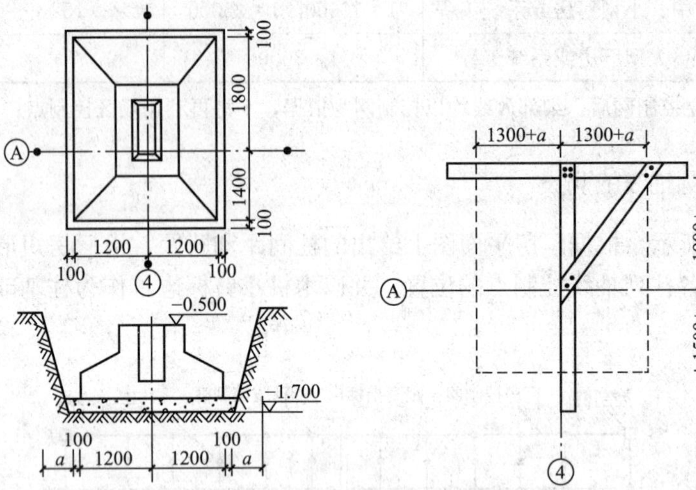

图11－4 桩基定位与放线

2. 水平与垫层控制桩的测设

如图11－5所示，当基坑将要挖到底时，应在坑的四壁上测设上层面距坑底为0.3～0.5m的水平控制桩，作为清底依据。清底后，尚需在坑底测设垫层控制桩，使桩顶的标高恰好等于垫层顶面的设计标高，作为打垫层的标高依据。

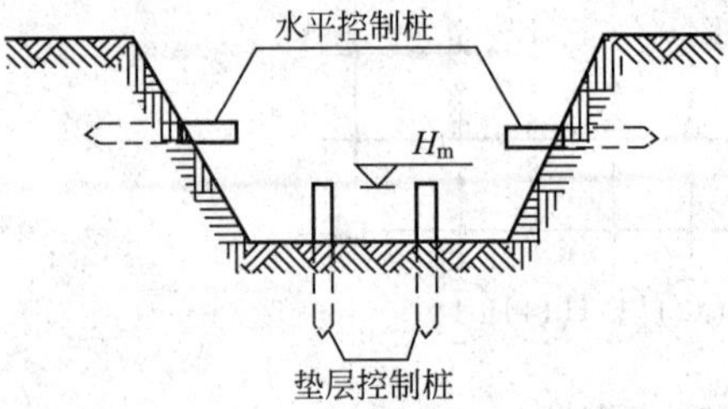

图11－5 水平与垫层控制桩

3. 立模定位

基础垫层打好后，在基础定位小木桩间拉线绳，用垂球把柱列轴线投设到垫层上弹以墨线，用红漆画出标记，作为柱基立模板和布置基础钢筋的依据。

立模板时，将模板底部的定位线标志与垫层上相应的墨线对齐，并用吊垂球的方法检查模板是否垂直。

模板定位后，用水准仪将柱基顶面的设计标高抄在模板的内壁上，作为浇灌混凝土的高度依据。

支模时，还应使杯底的实际标高比其设计值低5cm，以便吊装柱子时易于找平。

4. 杯口投线及抄平

(1) 校核轴线控制桩、定位桩、高程点是否发生变动。

(2) 根据轴线控制桩，用经纬仪把中线投测到基础顶面上，并做标记，供吊装柱子使用，基础中线对定位轴线的允许误差为±5mm。把杯口中线引测到杯底，在杯口立面弹墨线，并检查杯底尺寸是否符合要求，如图11－6所示。

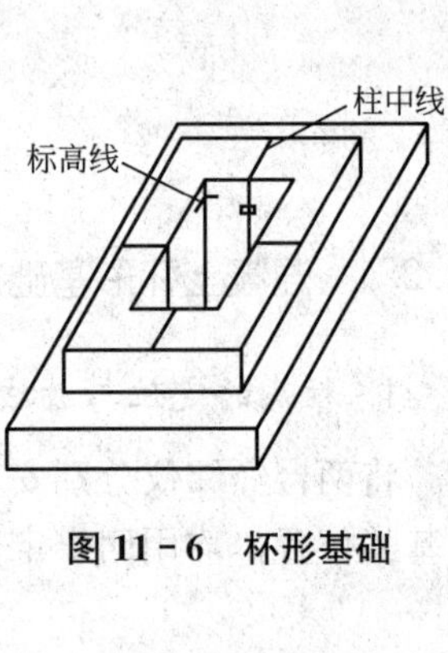

图11－6 杯形基础

(3) 为给杯底找平提供依据，在杯口内壁四角测设一条标高线。该标高线一般取比杯口顶面设计标高低 100mm 处，以便根据标高线修整杯底。

11.3.2 钢柱基础施工测量

钢柱基础垫层以下的定位放线方法与柱型基础相同，其特点是：基础较深，且基础中埋有地脚螺栓，其平面位置和标高精度要求较高，一旦螺栓位置偏差超限，会给钢柱安装造成困难，具体做法如下：

(1) 垫层混凝土凝固后，应根据控制桩用经纬仪把柱中心线投测到垫层上，同时根据中线弹出螺栓固定架位置，如图 11－7 所示。

(2) 安装螺栓固定架。为保证地脚螺栓的正确位置，工程中常用型钢制成固定架来固定螺栓，固定架要有足够的刚度，防止在浇筑混凝土过程中发生变形。固定架的内口尺寸应是螺栓的外边线，以便焊接螺栓。安置固定架时，把固定架上中线用吊线的方法与垫层上的中线对齐，将固定架四角用钢板垫稳垫平，然后再把垫板、固定架、斜支撑与垫层中的预埋件焊牢，如图 11－8 所示。

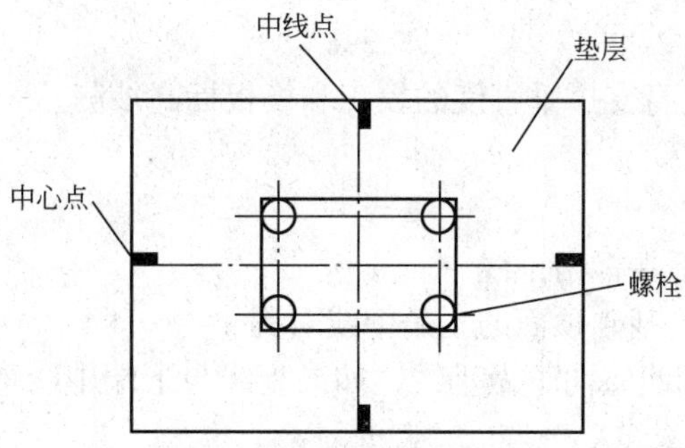

图 11－7　钢柱基础中线投测

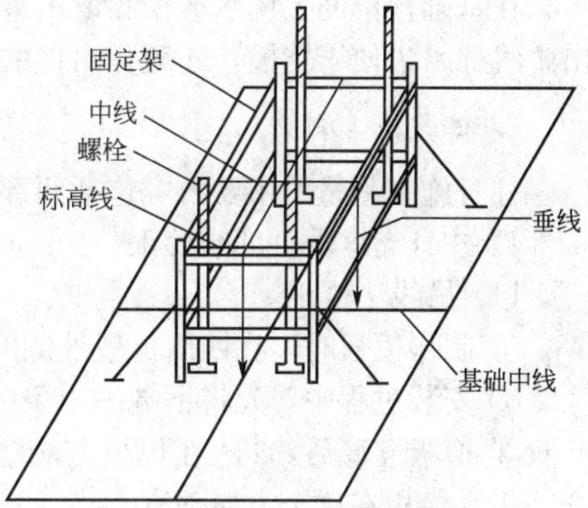

图 11－8　柱中线固定架

(3) 固定架标高抄测。用水准仪在固定架四角的立角钢上抄测出基础顶面的设计标高线，作为安装螺栓和控制混凝土标高的依据。

(4) 安装螺栓。先在固定架上拉标高线，在螺栓上也划出同一标高线。安置螺栓时，将螺栓上的标高线与固定架上的标高线对齐，待螺栓的距离、高度、垂直度校正好后，将螺栓与固定架上、下横梁焊牢。

(5) 检查校正。用经纬仪检查固定架中线，其投点误差应不大于 2mm。

用水准仪检查基础顶面标高线，地脚螺栓不要低于设计标高，允许偏差为＋20mm、中心线位移为±5mm。基础混凝土浇筑后，应立即对地脚螺旋进行检查，发现问题及时处理。

11.3.3 混凝土柱子基础、柱身、平台施工测量

混凝土柱子基础、柱身、平台称整体结构柱基础，它是指柱子与基础平台结为一个整体，先按基础中心线挖好基坑，安放好模板，在基础与柱身钢筋绑扎后，浇灌基础混凝土至柱底，然后安置柱子(柱身)模板。其基础部分的测量工作与前面所述相同。柱身部分的测量工作主要是校正柱子、模板中心线及柱身铅直，由于是现浇现灌，测量精度要求较高。

1. 混凝土柱基础施工测量

混凝土柱基础底部的定位、支模放线与杯形基础相同。当基础混凝土凝固后，根据轴线控制桩或定位桩，将中线投测到基础顶面上，弹出十字线中线供柱身支模及校正使用。有时基础中的预留筋恰在中线上，投线时不能通视，可采用借助线的方法投测，如图 11－9 所示。将仪器侧移至 a 点，先测出与柱中心线相平行的 aa' 直线，再根据 aa' 直线恢复柱中线位置。

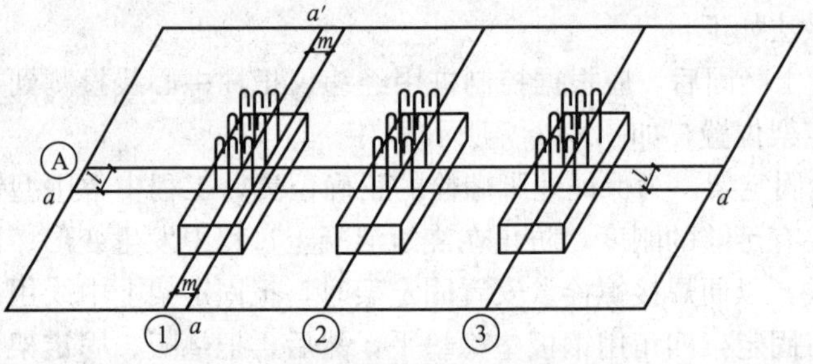

图 11－9　混凝土柱基础中线投测

在基础预留筋上用水准仪测设出某一标高线，作为柱身控制标高的依据。每根柱除给出中线外，为便于支模，还应弹出柱的断面边线。

2. 柱身施工测量

柱身施工测量的主要内容包括两部分，即柱身支撑垂直度的校正和模板标高抄测。

1) 柱身支撑垂直度的校正

(1) 吊线法校正

① 制作模板时，在四面模板外侧的上端和下端标出中线。

② 安装过程中，先将下端的 4 条中线分别与基础顶面的 4 条中线对齐。

③ 模板立稳后，1 人在模板上端对齐中线用线坠向下做垂线，如果垂线与下端中线重合，表示模板在这个方向垂直。

④ 用同样的方法再校正另一个方向。

⑤ 当纵横两个方向同时垂直时，模板就校好了，如图 11－10 所示。

(2)经纬仪校正。经纬仪校正的方法有投线法和平行线法两种。

① 投线法。仪器至柱子的距离应大于投点高度，先用经纬仪照准模板下端中线，然后仰起望远镜观察模板上端中线，如果中线偏离视线，要校正上端模板使中线与视线重合，如图 11－11 所示。

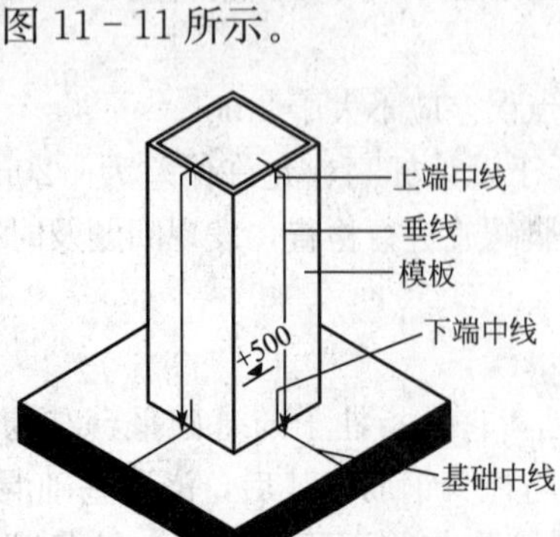

图 11－10　吊线法

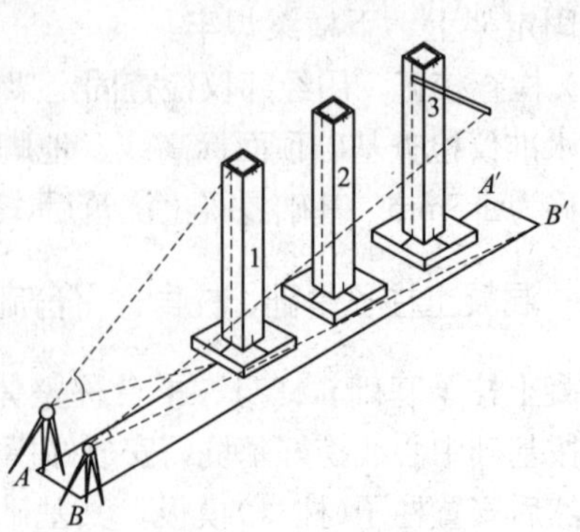

图 11－11　投线法

需要注意的是，校正横轴方向时，要检查已校正的纵轴方向是否又发生倾斜，最好是用两台经纬仪同时校正。

② 平行线法。先做柱中线的平行线，平行线距中线距离一般取1m。做一木尺，在尺上用墨线标出1m标记，由1人在模板上端持木尺，把尺的零端对齐中线，水平地伸向观测方向。仪器置于B点，照准B'点，然后抬高望远镜观看木尺。如果视线正照准尺上的1m标志，表示模板在这个方向上垂直；如果尺上1m标志偏离视线，要校正上端模板，使尺上标志与视线重合。

(3) 模板标高抄测。柱身模板垂直度校正好后，在模板的外侧测设一标高线，作为测量柱顶标高、安装铁件和牛腿支模等各种标高的依据。标高线一般比地面高0.5m，每根柱不少于两点，点位要选择便于量尺、不易移动即标记明显的位置上，并注明标高数值。

(4) 柱拆模后的抄平放线。柱拆模后，要把中线和标高抄测在柱表面上，供下一步砌筑、装修使用。

① 投测中线。根据基础表面的柱中线，在下端立面上标出中线位置，然后用吊线法或经纬仪投点法把中线投测到柱上端的立面上。

② 测设水平线。在每根柱立面上抄测高0.5m的标高线。

特别提示

本节主要讲述了厂房各种基础设施的施工测量。重点掌握混凝土柱基的施工测量，尤其是柱身支撑垂直度的校正方法：吊线法、经纬仪投线法、经纬仪平行线法。

11.4 厂房构件安装测量

装配式单层厂房的柱、吊车梁和屋架等多是预制构件，需在施工现场进行吊装。吊装必须进行校准测量，以确保各构件按设计要求准确无误地就位。所使用的仪器主要是经纬仪、水准仪及全站仪的常规仪器。

11.4.1 柱子安装测量

1. 吊装前的准备工作—投测柱列轴线

基础模板拆除后，在柱列轴线控制桩上安置经纬仪，用正倒镜取中法将柱列轴线投到基础顶面上，弹以墨线，画出“▲”标志(柱列轴线不通过柱子中心线时，尚需在基础顶面上弹出柱中心线)，如图11-12示。同时，在杯口内壁上抄出−0.600m的标高线。

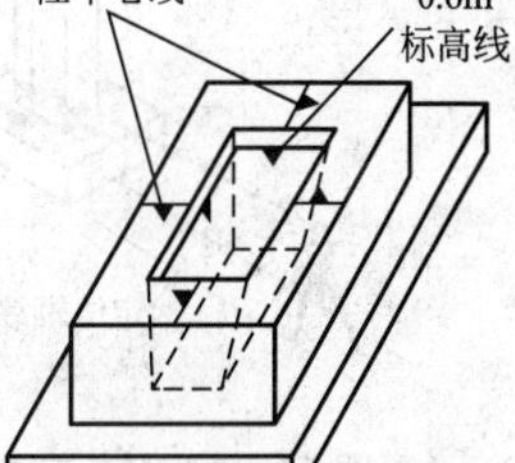

图11-12 投测柱列轴线

2. 柱子弹线

将每根柱子按轴线位置进行编号，在柱身上3个侧面弹出柱中心线，并分上、中、下3点画出“▲”标志；如图11-13所示。此外，还应根据牛腿面的设计标高，用钢尺由牛腿面向下量出±0.000和−0.600m的标高位置，弹以墨线。

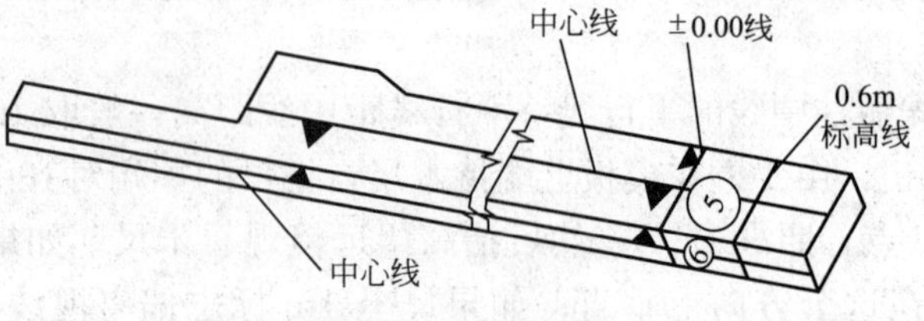

图 11－13　柱身弹线

3. 柱身长度和杯底标高检查

量柱底四角至柱上－0.600m 标高线的实际长度 $h_1 \sim h_2$ 以及杯底与柱底相对应的四角至杯口内壁－0.600m 标高线的深度 $h_1' \sim h_4'$ 。h'_l 与 h_i 之差即为在杯底第 i 个角的找平厚度。施工人员根据找平厚度在杯底抹 1∶2 的水泥砂浆进行找平(因浇基础时杯底留有 5cm 的余量，很少会出现铲底找平情况)，以使柱子装上后，牛腿面的标高符合设计要求。

4. 柱子垂直度的检查

柱子对号吊入杯口后，应使柱身中心线对齐弹在基础面上的柱中心线，在杯口四周加木楔或钢楔初步固定。然后，用水准仪检测柱上±0.000 标高线，其误差不超过±3mm 时，便可进行柱子垂直度的校正。如图 11－14 所示，校正单根柱子时，可在相互垂直的两个柱中心线上且距柱子的距离不小于 1.5 倍柱高的地方分别安置经纬仪，先瞄准柱身中心线上下面的黑三角标志，再仰起望远镜观测中间和上面的黑三角标志，若 3 点在同一视准面内，则柱子垂直，否则，应指挥施工人员进行校正。垂直校正后，用杯口四周围的楔块将柱子放牢，并将上视点用正倒镜取中法投到柱下，量出上下视点的垂直偏差。标高在 5m 以下时，允许偏差 5mm，检查合格后，即可在杯口处浇灌混凝土，将柱子最后固定。

当校正成排的柱子时，为了提高工作效率，可安置一次仪器校正多根柱子，如图 11－15 所示。但由于仪器不在轴线上，故不能瞄准不在同一截面内的柱中心线。

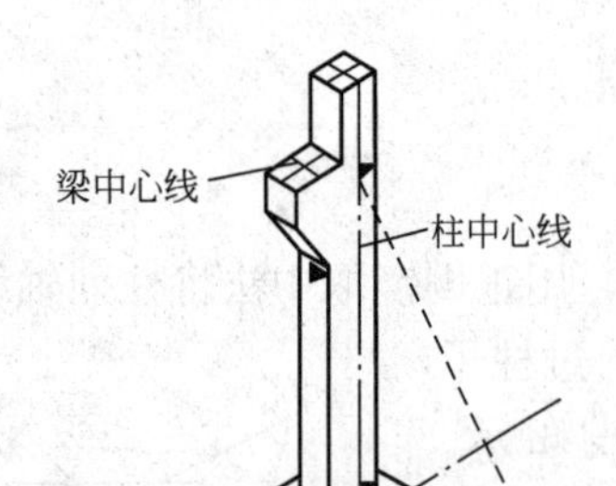

图 11－14　柱子垂直度校正

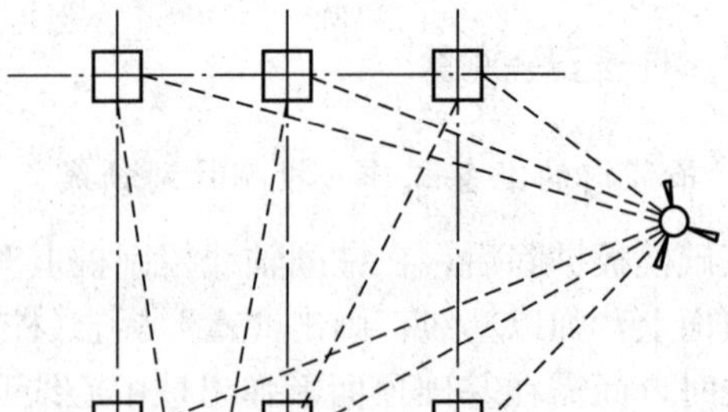

图 11－15　成排柱子垂直度校正

校正柱子时，应注意以下事项：

(1) 所用仪器必须严格检校。

(2) 校直过程中，尚需检查柱身中心线是否相对于杯口的柱中心线标志产生了过量的水平位移。

(3) 瞄准不在同一截面的中心线时，仪器必须安在轴线上。

(4) 柱子校正宜在阴天或早晚进行，以免柱子的阴、阳面产生温差使柱子弯曲而影响校直的质量。

11.4.2 吊车梁安装测量

吊车梁的吊装测量主要是保证吊装后的吊车梁中心线位置和梁面标高满足设计要求。吊装前，先在吊车梁的顶面上和其两端弹出吊车梁中心线，并把吊车轨的中心线投到牛腿上面。

如图 11－16 所示，投测时，可利用厂房中心线 A_1、A_1，根据设计轨距在地面上标出吊车轨中心线 $A'A'$ 和 $B'B'$，然后分别在 $A'A'$ 和 $B'B'$ 上安置经纬仪，用正倒镜取中法将吊车轨中心线投到牛腿面上，并弹以墨线。安装时，将梁端的中心线与牛腿面上的中心线对正；用垂球线检查吊车梁的垂直度；从柱上修正后的±0.000 线向上量距，在柱子上抄出梁面的设计标高线；在梁下加铁垫板，调整梁的垂直度和梁的标高，使之符合设计要求。安装完毕，应在吊车梁面上重新放出吊轨中心线，如图 11－17 所示。在地面上标定出和吊轨中心线距离为 1m 的平行轴线 $A''A''$ 和 $B''B''$，分别在 $A''A''$ 和 $B''B''$ 上安置经纬仪，在梁面上垂直于轴线的方向放一根木尺，使尺上 1m 处的刻度位于望远镜的视准面内，在尺的零端划线，则此线即为吊轨中心线。经检验各画线点在一条直线上时，即可重新弹出吊车轨中心线。

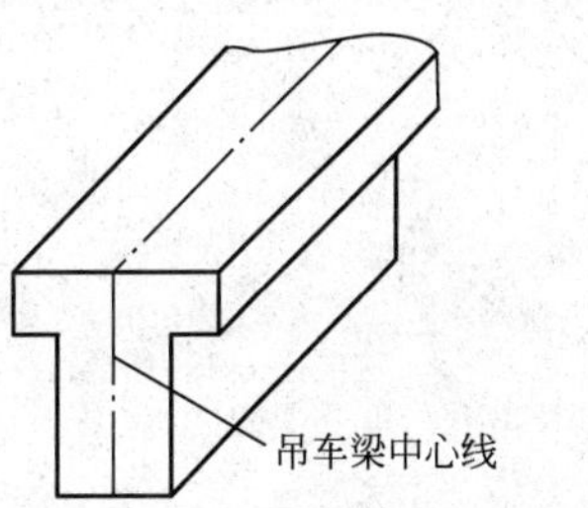

图 11－16　吊车梁中线投测

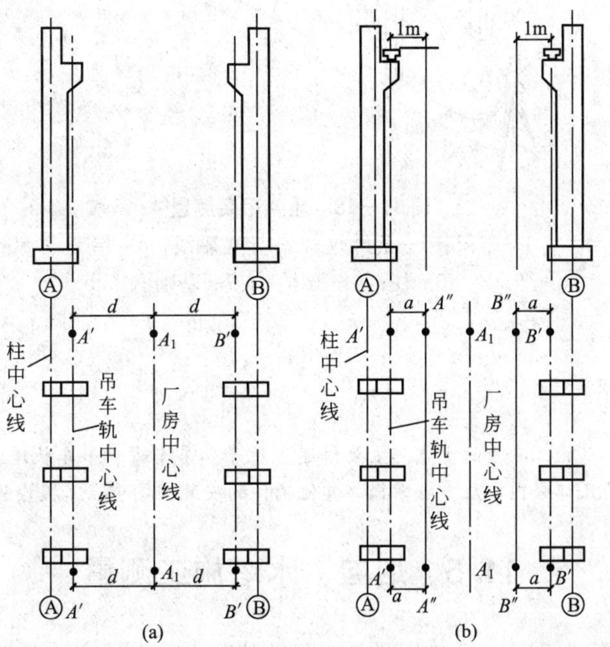

图 11－17　吊车梁安装测量

11.4.3 吊轨安装测量

吊轨安装测量主要是进行吊轨安装后的检查测量。吊轨间的跨距用精密量距法检测，与设计跨距相比，误差不应超过±2mm。检测吊轨顶面的标高时，可将水准仪固定在轨面上，利用柱上的水准标志作后视点，每隔 3m 检查轨面上一点，实测标高与设计标高相比，误差不应超过±2mm。

11.4.4 屋架的吊装测量

吊装前，先用经纬仪在柱顶上投出屋架定位轴线，在屋架两端弹出屋架中心线。吊装时，使屋架上的中心线与柱顶上的定位轴线对正，便完成了屋架的平面定位工作。屋架的垂直度可用垂球或经纬仪检查。用经纬仪检查时如图 11－18 所示，在屋架上安装三把卡尺，自屋架几何中心线沿卡尺向外量 500mm 作出标记，在地面上标出距屋架中心线 500mm 的平行轴线，并在该轴线上安置经纬仪，当三个卡尺上的标记均位于经纬仪的视准面内时，屋架即处于垂直状态；否则，应该进行校正。

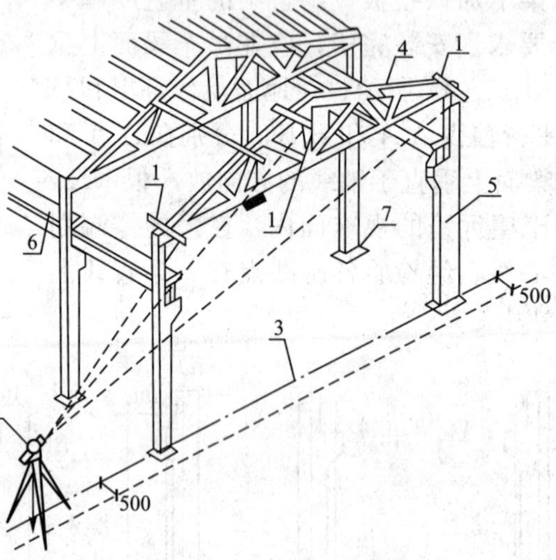

图 11－18　屋架吊装测量

1—卡尺；2—经纬仪；3—定位轴线；4—屋架

5—柱；6—吊木架；7—基础

特别提示

本节内容是工业厂房施工测量的重点。主要讲述了柱子、吊车梁、吊车轨道、屋架的安装测量。尤其是柱子安装测量中的几部分内容应重点掌握。其他构件的安装测量重点掌握检验和校正。

11.5　烟囱、水塔施工测量

烟囱和水塔的形式不同，但有共同点，即：基础小、主体高。其对称轴通过基础圆心的铅垂线。在施工过程中，测量工作的主要目的是严格控制它们的中心位置，保证主体竖直。其放样方法和步骤如下：

11.5.1 基础定位

首先按设计要求，利用与已有控制点或建筑物的尺寸关系，在实地定出基础中心 O 的位置。如图 11-19 所示，在 O 点安置经纬仪，定出两条相互垂直的直线 AB、CD，使 A、B、C、D 各点至 O 点的距离为构筑物直径的 1.5 倍左右。另在离开基础开挖线外 2m 左右标定 a、b、c、d 四个定位小桩，使它们分别位于相应的 AB、CD 直线上。

以中心点 O 为圆心，以基础设计半径 r 与基坑开挖使放坡宽度 b 之和为半径($R=r+b$)，在地面画圆，撒上灰线，作为开挖的边界线。

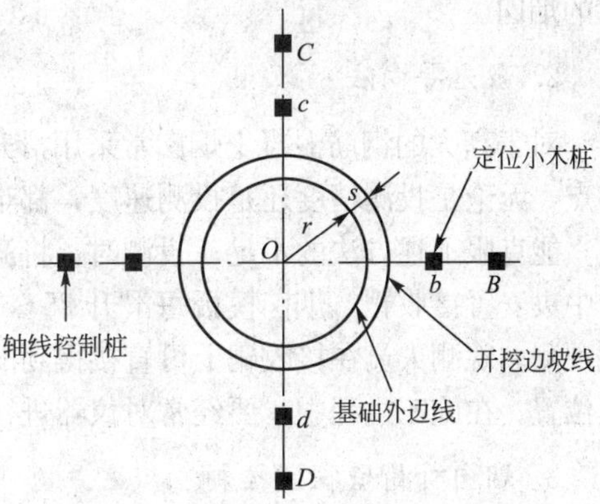

图 11-19 圆形建筑物定位放线

11.5.2 基础施工测量

当基础开挖到一定深度时，应在坑壁上放样整分米水平桩，控制开挖深度。当开挖到基底时，向基底投测中心点，检查基底大小是否符合设计要求。浇筑混凝土基础时，在中心面上埋设铁桩，然后根据轴线控制桩用经纬仪将中心点投设到铁桩顶面，用钢锯锯刻“十”字形中心标记，作为施工控制垂直度和半径的依据。混凝土凝固后，尚需进行复查，如有偏差，应及时纠正。

11.5.3 筒身施工测量

烟囱筒身向上砌筑时，筒身中心线、半径、收坡要严格控制。不论是砖烟囱还是钢筋混凝土烟囱，筒身施工时都要随时将中心点引测到施工作业面上，引测的方法常采用吊垂线法和导向法。

1. 吊垂线法

在烟囱施工中，一般每砌一步架或每升模板一次，就应引测一次中心线，以检核该施工作业面的中心与基础中心是否在同一铅垂线上。

如图 11-20 所示，吊垂线法是在施工作业面上固定一根断面较大的方木，另设一带刻划的木杆插入方木铰接在一起。木杆可绕铰接点转动，即为枋子。在枋子铰接点下设置的挂钩上悬挂 8～12kg 的垂球，烟囱越高使用的垂球应越重。投测时，先调整钢丝的长度，使垂球尖与基础中心标志之间仅存在很小的间隔。然后调整作业面上的方木位置，使垂球尖对准标志上的“十”字形交点，则方木铰接点就是该工作面的筒身中心点。在工作面上，根据相应高度的筒身设计半径转动木尺杆画圆，即可检查筒壁偏差和圆度，作为指导下一步施工的依据。

烟囱每砌筑完 10m，必须用经纬仪引测一次中心线。引测方法如下：如图 11-19 所示，分别在控制桩 A、B、C、D 上安置经纬仪，瞄准相应的控制点 a、b、c、d，将轴线点投测到作业面上，并作出标记。然后，按标记拉两条细绳，其交点即为烟囱的中心位置，并与垂球引测的中心位置比较，以作校核。烟囱的中心偏差一般不应超过砌筑高度的 1/1000。

吊垂球法是一种垂直投测的传统方法，使用简单。但易受风的影响，有风时吊垂球发生摆动和倾斜，随着筒身增高，对中的精度会越来越低。因此，仅适用于高度在 100m 以下的烟囱。

2. 激光导向法

对于高大的钢筋混凝土烟囱常采用滑升模板施工，若仍采用吊垂球或经纬仪投测烟囱中心点，无论是投测精度还是投测速度，都难以满足施工要求。采用激光铅垂仪投测烟囱中心点，能克服上述方法的不足。投测时，将激光铅垂仪安置在烟囱底部的中心标志上，在工作台中央安置接收靶，烟囱模板每滑升 25～30cm 浇灌一层混凝土，每次模板升前后各进行一次观测。观测人员在接收靶上可直接得到滑模中心对铅垂线的偏离值，施工人员依此调整滑模位置。在施工过程中，要经常对仪器进行激光束的垂直度检验和校正，以保证施工质量。

3. 烟囱外筒壁收坡控制

烟囱筒壁的收坡，是用坡度靠尺板来控制的。如图 11-21 所示，坡度靠尺板的形状，靠尺板两侧的斜边应严格按设计的筒壁斜度制作。使用时，把斜边贴靠在筒体外壁上，若垂球线恰好通过下端缺口，说明筒壁的收坡符合设计要求。

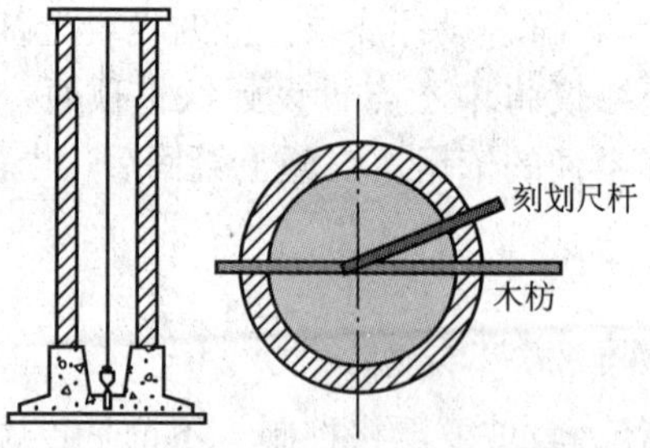

图 11-20 烟囱壁位置检查

图 11-21 倾斜度靠尺板

4. 筒体高程测量

筒体高程测量时用水准仪在筒壁上测出整分米数(如+50m)的标高线，再向上用钢尺量取高度进行控制的。

特别提示

本节内容重点在于烟囱筒身施工测量。理解枋子及靠尺板的工作原理。

11.6 金属网架安装测量

金属网架是由预制钢管构件在现场模台上拼装焊接而成。如图 11-22 所示，某金属网架大屋顶由 914 个不同规格的钢球和 9230 根 16Mn 管焊接而成，构成一个上下弦高达 6m，平面直径 124.6m 的圆形屋顶，总面积为 12000 多 m^2，重 600 多 t，它由 36 根高 26m 的混凝土立柱所支撑。规模大、结构复杂，是一座现代化的金属网架结构。

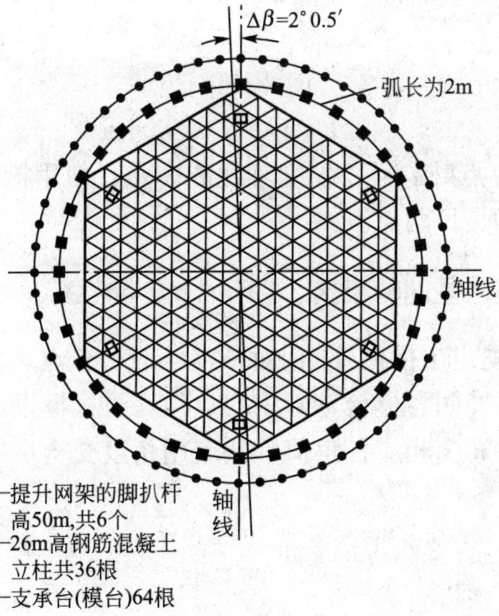

图 11-22　金属网架

施工方法采用网架在现场地面拼接，整体提升，空中旋转就位。网架拼装为小拼、大拼两个作业工序。小拼工作简单，不予介绍，大拼中的测量工作包括下列几方面。

11.6.1　模台基础放样

模台是为地面拼装网架支撑钢球而设置的，要求模台中心与各节点钢球中心位于同一铅垂线上。实际定位方法如图 11-23 所示，以圆心角 60°范围为例，先定出 *D*、*E* 两点，构成 *ODE* 大等边三角形，再依此定出大三角形内其余各点点位。

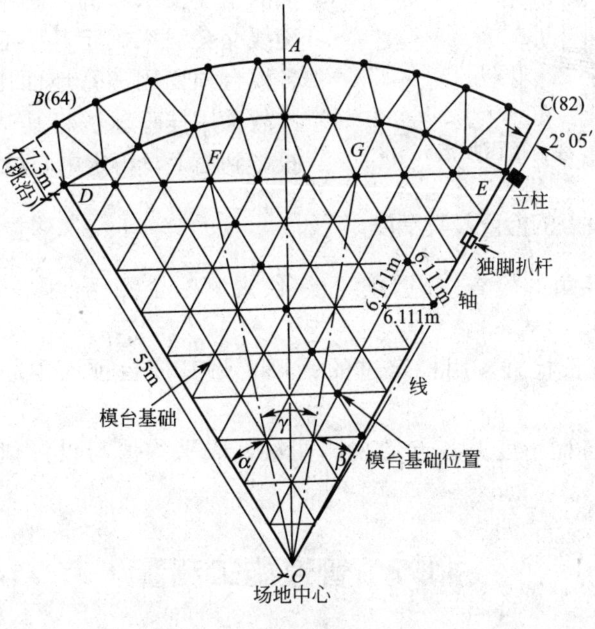

图 11-23　模台基础放样

如果 OD、OE 不通时，则将 DE 线段三等分，得出 F、G 两点，连接 OF、OG 求得

$$\alpha=\beta=19°23'42''$$

$$r=21°12'36''$$

$$OF=OG=49.804\text{m}$$

用 DJ_2 经纬仪架于 O 点(圆心)，照准轴线方向点，使用检验过的钢尺，定出 F、G 两点，根据几何关系求出 D、E 两点。

11.6.2　挑檐内外圈各模台基础的放样

由图 11－23 可知，先定出挑檐外圈上的 A、B、C 三点，然后将经纬仪分别置于该三点，按圆曲线方法，定出外圈各模台基础中心点位，再根据设计图所给出的各三角形边长条件，应用余弦定理关系算出相应各角值，然后用角度交会法定内圈各钢球连接点(节点)的中心点位。

11.6.3　模台顶面投点

当模台基础施工完毕后，再将工字钢构成的标桩安装在基础上，顶面焊上 50cm×50cm 的钢板，同时还需将基础中心的位置投影到按设计确定的相应高度的模台顶面上，然后在顶面上焊上一截 Φ150 的钢管(高差垫头)，以确定钢球安放的位置及高度，如图 11－24所示。

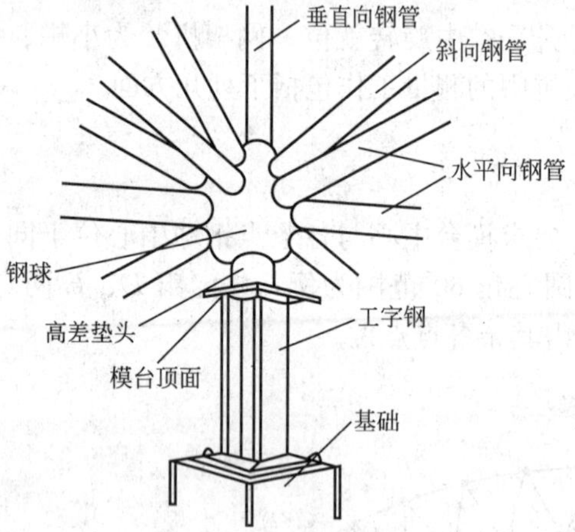

图 11－24　模台顶面投点

模台除了起着承载网架作用之外，还起着控制网架平面位置的几何图形和控制网架竖直面上、下弦的设计倾斜度的作用。对测量的精度要求较高。模台顶面投点方法是采用线交会法来确定其中心位置，挑檐内外圈各模台顶面因离开地面比较高，仪器不便瞄准故采用挂垂球法将其基础上的“十”字线投影到面上，再定中心位置。

11.6.4　模台顶面投点的检查及其精度

(1) 内六角形各角的检查。用 DJ_2 经纬仪观测一个测回，则三角形最大闭合差为±30°。

(2) 内六角形边长检查。用检定过的钢尺丈量其模台顶面中心间的距离，应满足1/10000的相对精度。

(3) 模台顶面高程精度。各点均观测两次，取平均值与设计值比较，误差不超过±5mm。

11.7　管道施工测量

管道工程是现代工业与民用建筑的重要组成部分，按其用途可以分为给水、排水、热

力、煤气、输电和输油管道。为了合理地敷设各种管道，首先进行规划设计，确定管道中线的位置并给出定位的数据，即管道的起点、转向点及终点的坐标、高程。然后将图纸上设计的中线测设到地面，作为施工的依据。各种管道除小范围的局部地面管道外，主要可分为地下管道和架空管道。

11.7.1 施工前的准备工作

(1) 熟悉图纸和现场情况。施工前，要认真研究图纸、附属构筑物图以及有关资料，并熟悉和核对设计图纸，了解设计意图及工程进度安排。到现场找到各交点桩、转点桩、里程桩及水准点位置。

(2) 校核中线并测设施工控制桩。若设计阶段所标定的中线位置就是施工所需要的中线位置时，且各桩点完好，则仅需校核，不需重新测设；否则，应重新测设管道中线、在校核中线时，应把检查井等附属构筑物及支线的位置同时定出。这项工作可根据设计的位置和数据用钢尺沿中线将其位置标定出来并用小木桩标志。

(3) 加密控制点。为了便于施工过程中引测高程，应根据设计阶段布设的水准点，在沿线附近每隔 150m 增设一个临时水准点。精度要求应根据工程性质和有关规定确定。

(4) 槽口放线。槽口放线就是按设计要求的埋深和土质情况、管径大小等计算出开槽宽度，并在地面上定出槽边线位置，划出白灰线，以便开挖施工。

11.7.2 管道中线测量

管道的起点、终点和转向点通称为主点，主点的位置及管线方向是设计时确定的。管道中线测量就是将已确定的管线位置测设于实地，并用木桩标定。其内容包括：主点测设数据的准备；主点测设；管道转向角测量；中桩测量以及里程桩手簿的绘制等。

1. 主点测设数据的准备和测设方法

主点的测设数据可用图解法或解析法求得。主点的测设方法有直角坐标法、极坐标法、角度交会法和距离交会法等。

1) 图解法

当管道规划设计图的比例尺较大，而且管道主点附近又有明显可靠的地物时，可采用图解法来获得测设数据。图解法就是在规划设计图上直接量取测设所需的数据，如图 11-25 所示，A、B 是原有管道检查井位置，Ⅰ、Ⅱ、Ⅲ点是设计管道的主点。欲在地面上标定出Ⅰ、Ⅱ、Ⅲ等主点，可根据比例尺在图上量出长度 a、b、c、d 和 e，即可测得数据。然后，沿原管道 BA 方向，从 B 点量出 D 即可得Ⅰ点；用直接坐标法或距离交会法测设Ⅱ点，用距离交会法测设Ⅲ点，测设长度以不超过一整尺为宜。图解法受图解精度的限制，精度不高。当管道中线精度要求不高的情况下，可采用此方法。

2) 解析法

当管道规划设计图上已经有主点的坐标，而且主点附近又有控制点时，易用解析法求测设数据。如图 11-26 所示中 1、2、3、4 等为控制点，A、B、C 等为管道主点，如用极坐标法测设 B 点，则可根据 1、2 和 B 点坐标，按极坐标法计算出测设数据$\angle 12B$ 和距离 D_{2B}。测设时，安置经纬仪于 2 点，后视 1 点，转$\angle 12B$，得 $2B$ 方向，在此方向上用钢尺测设距离 D_{2B}，即得 B 点。其他主点均可按上述方法测设。

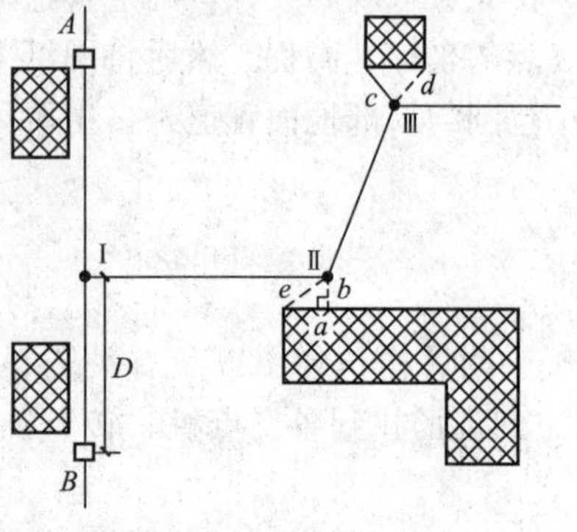

图 11-25 图解法

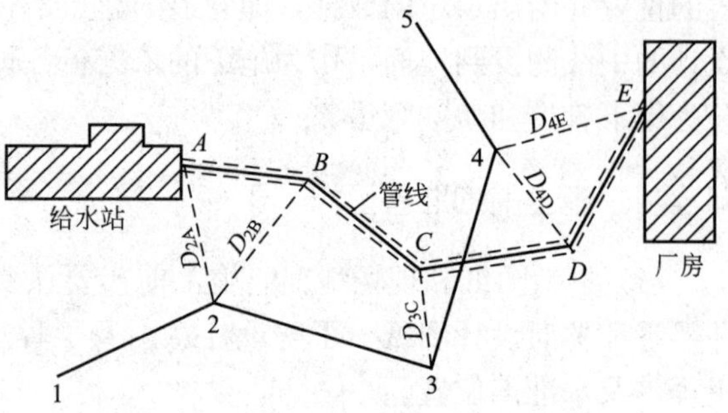

图 11-26 解析法

主点测设工作必须进行校核，其校核方法是：先用主点坐标计算相邻主点间的长度；然后在已测设的主点间量距，看其是否与算得的长度相符。如果主点附近有固定地物，可量出主点与地物间的距离进行检核。

如果在拟建管道工程附近没有控制点或控制点不够时，应先在管道附近敷设一条导线，或用交会法加密控制点，然后按上述方法采集测设数据，进行主点的测设工作。在管道中线精度要求较高的情况下，均用解析法测设主点。

2. 中桩的测设

为了测定管线的长度和测绘纵、横断面图，从管道起点开始，沿管道中线在地面上要设置整桩和加桩，这项工作称为中桩测设。从起点开始按规定每隔一整数设一桩，这个桩叫做整桩。根据不同管线，整桩之间的距离也不同，一般为 20m、30m，最长不超过 50m。相邻整桩间的主要地物穿越处及地面坡度变化处要增设木桩，称为加桩。

为了便于计算，管道中线上的桩，自起点开始按里程注明桩号，并用红油漆写在木桩的侧面，如整桩的桩号为 0＋100，即此桩离起点距离 100m，如加桩的桩号为 0＋162，即表示离起点距离为 162m“＋”前为千米数，“＋”后为米数。管道中线上的整桩和加桩都称为里程桩。

为了避免测设中桩错误，量距一般用钢尺丈量两次，精度为 1/1000，困难地区可放宽至 1/500，或用光电测距仪测距；在精度要求不高的情况下，可用皮尺或测绳丈量。

不同的管道，其起点也有不同规定，如给水管道以水源为起点；煤气、热力等管道以来气方向为起点；电力电讯管道以电源为起点；排水管道以下游出水口为起点。

3. 转向角测量

管线改变方向时，转变后的方向与原方向间的夹角称为转向角。转向角有左、右之分，如图 11-27 所示。以 $\alpha_{左}$ 和 $\alpha_{右}$ 表示。欲测量 2 点的转向角时，首先安置经纬仪于 2 点，盘左瞄准 1 点，纵转望远镜读水平读盘读数；再瞄准 3 点，并读数，两次读数之差即为转折角；用右盘按上述方法再观测一次，取盘左盘右的平均值作为转折角的最后结果。再根

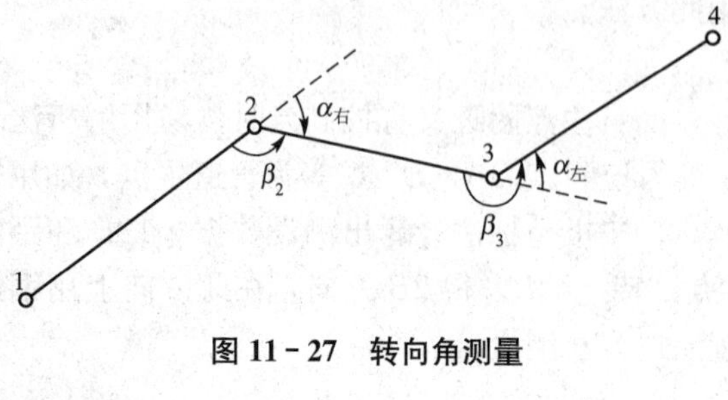

图 11-27 转向角测量

据转折角计算转向角。但必须注意转向角的左、右方向。即

$$\text{当}\beta>180°\text{时，}\alpha_{左}=\beta-180°$$
$$\text{当}\beta<180°\text{时，}\alpha_{右}=180°-\beta \quad (11-1)$$

有些管道转向角要满足定型弯头的转向角的要求，如给水管道使用铸铁弯头时，转向角右 90°、45°、22.5°、11.25°、5.625°等几种类型。当管道主点之间距离较短时，设计管道的转向角与定型弯头的转向角之差不应超过 1°～2°。排水管道的支线与干线汇流处，不应有阻水现象，故管道转向角不应大于 90°。

4. 绘制里程桩手簿

在中桩测量的同时，要在现场测绘管道两侧的地物、地貌，称为带状地形图，也叫里程桩手簿。里程桩手簿是绘制纵断面图和设计管道时的重要参考资料。如图 11－28 所示，此图是绘在毫米方格纸上，图中的粗线表示管道的中心线，0＋000 为管道起点。0＋340 处为转向点，转向后的管线仍按原直线方向绘出，但要用箭头表示管道转折的方向，并注明转向角值(图中转向角 $\alpha_{右}=30°$)。0＋450 和 0＋470 是管道穿越公路的加桩，0＋182 和 0＋265 是地面坡度变化的加桩，其他均为整桩。

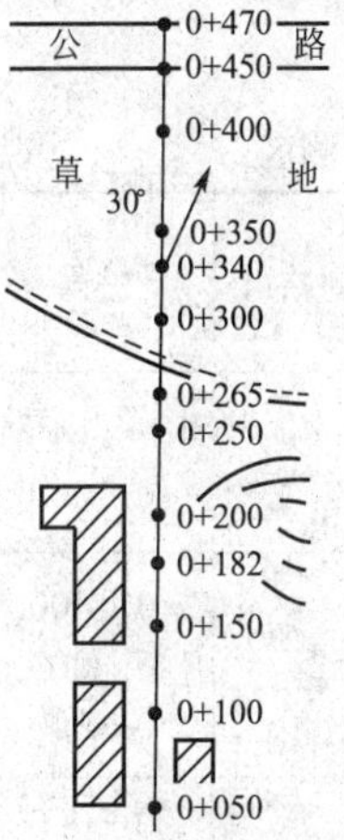

图 11－28 里程桩手簿

管线带状地形的测绘宽度一般为左、右各为 20m，在宽度范围内的建筑物应一并测绘成图。测绘方法主要用皮尺，以距离交会法、直角坐标法为主，必要时也可用罗盘仪和皮尺以极坐标法进行测绘。如果有近期的大比例尺地形图，可以直接从地形图上摘取地物、地貌，以减少外业测量工作。

11.7.3 纵横断面测量

1. 管道纵断面测量

沿管道中心线方向的断面图称为纵断面。管道的纵断面图是表示管道中心线上地面起伏变化的情况。纵断面图测量的任务，是根据水准点的高程，测量出中线上各桩的地面高程，然后根据测得的高程和相应的各桩桩号绘制断面图。作为设计管道埋深、坡度及计算土方量的主要依据，其工作内容如下：

1) 水准点的布设

为了保证管道高程测量精度，在纵断面水准测量之前，应先沿管道设立足够的水准点。通常每 1～2km 设一个水准点，300～500m 设立临时水准点，作为纵断面水准测量分段符合和施工时引测高程的依据。水准点应埋设在使用方便，易于保存和不受施工影响的地方。

2) 纵断面水准测量

纵断面水准测量一般是以相邻的两个水准点为一个测段，从一个水准点出发，逐点测量中桩的高程，再符合到另一水准点上，以便校核。纵断面水准测量的视线长度可适当放宽，一般采用中桩作为转点，但也可另设。在两转点间的各桩，通称为中间点的高程用仪高法求得。测量方法如图 11－29 所示。表 11－2 是由水准点 BM_1 到 0＋200 的纵断面水准测量示意和记录手簿。

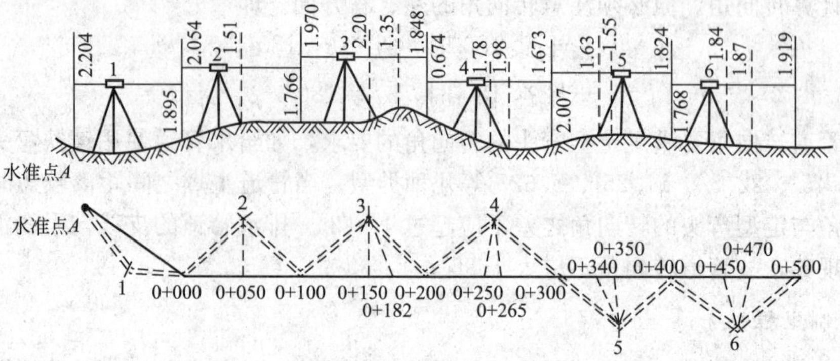

图 11-29 断面水准测量

表 11-2 纵断面水准测量记录手簿

测区：_____ 观测者：_____ 记录者：_____ 日期：_____ 天气：_____ 仪器：_____

测站	桩号	水准尺读数			高差		仪器视线高	高程
		后视	前视	中间视	+	−		
1	水准点 BM_1 0+000	2.204	1.895		0.309			156.800 157.109
2	0+000 0+000 0+000	2.054	1.566	1.81	0.488		159.163	157.109 157.353 157.597
3	0+000 0+000 0+000 0+000	1.970	2.048	1.70 1.55		0.078	159.567	157.597 157.867 158.017 157.519
…	…	…	…	…	…	…	…	…

一个测段的纵断面水准测量，要进行下列计算工作：

(1) 高程闭合差计算。纵断面水准测量一般均起讫于水准点，其高差闭合差，对于重力自流管道不应大于$\pm 40\sqrt{L}$ mm。当闭合差在容许范围内时不必进行调整。

(2) 用高差法计算各转点的高程。

(3) 用仪高法计算中间点的高程。

例 11-1 为了计算中间点 0+050 的高程，首先计算测站的仪器视线高程为

(157.109+2.054)m=159.163m

中间点 0+050 高程+1590163m−1.810m=157.353m

当管线较短时，纵断面水准测量可与测量水准点的高程在一起进行，由一水准点开始，按上述纵断面水准测量方法测出中线上各桩的高程后，符合到高程未知的另一水准点上，然后再以一般水准测量方法返测到起始水准点上，依次校核。若往返闭合差在允许范围内，取高差平均数推算下一水准点的高程，然后再进行下一段的测量工作。

2. 纵断面图的绘制

绘制纵断面图，一般在毫米方格网上进行绘制时，以管线的里程为横坐标，高程为纵

坐标。为了更明显的表示地面的起伏，一般纵断面图的高程比例要比水平比例尺大10倍或20倍。自流管线和压力管线纵、横断面图的比例尺，可按表11-3进行选择。

表11-3 纵、横断面的水平、高程比例尺参考表

路线名称	纵断面图		横断面图（水平、高程比例尺相同）
	水平比例尺	高程比例尺	
自流管线	1∶1000 1∶2000	1∶100 1∶200	1∶100 1∶200
压力管线	1∶2000 1∶5000	1∶200 1∶500	1∶100 1∶200

2. 管道横断面的测量

垂直于管道中心线方向的断面称为横断面。管道的横断面图是表示管道两侧地面起伏变化情况的断面图。横断面图测绘的任务是根据中心桩的高程，测量横断面方向上地面坡度变化点的高程及到中心桩的水平距离，然后根据高程和水平距离绘制横断面图，供设计时计算土方量和施工时确定开挖边界线之用。其工作内容如下：

1）确定横断面方向

确定横断面方向通常用经纬仪或方向架。用经纬仪确定横断面方向，即按已知角度测设的方法。用方向架确定横断面方向，将方向架置于预测横断面的中心桩上，以方向架的一个方向照准管道上的任一中心桩，则另一方向即为所求横断面方向。

2）横断面测量

横断面测量的宽度取决于管道的直径和埋深，一般每侧为10～20m。根据精度要求和地面高低情况，横断面的测量可采用以下几种方法：

(1) 标杆皮尺法。如图11-30所示，点1、2、3和点1′、2′、3′为横断面坡度上的变化点。施测时，将标杆立于1点，皮尺零点放在0+050桩上，并拉成水平方向，在皮尺与标杆的交点处读出水平距离和高差。同法可求各相邻两点之间的水平距离和高差。记录格式见表11-4。表中按管道前进方向分成左侧、右侧两栏，观测值用分数形式表示，分子表示两点间的高差，分母表示两点间的水平距离。

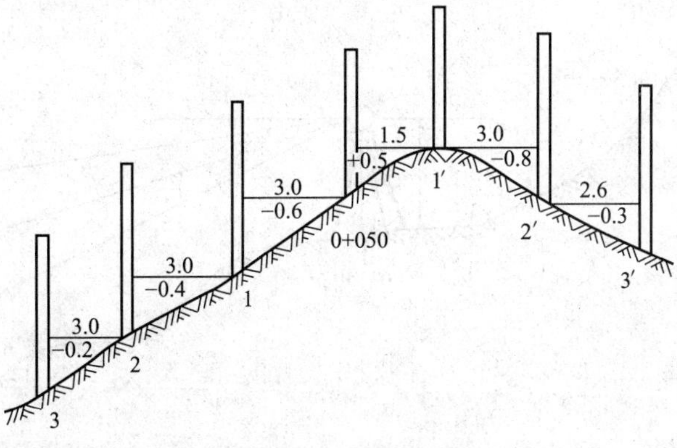

图11-30 标杆尺法

表 11-4　横断面测量(标杆皮尺法)记录表

左　侧	桩　号	右　侧
$\frac{-0.2}{2.6}$，$\frac{-0.3}{3.0}$，$\frac{-0.8}{3.6}$	0+000	$\frac{+0.7}{3.2}$，$\frac{-0.3}{3.0}$，$\frac{-0.4}{2.6}$
$\frac{-0.2}{3.0}$，$\frac{-0.4}{3.0}$，$\frac{-0.6}{3.0}$	0+050	$\frac{+0.5}{1.5}$，$\frac{-0.8}{3.0}$，$\frac{-0.3}{2.6}$

此法操作简单，但精度较低，适用于等级较低的管道。

(2) 水准仪法。选择适当的位置安置水准仪，首先在中心桩上竖立水准尺，读取后视读数，然后在横断面方向上的坡度变化点处竖立水准尺，读取前视读数，用皮尺量出立尺点到中心桩的水平距离。水准尺读数至厘米，水平距离精确至分米。记录格式见表 11-5。各点的高程可由视线高程求得。

表 11-5　横断面测量(水准仪)记录表　(单位：m)

桩号 0+100				高程 157.597m		
测点		水平距离	后视	前视	视线高	高程
左	右	0	1.26		158.86	
1		2.0		1.30		157.56
2		5.4		1.42		157.44
3		7.2		1.37		157.49
…	…	…	…	…	…	…

此法精度较高，但在横向坡度较大或地形复杂的地区不易采用。

(3) 经纬仪法。如图 11-31 所示。在欲测横断面的中心桩上安置经纬仪，并量取仪器高 i 照准横断面方向上坡度变化点处的水准尺，读取视距间隔 l，中丝读数 v，垂直角 α，根据视距测量计算公式即可得到两点间的水平距离 D 和高差 h，即

$$\left.\begin{aligned} D&=Kl\cos^2\alpha \\ h&=D\tan\alpha+i-v \end{aligned}\right\} \qquad (11-2)$$

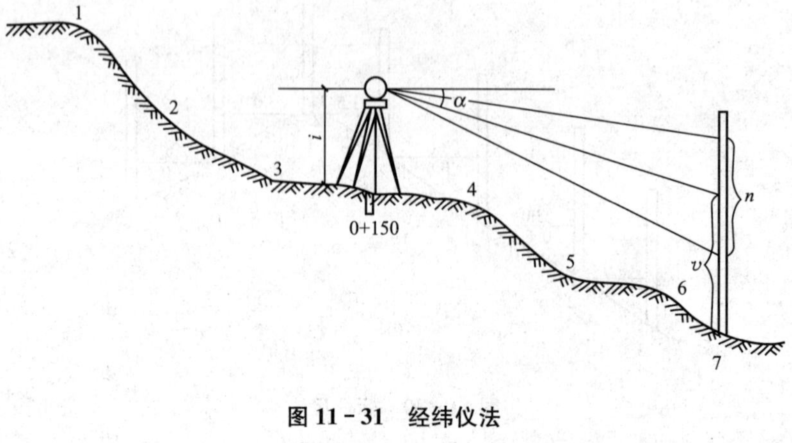

图 11-31　经纬仪法

记录格式见表11-6。此法不受地形的限制，故适用于横向坡度变化较大、地形复杂的地区。

表11-6 横断面测量(经纬仪法)记录表

桩号0+150				高程157.87m			仪器高i=1.42m	
测点		视距间隔/m	垂直角/(° ′)	中丝读数/m	水平距离/m	高差/m	高程/m	备注
左	右							
	4	13.8	−10°45′	2.42	13.32	−3.53	154.34	
	5	29.3	−10°45′	2.42	26.38	−9.77	148.10	
…	…	…	…	…	…	…	…	…

横断面测量时应在现场绘制出断面示意图。

3）横断面图的绘制

横断面图一般绘在毫米方格纸上，水平方向表示水平距离，竖直方向表示高程。横断面图的比例通常采用1∶100或1∶200。为了便于计算横断面面积和确定管道开挖边界，水平方向和竖直方向应取相同的比例。

11.7.4 地下管道施工测量

设计阶段进行纵断面测量所定出的管道中线位置，如果与管线施工所需要的中线位置一致，而且主点各桩在地面上完好无损，则只需要进行检核，不必重测。否则就需要重新测设管道中线。

根据设计数据用钢尺标定检查井的位置，并且用木桩标定之。

在施工时，管道中线上各桩将被挖掉，为了便于恢复中线和检查井的位置，应在管道主点处的中线延长线上设置中线控制桩，在每个检查井处垂直于中线方向设置检查井位控制桩，这些控制桩应设置在不受施工破坏、引测方便，而且容易保存的位置。为了便于使用，检查井位控制桩离中线最好是一个整数。

根据管径大小、埋置深度以及土质情况，决定开槽宽度，并在地面上定出槽边线的位置。若横断面上的坡度比较平缓，开挖管道宽度可用下列公式进行计算。即

$$B=b+2mh \tag{11-3}$$

式中 b——槽底的宽度；

h——中线上的挖土深度；

$1/m$——管槽边坡的坡度。

管道的埋设要按照设计的管道中线和坡度进行。因此在开槽前应设置控制管道中线和高程的施工测量标志。

1. 坡度板和中线钉设置

为了控制管线中线与设计中线相符，并使管底标高与设计高程一致，基槽开挖到一定程度，一般每隔10～20m处即检查井处沿中线跨槽设置坡度板，如图11-32所示。坡度板埋设要牢固，顶面应水平。

根据中线控制桩，用经纬仪将管线中线投测到坡度板上，并钉上小钉(称为中线钉)。此外，还需将里程桩号和检查井编号写在坡度板侧面。各坡度板上中线钉连线即为管道的

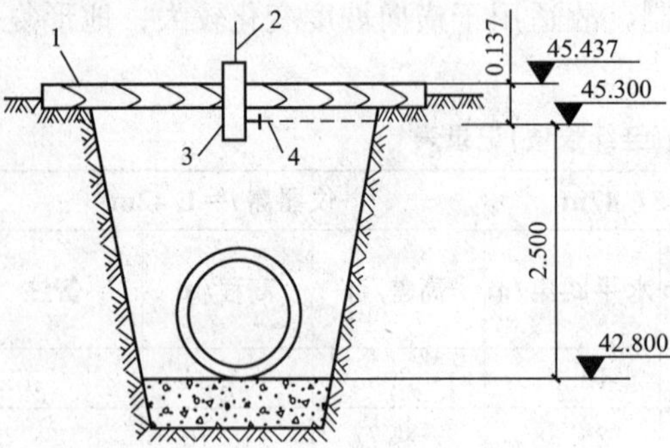

图 11-32　坡线板和中线钉设置

1—坡度板；2—中线钉；3—高程板；4—坡度钉

中线方向，在连线上挂垂球线可将中线位置投测到基槽内，以控制管道按中线方向敷设。

2. 设置高度板和测设坡度钉

为了控制基槽开挖的深度，根据附近水准点，用水准仪测出各坡度板顶面高程 $H_{顶}$，并标注在坡度板表面。板顶高程与管底设计高程 $H_{底}$ 之差 k 就是坡度板顶面往下开挖至管底的深度，俗称下返数，通常用 C 表示。k 亦称管道埋置深度。

由于各坡度板的下返数都不一致，且不是整数，无论施工或者检查都不方便，为了使下返数在同一段管线内均为同一整数值 C，则须由下式计算出每一坡度板顶应向下或向上量的调整数 δ。即

$$\delta=C-k=C-(H_{顶}-H_{底}) \tag{11-4}$$

在坡度板中线钉旁钉一竖向小木板桩，称为高程板。根据计算的调整数 δ，在高程板上向下或向上量 δ 定出点位，再钉上小钉，称为坡度钉，如图 11-32 所示。如 $k=2.726$，取 $c=2.500$m，则调整数 $\delta=-0.226$m，从板顶向下量 0.226m 钉坡度钉，从坡度钉向下量 2.500m，便是管底设计高程。同法可钉出各处高程板和坡度钉。各坡度钉的连线即平行于管底设计高程的坡度线，各坡度钉下返数均为 C。施工时只需用一标有长度的木杆就可随时检查是否挖到设计深度。如果开挖深度超过设计高程，绝不允许回填土，只能加厚垫层。

3. 平行轴腰桩法

当现场条件不便采用坡度板时，且管径较小、坡度较大、精度要求较低的管道，可用平行腰桩法来控制施工，其步骤如下：

1) 测设平行轴线

管沟开挖前，在中线的一侧测设一排平行轴线桩，桩位落在开挖槽边线以外，如图 11-33所示，轴线桩至中线桩的平距为 a，桩距一般为 20m，各检查井位也应在平行轴轴线上设桩。

2) 钉腰桩

为了控制管底高程，在槽沟坡上(距槽底约 1m)打一排与平行轴线相对应的桩，这排桩称为腰桩。如图 11-34 所示。

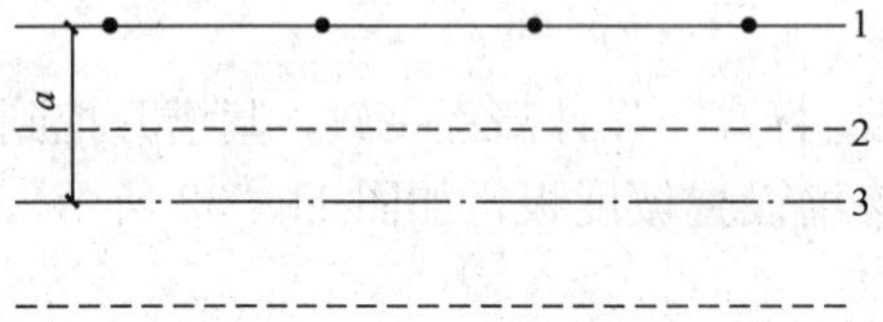

图 11-33　平行轴线测设

1—平行轴线；2—槽边；3—管道中心线

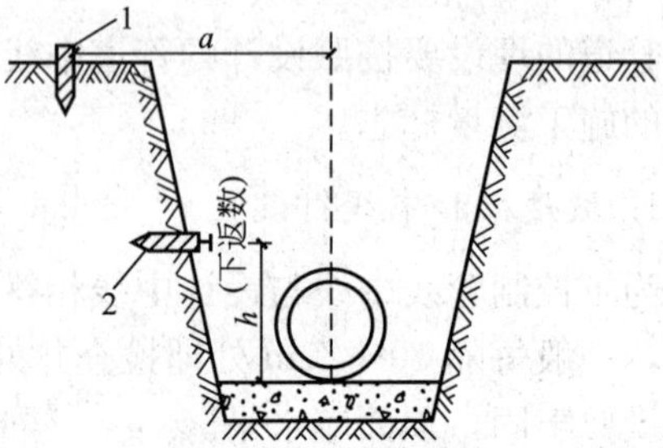

图 11-34　腰桩测设

1—平行轴线桩；2—腰桩

3）引测腰桩高程

在腰桩上钉一小钉，并用水准仪测出各腰桩上小钉的高程，小钉高程与该处管底设计高程之差 h 即为下返数。施工时只需用水准尺量取小钉到槽底的距离，与下返数比较，便可检查是否挖到管底设计高程。

平行腰桩法施工和测量都比较麻烦，且各腰桩的下返数不同，容易出错。为此选定到管底的下返数为某一整数，并计算出各腰桩的高程。然后在测设出各腰桩，并以小钉标明其位置，此时各桩小钉的连线与设计坡度平行，并且小钉的高程与管底设计高程之差为一常数。

11.7.5 架空管道施工测量

在管道穿越铁路、公路、河流或重要建筑物时，为了不影响正常的交通秩序或避免大量的拆迁和开挖工作，可采用架空管道施工方法敷设管道。首先在欲设顶管的两端挖好工作坑，在坑内安装导轨(铁轨或仿木)，将管材放在导轨上，用顶镐将管材沿中线方向顶进土中，然后挖出管筒内泥土。顶管施工测量的主要任务是控制管道中线方向、高程及坡度。

架空管道主点的测设与地下管道相同。架空管道的支架基础开挖测量工作和基础模板的定位，与厂房柱子基础的测设相同。架空管道安装测量与厂房构件安装测量基本相同。

本项目小结

1. 厂房控制网是测设厂房施工放样的重要依据，对厂房控制网的测设一定严格执行施工测量规范，边长、角度满足限差要求，严格校核。

2. 掌握混凝土杯形基础、钢柱基础、混凝土柱基础施工测量，特别注意柱基中心线的测设和基础标高控制。

3. 在柱子、吊车梁、吊车轨道安装测量及屋架的吊装测量中，一定要做好各项准备工作，安装完毕，要严格检核。

4. 烟囱、水塔施工测量注意中心垂直度的测量，严格把关，以保证工程质量。

5. 了解金属网架安装测量，严把模台基础放样和顶面投点质量关。

6. 管道中线测量中，特别注意拐角测量，应符合管道的设计要求和测设要求，掌握地下管道、架空管道施工测量方法。

习　题

一、选择题

1. 管道的主点，是指管道的起点、终点和(　　)。

A. 中点　　B. 交点　　C. 接点　　D. 转向点

2. 管道主点测设数据的采集方法，根据管道设计所给的条件和精度要求，可采用图解法和(　　)。

A. 模拟法　　B. 解析法　　C. 相似法　　D. 类推法

3. 顶管施工，在顶进过程中的测量工作，主要包括中线测量和(　　)。

A. 边线测量　　B. 曲线测量　　C. 转角测量　　D. 高程测量

二、问答题

1. 管道施工测量中的腰桩起什么作用？在 No.5、No.6 两井(距离为 50m)之间，每隔 10m 在沟槽内设置一排腰桩，已知 No.5 井的管底高程为 135.250m，其坡度为 −0.8%，设置腰桩是从附近水准点(高程为 139.234m)引测的，选定下返数为 1m，设置时，以水准点作后视读数为 1.543m，求表 11-7 中钉各腰桩的前视读数。

表 11-7　腰桩测设手簿

井和腰桩编号	距离/m	坡度	管底高程/m	选定下返数 *C*	腰桩高程/m	起始点高程/m	后视读数	各腰桩前视读数
1	2	3	4	5	6	7	8	9
No.5(1)								
2								
3								
4								
5								
No.6(6)								

2. 杯形基础定位放线有哪些要求？如何检验是否满足要求？

3. 试述单一厂房矩形控制网的测设方法。

4. 试述工业厂房柱子安装的主要测量工作和柱子竖直校正的注意事项。

5. 试述地下管道施工时，施工测量标志的形式有哪几种。它们是如何设置的。

6. 试述地下管道采用顶管施工时，施工测量的主要工作是什么。

能力评价体系

知识要点	能力要求	所占分值(100 分)	自评分数
厂房矩形控制网的测设	(1) 掌握直角坐标法，测设矩形控制网	10	
	(2) 了解矩形控制网的形式	4	
	(3) 了解厂房柱列轴线的测设方法	6	
厂房基础施工测量	(1) 掌握钢筋混凝土柱基的定位、放线	6	
	(2) 掌握基础控制桩的测设及杯口投线抄平	6	
	(3) 了解钢柱基础的施工测量	6	
	(4) 了解混凝土柱子基础、柱身、平台施工测量	6	
厂房构件安装测量	(1) 掌握柱子的安装测量	8	
	(2) 理解性掌握吊车梁安装测量	6	
	(3) 了解吊轨、屋架安装测量	6	

（续）

知识要点	能 力 要 求	所占分值(100 分)	自评分数
烟囱、水塔施工测量	(1) 理解性掌握烟囱施工测量的方法及步骤	8	
	(2) 理解吊线法和激光导向法的操作	4	
	(3) 掌握筒身高程测量方法	4	
金属网架安装测量	了解金属网架安装测量	4	
管道施工测量	(1) 理解性掌握管道中线测量	6	
	(2) 理解性掌握管道纵、横断面测量方法	6	
	(3) 了解地下管道及架空管道施工测量	4	
总分		100	

项目 12

建筑物变形观测与竣工测量

学习目标

本项目主要讲述建筑物沉降观测、倾斜观测、位移观测、挠度观测与裂缝观测以及竣工测量的内容和方法。通过学习应掌握：

(1) 建筑物变形观测的定义。

(2) 建筑物沉降观测的内容和方法。

(3) 建筑物倾斜和位移观测方法。

(4) 建筑物挠度与裂缝观测。

(5) 竣工测量以及编制竣工总平面图的方法。

学习要求

知识要点	能力要求	相关知识
建筑物变形观测概述	了解建筑物变形观测的定义、分类	建筑物变形的原因
建筑物沉降观测	(1) 领会建筑物沉降观测水准基点和观测点的布设原则 (2) 掌握建筑物沉降观测的方法 (3) 能够进行建筑物沉降观测成果整理	建筑物沉降观测的周期和精度控制
建筑物倾斜观测与位移观测	(1) 了解一般建筑物倾斜观测方法 (2) 掌握塔式构筑物倾斜观测方法 (3) 理解建筑物位移观测的原理及方法	一般建筑物倾斜观测的观测点和投测点的确定，基准线法和小角法位移观测原理
建筑物挠度与裂缝观测	掌握建筑物挠度与裂缝观测的方法	建筑物挠度的定义、挠度与裂缝观测的周期
竣工测量	(1) 了解竣工测量的内容 (2) 掌握建筑物竣工总平面图的编制方法	竣工测量的定义及图示内容

【学习重点】

建筑物沉降观测、倾斜观测、位移观测、挠度及裂缝观测的原理和方法。

【最新标准】

《工程测量规范》(GB 50026—2007);《建筑变形测量规程》(JGJ 8—2007)。

引例

意大利比萨斜塔八层，高 55m，1～6 层为大理石砌，7～8 层为青砖石砌，内径 7.65m，呈圆环形。1173～1371 年竣工，经过 198 年建到四层倾斜，停工 94 年。复建到第七层又停工 83 年，再建时第八层明显有转折。

比萨斜塔主要因施工不慎，地基粉砂土外挤，偏心荷载南侧压力大造成倾斜外，对比萨斜塔倾斜程度以及是否影响到建筑物的正常使用，乃至倒塌的监测是非常重要的。

比萨斜塔的变形观测包括那些监测项目？如何选取比萨斜塔控制观测点？变形观测精度如何控制？对比萨斜塔变形观测时在观测周期、观测方法上如何处理？以上问题的正确处理对比萨斜塔变形监测至关重要。通过对本项目系统学习，你将会对上述问题得以解决。

知识点

12.1 概　　述

随着建筑物施工的不断深入，建筑物的基础所承受的荷载将不断增加，又因地基受力不均和建筑物本身应力等作用，可能会导致建筑物发生变形。这种变形在一定范围内不会影响建筑物的正常使用，可视为正常现象。但其变形超过一定限度范围，建筑物就会发生倾斜，甚至发生主体或局部开裂，严重时会造成建筑物坍塌，危及建筑物的安全使用。为使建筑物能够在规定年限内正常使用，特别是高层建筑、大型工业厂房柱基、重型设备基础等，在其施工各阶段及运行使用期间，应对建筑物进行针对性的变形观测，确保建筑物的施工质量和正常使用，并为确定各类建筑物变形提供参考资料。

所谓变形观测就是对建（构）筑物及其地基由于荷重和地质条件变化等外界因素引起的各种变形的测定工作。其目的在于了解建筑物的稳定性，监视它的安全情况，研究变形规律，检验设计理论及其所采用的计算方法和经验数据，是工程测量学的重要内容之一。

变形观测的主要内容有沉降观测、倾斜观测、水平位移观测、裂缝观测和挠度观测等。

建筑物变形观测的精度、频率和时间应根据建筑物的重要性、观测目的和具体施工情况而定。如果是为了确保建筑物的使用安全而进行变形观测，则观测的精度相对较低；如果观测目的是为了研究其变形过程，其精度要求要高得多。观测的频率取决于变形值的大小和变形速度，以及观测的目的。观测既能反映整个建（构）筑物变化的过程，又不遗漏任何一个变化的时刻。通常情况下，建（构）筑物变形观测应从工程设计时开始着手制定变形观测方案，从建筑物基础开始就进行观测，直到其变形趋于稳定为止。

12.2 建筑物沉降观测

建筑物沉降观测使用水准测量方法，根据水准基点周期性地观测建筑物沉降观测点的高程变化，以测定其观测的沉降量。

12.2.1 水准基点和沉降观测点的布设

1. 水准基点的布设

水准基点是建筑物沉降观测的依据，因此其埋设要求必须保证稳定不变和长久保存。为了便于互相检核，一般情况下建筑物周围最少要布设三个基点，且与建筑物相距 50m 至 100m 间的范围为宜。水准基点可利用已有的、稳定性好的二、三等水准点标石规格埋设标志，也可以在该区域内基础稳定、修建时间长的建筑物上设置墙脚水准点。若区域内不具备上述条件，则可按相应要求，选在隐蔽性好且通视良好、确保安全的地方埋设水准基点。所布设的水准基点，在未确定其稳定性前，严禁使用。因此，每次都要测定水准基点间的高差，以判定它们之间是否相对稳定，并且水准基点要定期与远离建筑物的高等级水准点联测，以检核其本身的稳定性。

2. 沉降观测点的布设

沉降观测点是设立在建筑物上，能反映建筑物沉降量变化的标志性观测点。为了全面准确地反映整个建筑物的沉降变化情况，沉降观测点宜选在下列位置：

(1) 建筑物的四周转角处及沿外墙每隔 10～15m 处或每隔 2～3 根柱基上。

(2) 高低层建筑物、新旧建筑物、纵横墙交接处的两侧。

(3) 建筑物沉降缝两侧、基础埋深相差悬殊处、人工地基与天然地基接壤处、不同结构的分界处。

(4) 宽度大于 15m 或小于 15m 而地质复杂以及膨胀土地区的建筑物，在承重内隔墙中部设观测点。

(5) 框架结构建筑物每隔一承重柱或沿纵横轴线设置。

(6) 工业厂房的柱子、承重墙、厂房转角、大型设备基础周围设置观测点。

沉降观测点的高度、方向要便于立尺和观测，不宜受到破坏。至于承重墙和柱子上的观测点的埋设形式，一般民用建筑的沉降观测点设置方法是用长 120mm 左右的角钢，一端焊接一铆头，另一端埋入墙或柱内，用 1∶2 水泥砂浆填实，如图 12－1 (a) 图所示；或者用 $\phi 20$ 的钢筋，一端弯成向上的直钩埋入墙或柱内，如图 12－1 (b) 所示；基础上的观测点通常是将铆钉或钢筋埋入混凝土中，如图 12－2 所示。

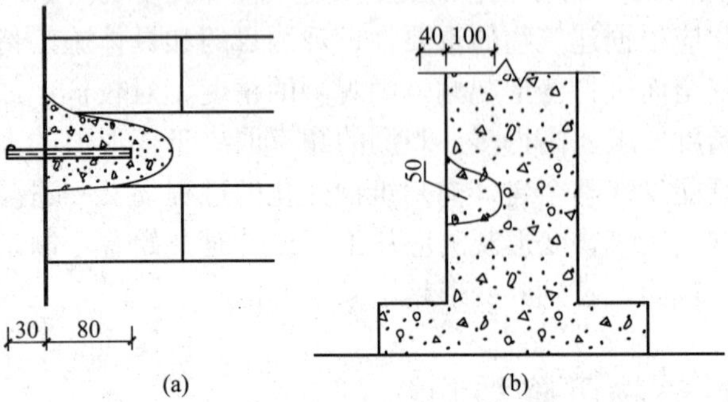

图 12－1 沉降观测点埋设形式 (单位：mm)

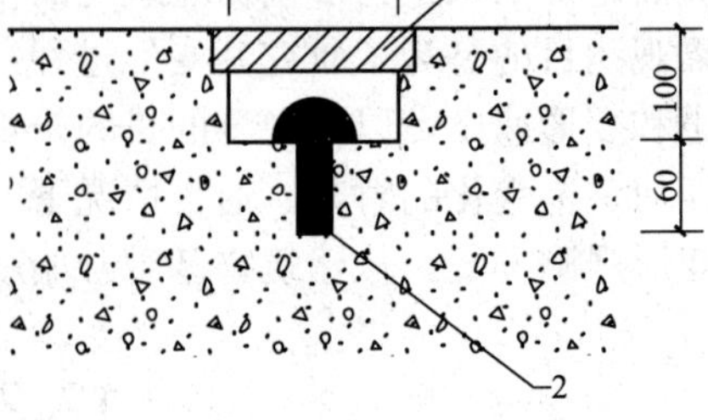

图 12－2 基础观测点埋设

1－保护盖；2－铆钉

12.2.2 沉降观测

1. 观测周期

沉降观测时间和次数应根据建(构)筑物的性质、变形情况、工程地质条件等因素综合考虑。一般认为建筑在砂类土层上的建筑物，其沉降在施工期间已大部分完成，而建筑在粘土类土层上的建筑物，其沉降在施工期间只是整个沉降量的一部分，因而，沉降周期是变化的。通常在施工阶段，观测周期具体应视施工过程中地基与加荷而定。一般建筑物每1～2层楼面结构浇筑完成后就观测一次。如果中途停工时间较长，应在停工时和复工前各进行沉降观测一次。在竣工后，观测的频率可以少些，视地基土类型和沉降速度的大小而定，一般有一个月、两个月、三个月、半年与一年等不同周期。以每次沉降量在5～10mm为限，否则要增加观测次数，当半年内沉降量不超过1mm时，便认为沉降趋于稳定。

2. 观测方法

一般性建筑物或中小型工业厂房，可采用三等水准测量的方法进行沉降观测。对于高层建筑或大型厂房，应采用精密水准测量的方法进行观测，按照国家二等水准测量要求进行施测，将各观测点组成闭合水准路线或者附合水准路线往返观测。为了提高观测精度，不同周期的观测应遵循“五定”原则，即水准基点、沉降观测点位要稳定；所用仪器、设备要稳定；观测人员要稳定；观测时的环境条件基本上要一定；观测路线、镜位、程序和方法要固定。

特别提示

沉降变形观测时，前后视应使用同一根水准尺，并且视线长度不应大于50m，保持前后视距大致相等。在客观上能保证尽量减少观测误差的主观不确定性，使所测的结果具有统一的趋向性；能保证各次复测结果与首次观测结果的可比性一致，使所观测的沉降量更真实。

3. 精度要求

沉降观测的精度要求是根据建筑物的重要程度及其建筑物对变形的敏感程度来确定的。对于连续生产型设备基础和动力设备基础、高层钢筋混凝土框架及不均匀沉降地基上的重要建筑物，沉降观测的水准测量容许高差闭合差为$\pm 0.6\sqrt{n}$ mm（n为测站数)，同一后视点两次后视读数之差不应超过±1mm。而对于一般多层建筑、工业厂房和构筑物的沉降观测，其容许高差闭合差为$\pm 1.4\sqrt{n}$ mm，同一后视点两次后视读数之差不应超过±2mm。

4. 成果整理

1) 整理计算

每次沉降观测之后，首先检查数据的记录和计算是否正确，检验精度是否符合要求，然后调整高差闭合差，继而推算各观测点的高程，最后计算各观测点的本次沉降量和累计沉降量，并将计算结果、观测时间和荷载情况，一并记入沉降量观测记录表内。表12-1是某宿舍楼的部分沉降观测成果数据，其中

$$\left.\begin{aligned}&\text{沉降观测点的本次沉降量}=\text{本次观测所得的高程}-\text{上次观测所得的高程}\\&\text{沉降观测点的累积沉降量}=\text{本次沉降量}+\text{上次累计沉降量}\end{aligned}\right\}\quad(12-1)$$

表 12-1 沉降观测记录表

观测次数	观测时间 年 月 日	荷载情况/(kN/m²)	各观测点的沉降情况							施工进度情况
			1			2			…	
			高程/m	本次下沉/mm	累计下沉/mm	高程/m	本次下沉/mm	累计下沉/mm	…	
1	1998.4.20	45.0	50.157	±0	±0	50.155	±0	±0		基础施工完
2	1998.5.5	55.0	50.155	−2	−2	50.153	−2	−2		一层主体完
3	1998.5.20	70.0	50.152	−3	−5	50.151	−2	−4		二层主体完
4	1998.6.5	95.0	50.148	−4	−9	50.147	−4	−8		三层主体完
5	1998.6.20	105.0	50.145	−3	−12	50.143	−4	−12		主体完
6	1998.7.20	105.0	50.143	−2	−14	50.141	−2	−14		竣工
7	1998.8.20	105.0	50.142	−1	−15	50.140	−1	−15		使用
8	1998.9.20	105.0	50.140	−2	−17	50.138	−2	−17		
9	1998.10.20	105.0	50.139	−1	−18	50.137	−1	−18		
10	1999.1.20	105.0	50.137	−2	−20	50.137	±0	−18		
11	1999.4.20	105.0	50.136	−1	−21	50.136	−1	−19		
12	1999.7.20	105.0	50.135	−1	−22	50.135	−1	−20		
13	1999.10.20	105.0	50.135	±0	−22	50.134	−1	−21		
14	2000.1.20	105.0	50.135	±0	−22	50.134	±0	−21		

2）绘制沉降曲线

为了更加形象表达沉降、荷载和时间的相互关系，可以按表 12-1 中的数据绘成沉降曲线图，如图 12-3 所示。图中横坐标为观测时间，纵坐标上部为荷载变化情况，下部为

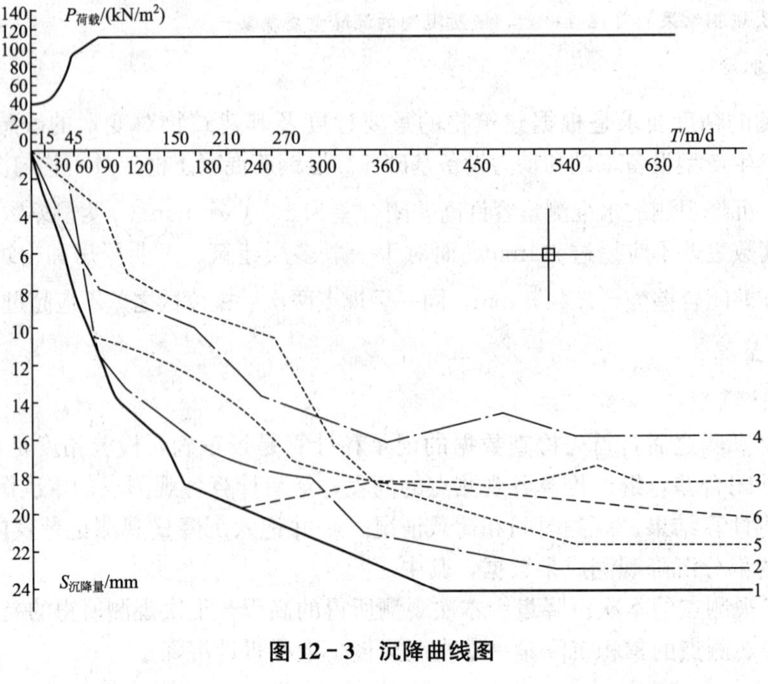

图 12-3 沉降曲线图

对应的沉降变形情况。从沉降曲线图中可以预估下一次观测点的大约沉降量和沉降过程是否趋于稳定状态。

12.3 建筑物倾斜与位移观测

由于基础不均匀沉降和外界不利影响，建(构)筑物会产生倾斜，为了掌握建筑物的倾斜情况，需要对建筑物进行倾斜观测。

12.3.1 一般建筑物的倾斜观测

1. 确定观测点和投测点

如图 12-4 所示，在建筑物外墙面的顶部布设观测点 M，在距该墙面大于建筑物高度的 1.5 倍，设置测站点，安置经纬仪。对中整平，利用盘左和盘右的方法精确瞄准 M 点，将点 M 向下投测得 N 点，作一标记。在与投测方向垂直的另一方向，利用同样的方法，建筑物上部观测点 P 和其投测点 Q。

2. 倾斜检测

相隔一段时间后，在原来布设的测站上重新安置经纬仪，利用上述投测方法，分别对观测点 M、P 向下投测得 N' 和 Q'。如果处于同一水平线上的点 N 与 N'、Q 与 Q' 不重合，则说明建筑物发生了倾斜。

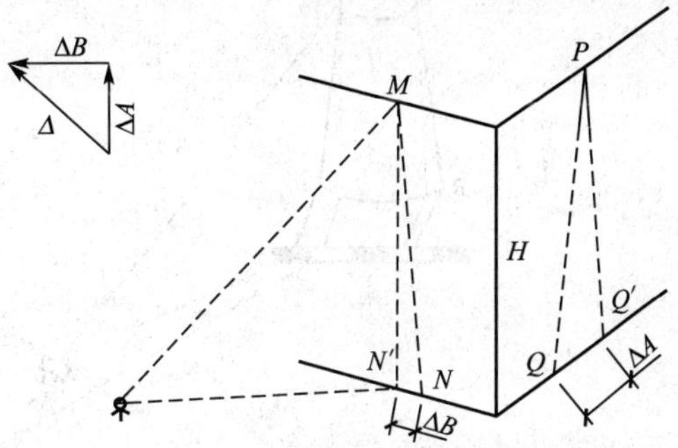

图 12-4 一般建（构）筑物倾斜观测

3. 倾斜度计算

如图 12-4 所示，设倾斜位移分量 $\Delta A = NN'$，$\Delta B = QQ'$，则建筑物的总倾斜位移量 Δ 为

$$\Delta = \sqrt{\Delta_A^2 + \Delta_B^2} \tag{12-2}$$

设建筑物的总高度为 H，倾斜角为 α，则建筑物的倾斜度 i 为

$$i = \frac{\Delta}{H} = \tan\alpha \tag{12-3}$$

特别提示

对于基础倾斜观测时，一般采用精密水准测量的方法，定期测出基础两端的沉降量差值，然后与两端水平距离之比即为基础倾斜度。

12.3.2 塔式构筑物的倾斜观测

高耸塔式构筑物如水塔、电视塔及烟囱等的倾斜观测是测定其顶部中心与底部中心的偏心距和倾斜度。其观测方法主要有两种，即纵横轴线法和角度交会法。

1. 纵横轴线法

现以烟囱为例，如图 12-5 所示，在烟囱底部横放一根标尺，在标尺的中垂线方向上安置经纬仪。经纬仪距烟囱的距离大于烟囱高度的 1.5 倍。用望远镜观测与烟囱顶部和底部边缘点 A 和 A'、B 和 B' 分别投测到标尺上得点 y_1、y_1'、y_2、y_2' 四点。烟囱顶部中心 O 点对底部中心 O' 在 y 轴方向上的偏心距分量 Δ_y 为

$$\Delta_y=\frac{y_1+y_1'}{2}-\frac{y_2+y_2'}{2} \tag{12-4}$$

同法可测得与 y 轴方向垂直的 x 轴方向上烟囱顶部 O 对顶部 O 的偏心距分量 Δ_x 为

$$\Delta_x=\frac{x_1+x_1'}{2}-\frac{x_2+x_2'}{2} \tag{12-5}$$

则烟囱顶部中心对底部中心偏心距 Δ 和倾斜度 i 分别按式(12-2)和式(12-3)求得。

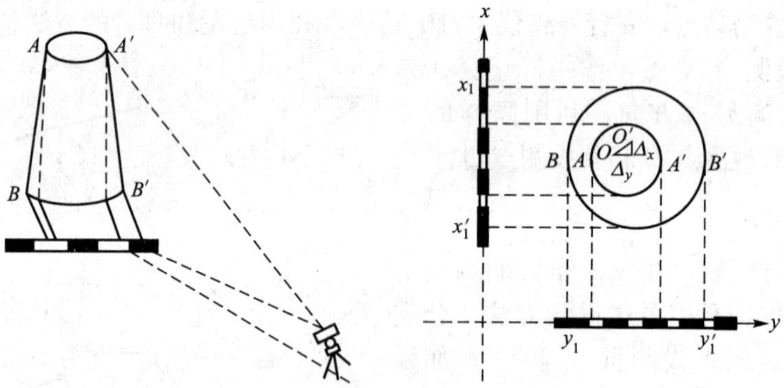

图 12-5　纵横轴线法倾斜观测

2. 角度交会法

如图 12-6 所示，在离烟囱大于 1.5H(H 为烟囱高度)处，选择相互垂直的两测站 A 和 B。在 A 点安置经纬仪，对中整平，利用方向观测法观测与烟囱底部与顶部相切并且等高的点 1、2 与 3、4，设该四点的水平读盘读数分别为 α_1、α_2、α_3 和 α_4，则$\angle 1A2$ 和$\angle 3A4$ 的角平分线之间的夹角 δ_A 为

$$\delta_A=\frac{\alpha_2-\alpha_1}{2}-\frac{\alpha_4-\alpha_3}{2} \tag{12-6}$$

同样可得到$\angle 5B6$ 和$\angle 7B8$ 角平分线间的夹角 δ_B 为

$$\delta_B=\frac{\alpha_6-\alpha_5}{2}-\frac{\alpha_8-\alpha_7}{2} \tag{12-7}$$

烟囱顶部中心 O' 对底部中心 O 的倾斜偏角分量 Δ_A、Δ_B 分别为

$$\left.\begin{aligned}\Delta_A&=\frac{\delta_A(L_A+R)}{\rho}\\ \Delta_B&=\frac{\delta_B(L_B+R)}{\rho}\end{aligned}\right\} \tag{12-8}$$

式中　L_A、L_B——A、B 点分别至烟囱底部外墙最短距离；

　　　R——烟囱底部外墙半径；

　　　ρ——$\rho=206265''$。

烟囱顶部中心对底部中心偏心距 Δ 和倾斜度 i 用上述方法可求得。

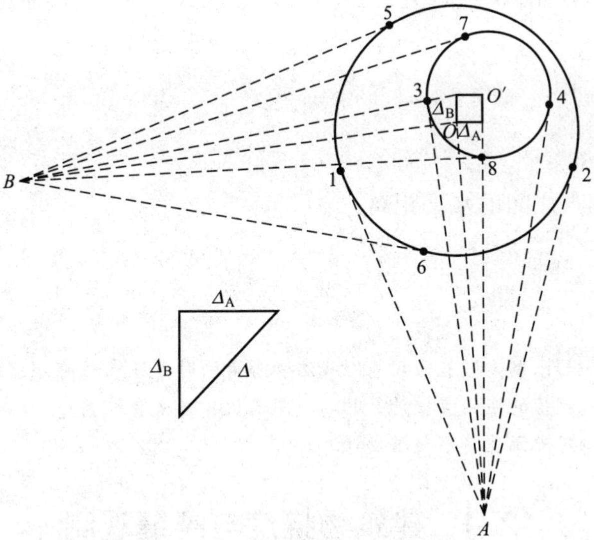

图 12-6　角度交会法倾斜观测

12.3.3　建筑物的位移观测

根据平面控制点测定建(构)筑物的平面位置随时间变化的工作，称为水平位移观测，其观测目的是为了确定建(构)筑物平面位移的大小和方向。建筑物位移可能是任意方向的，也可能发生在某一特定方向。任意方向位移的测定常用前方交会法，对某些不宜用交会法观测的建筑物，也可采用导线测量方法。位移值均由比较不同观测周期所得的观测点坐标求得。一般情况下，当交会边长在100m左右时，用J_1型经纬仪测6个测回，位移值测定中误差将不超过±1mm。特定方向位移的测定常用基准线法和小三角形法等。

1. 基准线法

基准线法就是以垂直于位移方向建立一条基线，在建(构)筑物上布设一些观测点，定期测定各观测点标志偏离基准线的距离，以计算其位移值。在基线上确定不少于三个基点作控制点，控制点与观测点位于同一直线上。观测时，将经纬仪安置在一个控制点上，瞄准另一个控制点，此视线方向即为基准线方向。通过基准线在与观测点等高度处作标志，用测微尺测定观测点偏离基准线的水平距离，便可得知水平位移值。

2. 小角法

首先在其纵横方向上布设控制点和观测点，如已知建(构)筑物位移方向，则只在此方向上进行观测即可。观测点与控制点最好位于同一直线上，同样控制点至少布设三个，控制点之间的距离不宜小于30m。如图12-7所示，A、B、C为控制点，控制点埋设要牢固，M为观测点，可用红油漆在墙上涂三角符号作标志。经纬仪置于A点，用测回法观测∠BAM的角值，设第

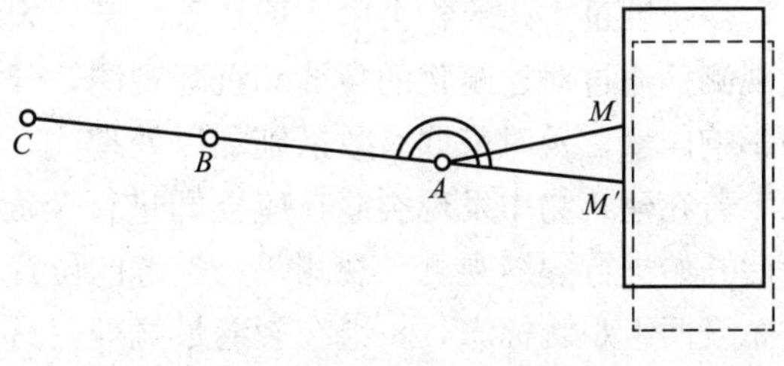

图 12-7　建筑物位移观测

一次观测角值为β，第二次观测角值为β'，两者之差$\Delta_\beta=\beta'-\beta$，则建筑物的水平位移值$\delta$为

$$\delta=\frac{\Delta\beta}{\rho}D \tag{12-9}$$

式中　ρ——$\rho=206265''$；

D——A、P两点之间的水平距离。

特别提示

当受建筑物限制或地形限制，不能采用基准线法和小角法时，可采用前方交会定点法来测其水平位移量。其位移量是根据观测值的变化直接计算的，一般来说，当交会边长在100m左右时，用J_1型经纬仪测6个测回，位移值测定中误差将不超过±1mm。

12.4　建筑物挠度与裂缝观测

12.4.1　挠度观测

所谓挠度，是指建（构）筑物或其构件在水平方向或竖直方向上的弯曲值。挠度观测包括建筑物基础和建筑物主体以及独立构筑物（如独立墙、柱等）的挠度观测，应按一定周期分别测定其挠度值及挠曲程度。

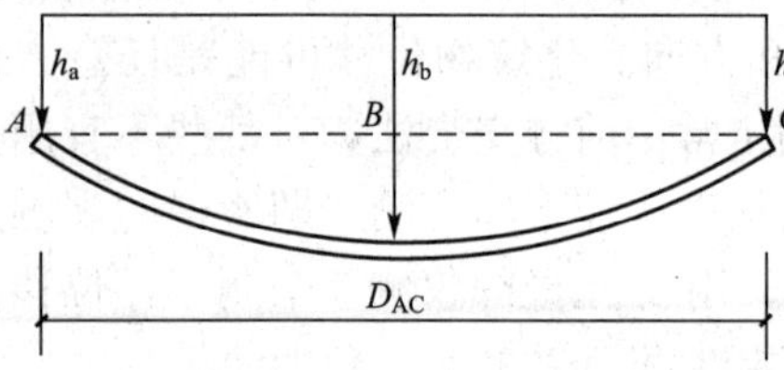

图12-8　建筑物挠度观测

对于水平构件，至少在两端及中间设置A、B、C三个沉降点，进行沉降观测，测得某时间段内这三点的沉降量分别为h_a、h_b和h_c，如图12-8所示，则此构件的挠度f为

$$f=\frac{h_a+h_c-2h_b}{2D_{AC}} \tag{12-10}$$

对于竖向构件，在构件同一竖直线的底点及不同高度设置多个观测点，用经纬仪在地面上测定出各观测点的坐标值，计算各点与地面点的坐标差、位移量及位移平均方向，然后再计算各观测点的位移量在位移平均方向垂直面上的分量，即为各观测点的挠度。

12.4.2　裂缝观测

当挠度过大建筑物会由于剪切破坏产生裂缝，这时除增加沉降观测次数，还应进行裂缝观测。通过对建筑物的裂缝和沉降观测，分析其产生裂缝的根源以及对建筑物使用安全的影响因素，及时采取有效措施加以处理。

若在建筑物中发现裂缝，应立即进行全面检查，对裂缝进行编号，画出裂缝分布图，然后开始进行裂缝观测，观测每一裂缝的位置、走向、长度、宽度和深度。每条裂缝至少应布设两组观测标志，一组在裂缝最宽处，另一组在裂缝末端。观测期较长时，可采用镶嵌或埋入墙面的金属标志定期观测；观测期较短或要求不高时可采用属片标志。如

图 12－9所示，用两片白铁皮，一片为边长150mm左右的正方形，固定在裂缝的一侧；另一片为50mm×200mm的长方形，固定在裂缝的另一侧，并使其中的一部分紧贴在正方形的铁皮上，然后在两片铁皮上涂上红色油漆。当裂缝继续发展时，两片涂有红漆的铁皮随着裂缝加宽逐渐被拉开，在固定的正方形铁皮上就会露出原来的底色，其宽度即为裂缝增加的宽度，可用直尺直接量取。如图 12－9 所示，裂缝观测的周期应视裂缝变化速度而定。通常开始可半月测一次，以后一月左右测一次。当发现裂缝加大时，应增加观测次数，直至几天或逐日一次的连续观测。

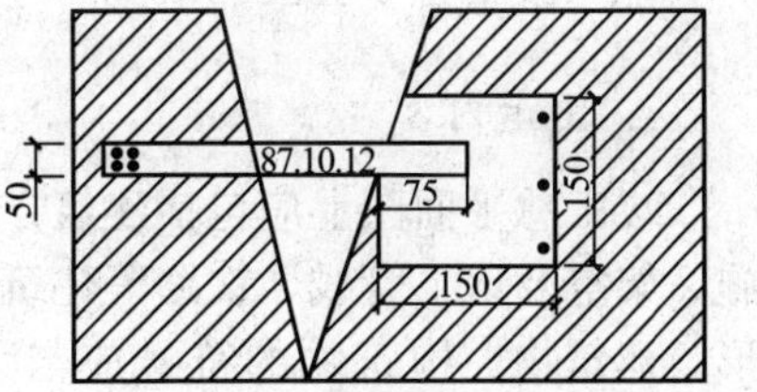

图 12－9　建筑物裂缝观测

特别提示

进行建筑物裂缝观测时，也可以用 10mm 厚，50～80mm 宽的石膏板，固定在裂缝的两侧，当裂缝继续发展时，固定的石膏板就会随之开裂，从而观测裂缝的发展情况，此方法较为直观但精度不够。

12.5 竣工测量

竣工测量指的是工程竣工后，为编制工程竣工文件，对实际完成的各项工程进行的一次全面量测的作业。其主要目的是根据控制网点测定已有建筑物的实际位置，以检验施工质量，为以后的工作提供依据。竣工测量成果主要是竣工总平面图、分类图、辅助图、断面图以及碎步点坐标、高程明细表等。它们综合反映工业与民用建筑场地竣工后工程的现状，它是今后生产管理和维修所必需的基础技术资料，也是工程改建、扩建设计的依据。竣工测量随各阶段施工的完成而陆续进行，并对已建成的建筑物作最终测量。

12.5.1　竣工测量

1. 工业与民用建筑

工业与民用建筑包括房角坐标、各种管线进出口的位置和高程，并附房屋编号、结构层数、面积和竣工时间等资料。

2. 铁路与公路

铁路与公路包括起终点、转折点、交叉点的坐标，曲线元素，桥涵、路面、人行道等构筑物的位置和高程。

3. 地下管网

窨井、转折点的坐标，井盖、井底、沟槽和管顶等的高程，并附注管道及窨井的编号、名称、管径、管材、间距、坡度和流向等。

4. 架空管网

架空管网包括转折点、结点、交叉点的坐标，支架间距，基础面高程等。

5. 特种构筑物

特种构筑物包括沉淀池、烟囱、煤气罐等及其附属建筑物的外形和四角坐标，圆形构筑物的中心坐标，基础面标高，烟囱高度和沉淀池深度等。

12.5.2 竣工总平面图的绘制

1. 图示内容

竣工总平面图上应包括建筑方格网点、水准点、建（构）筑物辅助设施、生活福利设施、架空及地下管线、铁路等建筑物或构筑物的坐标和高程，以及相关区域内空地等的地形。建筑物、构筑物的符号应与设计图例相同，地形图的图例应使用国家地形图图式符号。

比例尺一般采用 1∶1000。如不能清楚地表示某些特别密集的地区，也可在局部采用 1∶500 的比例尺。当施工的单位较多，工程多次转手，造成竣工测量资料不全，图面不完整或与现场情况不符时，需要实地进行施测，这样绘出的平面图，称为实测竣工总平面图。

2. 绘图步骤

(1) 绘制坐标方格网。在图纸上利用绘图工具绘制坐标方格网，其绘制方法和精度要求与地形测图的坐标方格网相同。

(2) 展绘控制点。在坐标方格网内展绘控制点，其精度要求为控制点与附近相邻方格坐标点容许误差不超过±0.3mm。

(3) 绘制设计总平面图。把工程设计总平面图按其设计坐标，展绘到坐标方格网内，作为底图。

(4) 绘制竣工总平面图。根据设计坐标和高程进行展绘，设计变更的部分按变更后的设计资料绘制。如竣工测量成果与设计资料差别较大时，按竣工实测资料为准进行绘制。

建筑区地上和地下所有建筑物、构筑物绘在一张竣工总平面图上时，往往因线条过于密集而不醒目，为此可采用分类编图。如综合竣工总平面图、交通运输总平面图和管线竣工总平面图等。

本项目小结

本项目讲述的主要内容包括：建筑物沉降观测、倾斜观测、位移观测、挠度观测与裂缝观测以及竣工测量和编制竣工总平面图的内容和方法。

建筑物沉降观测主要讲述了水准点和沉降观测点的布设原则以及沉降观测的周期规定、观测方法、精度要求和成果整理，是本项目的重点内容，应加以理解和掌握。

建筑物倾斜观测和位移观测中，对于一般建筑物的观测点和投测点的设置原则要理解，而对于塔式构筑物的两种观测方法要理解并能够根据观测值计算倾斜度；能够领会利用基准线法和小角法进行建筑物位移观测。

了解建筑物挠度观测点的设置及观测方法，理解建筑物裂缝观测的方法，能够及时掌握挠度变形和裂缝发展情况。

建筑物竣工测量包含竣工测量的内容及编制竣工总平面图的原则和方法，能够利用竣工测量原理和测量仪器编制竣工总平面图。

【背景知识】

工程测量与质量控制规范：

1.《工程测量规范》(GB 50026—2007)。

2.《建筑变形测量规程》(JGJ 8—2007)。

3.《安全防范工程技术规范》(GBT 50348—2004)。

4.《建筑地基基础工程施工质量验收规范》(GB 50202—2002)。

5.《湿陷性黄土地区建筑规范》(GB 50025—2004)。

6.《建筑基桩检测技术规范》(JGJ 106—2003)。

7.《混凝土结构工程施工质量验收规范》(GB 50204—2002)。

8.《高层建筑混凝土结构技术规程》(JGJ 3—2002)。

9.《建筑装饰装修工程质量验收规范》(GB 50210—2001)。

房屋测量与房产测绘规范：

1.《房产测量规范》(GB/T 17986—2000)。

2.《建筑工程建筑面积计算规范》(GB/T 50353—2005)。

3.《城市测量规范》(CJJ 8—99)。

4.《1∶500、1∶1000、1∶2000 地形图图式》(GB/T 7929—1995)。

5.《大比例尺地形图机助制图规范》(GB 14912—94)。

6.《国家三、四等水准测量规范》(GB 12898—91)。

7.《地籍测绘规范》(CH 5002—94)。

习　　题

一、选择题

1. 沉降观测是用(　　)。

   A. 水准测量的方法　　B. 经纬仪观测方法

   C. 视准观测方法　　D. A 和 B

2. 倾斜观测是在(　　)。

   A. 建筑物中、下部设置观测标志　　B. 建筑物上、下部设置观测标志

   C. 建筑物中和上部设置观测标志　　D. 建筑物上、中、下部设置观测点

3. 沉降观测，工作基点，一般不少于(　　)个。

   A. 1　　B. 2　　C. 3　　D. 4

4. 建筑物的变形观测包括(　　)。

   A. 沉降观测　　B. 倾斜观测与位移观测

   C. 裂缝观测和挠度观测　　D. 以上都是

5. 水准基点距观测点距离不宜大于(　　)m。

   A. 100　　B. 150　　C. 200　　D. 250

6. 建筑物倾斜的表示方法是(　　)。

   A. 倾斜角　　B. 竖向偏移量　　C. 水平向偏移量　　D. 斜率

7. 建筑物的倾斜观测通常采用(　　)。

A. 吊线坠投测法　B. 经纬仪投影法　C. 钢尺丈量法　D. 激光垂准仪法

二、简答题

(1) 建筑物变形观测的主要内容有哪些?

(2) 何谓建筑物的沉降观测?建筑物的沉降观测中水准基点和沉降观测点的布设有哪些要求?

(3) 如何进行建筑物的裂缝观测?

(4) 何谓建筑物的倾斜观测?如何对塔式构筑物进行倾斜观测?

(5) 编制竣工总平面图的目的是什么?

能力评价体系

知识要点	能力要求	所占分值(100分)	自评分数
建筑物变形观测概述	了解建筑物变形观测的定义、分类	5	
建筑物沉降观测	(1) 领会建筑物沉降观测水准基点和观测点的布设原则	5	
	(2) 掌握建筑物沉降观测的周期	5	
	(3) 掌握建筑物沉降观测的方法	10	
	(4) 了解建筑沉降观测的精度要求	5	
	(5) 能够进行建筑物沉降观测成果整理	8	
建筑物倾斜观测与位移观测	(1) 了解一般建筑物倾斜观测点和投测点的设置原则	5	
	(2) 理解一般建筑物倾斜观测方法	8	
	(3) 能够对一般建筑物倾斜度观测进行计算	5	
	(4) 理解纵横轴线法对塔式构筑物倾斜观测	5	
	(5) 掌握角度交会法对塔式构筑物倾斜观测	6	
	(6) 理解建筑物位移观测的原理及方法	6	
建筑物挠度与裂缝观测	(1) 理解建筑物的挠度观测方法	6	
	(2) 掌握建筑物裂缝观测的方法	8	
竣工测量	(1) 了解竣工测量的内容	5	
	(2) 掌握建筑物竣工总平面图的编制方法	8	
总分		100	

参 考 文 献

[1] 中国有色金属工业总公司. GB 50026—2007 工程测量规范 [S]. 北京：中国建筑工业出版社，2008.
[2] 中华人民共和国行业标准. CJJ 8—1999 城市测量规范 [S]. 北京：中国建筑工业出版社，1999.
[3] 住房和城乡建设部. JGJ 8—2007 建筑变形测量规程 [S]. 北京：中国建筑工业出版社，2007.
[4] 中华人民共和国国家标准. GB/T 20257.1—2007 国家基本比例尺地图图式 [S] 第一部分第 1 部分：1∶500 1∶1000 1∶2000 地形图图式. 北京：中国标准出版社，2008.
[5] 中华人民共和国国家标准. GB/T 16819—1997 1∶500 1∶1000 1∶2000 地形图平板仪测量规范 [S]. 北京：中国标准出版社，1997.
[6] 吴来瑞，邓学才. 建筑施工测量手册 [M]. 北京：中国建筑工业出版社，2000.
[7] 李生平. 建筑工程测量 [M]. 北京：高等教育出版社，2005.
[8] 周相玉. 建筑工程测量 [M]. 2 版. 武汉：武汉理工大学出版社，2006.
[9] 周建郑. 建筑工程测量 [M]. 2 版. 北京：中国建筑工业出版社，2008.
[10] 张国辉. 土木工程测量 [M]. 北京：清华大学出版社，2008.
[11] 覃辉. 土木工程测量 [M]. 上海：同济大学出版社，2006.
[12] 吕云麟，杨龙彪，林凤明. 建筑工程测量 [M]. 北京：中国建筑工业出版社，2002.
[13] 业衍璞. 建筑测量 [M]. 北京：高等教育出版社，1999.
[14] 华南理工大学测量教研组. 建筑工程测量 [M]. 2 版. 广州：华南理工大学出版社，1999.
[15] 李仲. 建筑工程测量 [M]. 北京：高等教育出版社，2007.
[16] 李玉宝. 测量学 [M]. 成都：西南交通大学出版社，2006.
[17] 纪勇. 数字测图技术应用教程 [M]. 郑州：黄河水利出版社，2008.
[18] 倪少华. 大比例尺数字化测图的新方法——草图编码法 [J]. 城市勘测，2006，(02).
[19] 孙晓野，等. 大比例尺全野外数字化测图 [J]. 测绘与空间地理信息，2007，(04).
[20] 娄荫楠. 关于《工程测量与地形图测绘》课程理论教学的改革 [J]. 黑龙江生态工程职业学院学报，2009，(02).

北京大学出版社高职高专土建系列规划教材

序号	书名	书号	编著者	定价	出版时间	印次	配套情况
			基础课程				
1	工程建设法律与制度	978-7-301-14158-8	唐茂华	26.00	2012.7	6	ppt/pdf
2	建设法规及相关知识	978-7-301-22748-0	唐茂华等	34.00	2014.9	2	ppt/pdf
3	建设工程法规(第2版)	978-7-301-24493-7	皇甫婧琪	40.00	2014.12	2	ppt/pdf/答案/素材
4	建筑工程法规实务	978-7-301-19321-1	杨陈慧等	43.00	2012.1	4	ppt/pdf
5	建筑法规	978-7-301-19371-6	董伟等	39.00	2013.1	4	ppt/pdf
6	建设工程法规	978-7-301-20912-7	王先恕	32.00	2012.7	3	ppt/ pdf
7	AutoCAD 建筑制图教程(第2版)	978-7-301-21095-6	郭　慧	38.00	2014.12	6	ppt/pdf/素材
8	AutoCAD 建筑绘图教程(第2版)	978-7-301-24540-8	唐英敏等	44.00	2014.7	1	ppt/pdf
9	建筑 CAD 项目教程(2010 版)	978-7-301-20979-0	郭　慧	38.00	2012.9	2	pdf/素材
10	建筑工程专业英语	978-7-301-15376-5	吴承霞	20.00	2013.8	8	ppt/pdf
11	建筑工程专业英语	978-7-301-20003-2	韩薇等	24.00	2014.7	2	ppt/ pdf
12	★建筑工程应用文写作(第2版)	978-7-301-24480-7	赵立等	50.00	2014.7	1	ppt/pdf
13	建筑识图与构造(第2版)	978-7-301-23774-8	郑贵超	40.00	2014.12	2	ppt/pdf/答案
14	建筑构造	978-7-301-21267-7	肖　芳	34.00	2014.12	4	ppt/ pdf
15	房屋建筑构造	978-7-301-19883-4	李少红	26.00	2012.1	4	ppt/pdf
16	建筑识图	978-7-301-21893-8	邓志勇等	35.00	2013.1	2	ppt/ pdf
17	建筑识图与房屋构造	978-7-301-22860-9	贠禄等	54.00	2015.1	2	ppt/pdf /答案
18	建筑构造与设计	978-7-301-23506-5	陈玉萍	38.00	2014.1	1	ppt/pdf /答案
19	房屋建筑构造	978-7-301-23588-1	李元玲等	45.00	2014.1	2	ppt/pdf
20	建筑构造与施工图识读	978-7-301-24470-8	南学平	52.00	2014.8	1	ppt/pdf
21	建筑工程制图与识图(第2版)	978-7-301-24408-1	白丽红	29.00	2014.7	1	ppt/pdf
22	建筑制图习题集(第2版)	978-7-301-24571-2	白丽红	25.00	2014.8	1	pdf
23	建筑制图(第2版)	978-7-301-21146-5	高丽荣	32.00	2015.4	5	ppt/pdf
24	建筑制图习题集(第2版)	978-7-301-21288-2	高丽荣	28.00	2014.12	5	pdf
25	建筑工程制图(第2版)(附习题册)	978-7-301-21120-5	肖明和	48.00	2012.8	3	ppt/pdf
26	建筑制图与识图	978-7-301-18806-2	曹雪梅	36.00	2014.9	1	ppt/pdf
27	建筑制图与识图习题册	978-7-301-18652-7	曹雪梅等	30.00	2012.4	4	pdf
28	建筑制图与识图	978-7-301-20070-4	李元玲	28.00	2012.8	5	ppt/pdf
29	建筑制图与识图习题集	978-7-301-20425-2	李元玲	24.00	2012.3	4	ppt/pdf
30	新编建筑工程制图	978-7-301-21140-3	方筱松	30.00	2014.8	2	ppt/ pdf
31	新编建筑工程制图习题集	978-7-301-16834-9	方筱松	22.00	2014.1	2	pdf
			建筑施工类				
1	建筑工程测量	978-7-301-16727-4	赵景利	30.00	2010.2	12	ppt/pdf /答案
2	建筑工程测量(第2版)	978-7-301-22002-3	张敬伟	37.00	2015.4	6	ppt/pdf /答案
3	建筑工程测量实验与实训指导(第2版)	978-7-301-23166-1	张敬伟	27.00	2013.9	2	pdf/答案
4	建筑工程测量	978-7-301-19992-3	潘益民	38.00	2012.2	2	ppt/ pdf
5	建筑工程测量	978-7-301-13578-5	王金玲等	26.00	2011.8	3	pdf
6	建筑工程测量实训（第2版）	978-7-301-24833-1	杨凤华	34.00	2015.1	1	pdf/答案
7	建筑工程测量(含实验指导手册)	978-7-301-19364-8	石　东等	43.00	2012.6	3	ppt/pdf/答案
8	建筑工程测量	978-7-301-22485-4	景　铎等	34.00	2013.6	1	ppt/pdf
9	建筑施工技术	978-7-301-21209-7	陈雄辉	39.00	2013.2	4	ppt/pdf
10	建筑施工技术	978-7-301-12336-2	朱永祥等	38.00	2012.4	7	ppt/pdf
11	建筑施工技术	978-7-301-16726-7	叶　雯等	44.00	2013.5	6	ppt/pdf /素材
12	建筑施工技术	978-7-301-19499-7	董伟等	42.00	2011.9	2	ppt/pdf
13	建筑施工技术	978-7-301-19997-8	苏小梅	38.00	2013.5	3	ppt/pdf
14	建筑工程施工技术(第2版)	978-7-301-21093-2	钟汉华等	48.00	2013.8	5	ppt/pdf
15	数字测图技术	978-7-301-22656-8	赵　红	36.00	2013.6	1	ppt/pdf
16	数字测图技术实训指导	978-7-301-22679-7	赵　红	27.00	2013.6	1	ppt/pdf
17	基础工程施工	978-7-301-20917-2	董伟等	35.00	2012.7	2	ppt/pdf
18	建筑施工技术实训(第2版)	978-7-301-24368-8	周晓龙	30.00	2014.12	2	pdf
19	建筑力学(第2版)	978-7-301-21695-8	石立安	46.00	2014.12	5	ppt/pdf

序号	书名	书号	编著者	定价	出版时间	印次	配套情况
20	★土木工程实用力学	978-7-301-15598-1	马景善	30.00	2013.1	4	pdf/ppt
21	土木工程力学	978-7-301-16864-6	吴明军	38.00	2011.11	2	ppt/pdf
22	PKPM 软件的应用(第 2 版)	978-7-301-22625-4	王　娜等	34.00	2013.6	2	pdf
23	建筑结构(第 2 版)(上册)	978-7-301-21106-9	徐锡权	41.00	2013.4	2	ppt/pdf/答案
24	建筑结构(第 2 版)(下册)	978-7-301-22584-4	徐锡权	42.00	2013.6	2	ppt/pdf/答案
25	建筑结构	978-7-301-19171-2	唐春平等	41.00	2012.6	4	ppt/pdf
26	建筑结构基础	978-7-301-21125-0	王中发	36.00	2012.8	2	ppt/pdf
27	建筑结构原理及应用	978-7-301-18732-6	史美东	45.00	2012.8	1	ppt/pdf
28	建筑力学与结构(第 2 版)	978-7-301-22148-8	吴承霞等	49.00	2014.12	5	ppt/pdf/答案
29	建筑力学与结构(少学时版)	978-7-301-21730-6	吴承霞	34.00	2013.2	4	ppt/pdf/答案
30	建筑力学与结构	978-7-301-20988-2	陈水广	32.00	2012.8	1	pdf/ppt
31	建筑力学与结构	978-7-301-23348-1	杨丽君等	44.00	2014.1	1	ppt/pdf
32	建筑结构与施工图	978-7-301-22188-4	朱希文等	35.00	2013.3	2	ppt/pdf
33	生态建筑材料	978-7-301-19588-2	陈剑峰等	38.00	2013.7	2	ppt/pdf
34	建筑材料(第 2 版)	978-7-301-24633-7	林祖宏	35.00	2014.8	1	ppt/pdf
35	建筑材料与检测	978-7-301-16728-1	梅　杨等	26.00	2012.11	9	ppt/pdf/答案
36	建筑材料检测试验指导	978-7-301-16729-8	王美芬等	18.00	2014.12	7	pdf
37	建筑材料与检测	978-7-301-19261-0	王　辉	35.00	2012.6	5	ppt/pdf
38	建筑材料与检测试验指导	978-7-301-20045-2	王　辉	20.00	2013.1	3	ppt/pdf
39	建筑材料选择与应用	978-7-301-21948-5	申淑荣等	39.00	2013.3	2	ppt/pdf
40	建筑材料检测实训	978-7-301-22317-8	申淑荣等	24.00	2013.4	1	pdf
41	建筑材料	978-7-301-24208-7	任晓菲	40.00	2014.7	1	ppt/pdf /答案
42	建设工程监理概论(第 2 版)	978-7-301-20854-0	徐锡权等	43.00	2014.12	5	ppt/pdf /答案
43	★建设工程监理(第 2 版)	978-7-301-24490-6	斯　庆	35.00	2014.9	1	ppt/pdf /答案
44	建设工程监理概论	978-7-301-15518-9	曾庆军等	24.00	2012.12	5	ppt/pdf
45	工程建设监理案例分析教程	978-7-301-18984-9	刘志麟等	38.00	2013.2	2	ppt/pdf
46	地基与基础(第 2 版)	978-7-301-23304-7	肖明和等	42.00	2014.12	2	ppt/pdf/答案
47	地基与基础	978-7-301-16130-2	孙平平等	26.00	2013.2	3	ppt/pdf
48	地基与基础实训	978-7-301-23174-6	肖明和等	25.00	2013.10	1	ppt/pdf
49	土力学与地基基础	978-7-301-23675-8	叶火炎等	35.00	2014.1	1	ppt/pdf
50	土力学与基础工程	978-7-301-23590-4	宁培淋等	32.00	2014.1	1	ppt/pdf
51	建筑工程质量事故分析(第 2 版)	978-7-301-22467-0	郑文新	32.00	2014.12	3	ppt/pdf
52	建筑工程施工组织设计	978-7-301-18512-4	李源清	26.00	2014.12	7	ppt/pdf
53	建筑工程施工组织实训	978-7-301-18961-0	李源清	40.00	2014.12	4	ppt/pdf
54	建筑施工组织与进度控制	978-7-301-21223-3	张廷瑞	36.00	2012.9	3	ppt/pdf
55	建筑施工组织项目式教程	978-7-301-19901-5	杨红玉	44.00	2012.1	2	ppt/pdf/答案
56	钢筋混凝土工程施工与组织	978-7-301-19587-1	高　雁	32.00	2012.5	2	ppt/pdf
57	钢筋混凝土工程施工与组织实训指导(学生工作页)	978-7-301-21208-0	高　雁	20.00	2012.9	1	ppt
58	建筑材料检测试验指导	978-7-301-24782-2	陈东佐等	20.00	2014.9	1	ppt
59	★建筑节能工程与施工	978-7-301-24274-2	吴明军等	35.00	2014.11	1	ppt/pdf
60	建筑施工工艺	978-7-301-24687-0	李源清等	49.50	2015.1	1	pdf/ppt/答案
61	建筑材料与检测(第 2 版)	978-7-301-25347-2	梅　杨等	33.00	2015.2	1	pdf/ppt/答案
62	土力学与地基基础	978-7-301-25525-4	陈东佐	45.00	2015.2	1	ppt/ pdf/答案
	工程管理类						
1	建筑工程经济(第 2 版)	978-7-301-22736-7	张宁宁等	30.00	2014.12	6	ppt/pdf/答案
2	★建筑工程经济(第 2 版)	978-7-301-24492-0	胡六星等	41.00	2014.9	1	ppt/pdf/答案
3	建筑工程经济	978-7-301-24346-6	刘晓丽等	38.00	2014.7	1	ppt/pdf/答案
4	施工企业会计(第 2 版)	978-7-301-24434-0	辛艳红等	36.00	2014.7	1	ppt/pdf/答案
5	建筑工程项目管理	978-7-301-12335-5	范红岩等	30.00	2012. 4	9	ppt/pdf
6	建设工程项目管理(第 2 版)	978-7-301-24683-2	王　辉	36.00	2014.9	1	ppt/pdf/答案
7	建设工程项目管理	978-7-301-19335-8	冯松山等	38.00	2013.11	3	pdf/ppt
8	★建设工程招投标与合同管理(第 3 版)	978-7-301-24483-8	宋春岩	40.00	2014.12	2	ppt/pdf/ 答案 / 试题/教案
9	建筑工程招投标与合同管理	978-7-301-16802-8	程超胜	30.00	2012.9	2	pdf/ppt

序号	书名	书号	编著者	定价	出版时间	印次	配套情况
10	工程招投标与合同管理实务	978-7-301-19035-7	杨甲奇等	48.00	2011.8	3	pdf
11	工程招投标与合同管理实务	978-7-301-19290-0	郑文新等	43.00	2012.4	2	ppt/pdf
12	建设工程招投标与合同管理实务	978-7-301-20404-7	杨云会等	42.00	2012.4	2	ppt/pdf/答案/习题库
13	工程招投标与合同管理	978-7-301-17455-5	文新平	37.00	2012.9	1	ppt/pdf
14	工程项目招投标与合同管理(第2版)	978-7-301-24554-5	李洪军等	42.00	2014.12	2	ppt/pdf/答案
15	工程项目招投标与合同管理(第2版)	978-7-301-22462-5	周艳冬	35.00	2014.12	3	ppt/pdf
16	建筑工程商务标编制实训	978-7-301-20804-5	钟振宇	35.00	2012.7	1	ppt
17	建筑工程安全管理	978-7-301-19455-3	宋　健等	36.00	2013.5	4	ppt/pdf
18	建筑工程质量与安全管理	978-7-301-16070-1	周连起	35.00	2014.12	8	ppt/pdf/答案
19	施工项目质量与安全管理	978-7-301-21275-2	钟汉华	45.00	2012.10	1	ppt/pdf/答案
20	工程造价控制(第2版)	978-7-301-24594-1	斯　庆	32.00	2014.8	1	ppt/pdf/答案
21	工程造价管理	978-7-301-20655-3	徐锡权等	33.00	2013.8	3	ppt/pdf
22	工程造价控制与管理	978-7-301-19366-2	胡新萍等	30.00	2014.12	4	ppt/pdf
23	建筑工程造价管理	978-7-301-20360-6	柴　琦等	27.00	2014.12	4	ppt/pdf
24	建筑工程造价管理	978-7-301-15517-2	李茂英等	24.00	2012.1	4	pdf
25	工程造价案例分析	978-7-301-22985-9	甄　凤	30.00	2013.8	1	pdf/ppt
26	建设工程造价控制与管理	978-7-301-24273-5	胡芳珍等	38.00	2014.6	1	ppt/pdf/答案
27	建筑工程造价	978-7-301-21892-1	孙咏梅	40.00	2013.2	1	ppt/pdf
28	★建筑工程计量与计价(第2版)	978-7-301-22078-8	肖明和等	58.00	2014.12	5	pdf/ppt
29	★建筑工程计量与计价实训(第2版)	978-7-301-22606-3	肖明和等	29.00	2014.12	4	pdf
30	建筑工程计量与计价综合实训	978-7-301-23568-3	龚小兰	28.00	2014.1	1	pdf
31	建筑工程估价	978-7-301-22802-9	张　英	43.00	2013.8	1	ppt/pdf
32	建筑工程计量与计价——透过案例学造价(第2版)	978-7-301-23852-3	张　强	59.00	2014.12	3	ppt/pdf
33	安装工程计量与计价(第3版)	978-7-301-24539-2	冯　钢等	54.00	2014.8	3	pdf/ppt
34	安装工程计量与计价综合实训	978-7-301-23294-1	成春燕	49.00	2014.12	3	pdf/素材
35	安装工程计量与计价实训	978-7-301-19336-5	景巧玲等	36.00	2013.5	4	pdf/素材
36	建筑水电安装工程计量与计价	978-7-301-21198-4	陈连姝	36.00	2013.8	3	ppt/pdf
37	建筑与装饰装修工程工程量清单	978-7-301-17331-2	翟丽旻等	25.00	2012.8	4	pdf/ppt/答案
38	建筑工程清单编制	978-7-301-19387-7	叶晓容	24.00	2011.8	2	ppt/pdf
39	建设项目评估	978-7-301-20068-1	高志云等	32.00	2013.6	2	ppt/pdf
40	钢筋工程清单编制	978-7-301-20114-5	贾莲英	36.00	2012.2	2	ppt / pdf
41	混凝土工程清单编制	978-7-301-20384-2	顾　娟	28.00	2012.5	1	ppt / pdf
42	建筑装饰工程预算	978-7-301-20567-9	范菊雨	38.00	2013.6	2	pdf/ppt
43	建设工程安全监理	978-7-301-20802-1	沈万岳	28.00	2012.7	1	pdf/ppt
44	建筑工程安全技术与管理实务	978-7-301-21187-8	沈万岳	48.00	2012.9	2	pdf/ppt
45	建筑工程资料管理	978-7-301-17456-2	孙　刚等	36.00	2014.12	5	pdf/ppt
46	建筑施工组织与管理(第2版)	978-7-301-22149-5	翟丽旻等	43.00	2014.12	3	ppt/pdf/答案
47	建设工程合同管理	978-7-301-22612-4	刘庭江	46.00	2013.6	1	ppt/pdf/答案
48	★工程造价概论	978-7-301-24696-2	周艳冬	31.00	2015.1	1	ppt/pdf/答案
	建筑设计类						
1	中外建筑史(第2版)	978-7-301-23779-3	袁新华等	38.00	2014.2	2	ppt/pdf
2	建筑室内空间历程	978-7-301-19338-9	张伟孝	53.00	2011.8	1	pdf
3	建筑装饰 CAD 项目教程	978-7-301-20950-9	郭　慧	35.00	2013.1	2	ppt/素材
4	室内设计基础	978-7-301-15613-1	李书青	32.00	2013.5	3	ppt/pdf
5	建筑装饰构造	978-7-301-15687-2	赵志文等	27.00	2012.11	6	ppt/pdf/答案
6	建筑装饰材料(第2版)	978-7-301-22356-7	焦　涛等	34.00	2013.5	2	ppt/pdf
7	★建筑装饰施工技术(第2版)	978-7-301-24482-1	王　军	37.00	2014.7	2	ppt/pdf
8	设计构成	978-7-301-15504-2	戴碧锋	30.00	2012.10	2	ppt/pdf
9	基础色彩	978-7-301-16072-5	张　军	42.00	2011.9	2	pdf
10	设计色彩	978-7-301-21211-0	龙黎黎	46.00	2012.9	1	ppt
11	设计素描	978-7-301-22391-8	司马金桃	29.00	2013.4	2	ppt
12	建筑素描表现与创意	978-7-301-15541-7	于修国	25.00	2012.11	3	Pdf
13	3ds Max 效果图制作	978-7-301-22870-8	刘　晗等	45.00	2013.7	1	ppt
14	3ds max 室内设计表现方法	978-7-301-17762-4	徐海军	32.00	2010.9	1	pdf